Hal Milyan ee Lambar ee Ugu Horreeya Pi

Waxaa tifaftiray

David E. McAdams

Si aad u eegto buugag kale oo uu qoray David E. McAdams, booqo https://lifeisastoryproblem.tripod.com/aauthor/somali.html.

Buuggani wuxuu ujeedkiisu yahay waxbarasho iyo madadaalo oo keliya. Daabacaha iyo qoraagu uma soo bandhigayaan talo xisaabeed ahaan.

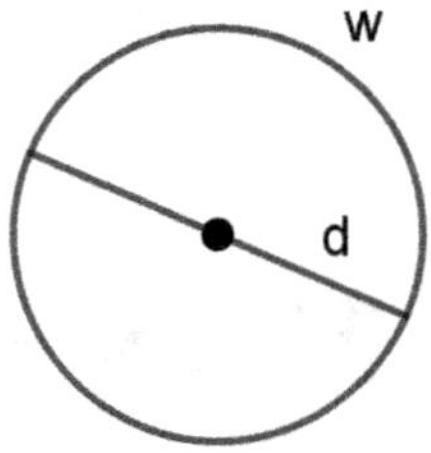

$$\Pi = \frac{w}{d}$$

$$\Pi = \frac{wareeg}{dhexroor}$$

Π ≈ 3.141592653589793238462643383279502884197169399375105820974944
592307816406286208998628034825342117067982148086513282306647093844
609550582231725359408128481117450284102701938521105559644622948954
930381964428810975665933446128475648233786783165271201909145648566
923460348610454326648213393607260249141273724587006606315588174881
520920962829254091715364367892590360011330530548820466521384146951
941511609433057270365759591953092186117381932611793105118548074462
379962749567351885752724891227938183011949129833673362440656643086
021394946395224737190702179860943702770539217176293176752384674818
467669405132000568127145263560827785771342757789609173637178721468
440901224953430146549585371050792279689258923542019956112129021960
864034418159813629774771309960518707211349999998372978049951059731
732816096318595024459455346908302642522308253344685035261931188171
010003137838752886587533208381420617177669147303598253490428755468
731159562863882353787593751957781857780532171226806613001927876611
195909216420198938095257201065485863278865936153381827968230301952
035301852968995773622599413891249721775283479131515574857242454150
695950829533116861727855889075098381754637464939319255060400927701
671139009848824012858361603563707660104710181942955596198946767837
449448255379774726847104047534646208046684259069491293313677028989
152104752162056966024058038150193511253382430035587640247496473263
914199272604269922796782354781636009341721641219924586315030286182
974555706749838505494588586926995690927210797509302955321165344987
202755960236480665499119881834797753566369807426542527862551818417
574672890977772793800081647060016145249192173217214772350141441973
568548161361157352552133475741849468438523323907394143334547762416
862518983569485562099219222184272550254256887671790494601653466804
988627232791786085784383827967976681454100953883786360950680064225
125205117392984896084128488626945604241965285022210661186306744278
622039194945047123713786960956364371917287467764657573962413890865
832645995813390478027590099465764078951269468398352595709825822620
522489407726719478268482601476990902640136394437455305068203496252
451749399651431429809190659250937221696461515709858387410597885959
772975498930161753928468138268683868942774155991855925245953959431
049972524680845987273644695848653836736222626099124608051243884390
451244136549762780797715691435997700129616089441694868555848406353
422072225828488648158456028506016842739452267467678895252138522549
954666727823986456596116354886230577456498035593634568174324112515
076069479451096596094025228879710893145669136867228748940560101503
308617928680920874760917824938589009714909675985261365549781893129
784821682998948722658804857564014270477555132379641451523746234364
542858444795265867821051141354735739523113427166102135969536231442
952484937187110145765403590279934403742007310578539062198387447808

478489683321445713868751943506430218453191048481005370614680674919
278191197939952061419663428754440643745123718192179998391015919561
814675142691239748940907186494231961567945208095146550225231603881
930142093762137855956638937787083039069792077346722182562599661501
421503068038447734549202605414665925201497442850732518666002132434
088190710486331734649651453905796268561005508106658796998163574736
384052571459102897064140110971206280439039759515677157700420337869
936007230558763176359421873125147120532928191826186125867321579198
414848829164470609575270695722091756711672291098169091528017350671
274858322287183520935396572512108357915136988209144421006751033467
110314126711136990865851639831501970165151168517143765761835155650
884909989859982387345528331635507647918535893226185489632132933089
857064204675259070915481416549859461637180270981994309924488957571
282890592323326097299712084433573265489382391193259746366730583604
142813883032038249037589852437441702913276561809377344403070746921
120191302033038019762110110044929321516084244485963766983895228684
783123552658213144957685726243344189303968642624341077322697802807
318915441101044682325271620105265227211166039666557309254711055785
376346682065310989652691862056476931257058635662018558100729360659
876486117910453348850346113657686753249441668039626579787718556084
552965412665408530614344431858676975145661406800700237877659134401
712749470420562230538994561314071127000407854733269939081454664645
880797270826683063432858785698305235808933065757406795457163775254
202114955761581400250126228594130216471550979259230990796547376125
517656751357517829666454779174501129961489030463994713296210734043
751895735961458901938971311179042978285647503203198691514028708085
990480109412147221317947647772622414254854540332157185306142288137
585043063321751829798662237172159160771669254748738986654949450114
654062843366393790039769265672146385306736096571209180763832716641
627488880078692560290228472104031721186082041900042296617119637792
133757511495950156604963186294726547364252308177036751590673502350
728354056704038674351362222477158915049530984448933309634087807693
259939780541934144737744184263129860809988868741326047215695162396
586457302163159819319516735381297416772947867242292465436680098067
692823828068996400482435403701416314965897940924323789690706977942
236250822168895738379862300159377647165122893578601588161755782973
523344604281512627203734314653197777416031990665541876397929334419
521541341899485444734567383162499341913181480927777103863877343177
207545654532207770921201905166096280490926360197598828161332316663
652861932668633606273567630354477628035045077723554710585954870279
081435624014517180624643626794561275318134078330336254232783944975
382437205835311477119926063813346776879695970309833913077109870408
591337464144282277263465947047458784778720192771528073176790770715
721344473060570073349243693113835049316312840425121925651798069411
352801314701304781643788518529092854520116583934196562134914341595
625865865570552690496520985803385072242648293972858478316305777756
068887644624824685792603953527734803048029005876075825104747091643
961362676044925627420420832085661190625454337213153595845068772460
290161876679524061634252257719542916299193064553779914037340432875
262888963995879475729174642635745525407909145135711136941091193932
519107602082520261879853188770584297259167781314969900901921169717
372784768472686084900337702424291651300500516832336435038951702989
392233451722013812806965011784408745196012122859937162313017114448
464090389064495444006198690754851602632750529834918740786680881833
851022833450850486082503930213321971551843063545500766828294930413
776552793975175461395398468339363830474611996653858153842056853386
218672523340283087112328278921250771262946322956398989893582116745
627010218356462201349671518819097303811980049734072396103685406643
193950979019069963955245300545058068550195673022921913933918568034
490398205955100226353536192041994745538593810234395544959778377902

374216172711172364343543947822181852862408514006660443325888569867
054315470696574745855033232334210730154594051655379068662733379958
511562578432298827372319898757141595781119635833005940873068121602
876496286744604774649159950549737425626901049037781986835938146574
126804925648798556145372347867330390468838343634655379498641927056
387293174872332083760112302991136793862708943879936201629515413371
424892830722012690147546684765357616477379467520049075715552781965
362132392640616013635815590742202020318727760527721900556148425551
879253034351398442532234157623361064250639049750086562710953591946
589751413103482276930624743536325691607815478181152843667957061108
615331504452127473924544945423682886061340841486377670096120715124
914043027253860764823634143346235189757664521641376796903149501910
857598442391986291642193994907236234646844117394032659184044378051
333894525742399508296591228508555821572503107125701266830240292952
522011872676756220415420516184163484756516999811614101002996078386
909291603028840026910414079288621507842451670908700069928212066041
837180653556725253256753286129104248776182582976515795984703562226
293486003415872298053498965022629174878820273420922224533985626476
691490556284250391275771028402799806636582548892648802545661017296
702664076559042909945681506526530537182941270336931378517860904070
866711496558343434769338578171138645587367812301458768712660348913
909562009939361031029161615288138437909904231747336394804575931493
140529763475748119356709110137751721008031559024853090669203767192
203322909433467685142214477379393751703443661991040337511173547191
855046449026365512816228824462575916333039107225383742182140883508
657391771509682887478265699599574490661758344137522397096834080053
559849175417381883999446974867626551658276584835884531427756879002
909517028352971634456212964043523117600665101241200659755851276178
583829204197484423608007193045761893234922927965019875187212726750
798125547095890455635792122103334669749923563025494780249011419521
238281530911407907386025152274299581807247162591668545133312394804
947079119153267343028244186041426363954800044800267049624820179289
647669758318327131425170296923488962766844032326092752496035799646
925650493681836090032380929345958897069536534940603402166544375589
004563288225054525564056448246515187547119621844396582533754388569
094113031509526179378002974120766514793942590298969594699556576121
865619673378623625612521632086286922210327488921865436480229678070
576561514463204692790682120738837781423356282360896320806822246801
224826117718589638140918390367367222088832151375560037279839400415
297002878307667094447456013455641725437090697939612257142989467154
357846878861444581231459357198492252847160504922124247014121478057
345510500801908699603302763478708108175450119307141223390866393833
952942578690507643100638351983438934159613185434754649556978103829
309716465143840700707360411237359984345225161050702705623526601276
484830840761183013052793205427462865403603674532865105706587488225
698157936789766974220575059683440869735020141020672358502007245225
632651341055924019027421624843914035998953539459094407046912091409
387001264560016237428802109276457931065792295524988727584610126483
699989225695968815920560010165525637567856672279661988578279484885
583439751874454551296563443480396642055798293680435220277098429423
253302257634180703947699415979159453006975214829336655566156787364
005366656416547321704390352132954352916941459904160875320186837937
023488868947915107163785290234529244077365949563051007421087142613
497459561513849871375704710178795731042296906667021449863746459528
082436944578977233004876476524133907592043401963403911473202338071
509522201068256342747164602433544005152126693249341967397704159568
375355516673027390074972973635496453328886984406119649616277344951
827369558822075735517665158985519098666539354948106887320685990754
079234240230092590070173196036225475647894064754834664776041146323
390565134330684495397907090302346046147096169688688501408347040546

074295869913829668246818571031887906528703665083243197440477185567
893482308943106828702722809736248093996270607472645539925399442808
113736943388729406307926159599546262462970706259484556903471197299
640908941805953439325123623550813494900436427852713831591256898929
519642728757394691427253436694153236100453730488198551706594121735
246258954873016760029886592578662856124966552353382942878542534048
308330701653722856355915253478445981831341129001999205981352205117
336585640782648494276441137639386692480311836445369858917544264739
988228462184490087776977631279572267265556259628254276531830013407
092233436577916012809317940171859859993384923549564005709955856113
498025249906698423301735035804408116855265311709957089942732870925
848789443646005041089226691783525870785951298344172953519537885534
573742608590290817651557803905946408735061232261120093731080485485
263572282576820341605048466277504500312620080079980492548534694146
977516493270950493463938243222718851597405470214828971117779237612
257887347718819682546298126868581705074027255026332904497627789442
362167411918626943965067151577958675648239939176042601763387045499
017614364120469218237076488783419689686118155815873606293860381017
121585527266830082383404656475880405138080163363887421637140643549
556186896411228214075330265510042410489678352858829024367090488711
819090949453314421828766181031007354770549815968077200947469613436
092861484941785017180779306810854690009445899527942439813921350558
642219648349151263901280383200109773868066287792397180146134324457
264009737425700735921003154150893679300816998053652027600727749674
584002836240534603726341655425902760183484030681138185510597970566
400750942608788573579603732451414678670368809880609716425849759513
806930944940151542222194329130217391253835591503100333032511174915
696917450271494331515588540392216409722910112903552181576282328318
234254832611191280092825256190205263016391147724733148573910777587
442538761174657867116941477642144111126358355387136101102326798775
641024682403226483464176636980663785768134920453022408197278564719
839630878154322116691224641591177673225326433568614618654522268126
887268445968442416107854016768142080885028005414361314623082102594
173756238994207571362751674573189189456283525704413354375857534269
869947254703165661399199968262824727064133622217892390317608542894
373393561889165125042440400895271983787386480584726895462438823437
517885201439560057104811949884239060613695734231559079670346149143
447886360410318235073650277859089757827273130504889398900992391350
337325085598265586708924261242947367019390772713070686917092646254
842324074855036608013604668951184009366860954632500214585293095000
090715105823626729326453738210493872499669933942468551648326113414
611068026744663733437534076429402668297386522093570162638464852851
490362932019919968828517183953669134522244470804592396602817156551
565666111359823112250628905854914509715755390024393153519090210711
945730024388017661503527086260253788179751947806101371500448991721
002220133501310601639154158957803711779277522597874289191791552241
718958536168059474123419339842021874564925644346239253195313510331
147639491199507285843065836193536932969928983791494193940608572486
396883690326556436421664425760791471086998431573374964883529276932
822076294728238153740996154559879825989109371712621828302584811238
901196822142945766758071865380650648702613389282299497257453033283
896381843944770779402284359883410035838542389735424395647555684095
224844554139239410001620769363684677641301781965937997155746854194
633489374843912974239143365936041003523437770658886778113949861647
874714079326385873862473288964564359877466763847946650407411182565
837887845485814896296127399841344272608606187245545236064315371011
274680977870446409475828034876975894832824123929296058294861919667
091895808983320121031843034012849511620353428014412761728583024355
983003204202451207287253558119584014918096925339507577840006746552
603144616705082768277222353419110263416315714740612385042584598841

990761128725805911393568960143166828317632356732541707342081733223
046298799280490851409479036887868789493054695570307261900950207643
349335910602454508645362893545686295853131533718386826561786227363
716975774183023986006591481616404944965011732131389574706208847480
236537103115089842799275442685327797431139514357417221975979935968
525228574526379628961269157235798662057340837576687388426640599099
350500081337543245463596750484423528487470144354541957625847356421
619813407346854111766883118654489377697956651727966232671481033864
391375186594673002443450054499539974237232871249483470604406347160
632583064982979551010954183623503030945309733583446283947630477564
501500850757894954893139394489921612552559770143685894358587752637
962559708167764380012543650237141278346792610199558522471722017772
370041780841942394872540680155603599839054898572354674564239058585
021671903139526294455439131663134530893906204678438778505423939052
473136201294769187497519101147231528932677253391814660730008902776
896311481090220972452075916729700785058071718638105496797310016787
085069420709223290807038326345345203802786099055690013413718236837
099194951648960075504934126787643674638490206396401976668559233565
463913836318574569814719621084108096188460545603903845534372914144
651347494078488442377217515433426030669883176833100113310869042193
903108014378433415137092435301367763108491351615642269847507430329
716746964066653152703532546711266752246055119958183196376370761799
191920357958200759560530234626775794393630746305690108011494271410
093913691381072581378135789400559950018354251184172136055727522103
526803735726527922417373605751127887218190844900617801388971077082
293100279766593583875890939568814856026322439372656247277603789081
445883785501970284377936240782505270487581647032458129087839523245
323789602984166922548964971560698119218658492677040395648127810217
991321741630581055459880130048456299765112124153637451500563507012
781592671424134210330156616535602473380784302865525722275304999883
701534879300806260180962381516136690334111138653851091936739383522
934588832255088706450753947395204396807906708680644509698654880168
287434378612645381583428075306184548590379821799459968115441974253
634439960290251001588827216474500682070419376158454712318346007262
933955054823955713725684023226821301247679452264482091023564775272
308208106351889915269288910845557112660396503439789627825001611015
323516051965590421184494990778999200732947690586857787872098290135
295661397888486050978608595701773129815531495168146717695976099421
003618355913877781769845875810446628399880600616229848616935337386
578773598336161338413385368421197893890018529569196780455448285848
370117096721253533875862158231013310387766827211572694951817958975
469399264219791552338576623167627547570354699414892904130186386119
439196283887054367774322427680913236544948536676800000106526248547
305586159899914017076983854831887501429389089950685453076511680333
732226517566220752695179144225280816517166776672793035485154204023
817460892328391703275425750867655117859395002793389592057668278967
764453184040418554010435134838953120132637836928358082719378312654
961745997056745071833206503455664403449045362756001125018433560736
122276594927839370647842645676338818807565612168960504161139039063
960162022153684941092605387688714837989559999112099164646441191856
827700457424343402167227644558933012778158686952506949936461017568
506016714535431581480105458860564550133203758645485840324029871709
348091055621167154684847780394475697980426318099175642280987399876
697323769573701580806822904599212366168902596273043067931653114940
176473769387351409336183321614280214976339918983548487562529875242
387307755955595546519639440182184099841248982623673771467226061633
643296406335728107078875816404381485018841143188598827694490119321
296827158884133869434682859006664080631407775772570563072940049294
030242049841656547973670548558044586572022763784046682337985282710
578431975354179501134727362577408021347682604502285157979579764746

702284099956160156910890384582450267926594205550395879229818526480
070683765041836562094555434613513415257006597488191634135955671964
965403218727160264859304903978748958906612725079482827693895352175
362185079629778514618843271922322381015874445052866523802253284389
137527384589238442253547265309817157844783421582232702069028723233
005386216347988509469547200479523112015043293226628272763217790884
008786148022147537657810581970222630971749507212724847947816957296
142365859578209083073323356034846531873029302665964501371837542889
755797144992465403868179921389346924474198509733462679332107268687
076806263991936196504409954216762784091466985692571507431574079380
532392523947755744159184582156251819215523370960748332923492103451
462643744980559610330799414534778457469999212859999939961228161521
931488876938802228108300198601654941654261696858678837260958774567
618250727599295089318052187292461086763995891614585505839727420980
909781729323930106766386824040111304024700735085782872462713494636
853181546969046696869392547251941399291465242385776255004748529547
681479546700705034799958886769501612497228204030399546327883069597
624936151010243655535223069061294938859901573466102371223547891129
254769617600504797492806072126803922691102777226102544149221576504
508120677173571202718024296810620377657883716690910941807448781404
907551782038565390991047759414132154328440625030180275716965082096
427348414695726397884256008453121406593580904127113592004197598513
625479616063228873618136737324450607924411763997597461938358457491
598809766744709300654634242346063423747466608043170126005205592849
369594143408146852981505394717890045183575515412522359059068726487
863575254191128887737176637486027660634960353679470269232297186832
771739323619200777452212624751869833495151019864269887847171939664
976907082521742336566272592844062043021411371992278526998469884770
232382384005565551788908766136013047709843861168705231055314916251
728373272867600724817298763756981633541507460883866364069347043720
668865127568826614973078865701568501691864748854167915459650723428
773069985371390430026653078398776385032381821553559732353068604301
067576083890862704984188859513809103042359578249514398859011318583
584066747237029714978508414585308578133915627076035639076394731145
549583226694570249413983163433237897595568085683629725386791327505
554252449194358912840504522695381217913191451350099384631177401797
151228378546011603595540286440590249646693070776905548102885020808
580087811577381719174177601733073855475800605601433774329901272867
725304318251975791679296996504146070664571258883469797964293162296
552016879730003564630457930884032748077181155533090988702550520768
046303460865816539487695196004408482065967379473168086415645650530
049881616490578831154345485052660069823093157776500378070466126470
602145750579327096204782561524714591896522360839664562410519551052
235723973951288181640597859142791481654263289200428160913693777372
229998332708208296995573772737566761552711392258805520189887620114
168005468736558063347160373429170390798639652296131280178267971728
982293607028806908776866059325274637840539769184808204102194471971
386925608416245112398062011318454124478205011079876071715568315407
886543904121087303240201068534194723047666672174986986854707678120
512473679247919315085644477537985379973223445612278584329684664751
333657369238720146472367942787004250325558992688434959287612400755
875694641370562514001179713316620715371543600687647731867558714878
398908107429530941060596944315847753970094398839491443235366853920
994687964506653398573888786614762944341401049888993160051207678103
588611660202961193639682134960750111649832785635316145168457695687
109002999769841263266502347716728657378579085746646077228341540311
441529418804782543876177079043000156698677679576090996693607559496
515273634981189641304331166277471233881740603731743970540670310967
676574869535878967003192586625941051053358438465602339179674926784
476370847497833365557900738419147319886271352595462518160434225372

9962863267496824058060296421146386436864224724887283434170441573482
2481833301640566959668866769563491416328426414974533349999480002662
9987588815935073578151958899005395120853510357261373640343675347142
1048360175464883004078464167452167371904831096767113443494819262682
1110739948250607394950735031690197318521195526356325843390998224982
6240670310768318446607291248747540316179699411397387765899868554172
0318847788675929026070043212666179192235209382278788809886335991162
0819235355570464634911320859189796132791319756490976000139962344452
5350143464268604644958624769094347048293294140411146540923988344432
5159133201077394411184074107684981066347241048239358274019449356652
1610884631256785297769734684303061462418035852933159734583038455412
0337010916767763742762102137013548544509263071901147318485749233182
1672072137279355679528443925481560913728128406333039373562420016042
5664557414588166052166608738748047243391212955877763906969037078822
8527753894052460758496231574369171131761347838827194168606625721032
6851321566478001476752310393578606896111259960281839309548709059072
3861351914591819510297327875571049729011487171897180046961697770012
7913919613791417162707018958469214343696762927459109940060084983562
8425201915593703701011049747339493877885989417433031785348707603222
1982970579751191440510994235883034546353492349826883624043327267412
5540301619505680654180939409982020609994140216890900708213307230892
6621197755306659188141191577836272927461561857103721724710095214232
6964830864102592887457999322374955191221951903424452307535133806852
6807354464995127203174487195403976107308060269906258076020292731452
5252078079914184290638844373499681458273372072663917670201183004642
8190002413083508846584152148991276106513741539435657211390328574912
8769094413702090517031487773461652879848235338297260136110984514842
1823808120540996125274580881099486972216128524897425555516076371672
5054896173016809613803811914361143992106380050832140987604599309322
4851025168294467260666138151745712559754953580239983146982203613382
0828499356705575524712902745397762140493182014658008021566536067762
5508783804304134310591804606800834591136640834887408005741272586702
4792258319127415739080914383138456424150940849133918096840251163992
1936853225557338966953749026620923261318855891580832455571948453872
5628786128859004106006073746501402627824027346962528217174941582332
1749239683530136178653673760642166778137739951006589528877427662632
6841830680190804609849809469763667335662282915132352788806157768272
8159588669180238940333076441912403412022316368577860357276941541772
8826435238131905028087018575047046312933353757285386605888904583112
1450773942935201994321971171642235005644042979892081594307167019852
7469273848653833436145794634175922573898588001698014757420542995802
1242958105456510831046297282937584161162532562516572498078492099892
7990620035936509934721582965174135798491047111660791587436986541222
2348341887722929446335178653856731962559852026072947674072616767142
5573649812105677716893484917660771705277187601199908144113058645572
7910525684304811440261938402322470939249802933550731845890355397132
3088446174107959162511714864874468611247605428673436709046678468672
0274091881014249711149657817724279347070216688295610877794405048432
7528443375108828264771978540006509704033021862556147332117771174412
3350281608840351781452541964320309576018694649088681545285621346982
8355444560249556668436602922195124830910605377201980218310103270412
7838665447181260397190688462370857518080035327047185659499476124242
8110999288679158969049563947624608424065930948621507690314987020672
3533848349550836366017848771060809804269247132410009464014373603262
5645184566792456669551001502298330798496079949882497061723674493612
2262229617908143114146609412341593593095854079139087208322733549572
2080757165171876599449856937956238755516175754380917805280294642002
4472153962807463602113294255916002570735628126387331060058910652452
7080244749375431841494014821199962764531068006631183823761639663182
0931444671298615527598201451410275600689297502463040173514891945762

360789352855505317331416457050499644389093630843874484783961684051
845273288403234520247056851646571647713932377551729479512613239822
960239454857975458651745878771331813875295980941217422730035229650
808917770506825924882232215493804837145478164721397682096332050830
564792048208592047549985732038887639160199524091893894557676874973
085695595801065952650303626615975066222508406742889826590751063756
356996821151094966974458054728869363102036782325018232370845979011
154847208761821247781326633041207621658731297081123075815982124863
980721240786887811450165582513617890307086087019897588980745664395
5157415363193198107057533663373803827215279884935039748001589051
942087971130805123393322190346624991716915094854140187106035460379
464337900589095772118080446574396280618671786101715674096766208029
576657705129120990794430463289294730615951043090222143937184956063
405618934251305726829146578329334052463502892917547087256484260034
962961165413823007731332729830500160256724014185152041890701154288
579920812198449315699905918201181973350012618772803681248199587707
020753240636125931343859554254778196114293516356122349666152261473
539967405158499860355295332924575238881013620234762466905581643896
786309762736550472434864307121849437348530060638764456627218666170
123812771562137974614986132874411771455244470899714452288566294244
023018479120547849857452163469644897389206240194351831008828348024
924908540307786387516591130287395878709810077271827187452901397283
661484214287170553179654307650453432460053636147261818096997693348
626407743519992868632383508875668359509726557481543194019557685043
724800102041374983187225967738715495839971844490727914196584593008
394263702087563539821696205532480321226749891140267852859967340524
203109179789990571882194939132075343170798002373659098537552023891
164346718558290685371189795262623449248339249634244971465684659124
891855662958932990903523923333364743520370770101084388003290759834
217018554228386161721041760301164591878053936744747205998502358289
183369292233732399948043710841965947316265482574809948250999183300
697656936715968936449334886474421350084070066088359723503953234017
958255703601693699098867113210979889707051728075585519126993067309
925070407024556850778679069476612629808225163313639952117098452809
263037592242674257559989289278370474445218936320348941552104459726
188380030067761793138139916205806270165102445886924764924689192461
212531027573139084047000714356136231699237169484813255420091453041
037135453296620639210547982439212517254013231490274058589206321758
949434548906846399313757091034633271415316223280552297297953801880
162859073572955416278867649827418616421878988574107164906919185116
281528548679417363890665388576422915834250067361245384916067413734
017357277995634104332688356950781493137800736235418007061918026732
855119194267609122103598746924117283749312616339500123959924050845
437569850795704622266461900010350049018303415354584283376437811198
855631877779253720116671853954183598443830520376281944076159410682
071697030228515225057312609304689842343315273213136121658280807521
263154773060442377475350595228717440266638914881717308643611138906
942027908814311944879941715404210341219084709408025402393294294549
387864023051292711909751353600092197110541209668311151632870542302
847007312065803262641711616595761327235156666253667271899853419989
523688483099930275741991646384142707798870887422927705389122717248
632202889842512528721782603050099451082478357290569198855546788607
946280537122704246654319214528176074148240382783582971930101788834
567416781139895475044833931468963076339665722672704339321674542182
455706252479721997866854279897799233957905758189062252547358220523
642485078340711014498047872669199018643882293230538231855973286978
092225352959101734140733488476100556401824239219269506208318381454
698392366461363989101210217709597670490830508185470419466437131229
969235889538493013635657618610606222870559942337163102127845744646
398973818856674626087948201864748767272722206267646533809980196688

368099415907577685263986514625333631245053640261056960551318381317
426118442018908885319635698696279503673842431301133175330532980201
668881748134298868158557781034323175306478498321062971842518438553
442762012823457071698853051832617964117857960888815032960229070561
447622091509473903594664691623539680920139457817589108893199211226
007392814916948161527384273626429809823406320024402449589445612916
704950823581248739179964864113348032475777521970893277226234948601
504665268143987705161531702669692970492831628550421289814670619533
197026950721437823047687528028735412616639170824592517001071418085
480063692325946201900227808740985977192180515853214739265325155903
541020928466592529991435379182531454529059841581763705892790690989
691116438118780943537152133226144362531449012745477269573939348154
691631162492887357471882407150399500944673195431619385548520766573
882513963916357672315100555603726339486720820780865373494244011579
966750736071115935133195919712094896471755302453136477094209463569
698222667377520994516845064362382421185353488798939567318780660610
788544000550827657030558744854180577889171920788142335113866292966
717964346876007704799953788338787034871802184243734211227394025571
769081960309201824018842705704609262256417837526526335832424066125
331152942345796556950250681001831090041124537901533296615697052237
921032570693705109083078947999900499939532215362274847660361367769
797856738658467093667958858378879562594646489137665219958828693380
183601193236857855855819555604215625088365020332202451376215820461
810670519533065306060650105488716724537794283133887163139559690583
208341689847606560711834713621812324622725884199028614208728495687
963932546428534307530110528571382964370999035694888528519040295604
734613113826387889755178856042499874831638280404684861893818959054
203988987265069762020199554841265000539442820393012748163815853039
643992547020167275932857436666164411096256633730540921951967514832
873480895747777527834422109107311135182804603634719818565557295714
474768255285786334934285842311874944000322969069775831590385803935
352135886007960034209754739229673331064939560181223781285458431760
556173386112673478074585067606304822940965304111830667108189303110
887172816751957967534718853722930961614320400638132246584111115775
835858113501856904781536893813771847281475199835050478129771859908
470762197460588742325699582889253504193795826061621184236876851141
831606831586799460165205774052942305360178031335726326705479033840
125730591233960188013782542192709476733719198728738524805742124892
118347087662966720727232565056512933312605950577772754247124164831
283298207236175057467387012820957554430596839555568686118839713552
208445285264008125202766555767749596962661260456524568408613923826
576858338469849977872670655519185446869846947849573462260629421962
455708537127277652309895545019303773216664918257815467729200521266
714346320963789185232321501897612603437368406719419303774688099929
687758244104787812326625318184596045385354383911449677531286426092
521153767325886672260404252349108702695809964759580579466397341906
401003636190404203311357933654242630356145700901124480089002080147
805660371015412232889146572239314507607167064355682743774396578906
797268743847307634645167756210309860409271709095128086309029738504
452718289274968921210667008164858339553773591913695015316201890888
748421079870689911480466927065094076204650277252865072890532854856
143316081269300569378541786109696920253886503457718317668688592368
148847527649846882194973972970773718718840041432312763650481453112
285099002074240925585925292610302106736815434701525234878635164397
623586041919412969769040526483234700991115424260127343802208933109
668636789869497799400126016422760926082349304118064382913834735467
972539926233879158299848645927173405922562074910530853153718291168
163721939518870095778818158685046450769934394098743351443162633031
724774748689791820923948083314397084067308407958935810896656477585
990556376952523265361442478023082681183103773588708924061303133647

7371011628214614661679404090518615260360092521947218890918107335871
1964142144478654899528582343947050079830388538860831035719306002 77
1194558021911942899922722353458707566246926177663178855144350218 28
7026685610665003531050216318206017609217984684936863161293727951 87
3078972637353717150256378733579771808184878458866504335824377004 14
7710414934927438457587107159731559439426412570270965125108115548 24
7939403597681188117282472158250109496096625393395380922195591918 18
8552678062149923172763163218339896938075616855911752998450132067 12
9392404144593862398809381240452191484831646210147389182510109096 77
3869066404158973610476436500068077105656718486281496371118832192 44
5663945814491486165500495676982690308911185687986929470513524816 09
1743243015383684707292898982846022237301452655679898627767968091 46
9798378268764311598832109043715611299766521539635464420869197567 37
0005738764978437686287681792497469438427465256316323005551304174 22
7341646455127812784577772457520386543754282825671412885834544435 13
2562054464241011037955464190581168623059644769587054072141985212 10
6734332410756767575818456990693046047522770167005684543969234041 71
1089888993416350585157887353430815520811772071880379104046983069 57
8685473937656433631979786803671873079693924236321448450354776315 67
0255390065423117920153464977929066241508328858395290542637687668 96
8805033317227800185885069736232403894700471897619347344308437443 75
9925034178807972235859134245813144049847701732361694719765715353 19
7754997162785663119046912609182591249890367654176979903623755286 52
6375733763526969344354400473067198868901968147428767790866979688 52
2501636949856730217523132529265375896415171479559538784278499866 45
6302878831962099830494519874396369070682762657485810439112232618 79
4059941554063270131989895703761105323606298674803779153767511583 04
3208498720920280929752649812569163425000522908872646925284666104 66
5392171482080130502298052637836426959733707053922789153510568883 93
8113249757071331029504430346715989448786847116438328050692507766 27
4500122003526203709466023414648998390252588830148678162196775194 58
3167718762757200505439794412459900771152051546199305098386982542 84
6407255540927403132571632640792934183342147090412542533523248021 93
2277075355546795871638358750181593387174236061551171013123525633 48
5820365146141870049205704372018261733194715700867578539336078622 73
9558185797587258744102542077105475361294047460100094095444959662 88
1486915903899071865980563617137692227290764197755177720104276496 94
9611056220592502420217704269622154958726453989227697660310524980 85
5759471631075870133208861463266412591148633881220284440694169488 26
1529577625325019870359870674380469821942056381255833436421949232 27
5937221289056420943082352544084110864545369404969271494003319782 86
1318186188811118408257865928757426384450059944229568586460481033 01
5388911499486935436030221810943466764000022362550573631294626296 09
6198760564259963946138692330837196265954739234624134597795748524 64
7837980795693198650815977675350553918991151335252298736112779182 74
8542008689539658359421963331502869561192012298889887006079992795 41
1188269023078913107603617634779489432032102773359416908650071932 80
4017163840644987871753756781185321328408216571107549528294974936 21
4608215583205687232185574065161096274874375098092230211609982633 03
3915469494644491004515280925089745074896760324090768983652940657 92
0198315265410658136823791984090645712468948470209357761193139980 24
6813405200394781949866202624008902150166163813538381515037735022 96
6074627952910384068685569070157516624192987244482719429331004854 82
4454580718897633003232525821581280327467962002814762431828622171 05
4352898348208273451680186131719593324711074662228508710666117703 46
5352839577625997744672185715816126411143271794347885990892808486 69
4914139097716736900277758502686646540565950394867841110790116104 00
8572744562938425494167594605487117235946429105850909950214958793 11
2196135908315882620682332156153086833730838173279328196983875087 08
3483880463884784418840031847126974543709373298362402875197920802 32

187874488287284372737801782700805878241074935751488997891173974612
932035108143270325140903048746226294234432757126008664250833318768
865075642927160552528954492153765175149219636718104943531785838345
386525565664065725136357506435323650893679043170259787817719031486
796384082881020946149007971513771709906195496964007086766710233004
867263147551053723175711432231741141168062286420638890621019235522
354671166213749969326932173704310598722503945657492461697826097025
335947502091383667377289443869640002811034402608471289900074680776
484408871134135250336787731679770937277868216611786534423173226463
784769787514433209534000165069213054647689098505020301504488083426
184520873053097318949291642532293361243151430657826407028389840984
160295030924189712097160164926561341343342229882790992178604267981
245728534580133826099587717811310216734025656274400729683406619848
067661580502169183372368039902793160642043681207990031626444914619
021945822969099212278855394878353830564686488165556229431567312827
439082645061162894280350166133669782405177015521962652272545585073
864058529983037918035043287670380925216790757120406123759632768567
484507915114731344000183257034492090971243580944790046249431345502
890068064870429353403743603262582053579011839564908935434510134296
961754524957396062149028872893279252069653538639644322538832752249
960598697475988232991626354597332444516375533437749292899058117578
635555562693742691094711700216541171821975051983178713710605106379
555858890556885288798908475091576463907469361988150781468526213325
247383765119299015610918977792200870579339646382749068069876916819
749236562422608715417610043060890437797667851966189140414492527048
088197149880154205778700652159400928977760133075684796699295543365
613984773806039436889588764605498387147896848280538470173087111776
115966350503997934386933911978988710915654170913308260764740630571
141109883938809548143782847452883836807941888434266622207043872288
741394780101772139228191199236540551639589347426395382482960903690
028835932774585506080131798840716244656399794827578365019551422155
133928197822698427863839167971509126241054872570092407004548848569
295044811073808799654748156891393538094347455697212891982717702076
661360248958146811913361412125878389557735719498631721084439890142
394849665925173138817160266326193106536653504147307080441493916936
326237376777709585031325599009576273195730864804246770121232702053
374266705314244820816813030639737873664248367253983748769098060218
278578621651273856351329014890350988327061725893257536399397905572
917516009761545904477169226580631511102803843601737474215247608515
209901615858231257159073342173657626714239047827958728150509563309
280266845893764964977023297364131906098274063353108979246424213458
374090116939196425045912881340349881063540088759682005440836438651
661788055760895689672753153808194207733259791727843762566118431989
102500749182908647514979400316070384554946538594602745244746681231
468794344161099333890899263841184742525704457251745932573898956518
571657596148126602031079762825416559050604247911401695790033835657
486925280074302562341949828646791447632277400552946090394017753633
565547193100017543004750471914489984104001586794617924161001645471
655133707407395026044276953855383439755054887109978520540117516974
758134492607943368954378322117245068734423198987884412854206474280
973562580706698310697993526069339213568588139121480735472846322778
490808700246777630360555123238665629517885371967303463470122293958
160679250915321748903084088651606111901149844341235012464692802880
599613428351188471544977127847336176628506216977871774382436256571
177945006447771837022199910669502165675764404499794076503799995484
500271066598781360380231412683690578319046079276529727769404361302
305178708054651154246939526512710105292707030667302444712597393995
051462840476743136373997825918454117641332790646063658415292701903
027601733947486696034869497654175242930604072700505903950314852292
139257559484507886797792525393176515641619716844352436979444735596

4260633391055126826061595726217036698506473281266724521989060549888
0280782881429796336696744124805982192146339565745722102298677599748
6738126069367069134081559412016115960190237753525556300606247983266
1249881288192937343476862689219239777833910733106588256813777172322
8315329082525092733047850724977139448333892552081175608452966590555
3940965568541706001179857293813998258319293679100391844099286575600
5993598910002969864460974714718470101531283762631146774209145574044
1815908800064943237855839308530828305476076799524357391631221886055
7549673832243195650655460852881201902363644712703748634421727257877
9503428486312944916318475347531435041392096108796057730987201352488
4075057637199253650470908582513936863463863368042891767107602111155
9828875539940120076013947033661793715396306139863655492213741597900
5119083588290097656647300733879314678913181465109316761575821351422
4860442292445304113160652700974330088499034675405518640677342603588
3409608605533747362760935658853109760994238347382222087292464497688
4560579562516765574088410321731345627735856052358236389532038534022
4842273371639123973215995440828421666360232965456947035771848734444
2034227706653837387506169212768015766181095420097708363604361110599
2409117889540338021426523948929686439808926114635414571535194342855
0721353453018315875628275733898268898523557799295727645229391567477
7566676051087887648453493636068278050564622813598885879259940946444
6041705204470046315137975431737187756039815962647501410906658866166
2180038266989961965580587208639721176995219466789857011798332440600
1811575658074284182910615193917630059194314434605154047710570054333
9000182453117733718955857603607182860506356479979004139761808955366
3669603162193113250223851791672055180659263518036251214575926238366
9348222665895576994660491938112486609099798128571823494006615552199
6112207203092277646200999315244273589488710576623894693889446495099
3960330454340842102462401048723328750081749179875543879387381439899
4238011762700837196053094383940063756116458560943129517597713935399
6074322792489221267045808183313764165818269562105872892447740035944
7009268662659651422050630078592002488291860839743732353849083964322
6147000532423540647042089499210250404726781059083644007466380020877
0126664209457181702946752278540074508552377720890581683918446592822
9417018288233014971554235235911774818628592967605048203864343108777
9562892925405638946621948268711042828163893975711757786915430165055
8602965217459581988878680408110328432739867198621306205559855266033
6405046282152306154594474489908839081999738747452969810776201487133
4000122535522246695409315213115337915798026979555710508507473874755
0758068765376445782524432638046143042889235934852961058269382103499
8000405248407084403561167817170512813378805705643450616119330424444
0798260377951198548694559152051960093041271007277849301555038895366
0338261929343797081874320949914159593396368110627557295278004254866
3060054523839151068998913578820019411786535682149118528207852130122
5518518493711503422159542244511900207393539627400208110465530207933
2867254740543652717595893500716336076321614725815407642053020045344
0183572338292661915308354095120226329165054426123619197051613839355
7326693760156914429944943744856809775696303129588719161129294681888
4936338647392747601226964158848900965717086160598147204467428664200
8765334799858222090619802173211614230419477754990738738567941189822
4660913091691772274207233367635032678340586301930193242996397204444
5179288122854478211953530898910125342975524727635730226281382091800
7439748671453590778633530160821559911314144205091447293535022230811
7193663509346865865631485557586244781862010871188976065296989926
9328178705576435143382060141077329261063431525337182243385263520211
7735440715281898137698755157574546939727150488469793619500477720977
0561793913828989845327426227288647108883270173723258818244658436244
9580592560338105215606206155713299156084892064340303395262263451455
4283678698288074251422567451806184149564686111635404971897682154222
7722479474033571527436819409892050113653400123846714296551867344155

3741615042563256713430247655125219218035780169240326699541746087592
409207004669340396510178134857835694440760470232540755557764728450
751826890418293966113310160131119077398632462778219023650660374041
606724962490137433217246454097412995570529142438208076098364823465
973886691349919784013108015581343979194852830436739012482082444814
128095443773898320059864909159505322857914576884962578665885999179
867520554558099004556461178755249370124553217170194282884617402736
649978475508294228020232901221630102309772151569446427909802190826
689868834263071609207914085197695235553488657743425277531197247430
873043619511396119080030255878387644206085044730631299277888942729
189727169890575925244679660189707482960949190648764693702750773866
432391919042254290235318923377293166736086996228032557185308919284
403805071030064776847863243191000223929785255372375566213644740096
760539439838235764606992465260089090624105904215453927904411529580
345334500256244101006359530039598864466169595626351878060688513723
462707997327233134693971456285542615467650632465676620279245208581
347717608521691340946520307673391841147504140168924121319826881568
664561485380287539331160232292555618941042995335640095786495340935
115266454024418775949316930560448686420862757201172319526405023099
774567647838488973464317215980626787671838005247696884084989185086
149003432403476742686245952395890358582135006450998178244636087317
754378859677672919526111213859194725451400301180503437875277664402
762618941017576872680428176623860680477885242887430259145247073950
546525135339459598789619778911041890292943818567205070964606263541
732944649576612651953495701860015412623962286413897796733329070567
376962156498184506842263690367849555970026079867996261019039331263
768556968767029295371162528005543100786408728939225714512481135778
627664902425161990277471090335933309304948380597856628844787441469
841499067123764789582263294904679812089984857163571087831191848630
254501620929805829208334813638405421720056121989353669371336733392
464416125223196943471206417375491216357008573694397305979709719726
666642267431117762176403068681310351899112271339724036887000996862
922546465006385288620393800504778276912835603372548255793912985251
506829969107754257647488325341412132800626717094009098223529657957
997803018282428490221470748111124018607613415150387569830918652780
658896682362523937845272634530420418802508442363190383318384550522
367992357752929106925043261446950109861088899914658551881873582528
164302520939285258077969737620845637482114433988162710031703151334
402309526351929588680690821355853680161000213740851154484912685841
268695899174149133820578492800698255195740201818105641297250836070
356851055331787840829000041552511865779453963317538532092149720526
607831260281961164858098684587525129997404092797683176639914655386
108937587952214971731728131517932904431121815871023518740757222100
123768721944747209349312324107065080618562372526732540733324875754
482967573450019321902199119960797989373383673242576103938985349278
777473980508080015544764061053522202325409443567718794565430406735
896491017610775948364540823486130254718476485189575836674399791508
512858020607820554462991723202028222914886959399729974297471155371
858924238493855858595407438104882624648788053304271463011941589896
328792678327322456103852197011130466587100500083285177311776489735
230926661234588873102883515626446023671996644554727608310118788389
151149340939344750073025855814756190881398752357812331342279866503
522725367171230756861045004548970360079569827626392344107146584895
780241408158405229536937499710665594894459246286619963556350652623
405339439142111271810691052290024657423604130093691889255865784668
461215679554256605416005071276641766056874274200329577160643448606
201239821698271723197826816628249938714995449137302051843669076723
577400053932662622760323659751718925901801104290384274185507894887
438832703063283279963007200698012244365116394086922220745320244624
121155804354542064215121585056896157356414313068883443185280853970

5927734433655384188340303517822946253702015782157373265523185763554098954033236382319219892171177449469403678296185920803403867575834111518824177439145077366384071880489358256868542011645031357633355509440319236720348651010561049872726472131986543435450409131859513145181276437310438972507004981987052176272494065214619959232142314439776546708351714749367986186552791715824080651063799500184295938799158350171580759883784962257398512129810326379376218322456594236685376799113140108043139732335449090824910499143325843298821033984698141715756010829706583065211347076803680695322971990599904451209087275776225351040902392888779424630483280319132710495478599180196967835321464441189260631526618167443193550817081875477050802654025294109218264858213857526688155584113198560022135158887210365696087515063187533002942118682221893775546027227291290504292259787710667873840000616772154638441292371193521828499824350920891801685572798156421858191197490985730570332667646460728757430565372602768982373259745084479649545648030771598153955827779139373601717422996027353102768719449444917939785144631597314435351850491413941557329382048542123508173912549749819308714396615132942045919380106231421774199184060180347949887691051557905554806953878540066453375981862846419905220452803306263695626490910827627115903856995051246529996062855443838330327638599800792922846659503551211245284087516229060262011857775313747949362055496401073001348853150735487353905602908933526400713274732621960311773433943673385759124508149335736911664541281788171454023054750667136518258284898099512139193995633241336556777098003081910272040997148687418134667006094051021462690280449159646545330107754695413088714165312544813061192407821188690056027781824235022696189344352547633573536485619363254417756613981703930632872166905722259745209192917262199844409646158269456380239502837121686446561785235565164127712826918688615572716201474934052276946595712198314943381622114006936307430444173284786101777743837977037231795255434107223445512555589998646183876764903972461167959018100035098928641204195163551108763204267612979826529425882951141275841262732790798807559751851576841264742209479721843309352972665210015662514552994745127631550917636730259462132930190402837954246323258550301096706922720227074863419005438302650681214142135057154175057508639907673946335146209082888934938376439399256900604067311422093312195936202982972351163259386772241477911629572780752395056251581603133359382311500518626890530658368129988108663263271980611271548858798093487912913707498230575929091862939195014721197586067270092547718025750337730799397134539532646195269996596385654917590458333585799102012713204583903200853878881633637685182083727885131175227769609787962142372162545214591281831798216044111311671406914827170981015457781939202311563871950805024679725792497605772625913328559726371211120190572077140914864507409492671803581515757151405039761096384675556929897038354731410022380258346876735012977541327953206097115450648421218593649099791776687477448188287063231551586503289816422828823274686610659273219790716238464215348985247621678905026099804526648392954235728734397768049577409144953839157556548545905897649519851380100795801078375994577529919670054760225255203445398871253878017196071816407812484784725791240782454436168234523957068951427226975043187363326301110305342333582160933319121880660826834142891041517324721605335584999322454873077882290525232423486153152097693846104258284971496347534183756200301491570327968530186863157248840152663983568956363465743532178349319982554211730846774529708583950761645822963032442432823773745051702856069806788952176819815671078163340526675953942492628075696832610749532339053622309080708145591983735537774874202903901814293731152933464446815121294509759653430628421531944572711861490001765055817709530246887526325011970520947615941676872778447200019278913725184162285778379228443908430118112149636642465903363419454065718354477191244662125939265662030688852

005559912123536371822692253178145879259375044144893398160865790087
616502463519704582889548179375668104647461410514249887025213993687
050937230544773411264135489280684105910771667782123833281026218558
775131272117934444820144042574508306394473836379390628300897330624
138061458941422769474793166571762318247216835067807648757342049155
762821758397297513447899069658953254894033561561316740327647246921
250575911625152965456854463349811431767025729566184477548746937846
423373723898192066204851189437886822480727935202250179654534375727
416391079197295295081294292220534771730418447791567399173841831171
036252439571615271466900581470000263301045264354786590329073320546
833887207873544476264792529769017091200787418373673508771337697768
349634425241994995138831507487753743384945825976556099655595431804
092017849718468549737069621208852437701385375768141663272241263442
398215294164537800049250726276515078908507126599703670872669276430
837722968598516912230503746274431085293430527307886528397733524601
746352770320593817912539691562106363762588293757137384075440646896
478310070458061344673127159119460843593582598778283526653115106504
162329532904777217408355934972375855213804830509000964667608830154
061282430874064559443185341375522016630581211103345312074508682433
943215904359443031243122747138584203039010607094031523555617276799
416002039397509989762933532585557562480899669182986422267750236019
325797472674257821111973470940235745722227121252685238429587427350
156366009318804549333898974157149054418255973808087156528143010267
046028431681923039253529779576586241439270154974087927313105163611
913757700892956482332364829826302460797587576774537716010249080462
430185652416175665560016085912153455626760219268998285537787258314
514408265458348440947846317877737479465358016996077940556870119232
860804113090462935087182712593466871276669487389982459852778649956
916546402945893506496433580982476596516514209098675520380830920323
048734270346828875160407154665383461961122301375945157925269674364
253192739003603860823645076269882749761872357547676288995075211480
485252795084503395857083813047693788132112367428131948795022806632
017002246033198967197064916374117585485187848401205484467258885140
156272501982171906696081262778548596481836962141072171421498636191
877475450965030895709947093433785698167446582826791194061195603784
539785583924076127634410576675102430755981455278616781594965706255
975507430652108530159790807334373607943286675789053348366955548680
391343372015649883422089339997164147974693869690548008919306713805
717150585730714881564992071408675825960287605645978242377024246980
532805663278704192676846711626687946348695046450742021937394525926
266861355294062478136120620263649819999949840514386828525895634226
432870766329930489172340072547176418868535137233266787792173834754
148002280339299735793615241275582956927683723123479898944627433045
456679006203242051639628258844308543830720149567210646053323853720
314324211260742448584509458049408182092763914000854042202355626021
856434899414543995041098059181794888262805206644108631900168856815
516922948620301073889718100770929059048074909242714101893354281842
999598816966099383696164438152887721408526808875748829325873580990
567075581701794916190611400190855374488272620093668560447559655747
648567400817738170330738030547697360978654385938218722058390234444
350886749986650604064587434600533182743629617786251808189314436325
120510709469081358644051922951293245007883339878842933934243512634
336520438581291283434529730865290978330067126179813031679438553572
629699874035957045845223085639009891317947594875212639707837594486
113945196028675121056163897600888009274611586080020780334159145179
707303683519697776607637378533301202412011204698860920933908536577
322239241244905153278095095586645947763448226998607481329730263097
502881210351772312446509534965369309001863776409409434983731325132
186208021480992268550294845466181471555744470966953017769043427203
189277060471778452793916047228153437980353967986142437095668322149

1465438014593829277393396032754048009552231816667380357183932757 07
714204672383862461780397629237713120958078936384144792980258806552
212926209362393063731349664018661951081158347117331202580586672763
999276357907806381881306915636627412543125958993611964762610140556
350339952314032311381965623632719896183725484533370206256346422395
276694356837676136871196292181875457608161705303159072882870071231
366630872275491866139577373054606599743781098764980241401124214277
366808275139095931340415582626678951084677611866595766016599817808
941498575497628438785610026379654317831363402513581416115190209649
913354873313111502270068193013592959597164019719605362503355847998
096348871803911161281359596856547886832585643789617315976200241962
155289629790481982219946226948713746244472909345647002853769495885
959160678928249105441251599630078136836749020937491573289627002865
682934443134234735123929825916673950342599586897069726733258273590
312128874666045146148785034614282776599160809039865257571726308183
349444182019353338507129234577437557934406217871133006310600332405
399169368260374617663856575887758020122936635327026710068126182517
291460820254189288593524449107013820621155382779356529691457650204
864328286555793470720963480737269214118689546732276775133569019015
372366903686538916129168888787640752549349424973342718117889275993
159671935475898809792452526236365903632007085444078454479734829180
208204492667063442043755532505052752283377888704080403353192340768
563010934777212563908864041310107381785333831603813528082811904083
256440184205374679299262203769871801806112262449090924264198582086
175117711378905160914038157500336642415609521632819712233502316742
260056794128140621721964184270578432895980288233505982820819666624
903585778994033315227481777695284368163008853176969478369058067106
482808359804669884109813515865490693331952239436328792399053481098
783027450017206543369906611778455436468772363184446476806914282800
455107468664539280539940910875493916609573161971503316696830992946
634914279878084225722069714887558063748030886299511847318712477729
191007022758889348693945628951580296537215040960310776128983126358
996489341024703603664505868728758905140684123812424738638542790828
273382797332688550493587430316027474906312957234974261122151741715
313361862241091386950068883589896234927631731647834007746088665559
873338211382992877691149549218419208777160606847287467368188616750
722101726110383067178785669481294878504894306308616994879870316051
588410828235127415353851336589533294862949449506186851477910580469
603906937266267038651290520113781085861618888694795760741358553458
515176805197333443349523012039577073962377131603024288720053732099
825300897761897312981788194467173116064723147624845755192873278282
512718244680782421521646956781929409823892628494376024885227900362
021938669648221562809360537317804086372726842669642192994681921490
870170753336109479138180406328738759384826953558307739576144799727
000347288018278528138950321798634521611106660883931405322694490545
552786789441757920244002145078019209980446138254780585804844241640
477503153605490659143007815837243012313751156228401583864427089071
828481675752712384678245953433444962201009607105137060846180118754
312072549133499424761711563332140893460915656155060031738421870157
022610310191660388706466143889773631878094071152752817468957640158
104701696524755774089164456867771715850058326994340167720215676772
406812836656526412298243946513319735919970940327593850266955747023
181320324371642058614103360652453693916005064495306016126782264894
243739716671766123104897503188573216555498834212180284691252908610
148552781527762562375045637576949773433684601560772703550962904939
248708840628106794362241870474700836884267102255830240359984164595
112248527263363264511401739524808619463584078375355688562231711552
094722306543709260679735100056554938122457548372854571179739361575
616764169289580525729752233855861138832217110736226581621884244317
885748879810902665379342666421699091405653643224930133486798815488

662866505234699723557473842483059042367714327879231642240387776433
019260019228477831383763253612102533693581262408686669973827597736
568222790721583247888864236934639616436330873013981421143030600873
066616480367898409133592629340230432497492688783164360268101130957
071614191283068657732353263965367739031766136131596555358499939860
056515592193675997771793301974468814837110320650369319289452140265
091546518430993655349333718342529843367991593941746622390038952767
381333061774762957494386871697845376721949350659087571191772087547
710718993796089477451265475750187119487073873678589020061737332107
569330221632062843206567119209695058576117396163232621770894542621
460985841023781321581772760222273813349541048100307327510779994899
197796388353073444345753297591426376840544226478421606312276964696
715647399904371590332390656072664411643860540483884716191210900870
101913072607104411414324197679682854788552477947648180295973604943
970047959604029274629920357209976195014034831538094771460105633344
699882082212058728151072918297121191787642488035467231691654185225
672923442918712816323259696541354858957713320833991128877591722611
527337901034136208561457799239877832508355073019981845902595835598
926055329967377049172245493532968330000223018151722657578752405883
224908582128008974790932610076257877042865600699617621217684547899
644070506624171021332748679623743022915535820078014116534806564748
823061500339206898379476625503654982280532966286211793062843017049
240230198571997894883689718304380518217441914766042975243725168343
541121703863137941142209529588579806015293875275379903093887168357
209576071522190027937929278630363726876582268124199338480816602160
372215471014300737753779269906958712128928801905203160128586182549
441335382078488346531163265040764242839087012101519423196165226842
200371123046430067344206474771802135307012409886035339915266792387
110170622186588357378121093517977560442563469499978725112544085452
227481091487430725986960204027594117894258128188215995235965897918
114407765335432175759525553615812800116384672031934650729680799079
396371496177431211940202129757312516525376801735910155733815377200
195244454362007184847566341540744232862106099761324348754884743453
966598133871746609302053507027195298394327142537115576660002578442
303107342955153394506048622276496668762407932435319299263925373107
689213535257232108088981933916866827894828117047262450194840970097
576092098372409007471797334078814182519584259809624174761013825264
395513525931188504563626418830033853965243599741693132289471987830
842760040136807470390409723847394583489618653979059411859931035616
843686921948538205578039577388136067954990008512325944252972448666
676683464140218991594456530942344065066785194841776677947047204195
882204329538032631053749488312218039127967844610013972675389219511
911783658766252808369005324900459741094706877291232821430463533728
351995364827432583311914445901780960778288358373011185754365995898
272453192531058811502630754257149394302445393187017992360816661130
542625399583389794297160207033876781503301028012009599725222228080
142357109476035192554443492998676781789104555906301595380976187592
035893734197896235893112598390259831026719330418921510968915622506
965911982832345550305908173073519550372166587028805399213857603703
537710517802128012956684198414036287272562321442875430221090947272
107347413497551419073704331827662617727599688882602722524713368335
345281669277959132886138176634985772893690096574956228710302436259
077241221909430087175569262575806570991201665962243608024287002454
736203639484125595488172727247365346778364720191830399871762703751
572464992228946793232269361917764161461879561395669956778306829031
658969943076733350823499079062410020250613405734430069574547468217
569044165154063658468046369262127421107539904218871612761778701425
886482577522388918459952337629237791558574454947736129552595222657
863646211837759847370034797140820699414558071908021359073226923310
083175951065901912129479540860364075735875020589020870457967000705

526250581142066390745921527330940682364944159089100922029668052332
526619891131184201629163107689408472356436680818216865721968826835
840278550078280404345371018365109695178233574303050485265373807353
107418591770561039739506264035544227515610110726177937063472380499
066692216197119425912044508464174638358993823994651739550900085947
999013602667426149429006646711506717542217703877450767356374215478
290591101261915755587023895700140511782264698994491790830179547587
676016809410013583761357859135692445564776446417866711539195135769
610486492249008344671548638305447791433009768048687834818467273375
843689272431044740680768527862558516509208826381323362314873333671
476452045087662761495038994950480956046098960432912335834885999029
452640028499428087862403981181488476730121675416110662999555366819
312328742570206373835202008686369131173346973174121915363324674532
563087134730279217495622701468732586789173455837996435135880095935
087755635624881049385299900767513551352779241242927748856588856651
324730251471021057535251651181485090275047684551825209633189906852
761443513821366215236889057878669943228881602837748203550601602989
400911971385017987168363374413927597364401700701476370665570350433
812111357641501845182141361982349515960106475271257593518530433287
553778305750956742544268471221961870917856078393614451138333564910
325640573389866717812397223751931643061701385953947436784339267098
671245221118969084023632741149660124348309892994173803058841716661
307304006758838043211155537944060549772170594282151488616567277124
090338772774562909711013488518437411869565544974573684521806698291
104505800429988795389902780438359628240942186055628778842880212755
388480372864001944161425749990427200959520465417059810498996750451
193647117277222043610261407975080968697517660023718774834801612031
023468056711264476612374762785219024120256994353471622666089367521
983311181351114650385489502512065577263614547360442685949807439693
233129712737715734709971395229118265348515558713733662912024271430
250376326950135091161295299378586468130722648600827088133353819370
368259886789332123832705329762585738279009782646054559855513183668
884462826513379849166783940976135376625179825824966345877195012438
404035914084920973375464247448817618407002356958017741017769692507
781489338667255789856458985105689196092439884156928069698335224022
563457049731224526935419383700484318335719651662672157552419340193
309901831930919658292096965624766768365964701959575473934551433741
370876151732367720422738567427917069820454995309591887243493952409
444167899884631984550485239366297207977745281439941825678945779571
255242682608994086331737153889626288962940211210888442737656862452
761213037101730078513571540453304150795944777614359743780374243664
697324713841049212431413890357909241603640631403814983148190525172
093710396402680899483257229795456404270175772290417323479607361878
788991331830584306939482596131871381642346721873084513387721908697
510494284376932502498165667381626061594176825250999374167288395174
406693254965340310145222531618900923537648637848288134420987004809
622717122640748957193900291857330746010436072919094576799461492929
042798168772942648772995285843464777538690695014898413392454039414
468026362540211861431703125111757764282991464453340892097696169909
837265236176874560589470496817013697490952307208268288789073019001
825342580534342170592871393173799314241085264739094828459641809361
413847583113613057610846236683723769591349261582451622155213487924
414504175684806412063652017038633012953277769902311864802006755690
568229501635493199230591424639621702532974757311409422018019936803
502649563695586642590676268568737211033915679383989576556519317788
300024161353956243777784080174881937309502069990089089932808839743
036773659552489130015663329407790713961546453408879151030065132193
448667324827590794680787981942501958262232039513125201410996053126
069655540424867054998678692302174698900954785072567297879476988883
109348746442640071818316033165551153427615562240547447337804924621

495213325852769884733626918264917433898782478927846891882805466998
230368993978341374758702580571634941356843392939606819206177333179
173820856243643363535986349449689078106401967407443658366707158692
452118299789380407713750129085864657890577142683358276897855471768
718442772612050926648610205153564284063236848180728794071712796682
006072755955590404023317874944734645476062818954151213916291844429
765106694796935401686601005519607768733539651161493093757096855455
938151378956903925101495326562814701199832699220006639287537471313
523642158926512620407288771657835840521964605410543544364216656224
456504299901025658692727914275293117208279393775132610605288123537
345106837293989358087124386938593438917571337630072031976081660446
468393772580690923729752348670291691042636926209019960520412102407
764819031601408586355842760953708655816427399534934654631450404019
952853725200495780525465625115410925243799132626271360909940290226
206283675213230506518393405745011209934146491843332364656937172591
448932415900624202061288573292613359680872650004562828455757459659
212053034131011182750130696150983551563200431078460190656549380654
252522916199181995960275232770224985573882489988270746593635576858
256051806896428537685077201222034792099393617926820659014216561592
530673794456894907085326356819683186177226824991147261573203580764
629811624401331673789278868922903259334986179702199498192573961767
307583441709855922217017182571277753449150820527843090461946083521
740200583867284970941102326695392144546106621500641067474020700918
991195137646690448126725369153716229079138540393756007783515337416
774794210038400230895185099454877903934612222086506016050035177626
483161115332558770507354127924990985937347378708119425305512143697
974991495186053592040383023571635272763087469321962219006426088618
367610334600225547747781364101269190656968649501268837629690723396
127628722304114181361006026404403003599698891994582739762411461374
480405969706257676472376606554161857469052722923822827518679915698
339074767114610302277660602006124687647772881909679161335401988140
275799217416767879923160396356949285151363364721954061117176738737
255572852294005436178517650230754469386930787349911035218253292972
604455321079788771144989887091151123725060423875373484125708606406
905205845212275453384800820530245045651766951857691320004281675805
492481178051983264603244579282973012910531838563682120621553128866
856495651261389226136706409395333457052698695969235035309422454386
527867767302754040270224638448355323991475136344104405009233036127
149608135549053153902100229959575658370538126196568314428605795669
662215472169562087001372776853696084070483332513279311223250714863
020695124539500373572334680709465648308920980153487870563349109236
605755405086411152144148143463043727327104502776866195310785832333
485784029716092521532609255893265560067212435946425506599677177038
844539618163287961446081778927217183690888012677820743010642252463
480745430047649288555340906218515365435547412547615276977266776977
277705831580141218568801170502836527554321480348800444297999806215
790456416195721278450892848980642649742709057912906921780729876947
797511244730599140605062994689428093103421641662993561482813099887
074529271604843363081840412646963792584309418544221635908457614607
855856247381493142707826621518554160387020687698046174740080832434
366538235455510944949843109349475994467267366535251766270677219418
319197719637801570216993367508376005716345464367177672338758864340
564487156696432104128259564534984138841289042068204700761559691684
303899934836679354254921032811336318472259230555438305820694167562
999201337317548912203723034907268106853445403599356182357631283776
764063101312533521214199461186935083317658785204711236433122676512
996417132521751355326186768194233879036546890800182713528358488844
411176123410117991870923650718485785622102110400977699445312179502
247957806950653296594038398736990724079767904082679400761872954783
596349279390457697366164340535979221928587057495748169669406233427

261973351813662606373598257555249650980726012366828360592834185584
802695841377255897088378994291054980033111388460340193916612218669
605849157148573356828614950001909759112521880039641976216355937574
371801148055944229873041819680808564726571354761283162920044988031
540210553059707666636274932830891688093235929008178741198573831719
261672883491840242972129043496552694272640255964146352591434840067
586769035038232057293413298159353304444649682944136732344215838076
169483121933311981906109614295220153617029857510559432646146850545
268497576480780800922133581137819774927176854507553832876887447459
159373116247060109124460982942484128752022446259447763874949199784
044682925736096853454984326653686284448936570411181779380644161653
122360021491876876946739840751717630751684985635920148689294310594
020245796962292456664488196757629434953532638217161339575779076637
076456957025973880043841580589433613710655185998760075492418721171
488929522173772114608115434498266547987258005667472405112200738345
927157572771521858994694811794064446639943237004429114074721818022
482583773601734668530074498556471542003612359339731291445859152288
740871950870863221883728826282288463184371726190330577714765156414
382230679184738603914768310814135827575585364359772165002827780371
342286968878734979509603110889919614338666406845069742078770028050
936720338723262963785603865321643234881555755701846908907464787912
243637555666867806761054495501726079114293083128576125448194444947
324481909379536900820638463167822506480953181040657025432760438570
350592281891987806586541218429921727372095510324225107971807783304
260908679427342895573555925272380551144043800123904168771644518022
649168164192740110645162243110170005669112173318942340054795968466
980429801736257040673328212996215368488140410219446342464622074557
564396045298531307140908460849965376780379320189914086581466217531
933766597011433060862500982956691763884605676297293146491149370462
446935198403953444913514119366793330193661766365255514917498230798
707228086085962611266050428929696653565251668888557211227680277274
370891738963977225756489053340103885593112567999151658902501648696
142720700591605616615970245198905183296927893555030393468121976158
218398048396056252309146263844738629603984892438618729850777592879
272206855480721049781765328621018747676689724884113956034948037672
703631692100735083407386526168450748249644859742813493648037242611
670426687083192504099761531907685577032742178501000644198412420739
640013960360158381056592841368457411910273642027416372348821452410
134771652960312840865841978795111651152982781462037913985500639996
032659124852530849369031313010079997719136223086601109992914287124
938854161203802041134018888721969347790449752745428807280350930582
875442075513481666092787935356652125562013998824962847872621443236
285367650259145046837763528258765213915648097214192967554938437558
260025316853635673137926247587804944594418342917275698837622626184
636545274349766241113845130548144983631178978448973207671950878415
861887969295581973325069995140260151167552975057543781024223895792
578656212843273120220071673057406928686936393018676595825132649914
595026091706934751940897535746401683081179884645247361895605647942
635807056256328118926966302647953595109712765913623318086692153578
860781275991053717140220450618607537486630635059148391646765672320
571451688617079098469593223672494673758309960704258922048155079913
275208858378111768521426933478692189524062265792104362034885292626
798401395321645879115157905046057971083898337186403802441751134722
647254701079479399695355466961972676325522991465493349966323418595
145036098034409221220671256769872342794070885707047429317332918852
389672197135392449242617864118863779096281448691786946817759171715
066911148002075943201206196963779510322708902956608556222545260261
046073613136886900928172106819861855378098201847115416363032626569
928342415502360097804641710852553761272890533504550613568414377585
442967797701466029438768722511536380119175815402812081825560648541

078793359892106442724489861896162941341800129513068363860929410008
313667337215300835269623573717533073865333820484219030818644918409
372394403340524490955455801640646076158101030176748847501766190869
294609876920169120218168829104087070956095147041692114702741339005
225334083481287035303102391969997859741390859360543359969707560446
013424245368249609877258131102473279856207212657249900346829388687
230489556225320446360263985422525841646432427161141981780248259556
354490721922658386366266375083594431487763515614571074552801615967
704844271419443518327569840755267792641126176525061596523545718795
667317091331935876162825592078308018520689015150471334038610031005
591481785211038475454293338918844412051794396997019411269511952656
491959418997541839323464742429070271887522353439367363366320030723
274703740712398256202466265197409019976245205619855762576000870817
308328834438183107005451449354588542267857855191537229237955549433
341017442016960009069641561273229777022121795186837635908225512881
647002199234886404395915301846400471432118636062252701154112228380
277853891109849020134274101412155976996543887719748537643115822983
853312307175113296190455900793806427669581901484262799122179294798
734890186847167650382732855205908298452980625925035212845192592798
659350613296194679625237397256558415785374456755899803240549218696
288849033256085145534439166022625777551291620077279685262938793753
045418108072928589198971538179734349618723292761474785019261145041
327487324297058340847111233374627461727462658241532427105932250625
530231473875925172478732288149145591560503633457542423377916037495
250249302235148196138116256391141561032684495807250827343176594405
409826976526934457986347970974312449827193311386387315963636121862
349726140955607992062831699942007205481152535339394607685001990988
655386143349578165008996164907967814290114838764568217491407562376
761845377514403147541120676016072646055685925779932207033733339891
636950434669069482843662998003741452762771654762382554617088318981
086880684785370553648046935095881802536052974079353867651119507937
328208314626896007107517552061443378411454995013643244632819334638
905093654571450690086448344018042836339051357815727397333453728426
337217406577577107983051755572103679597690188995849413019599957301
790124019390868135658553966194137179448763207986880037160730322054
742357226689680188212342439188598416897227765219403249322731479366
923400484897605903795809469604175427961378255378122394764614783292
697654516229028170110043784603875654415173943396004891531881757665
050095169740241564477129365661425394936888423051740012992055685428
985389794266995677702708914651373689220610441548166215680421983847
673087178759027920917590069527345668202651337311151800018143412096
260165862982107666352336177400783778342370915264406305407180784335
806107296110555002041513169637304684921335683726540030750982908936
461204789111475303704989395283345782408281738644132271000296831194
020332345642082647327623383029463937899837583655455991934086623509
096796113400486702712317652666371077872511186035403755448741869351
973365662177235922939677646325156202348757011379571209623772343137
021203100496515211197601317641940820343734851285260291333491512508
311980285017785571072537314913921570910513096505988599993156086365
547740355189816673353588004821466509974143376118277772335191074121
757284159258087259131507460602563490377726337391446137703802131834
744730111303267029691733504770163210661622783002726928336558401179
141944780874825336071440329625228577500980859960904093631263562132
816207145340610422411208301000858726425211226248014264751942618432
585338675387405474349107271004975428115946601713612259044015899160
022982780179603519408004651353475269877760952783998436808690898919
783969353217998013913544255271791022539701081063214304851137829149
851138196914304349750018998068164441212327332830719282436240673319
655469267785119315277511344646890550424811336143498460484905125834
568326644152848971397237604032821266025351669391408204994732048602

1627759791771234751097502403078935759937715095021751693555827072533
3911892334070223832077585802137174778378778391015234132098489423455
9613692340497998279304144463162707214796117456975719681239291913744
0982925805561955207434243295982898980529233366415419256367380689499
4201471241340525072204061794355252555225008748790086568314542835166
7750542294803274783044056438581591952666758282929705226127628711044
0134801787224801789684052407924360582742467443076721645270313451355
4167649668901274786801010295133862698649748212118629040337691568577
6240699296372493097201628707200189835423690364149270236961938547377
2480329855045112089192879829874467864129159417531675602533435310622
6745254507114181483239880607297140234725520713490798398982355268722
3950909365667878992383712578976248755990443228895388377317348941122
2757071410959790047919301046740750411435381782464630795989555638999
1884773781341347070246747362112048986226991888517456251732519341355
2038115863350123913054441910073628447567514161050410973505852762044
4489190978901984315485280533985777844313933883994310444465669244555
0885946314081751220331390681596592510546858013133838152176418210433
3429788826119630443111388796258746090226130900849975430395771243233
0616906262919403921439740270894777663702488155499322458825979020633
1257436910946393252806241642476868495455324938017639371615636847855
9823715902385421265840615367228607131702674740131145261063765383399
0315921943469817605358380310612887852051546933639241088467632009566
7089718367490578163085158138161966882222047570437590614338040725855
3862083565176998426774523195824182683698270160237414938363496629355
1576854061397342746470899685618170160551104880971554859118617189666
8025973541705423985135560018720335079060946421271143993196046527422
4050882225359773481519135438571253258540493946010865793798058620144
3366078825219717809025817370870916460452727977153509910340736425022
0386386718220522879694458387652947951048660717390229327455426785666
9776865939923416834122274663015062155320502655341460995249356050855
4921756549134830958906536175693817637473644183378974229700703545200
6663170929607591989627732423090252397443861014263098687733913882511
8684316501027964911497737582888913450341148865948670215492101084322
8080783428089417298008983297536940644969903125399863919581601468999
5220880662285408414864274786281975546629278814621607171381880180844
0572084715868906836919393381864278454537956719272397972364651667599
2011057995663962598535512763558768140213409829016296873429850792477
1846056874828331381259161962476156902875901072733103299140623864600
8333378638257926302391590003557609032477281338887339178096966601466
9615031754226751125993315529674213336300222964906480934582008181066
1802100227664580400278213336758573019011371754672763059044353131311
9036092489097246427928455549913490005180295707082919052556781889911
3899625138662319380053611346224294610248954072404857123256628888933
1722116432947816190554868054943441034090680716088028227959686950133
3643814268252170472870863010137301155236861416908375675747637239766
3185757038109443390564564468524183028148107998376918512127201935044
4041804604721626939445788377090105974693219720558114078775989772077
2009689382249303236830515862657281114637996983137517937623215111255
2349734305240622105244234353732905655163406669506165892878218707755
6794176080712973781335187117931650033155523822487730653444179453411
5395202424449703410120874072188109388268167512042299404948179449477
2732894770111574139441228455521828424922240658752689172272780607111
6754046973008037039618787796694882555614674384392570115829546661355
8678671897661297311267200072971553613027503556167817765442287442111
4729881614802705243806817653573275578602505847084013208837932816000
8769081300492491473682517035382219619039014999523495387105997351144
3478292339499187936608692301375596368532373806703591144243268561511
2109404259582639301678017128669239283231057658851714020211196957066
4799814031505633045141564414623163763809904402816256917576489142566
9714163598439317433270237812336938043012892626375382667795034169333

4323607500248175741808750388475094939454896209740485442635637164 99
5949920980884294790363666297526003243856352945844728944547166209 29
7495496616877414120882130477022816116456044007236351581149729739 21
8966737382647204722642221242016560150284971306332795814302516013 69
4825567014780935790889657134926158161346901806965089556310121218 49
1805847922720691871696316330044858020102860657858591269974637661 74
1463934159569539554203314628026518951167938074573315759846086173 70
2687867602943677780500244673391332431669880354073232388281847501 05
1641331189537036488422690270478052742490603492082954755054003457 16
0184072574536938145531175354210726557835615499874447480427323457 88
0061873149341566046352979779455075359304795687209316724536547208 38
1685855606043801977030764246083489876101345709394877002946175792 06
1952549255757109038525171488525265671045349813419803390641529876 34
3695420256080277614421914318921393908834543131769685101840103844 47
2348948869520981943531906506555354617335814045544837884752526253 94
9665869992058417652780125341033896469818642430034146791380619028 05
9607854888010789705516946215228773090104467462497979992627120951 68
4779568482583341402266477210843362437593741610536734041954738964 19
7895425335036301861400951534766961476255651873823292468547356935 80
2896011536791787303553159378363082248615177770541577576561759358 51
2016692943111138863582159667618830326104164651714846979385422621 68
7161400122378213779774131268977266712992025922017408770076956283 47
3932201088159356286281928563571893384958850603853158179760679479 84
0878360975960149733420572704603521790605647603285569276273495182 20
3236144112584182426247712012035776388895974318232827871314608053 53
3574494297621796789034568169889553518504478325616380709476951699 08
6247100019748809205009521943632378719764870339223811540363475488 62
6845956159755193765410115014067001226927474393888589943859730245 41
4801061235908036274585288493563251585384383242493252666087588908 31
8700709100237377106576985056433928854337658342596750653715005333 51
4489908293887737352051459333049626531415141386124437935885070944 68
8045486975358170212908490787347806814366323322819415827345671356 44
3171537967818058195852464840084032909981943781718177302317003989 73
3050495387356116261023999433259780126893432605558471027876490107 09 2
3443884634011735556865903585244919370181041626208504299258697435 81
7098133894045934471937493877624232409852832762226660494238512970 945
3245586252103600829286649724174919141988966129558076770979594795 30
6013119159011773943104209049079424448868513086844493705909026006 12
0649425744710353547657859242708130410618546219881830090634588187 03
8755856274911587375421064667951346487586771543838018521348281915 81
2462599335160198935595167968932852205824799421034512715877163345 22
2995418839680448835529753361286837225935390079201666941339091168 75
8803988828869216002373257361588207163516271332810518187602104852 18
0675526648673908900907195138058626735124312215691637902277328705 41
0842037841525683288718046987952513073266340278519059417338920358 54
0395677035611329354482585628287610610698229721420961993509331312 17
1187891078766872044548876089410174798647137882462153955933333275 56
2009439580434537919782280590395959927436913793778664940964048777 84
1748336432684026282932406260081908081804390914556351936856063045 08
9142289645219987798849347477729132797266027658401667890136490508 74
1142126861969862044126965282981087045479861559545338021201155646 97
9976785738920186243599326777689454060508218838227909833627167124 49
0026761178498264377033002081844590009717235204331994708242098771 51
4449751017055643029542821819670009202515615844174205933658148134 90
2693111517093872260026458630561325605792560927332265579346280805 68
3443921373688405650434307396574061017779370141424615493070741360 80
5442100295600095663588977899267630517718781943706761498217564186 59
0116160865408635391513039201316805769034172596453692350806417446 56
2351523929050409479953184074862151210561833854566176652606393713 65
8802521666223576132201941701372664966073252010771947931265282763 30

2413805164907174565964853748354669194523580315301969160480994606681
4904037819829732360930087135760798621425422096419004367905479049993
0078372421581954535418371129368658430553842717628035279128821129300
8351575656599944741788438381565148434229858704245592434693295232822
1803508333726283791830216591836181554217157448465778420134329982599
4566884558266171979012180849480332448787258183774805522268151011377
1745368417870280274452442905474518234674919564188551244421337783522
1423865979925988203287085109338386829906571994614906290257427686033
8850511032638544540419184958866538545040571323629681069146814847866
9659166861842756798460041868762298055562963045953227923051616721599
1968675849523635298935788507746081537321454642984792310511676357744
9494622952569497660359473962430995343310404994209677883827002714477
8494069037073249106444151696053256560586778757417472110827435774311
5194060757983563629143326397812218946287447798119807225646714664055
4850131009656786314880090303749338875364183165134982546694673316111
8123364854397649325026179549357204305402182974871251107404011611400
5899911093062492312813116340549262571356721818628932786138833718022
8535056503591952741400869510926167541476792668032109237467087213600
6278332922386413619594121339278036118276324106004740971111048140000
3623342714514483334641675466354699731494756643423659493496845884555
1524150756376605086632827424794136062876041290644913828519456402644
3153225858624043141838669590633245063000392213192647625962691510900
4457695301444054618037857503036686212462278639752746667870121003399
2984873375014475600322100622358029343774955032037012738468163061022
6570300872275462966796880890587127676361066225722352229739206443099
3524327228100859973095132528630601105497915644791845004618046762400
8928925680912930592960642357021061524646205023248966593987324933966
7376952023991760898474571843531936646529125848064480196520162838799
5189499336759241485626136995945307287254532463291529110128763770600
5570609531377527751867923292134955245133089867969165129073841302166
7573238637575820080363575728002754490327953079900799442541108725699
3188014667935595834676432868876966610097395749967836593397846346955
9948950610490383647409504695226063858046758073069912290474089879166
6872117147527644711604401952718169508289733537148530928937046384422
0893299771125856840846608339934045689026787516008775461267988015466
5856522061210953490796707365539702576199431376639960606061106406955
9330828171876426043573425361756943784848495250108266488395159700499
0598380812105221111091943323951136051446459834210799058082093716466
4523127704023160072138543723461267260997870385657091998507595634611
3248460188409850194287687902268734556500519121546544063829253851277
6317663922050938345204300773017029940362615434001322763910912988322
7863920412300445551684054889809080779174636092439334912641164240099
3880746356607262336695842764583698268734815881961058571835767462000
9650526065929263548291499045768307210893245857073701660717398194488
5028842603963660746031184786225831056580870870305567595861341700744
5402965687634774176431051751036732869245558582082372038601781739400
5175130437994868822320044378043103170921034261674998000073016094811
4586374488778522273076330495383944345382770608760763542098445008300
6247630253572781032783461766970544287155315340016497076657195985044
1748199087201490875686037783591994719343352772947285537925787684833
2301101859365800717291186967617655053775030293033830706448912811411
2025506150896411007623824574488655182581058140345320124754723269088
7547507078577659732542844459353044992070014538748948226556442223699
6365544194225441338212225477497535494624827680533336983284156138699
2363443358553868471111430498248398991803165458638289353799130535222
2833430137953372954016257623228081138499491876144141322933767106566
3492528814528239506209022357876684650116660097382753660405446941655
3422239052108314585847035529352219928272760574821266065291385530344
5549744551470344939486863429459658431024190785923680224560763936788
4166270518555178702904073557304620639692453307795782245949710420188

804300018388142900817303945050734278701312446686009277858181104091
151172937487362788787490746528556543474888683106411005102302087510
776891878152562273525155037953244485778727761700196485370355516765
520911933934376286628461984402629525218367852236747510880978150709
897841308624588152266096355140187449583692691779904712072649490573
726428600521140358123107600669951853612486274675637589622529911649
606687650826173417848478933729505673900787861792535144062104536625
064046372881569823231750059626108092195521115085930295565496753886
261297233991462835847604862762702730973920200143224870758233735491
524608560821032888297418390647886992327369136004883743661522351705
843770554521081551336126214291181561530175888257359489250710887926
212864139244330938379733386780613179523731526677382085802470143352
700924380326695174211950767088432634644274912755890774686358216216
604274131517021245858605623363149316464691394656249747174195835421
860774871105733845843368993964591374060338215935224359475162623918
868530782282176398323730618020424656047752794310479618972429953302
979249748168405289379104494700459086499187272734541350810198388186
467360939257193051196864560185578245021823106588943798652243205067
737996619695547244058592241795300682045179537004347245176289356677
050849021310773662575169733552746230294303120359626095342357439724
965921101065781782610874531887480318743082357369919515634095716270
099244492974910548985151965866474014822510633536794973714251022934
188258511737199449911509758374613010550506419772153192935487537119
163026203032858865852848019350922587577559742527658401172134232364
808402714335636754204637518255252494432965704386138786590196573880
286840189408767281671413703366173265012057865391578070308871426151
907500149257611292767519309672845397116021360630309054224396632067
43235827978893323244057791992784846333397773765590187057480682867
834796562414610289950848739969297075043275302997287229732793444298
864641272534816060377970729829917302929630869580199631241330493935
049332541235507105446118259114111645453471032988104784406778013807
713146540009938630648126661433085820681139583831916954555825942689
576984142889374346708410794631893253910696395578070602124597489829
356461356078898347241997947856436204209461341238761319886535235831
299686226894860840845665560687695450127448663140505473535174687300
980632278046891224682146080672762770840240226615548502400895289165
711761743902033758487784291128962324705919187469104200584832614067
733375102719565399469716251724831223063391932870798380074848572651
612343493327335666447335855643023528088392434827876088616494328939
916639921048830784777704804572849145630335326507002958890626591549
850940797276756712979501009822947622896189159144152003228387877348
513097908101912926722710377889805396415636236416915498576840839846
886168437540706512103906250612810766379904790887967477806973847317
047525344215639038720123880632368803701794930895490077633152306354
837425681665336160664198003018828712376748189833024683637148830925
928337590227894258806008728603885916884973069394802051122176635913
825152427867009440694235512020156837777885182467002565170850924962
374772681369428435006293881442998790530105621737545918267997321773
502936892806521002539626880749809264345801165571588670044350397650
532347828732736884086354000274067678382196352222653929093980736739
136408289872201777674716811819585613372158311905468293608323697611
345028175783020293484598292500089568263027126329586629214765314223
335179309338795135709534637718368409244442209631933129562030557551
734006797374061416210792363342380564685009203716715264255637185388
957141641977238742261059666739699717316816941543509528319355641770
566862221521799115135563970714331289365755384464832620120642433801
695586269856102246064606933079384785881436740700059976970364901927
332882613532936311240365069865216063898725026723808740339674439783
025829689425689674186433613497947524552629142652284241924308338810
358005378702399954217211368655027534136221169314069466951318692810

257479598560514500502171591331775160995786555198188619321128211070
944228724044248115340605589595835581523201218460582056359269930347
885113206862662758877144603599665610843072569650056306448918759946
659677284717153957361210818084154727314266174893313417463266235422
207260014601270120693463952056444554329166298666078308906811879009
081529506362678207561438881578135113469536630387841209234694286873
083932043233387277549680521030282154432472338884521534372725012858
974769146080831440412586818154004918777228786980185345453700652665
564917091542952275670922221747411206272065662298980603289167206874
365494824610869736722554740481288924247185432360575341167285075755
205713115669795458488739874222813588798584078313506054829055148278
529489112190538319562422871948475940785939804790109419407067176443
903273071213588738504999363883820550168340277749607027684488028191
222063688863681104356952930065219552826152699127163727738841899328
713056346468822739828876319864570983630891778648708667618548568004
767255267541474285102814580740315299219781455775684368111018531749
816701642664788409026268282444825802753209454991510451851771654631
180490456798571325752811791365627815811128881656228587603087597496
384943527567661216895926148503078536204527450775295063101248034180
458405943292607985443562009370809182152392037179067812199228049606
973823874331262673030679594396095495718957721791559730058869364684
557667609245090608820221223571925453671519183487258742391941089044
411595993276004450655620646116465566548759424736925233695599303035
509581762617623184956190649483967300203776387436934399982943020914
707361894793269276244518656023955905370512897816345542332011497599
489627842432748378803270141867695262118097500640514975588965029300
486760520801049153788541390942453169171998762894127722112946456829
486028149318156024967788794981377721622935943781100444806079767242
927624951078415344642915084276452000204276947069804177583220909702
029165734725158290463091035903784297757265172087724474095226716630
600546971638794317119687348468873818665675127929857501636341131462
753049901913564682380432997069577015078933772865803571279091376742
080565549362464641260024379684543777339026472512819416320076848736
251764065967540693621758879307855916478777274739272002910342949562
447661308200729250734529170764226621047673037863169954237455117456
522022783324096803524667663190861011206745856287317413511162292078
865132941244815471628182079877168346341322362234117788231027659825
109358892359162055108763298087993165172528938001237817434896832151
590562493347370206832232100118637395770567473867102173212375224325
241626358034376253606808669163571594551527817803921774322823436633
772811186390511893075901666650742952758384008544635419317190531363
659724905158409106582201814734799022359067138146905116051922301269
482316113417439944714833040862484269139502336713412425123864026657
258130943967621939655407386524229897879782198637918299709557924747
320303239116410445906907977862315518349593035305923789817515891457
650408025109479123421758482841881950138546165680301755035580054944
894884871351605375593402345748979516602442338321406030095937105588
457052515704266284600354402823678768550982678161765520375795655481
677896038927498355608791541177749423573400764161093294003899982199
267257086957326068774974224802023307525187650255968420760693229988
587579898896460744381788170081548895226516722834045277219106991415
764639485231126794730865803195076455197675628957428881796812090026
387145257858315277615109088631740243695680567873015235427804793414
266495223833707117511265375503942372098784668049139473446530714079
622597287130503077258714875570502582573466866613802351426056116197
405543436548698005444879295970287590352258409782683598666446586045
694241390729095266249932902973440568160683805726626057277088407073
471496060064561454070734432782514087474275506722304845357006092214
390002992981608211717047917614505191008132670375214930740567853311
106058352912781007391749949197845112915913681107394055175208019630

5393507402485095537725003670546651623304304250874423242624046321150789973369299854070416562610419767002024150948924118560924096376044296120023645907064497706272079190192359648070489236369798601982830872842285647523531628827913242955248144475055219096720460806895451817122049303218537406272474215197403057690436026863607807920047762324295518294735220272443763390277213920877670657162416397517858592544269234285352743288563368507896519620725194165560618703705502184628454342578503830000953745182929584404649188386857934839611512971605816657450967036774958366666931218817636796449436171304160372430506584851317492640558551940180051809084752118682246169761492432383194864344159085580110730703112015022434160731579295287529368358203970033891121141706852193665897894595031543895890153038271430019295890741499435928940830970770783628759144840370450386189669758112018523192318686599680385838123703291562075788359487809416882055316051281901526475928075749581545642213414593781670569928682998956119823538371578804804787045841753946654976901732203108900703033629117673084484503721456696444014695451738574341578101586187838392785526093991305702555755590609470514980934877733200727975730382459894668096808222134848587382299928179409082566520958165547247524456674369759447468637633242890426977610679193391098330042231029372829879890320939109268283630617361017387812367989864514931170243712828588263048629888449220741564060714705913740552466575697187021735528724543942771480917936443765063786186132434863579741125852086345992780368879249835436329845768765016506511534500869572123950754478568317363155715352704652423525973751340882546160966144074667551422683603195980107215246355106917187133573168548563128085783443562367095965094994696882066118511808603420282133180124941099150260143545001743273079362511307029825049941799428445114647932915459955590958780762163666859179106543596606525352532027365072598912125568684280207724648772201099663182955955290339331228436486447597356085984076094729838954243393262315323991898185226418083129633354635687482886346561850481063228880559673784456200094146560349928087940511531005758712955257196411150685034077371060438037125957559698594936205847751202635494734753474818926225419035267161442928489985753674069216527163008606065437373682355658862648634368915321809557220445677713736831045807558452961283283260631962972852796667436297480082131862792186904428434263073576070399966943078950814726973025381737569492275179535432615691204059483286094999236641228788122641914850485632807206641855705952037503032291689448942757830609091085241060140068327420558396977382315073499610875876370425556496408685507194225634496673243065625925047458176273328181601701969816654242637876360145303594653845032547667499973734083566513818602515652028363738917101654541488267444800910570418616262683797112088614135727961109908829297022969212818097879895139150427093678644498319642013456683390877594300644248562301212461451169792193963440950808322928129427043659914648274998437594211302041829730841717881309037955854560324717081919530277146579455547554475428443440813938890860977601785738930751866190650501807716500184074432585402418436050111824299070232341724367452536534959479906333454075437181269939983371921848541873597984534893459226851506818266249007802933501265882497422624188535252663670282766249934982948874833106176420842901692305289960897860413006510902817980504058710767117904113021748279668235300196022025318557678984331758680637835996879160153892222023657576558158661140919939486159920915991755334178303334764313163501270539069707932656781241590643428472136023521823674121473312449994433415591527431593168747788253315509277033620290122259779480985539220006452716228085539827890658423344755282127651765057266326769114107503484587189699643487577513847914818363510062146681858509634888708145697672202016799119946241777668890791713686594596072646853881077878300216136827669702622345941873747673353799888440342704680304255169412715873932039844437460454

816113056625176412759821181939661101850562880555942566060032312116
180994622129301002470913347150682268430458680300904242861682025562
140946087900065191099495570815816505828983340739466084457565780636
690272843462018587328252924796505286681408503538519837523637451925
622795490290557907030283950104854835929834542814487304358047053315
081510503001521428117175393649133166172621235405527863308002083177
055630294963594201654333094094177196326234119387105161570101798053
551679370860291366756986097124120368583812957695307798141365700174
761356966986146068491439699573837631695824602513342108072621713601
943018087209888551415024163818325975259593165531865833117126857941
527206612218422661411825154657484878312610347834546749258308729985
447421206445095233245050877431496166555251797168020991720026409374
921907569936896330281391647208963581771735555848592706524504862516
419540550801343510323389813378302497701822754906381499964723334079
613041469739476372650869273347108415685608430921316240434629863920
841660055904598506491243505264766067600344441618186403670083774114
101094320588955598658670077863671896944089622321374034113597199133
135946553685446692367652589012108413777432482191812747847892287264
892970032371873456157981599834839100412601050746964599430331978810
634913923812490503061433407918328004063907098672596197098311265960
147473725330526853717742146554005873924623727617364905198713368067
723952570781360686683261395014329509474851594724667527201684316586
608807512768584755541184381169011622005552113484448896066825922743
319007963011587084670117654935393046563356225311244727796669005831
190616101972663073970542531439818457379449486780134618217875939076
999602029083965677287846905736401564015047696448993947541474608339
918696889271156942345492651246645507792554028105037622035967530558
601856492056062879090769453339208808849477828894851122154743230191
383245562993881020614490266876010207753210915684977830740859649857
967152617010039475494539917698791323546550106407355816999409756248
149967443278429202762644189793918158394562708173301582160225519659
898769376164019861207466755048861110855726764507052622446130222335
852072273620485057289238815884938754535229186399714380884061757286
220950122506515863104258884134355431973729856217753072022629475552
483044445340434888878581170341345342522354319407877972846760181583
227097745180929342193189815812482832658950040704855206099893783900
341914163044639163880549658786501375046341695655156618298878630705
842306967660254053024811471007899784211830489010464056896539702885
595530925558636052158957375114089564905844156774937105859648014315
874614491250549253191164653821585197370093280194530320572628452658
046046337816631429933076646646530760590548962888724189716060225882
617577539922055131509377200624863085562820493575752724995567089221
634233983602565328731029194007041176919220850015116735670101958971
001797019578120892910969417754369904368202563024054822625401905696
507710581574240721496339560365270283334407305750073674562260584649
886115101689612181119058471714461068719761017456587373796740697137
423238753839030317200200207205928488785123911746471673743737923283
881966201687622191346233893762599527025672138622112458980212130501
407288904300322535504095866818724139369938193069148744717186646183
111942603161664070377316487001864799600243044003242241809402278533
309011509880870678268835317200767522553138008818780431690190072804
831799287414125476123089606833095828377667688287578688683092976001
011974533898331952588619630132917094385816615374171794496319177154
312506959853481285684619377669894277459170918802520012749905559407
289696594793331672243621567896776966708035229039018485730806275670
867658627104769409203565593025352743418965927002227049233186829991
560936413757004988537304596396152734629396974951748062696451793018
719986788537581415975799314806608557232568374305282764175670050288
040489429899580948103534833934144927885925262192415547231997143385
086637320926632728243514933640704589683852345624744361175256766987

767597223439206357507471552918102762614012992480422883990297879925
4185174991296302839907296355885798905933177959087690739056460256 23
533567221552259468838298452882922966275137162422172954678670715840
924184084147557582539385240963302051349704740695399567897981727860
920462286839735779815111868152659884606949758965481314651150392626
377749513761557248195116119877250344564710738513435927355538712462
375598193813214238441581929070046389771683887207916361741432497079
109658162746429717072871725142745898356897095534626820169085356108
944898407100581920302176945120771774588795519510473384184739980796
306767885845167575729904306971542642383498009870869933670912108394
453506245922432312348278549660374657188014892937945147870540607924
575900601219622123928720017215588666345734971409533721151655985757
941724419889026167016101611557834315025460328781198424027484608510
722406676778760855247617773833089502610064388350550205456324346167
859451941795669874968515244883847513618180667108316165564209369270
520611898517292617141714434655508706306063551012949400309759167799
158426049197120954322702678432654296572403272088714321999645313202
587109677165128549669962552698607311763718207498827399770601991362
093083230736838206455732563765982912578131492224220427971241441629
951265945639792759380383804782623160424325399132851123032247037561
942321733047854078576244013291717992979240783390715757981426816864
655382946847399205888631655934919867896962840447344968024077092831
376408103352255242717404107673565424441004483347440101726441052954
787296345898640501203608024451190350994974493973617181575277093780
209236668135841636268319263406714182797421342546220705415600050959
674045616840451771747952790353254932589120483385746590096781730416
000521088934610768754004241977803082885181200173369559127137714195
011361304409753279190504891583246399143483531648681548579178632935
123925552510211182788573696060276931301469661433449642302114382483
705633532793858895267672076688971274435815632088106650149568143558
796576909857765902768707453659276364975553449617308078160987103248
013795136170367763457594975686208013996374551762425147780628722265
971455482906769295713643572152674468987889418820751292225756509143
552828874614195097862427527881571566400763721037803194043095844272
549269987169234331890022141503113998765260688761566740210197201719
602390861082974927639569541153032275460173870795625993579785302443
476716399591462317931239989986928437975702492369551587297683854005
227651495614447105971962889888157109415171701518114743513643854005
116246202131174800791983749700100471363432523281578911355450453371
905275068229156185003328469567926226208190442473340362503892792071
585960039363153368842724375366799698647934741133198328619441460653
922784099903143840354565047056789552024827176011874335643690243503
085631309559055250390492731613311734922584644609024535079190184411
299321699770451832853586480428556822208737213616490586303256368913
084103760215679927020005322355439804653119339775459044045078568021
398465009693429547310269249947586466058091669984160684646087293943
808274308285817479694172872990311013192675573897984091364253479694
943480377703364634958476862982590103470727861218623001986607987782
684245933835638919570206853521603211635230064988744600200170413056
985365154668752023859375183280372851143274811699683692849220447380
570633496618711240947835915869626858643589141359854253577688774932
743634514754488640868818030369652431755688300205860773256959716086
485415834468432489963077011371344675156930244885482077124133557732
306949458067267845235943631507872728157901573070033178796854436279
525719023623274614262868732738009497741122856237663214904653294072
026197539071740422259539242888164559796570030957141389106936845036
268231053986743753240052701534745893325679514941854537808827063457
295962169085383535370381418115573816378209032561519869745357646412
125498076005156141707298046994813593483150568116642793219335279822
714715767340186088721518799669350252700757556099719882863064285448

128275139280694702750148163289727314347348528529504604883271673978
9815636788047804436021090073207273697493446304997314425715604331133
690387618100948873120713482710815889857483265854207510077953118326
861708037070935927614936782530858340482351003632166378957426202550
350116861543407379504516482896755698358935522020173679548075781909
502697981271148703431190363112246128295303820512870430929471974594
690821025634788995431771524379696211281224503426066399268852133079
196370277780448857920573046990800923440186638113252097123096476059
989947925759851008173039606822219975327301606582628527582576695078
547260349382981335825281786706085126560022688717811253597829337347
791412736284188656175920832879447410969703879854736984025458063294
835022359393543587480223989760916296250110473931169449100666907230
634693130169711820632535269244043840093724284428209709364856909468
920087371753252557030543539828727812301139808093867015474885803445
631871319602678548793893316205007675264112044390237583342724298699
654786368534102848857370254725502365663418680919038388670787907208
403619402164670121534837978151832826472578628815207101081499558980
338118961569441756761340717046538512170902123777884333649651872119
905407581877394397528364143953044245913903178813004188791887114553
148267469987055587931040240388884083850687341625071657274185134952
084963670955542450439483948045979156228282483787934152720362263369
561805556371076814888893619275742659935823559431530887933052767558
747512365065843969475604297192002319868024351719937868100361102312
568364256079597410574153628297180046497748573718378639037039015397
374911654685499716453941611216417610717145401765190565052520662277
883129045719693205990241375395983861982603205495839501675552509644
137118222561496014003023035407899209698677507867200038074267970530
307167932296015648622808518403352350170608589512912223246117830253
163628943946073652771336511631646446199099021224922412315168992767
855863736315526002503488487813233001910189399616702731416999626511
945742636761965002434737172729028462209798394871065982270009954918
877696188505432653211802219444282228425152556141187434018041946141
394514712872527592391255964437356833972896331267678234910356332961
294719101515714311579549093390326141191865475237624721531102079369
115848742205822747343201735585077122437969857965491580627950274097
716886114807616315161855306856692457171769220443668433127398933794
111629722451699985468562215702417594711769952916550211685500108985
761934639455908826270775311465775223884634351937653973498480245497
607602440308084489010683878697261237097835782451668011714859836794
055290461982621656691720274262854823933960018254599409254308169691
032978411234022885600190549342750223185294712829609693976813734197
704278121300147328677605719405969979275512461718434956985641712872
481183465420642318714551824152867630567513116267717735061751124546
338799426529127010578995671805721436557918350691777930704075732904
397494995822410623810514917650238504182730096620171750940590805408
957283755406355152219965820757351315707592361539863945921115586400
098809755261053838256899272158478504174606516151133788336097601211
484870055601658124924706825684427204547289630942030665044529864622
359422600855499158914995360649842803457949275700949795945060237877
501947062463239495495782308228306684081880252107663907423097372091
628533717680621644693543231791785530583317142084798863034084657264
269395570026857605753934788858709460058272323051910811751423491268
733658596079989173292891589600181509181633740080603547520005151175
102901229924870961545928026206076169827218102916731554892942374085
196743307916607849905578210193571366243599088361385980851615641747
694605478554008195353067080308969763045294686823321053287823743894
411568517627171163630940147990964945635459295013073900362682100732
637008235615069126964318335171625439030469898931426154426359511363
466057378654951244574752621678954703628904830484996804037722513431
937373441236618586944588064018584073147633792940386340435919419872

355263015654608051868676068043160845128459160424413269879125385602
991599672787661951950531764883134693257366894644382558139108486209
663742674579831301222343872583124422033094571457541470479293875858
238997738515213523723895596643122356432626286011474890868171592810
668727084008203377186921535235269263472268090825989889840026208152
178282611229313118208660070996860365409818326807558247767069504109
975861436243552161945353029200254667367996485043373133495208210751
199258926638995647569858707901856123791578864374469037871509500112
550210038845311923652965599461900474846620642347942329670060529003
709175578188708193522146871427235277632559898086948721113845980014
123842163827824412736542446748833381679716201128861914154019367129
094789902646664431560983729615019686242282506723061667209435465714
251493086424887785986827595887490650772602509518295367651811823686
169447243607837642947624692263194989219646440683169287661615060508
138463194151162025779078630718012311594586038965625265542233462344
545073947886902681594975131168851436945210216883190446168629763325
229863851818850049286935727647668238555646365544964006317648285575
785866610228551564859908820958689444362546986795238226861159699100
563660829267915337538160661122478695313261585318717638859893779291
889029987938798100036973078489592706254104848593158543233956831042
390299070263443797875691855434089764407601308444819786265079476440
830134942435834281885915259293471436317533749589701072873501270788
980481635045676667693207553051840432446100740321676471836083708475
065126930707660849825299000317850305853682139512735038638246056425
103377755809864643398017186208142663074172592226000511091342681074
670129014301654101064933212283790827515001003530015654597508323772
965439697382047741626571065740821649960626227496187953347907065988
974871779564334064841745645747906925170149499810095353413548908754
836327579522407206986291024671703579251441766703886609906985726260
581240825336225218992000418975745765315123000064445715931701771688
635483333051921582055946117357716321132233931965320386199005116178
171334001070576652689919708169202219464704323795356411866063920558
609034457064151797782145054722278852987210197858846070047420028468
873795844228949974333656271877991721137916164492541329715652879529
532639759538535920950138633380507561369530899547584883024261962758
985941513780515805025767540401785795852448831172105089277089227273
431973823884687307168230248788688585510108073522781405371406520758
107270848167263977098731455162646911423286103036932984330300323676
162714264067587806731883971515002798163374779078775038307986759404
591073921034587404219617034925808189907205961291586420202885734009
114955238865107911371495334639763988183948804530075074740372280936
820535430494951948332833470075161979008687285439962981575605891637
62472306916287111137676086480323752459664930411753946136464337804
671165055504670671836221285795048067165630427626711429999113487698
447050370637900181096888629721757951732433802780617470496302042492
916619171886243355599282093243919445711886321556320161654247055375
938696624656334121541014032286990930159132885808831241242882876373
872742838038590710292748633351503090445328052597795658920554562434
297982794134891756382400771612173324736428540160610044337641457220
785921715591401037832020132133833096380778904095723810558829392796
374381660686835195059277019515361601722158904287856784820682919441
698718192862730827044416303962547130532843883379133747687358261221
162583602728961624559041896770247453827583966522993712351630489833
012421417455788591594256059792427721819908556279848605617453684478
923796907975594555154646853163024462325674034895845462256744858202
042457391994253094264224504202689038150152683602412559807597523648
162809304891274615119623154611400822056396780658535407668688227542
650381225999162076017089556747446524234452017661650325945665912966
786324621379919222961458671422482492880647680321086477994100410060
033906792752373625460277429600734788038356687522003482457694908456

8626960577157019191748922606352081297387974438354832861369395624 50
3929768057832234021716765559177668403757234844094617629312884926 89
9368713898388222710602790379900190455833600797392774109266557392 33
1470259092338906543884223513241153880185592349561399302239196450 50
4503693529270115663051533519186418648234424999192720272953459599 06
3048723608041595760029668121116831723660381105428035914457202482 56
4561057140554624208213435209481084171582895724450720635468160023 05
1201408480543587425261710176818538835575587174154247754497722214 19
2613155252691091755633319323222432185254221827291491598105836897 02
5035228130021411924860142480680797536996477719394906804683552808 34
7327610306049409733091690316783097934636611832784531868716462680 73
8833656704566010423768505801395074436479639222841126979451347730 04
9249878649656367949099291327125289776519181754279628060849323755 20
8153611132403397131655043918879601983821385850007732424617788491 87
5814596426423378897933308194881600401131265256356932446593984006 36
8903152547229239914144743770696338935761926039189247936317800831 02
6114195485436051577871600495578865657970665885510428824663630572 07
7789022667770425126815719795332251076389036819762844028610258805 39
2339329474672024088541276492386447602161162620824212991660362299 18
4923782236300983478119522913821847326342285759120979805478285250 59
1837983368017874112426447460022562414980691400740979721023278539 57
5615128345806165411117926710427990579394497134946328950456512868 84
7841871758020504583283874853137369113510255062010277534580943910 50
0102183397324565047288947687929892594501987507671223637918758647 20
1214966061151280487096488630562284408393694438721692120849200851 55
8381251070741955187208093746942459731172811721051928903896370394 23
5776862127668210931827636649840421249381440979598631142254364839 65
4999834790843070217643855543512574368282281530322223808347679511 13
5570148063182004532207237948918635721491062425269939946710153668 46
2341051533381426847706275852035240992079720869914537301095516415 03
3176282001969164115460268207236692552751418429969920539853433073 06
8057372380504167197221127374050789272663406388506867344585607732 66
6483845780277189114758013231055198784133652185190714606813898688 67
1031475982646112937954395266728672759948335902597445878687684964 62
6834844344141359177145877660880778453571839329371937393236408356 33
7576688468211117993505541020855618849010201600505639541687451082 20
6035554108176664605241249662244228045452432160320360194641356097 92
0019590240497929236732989245539901019801121402908686999205758917 77
1880741461222050247285857153675307478143897305717872683663601576 13
6100772286319638852646235125538077319459563567965382362499926551 80
4330796359621106745528521429026294982656755335273100468788657310 47
2466493326567927331345122955059186232937393326086077451350775309 01
5744438294873397796053228493583013618379586264803212973684748175 16
4769136621103603695091066665051717115082782009327883587225983940 46
3068376318118089044236262199881236826807857952621972166872017455 17
4726278180326830585488039709770479348310354398559078435527766760 33
1398846052715031388563324676889271045958519328951391678238577357 72
6581004798256393551935200552040800287059678249739374788605283564 93
5914978380377964960005212445834779001756042465866651998077028839 43
8516380955043049219603244360903400851746604296274309768387151945 98
2644735940234248211044757291117779587731341553609527595708986125 86
7714562523994500759380206093550248920084767332293085742222550206 45
5690239126543663578524272429056053205754030821014512382090217466 97
5797653475172501465837478848080537735150422224042957603613754324 86
1996558919392205046999821062931609675651790751322960777857553310 26
5858425760866867645355209277482755675451771699508789411805936305 24
9944967012375980065534998739666395394417017059698101512719333118 40
7679232718539539809764048527846743872316432910029065495308612833 30
2664007580129618499207022002555972156957588376168784364346792755 86
3573972253564884133060119289574642809357858081132331433115287482 17

9766039712579528900364071989233281316116404169377366280132597382222
2374268189176489596422703380390592959649696482133114473166765041977
6781108490966469425717069457007871264014486522428469488976172567466
5352205061621073001019262483146821203551699501522007316384004132033
0333242312167082685468931758436630430784350785928104478492663952655
2398718644173380085681692321347429754583269402161253332837900960644
8627785494126679513674045877416945596140762656625029900692267267877
6036587137932796041848839393393469263543415480951836233231752293777
0352102914641331275203711716675487206347389232937851072902951446299
2741546761947942747166916030497829288961474587026499797079206387244
0825023006425544995904011974108535167844409018806462937483544396144
4003535233103040411784572289029581805810321237438258987027473704011
0683777159251264535706508300921479258349892475127453622006105854555
7599736931352970781437428413405519544467214894150574528391716037155
4530825255583432025125424166244575245629644579107697171521470951855
0550035505439063168825810578507463565620479146676805569843845520277
7099697198898072337148695635670317768776378974327349282934390514555
6706074460797047693164627812141713818274378561462197088087021064211
1057377851471358837377388240765280451914271374881105597447183100933
9375197659802100241012511230813682603384744910877161322857660263933
8849284959898236565727204263572026374825649494912629141917130646288
0595669825493603261320192528043461704390289260279931404361370265822
0121312851488158573111782104131033572888718172952627112000814750644
0268304641898876974787917317370381399918882424169942121527760451855
9567119094180737347933109970928315546816563952710104611376254066444
9586183854638982208996778329550111431499593680398222303713632957422
3217357446473421097414917436419947319588400526387269592318364232544
9184559550453437784670947045095942012021142208641912790493599452133
7392487110743231495113804293793655436372172634819075711353127093077
9527295221124795314989699080894665747695565124360561142008663990566
0990003803025061242360775032934134728905013167728097131626834959633
4092922430311950848788671035335200237127302029165929752526570392100
4214963495238570856057234346215769569851340683045483315459075364711
1469968242091023214311717692277385347704177940764410013010485960922
7072113205231853822274448702433271039878114791275460808361156877922
1513113104500836636310075175110259002808642771502096271366239740100
7528844546833161821150278926430729763557610551124620332480053105999
5111505431484829553432959830574272451737886527193000732321736237588
7327314890910945537402704811855571990516839387453520679708592118966
4078548950410940569965988715988633620779550452193215633612468530311
7470544394029418292635524015545231609868255313897018801539704596255
0169179664812501555932311482673005633835797260328601778474149600455
6972578349562058732873012451455576345230298648149544100907883529800
1207012654109525184606662017674204525736799469077190845378748206088
0290482516701766198207306183312392193535690040705215498939034465933
8809047507724169543651858075066490459443188862978723571603022481355
2204601090635214508280639749275512847694354996203399164488791974377
9020957188863200247502079102379073072963746326336674594275563784533
5691367345524014897125909480368566282321005003940073106632075257288
3147115192633289285206967239347175098295260212549476433019535743833
5092582831113391153906337661737307723630279889869985799450165923766
9067548837988929400605162826140048150469482814033083916434248650933
9635458909132805951116334550365634824519150583179498083182728134799
5050772717335949663371882149192837871164639035669257799424573943555
4730449355593968480327902086141968150826064810924688543383329866399
0745478052636291615627988031878282707451630327863907566533621975066
3224248645769459753596673200603898262930000761251494798008956712455
2569559827585485769012463686594942242277271771518496417510715984166
3572072412243719680672039270647894278942171284264133427118318479444
1334606472431411501550985511712414668243312352062840657226926069044

7479196447297528322749569819632778728162595401202053807329582500 49
7445930809782409529912965423318498798800771681631986086512088315 86
7256506594414061844683749631892913745993421603484822883158289730 94
2161473689255851699271553115588887600721703410244587440208443428 27
3004673097955556668115013003388895838023146431382900260076322850 34
7583078087889518031398102076278898517435347822512084675949743002 44
3789584289568075266320362769629946018083494199491270655913084000 58
6265639963911040685104128200715324625642637145635575769452849271 12
6355771963250658965455364821254592633552572925952814993415878776 51
5692231191510233734407169916564763982000896984629843997759385398 11
2133218103281989699457926176493582974837338775235285946403513823 82
3062694536345810031936725020698280738433341175283157314342639896 41
6347127053034775699155800311815918091137880268838547576972923398 88
2860323029977043066628869553012102727057633959897689410249968479 49
8168420119925613480756440406559462383708723688812548949148794873 48
0861416810552114001845517008444484294847550732736642827222063365 82
4017454988082913018839140156809050000849546573730003274779720991 75
0746178595157995320223728523592040074251522563861667562031883981 17
6186119602216284743190797025036745928280467817853664739356003540 38
2782818457669478233745711382212193261672950104270694095202650280 52
2898590935002394490874562620534522173119409577830195360518503854 96
1406218253061820365182733706211198939024488975386358180994491815 78
4878336528865436542248302027892417049689651104172759475017812267 85
8143917486494243573009091712648771605959209744581146295542231002 20
0851205225897647781148270394267766642782746259395117438071986187 22
2655865040300284691469278646800318360346381726405702707422620342 97
1875558099386871240465622333891464658305543013155095285109726300 50
8051882652726853353729373385691826937171677303161186474948104242 15
1279159101460656979533313377409593674932644146370242752453933503 01
3099283364854070698403439912124524927558029979882409206644640425 85
9662008887419164987730275403729204215810937814713136222628866669454
7421244955284909149219337193623402943371255755699886529662364503 53
5192026777637942482082860568936231521523178850145213132149146986 85
4835944706865850109813142058926764161151621094053567807368100897 34
2458729327052108535726763805642288409296658844777952795467107351 93
2954747130150792208403282322044289446782183965471109021173407251 39
7247573570085553127432199967512595825680632358808838843662032622 66
1914149347404364980002473983320924118386674296092694607014183881 78
1107142824396577963884398647823137154249894725830411451495268724 23
6189967630588168208463274374412103905527652187107355645257133601 14
5580455856845586504328599176765196193271143498665407774514500473 07
2711714795712227572018128864464407775174603282423173385337652989 81
0442322404677246320479517980971576025800885768975134059480548268 77
2884776293846454960402703705085394190927699370668045517194160403 76
3511801855136575451095247034602260020741742823849481782254906365 99
2084749037583205744677959106755660640775009347129817005818769408 02
7992690460594987211763415191488225186704395573100179371000466572 92
1803728487979715692278888397041982545657064289089858279586256599 01
3759687500785698534209443995971523667673559911557090061413018853 95
6006933050826115788315979018829128777653969640675392080848582290 47
5561905186375490594176472080908485239299663653777468709856801423 61
3707637046742361802921867959247697776529262929041798392750534329 43
3844765333985012282836279851502637454279667177148419757339065728 71
5430543215752354493205346537542382048444850884634590853386677292 538
5204449844131368637518941176848626136036819373635133932540806852 26
9214743073291344676252932264084533084493864715156181394136343503 64
8177947550976339255988278690369632386330342579445292292377520328 74
4890200405326681393547528550174645317172145995081455613646925266 50
2271153373818175978557950419880754858113362891549009039080607754 15
7573613737559880187573075362487370012912238261134381039234372313 53

689889153374949378632498494176428141704528408296939917243232867725
641504837657731144933521553852300178110827616363037090205259503779
092534110470570046565251977925679331410886632640592623178893126031
528575871642421190333798725775874290129037593626972723431489357257
241883794186276864566775868692027601439805016387143520477673880900
578928363381779738845734410014996643323582225792535171105948560789
182401521998285226946509587631492471279520164467647402704689545435
103069826179991402234072854891546806842095743207506621154487626644
675798636443880232586360886918759442271521429650664161384963815027
972173071265920578266002784718140034209265693070309044570245964675
764901852781393148131509203641049845969060225314474822945707025270
436304061114455142227669366501254252372074394018277525089414329152
151705997454593125946821214351062276330331850433948895127672063729
151249368193570319104693572905276288768782500485054800597323075326
522779255241991315961791152206941968547918734156699781096702562993
993208164507174173490564339865219986639055709352119852439067986150
214486239284387398201876022854712303949459661572587509650320071247
665759381372124801134153550616754720369579105597461067112541711745
369543014719141993731972279716902116135726252431164722893666441426
212438549813623694963571282116036854416071082317751078012983042538
141908922492085953646108213956481132053160737077720760559934981503
424064077512331512158999246297497845474385785595227089267102479199
199645043040166005621762962340149282181611520504643814051201017632
797902693271222701259270816304579408695938850308858577776769880577
120277461858372818585997017721116037109827393241471979376638648431
600084157927253061164085015150016520300200142743376390418788622635
274702258984849469077694747613276391052599405660382382371636943555
470658174827307182474182726362724046239944028444473642458644475104
690299765267497344356985708539057819159958599609675061283091019474
886565075126139713632927641583491304208300950851100414074557443784
927898576072610576974181963369679075518838322017344376439805368296
268732851893953081597213840998753657746635493253113936255978954300
091191426740753859254969015797341918371040169991790094567835962857
322447147907320456964719786315490862841233325174812784828809848761
022100974278347516462790553938519668895696510876062872957459088920
170238672074010602453894151954739328142466223126892362650272056402
643021776903189555520611271146314671703891577339006545286923272080
811157875737499103532444669361653517522124688660805939738054689486
755602588706871030811898922024217495293458219535300991561355360731
590956734699069924874268001953821752462105349862701061321590757260
240804300827868356293198384271052198354727511764233027995892687273
053118355805687527612409197424447633568095687484441045467028352365
141527656270080436309747745376780982087349803849825992488106702977
549495352282995165465598506874283176285208571961393797828505779014
996232139220462341524168238038894466242673730018965433764765036341
251828509512088864856294714398779566559280749164896256218592671541
469217676839605450082164216260561064231444357982306919657804705747
148460072968182372287977560496089158178686729363237902415792047283
646970210313975180097841598550007055364938753212574961674875872583
259925957615074339186228437988301346044540880817809685491194541193
470268965059919860410997653211196581062966550051161836517062029288
087760914984616731644268641970892306484630567545738872024760165257
760852937721093358445387107402729259191524626762353817978693064215
340131633701135735635111098141821129662210736726269615672674830775
248874448416766573702400485083937025583859101226694835806839154547
916601645691486305239359779324467255886717416048550387114903176075
537321944728305822191558078807524536969327446017473605242058646968
697577061218677619720587491045165142715495423853920232526975123495
465463090613294600566507283098728033873735155375223563183570253700
649409263808031737463485403611466000484687624231089472379165007451

7970524862846727663375517303687368385644037049806617909200831710788
8210498183315526148505373540750351082239392474456301096920422788 44
7371696889509111857369268903366597185225377703296220167081065518 12
6758009408525150684775792191389321380928696119531220905038018107 65
8748836831788278142527862618796676068219770390932600672961512755 71
2527864370698983544440961391737903545485180403973331374805235879 10
9555830404815348045391878540382432369073043102740626417777626573 01
0347033840211296690848180461624964873947345844121553025815222149 94
5822249941941954725641031750211442280865230280221342409319393272 76
7819599060811259862396733945898961907167977778025951163147757626 40
2858826251481582164399441350619608117589046195115853908261335496 03
8803237135222451696811805975121895900285917973908665244952804078 27
1302700453774372678555325048503974637573946460984085658930184822 34
1614986583150346608218622360580194811455490351547426626606129502 68
7840975477981407268239569314724876098280345081189383404096153431 48
6301124867646531547875845494652222753187735608908350438370811208 82
4417599385864663093970481172530040203058134090447450511563770541 03
5014166861912485252694933482978510181114723298740453961275402222 19
0958440508723066232688884970422345670001194975185979649409914897 13
8536227945887407609904328542281277305818304024945108706336986946 86
7400894810975397100908494768304107115295506388876524905456599942 60
7738863473945525114489720361047937572544723966023547748127494160 69
8351013147640236419491461059805563757044651556671236525682827015 74
4528476022078175397233716409698626492055766876156445774464466492 54
7734672972555705388285907892317597067686398249662945556019387315 27
1036272012429312017642522464480318195446833376399461313836144570 41
6088834222537155878358070161156027177541424723331527813566940098 98
0044458238998420064074895892389238927522891473294553124042477552 08
3805237951012393843585877545499900127206828665999857909842930384 60
0732962384262907972182333727476694640152692048814304227394388383 86
9880723650340088095245127260013615257041577497895464274592866962 16
4154275190720789657656762047087629102592988877128340580613171820 68
8795096273552308022803665885309302704619400614464491862785664244 94
2081621020383276111696224421386397311571301189918531699151581650 25
8342812848741492753605073550149275164965568949868814457828072415 40
0901161769365898628113745927903225784890933976881608670857002995 34
5721579420980997220532145751427154112209398869874562801165332079 25
4551969851910384281572683512010923679952429068679954568308388593 01
3667218521135364172442283704920603648154449717799886187390619701 26
5066843706404251244599519090062260821798454151398740861561892465 93
0844027470147101672547160166860173976919976620111199893015535406 28
1778132823867987398831854809365141752690405027399232695322939310 36
0456984252059471087760223210167746792793562530768337722069298099 52
1332754934107640682936962565380979829922150200761906567133233307 19
1753110953769674314458270474521918565656173056185321660425946455 38
5616883759934532767382788781222315372811134173554517073553208276 04
4077452544230785453748112596654635574596043270368542157386962244 47
9609259367500830989140006853836358817787486427106882578787407992 83
4182519771408422304894979155179876782746847540849289938647634983 91
7539244593293129138080738765005052200666662727343844540498968011 83
4325534999762501192176787558098067233241678261782570891163017980 88
1955837910754011805096216010930804225701805492976467841153876914 30
7088247531217231379403723659287710434554469626659999262339332986 41
1371001268040811602769694022871365072981064452520165517338604686 50
4062129245789271472274267638614268236764085164119476626514371013 93
8556806427007782965968048607751794922121562917386716354649889853 83
5751532497431583541399132213650515513841090309027554332364412022 53
0077042821114714191814757096183313782294342072543410315558281866 93
2838668366072691638369677932010214202904681337049153438059246547 11
4970835401227241006503949742164188669227447368995062528945027771 89

894691329634675858792642352116335464746864260548561315778403611431
490269544275056480384788879432956556048443391840602027045146827824
231514065070221048519592072312004933717673835237093088565264344841
946773453824132968854306302477825543502819595717543326873583172827
933774101026347172525800055108998087920427447783853642749720654309
224796057214003306615979398156970613660983964055202876699917225472
402063960609642994542705915460007353673154988077390830015813351603
573011111410928015412280666670587855509270333850098311567628516164
924255092928303908770988934946072349028658560205422067037156804635
003826052763710823986597931848309367641656360790706605233434111377
931216120205880951461437739476835388395047212945283498654808648378
850194676769456232670199871331845545348373608451276718005678754235
887195105895652797804537834484650468146951677538136951845103083239
037496571621433079638601544816144955239351112121894430238269540578
601164673736647956520658725081592753057131343835699200489996180432
549502052195550206179277993056424583665872167535192817503344992391
833256236162650208149035578612440518344040381599135827173843373404
529744999640599186566641535612424308001626179337509214296580882832
219570578431716979462845513309683824600036989961805929879506603760
712432725597536508820386360958809040038001760475078669744332587723
215438325998399864395011449541507700972822653695839438085091284110
416290966370127424988176163441016674234005068361676482327103889422
394820253086967222925243407506026512988576358781375008510056886874
328274718732324289847733542581504162589550238544890684967676489282
970728115843511676077617260489135585109814789508429849836055936593
710532020599790443697353401662876453206371886938218978015732190762
998103612568387648387269853601294481607317618658066805968373389411
982650087326242669600240908832076226117839991574402105842789845063
036014199339283624554027683509989720421859620902016210156519223584
211948820209123783927557185605541656205455347196978661235058348962
821286082084034973119988107725904545863376610850509582385030751284
259642859749471596754259240349558609796434019664667217572372370707
851846466383706717029954169832988691247281876802738125496293898760
722340846570950989432016548760479339467946851343732630392230933179
068730316994180074048000687251365978579585994780199496523427286889
887178135161715505778391587138640405789565918232137081400587138088
365230471671271822006018608811257260339862403542067521276908921081
552260329300444101890637236591957119530302882485868478256488300525
181260810354213518122471584004627510592444870583709540835318975215
236103420408450764137674234730058822034323160474633043506281423210
829487240902594764411891032233740497947408578277622048261821951428
217981124372676625846895195106998673740227323002602615059706421527
460232699949700615823592828222978328684019972903653781681600288411
730673324496628384032435365041397536205509105219749095799860595726
941384024267555967486377429308583140664803184453153290815321549434
582880442937355680052766701800094788733588609136494945838526892791
365594342881741864555941029617929958126080970645474650902342618403
450108124033539000610734694120978386716277216137083614515110500772
011704214057510295511491370255453350206814116524476917845869435403
411879135071947286833389662476101183017004972618956118398981605390
920089117277245282732995868083801073781314001876067250126926454645
097673374700236767820135235673242624788804823436290099963301097657
305710745086213218779682807434398964835524271448757305830321802494
521092319912041786298321106456189823450495054397161803039568512653
801492251694878479554724186382786275823278212993978207428675547109
249821824468614795808140835500466875596261579061717590219271869723
784547241129855757317937479535182955842991336928140588480421571538
074685311302335494627214184400563239744587537727518071466016570650
353750000780005476100367863699111323985862132218224624643435010363
223985967017289928425234113154343262930390735953429144139338742821

872148418613127907162685826684720595466403565113327927292836704215
3333781564897878724347231657710811890588115922053413447767521297774
635506551109801811454708921701244106349239492424226738349439407865
465836386859700260199154168385586155789670127220023220031686195419
702892475742166676680152480824022111156190982909528829342278406490
395339672008649956965447075211846134340977857777364263165869169876
274954188683133247514531590023354409517149140813592731911461920067
757921585633107612547070933961164415088007272939456368492532718589
155168814720960114154056640038921028118648545950411900558007928394
716199676003018770007299166134878103899189799277933082603333383340
579193386012599266354350647100912606346252385743463526847492979065
780017287665968256219468541077987421844550471048251138993654279944
593202443898985134425672669327861329504851702042670416810423988787
766282835019312545495101087037669638120603127617996218893187778305
204501948120474270520457321254873390393028668085392898551453951830
701677372533915679276903907336248590343351476117870517797664710107
502450768161655725395482009480911058631732989175311841603640219503
463573219594755860083208292675123788495516672506492207206097412031
293135743537452185545498302580415651798622780164689374817239713381
123695363735811057393910536917973929343197751880325243525860808275
537409997210154008004697992794342234544768970758031314906549976457
271996996280332692090891558381760321398926448802376910082742090668
080043739925045412236849719409774670467316737887852049416564473707
132543728313954096231813376473848894121827756876058275472115348406
411192866091980614228229552490758852587114072134140163523811998912
747789131397574682809342472823110218984300702443999642906444508447
880276686539463578359786330143574307385522480118057855163003059480
351702305291761937668044897455190062298141740225468793859809142285
837449414294668405678447862996873037366863397510139100798455883197
189398404205851783126255609907516425666609144857660683679374480652
972403709933396292834348332661041368713447259629441715366168325692
987460751934900436754871245012517388228959426432206171837705951665
664903889623415903428365924676238921543162109473965009869257089507
504114157819718945799485168292399767685260590940847692555560320947
301798892618229473834688688478774214747821124629005048761624209757
229517860733959886964186053995691274261105379964864827288214729865
447937270511431036415399504302492489038987190473804812173705725663
713465147154131222056319569952971074484542325785409319607037480624
328873057403741431323821583556267142756875575513618201917633010862
837972585511567417230504719060873616277083262964429580482797563630
823764361615455540616980045819644670667810243347845988069248477274
8952982620451694370037112019129535311291971380175955577974532179706
899810786979967116140647258355731385280378144794618645821634745203
985589751231713640797468385145592041450052177212291446699278647652
010036539788997094195677954229000414384548714348852855651763080299
251676444247682186490621512191723425686851600605859780896623668832
012839653122703074654818211999482253881430040168114450362116720244
462048282967776160165637897576349795548725510809105781339420347277
448474876989841921828085630416492602991762303626322504418296296521
543856287607037421868140047386309450159109132542103032561351107575
5828734786562608093256450743463372334224085558581633853715306945878
269202052395067272475369001398011496431659458297164868632204841795
219642449832794880631346462010891393287053134556150378876921145927
268505146771355995890632238650764778282690168036013061708569828863
363533982166411661335548040370382100344583808150558303401797120822
493909503856609585571395374634762832404217519342656686392559177433
783255482070386105633012623762876981734728224250946153189070215082
050421810397748940765721499083247852854595100246795973930841106272
522541569649389236827358143460772759803346264312598278889441818491
738026870449603886707186477083156478758911780354308201318656582034

354073422928347455769651498683915039761412613360789480997559164824
906255168553679482474050984649608568188917203699873757964398001165
295270277237226019357555720232631014768692847626362851893048492690
926409854724936481814128316893832831257956621359883554452066740895
840923148625755911051962200050308020425737002899660124136355648802
803399956946560958857632199260300046853975598028765558317107063997
506660476148677763563226116127152242671096736184025291082552446153
885776660277960808983028370687781398492381254517178987577906769165
132460310875518147960012167620168554361388753511114464644596594898
628685003842938167759796191272999045913439604283622782145743849108
066267372039815968331145831327755737193964762139470369487134483796
533672088650760949443106748938628101668608093548762040629531426836
790162232434421625009619198865282501847807500930929896168789351440
485278448521019497293149122933664283836109583591179266973210503286
586371961913064985733208661524319891775175613307253369060628944014
036246735791686124190767973072153896099260914778003921829096605678
051574245394812705158278656086176628088767548528264353457929751091
037432431480490509972013400938712099679922667327456972199757397498
352955663444532434557032626027829313689388962967691490051117916415
739641516223459624143879984997239721062591045242665562829601459679
012861764153524786433047855814962571113956032515036318374506194258
790732974799065403378129323435496477095994159702169181036814733833
330641513877132215173398409381746568333237521245212042635149480179
573706485748255881296241114146469266177478173860156155696776808063
542808133926222268057358604395739162738771435084847701866265316974
888647386824309419601892875891202138727709615384880950656532073442
058984978568214481099344327143794129234072975479326476182962040361
443641127465240436917542835856614059594332610091323144864164204976
494795520171710865170698122416084821707217101649482479807749180166
663180760457163952518386095827183272086570529825589266492312740506
731234877203497799829560941063603051658168190384801114703042390182
045758372731652085922539947510938900121122194266654459086779269137
115495078966657667654609628827777519957055450729792366620852350781
689434003204754374040076217990918813510949939669431342798599215806
292704213826756214353405924672023502064258541096859551282959888016
794748534882762322608988214260279669494883399735380911531026157275
260615166467574723112673113045630210164427562827821914879246698975
320978326529216825843304790854783365426975843307795571952000101207
872401988134949844384367638270411742100369511690111801683269994661
201008605320941579019288976139784035165111599346420444148276820545
506341848306161979946027048964895243897025843417177319031533093214
798054202089619512507592936490162781474077322477257322019135045680
559997856927754305465787984285946840858678413411453824124072065675
598264826257619030338341742518485385403847037100690876508085350864
021762101015672829143567367711035116439783634404283023478073545669
143817704745089458721178783915416653092472697951952686392823300371
685067876207877548178391081973218290478799329139607887417683308186
531819994065979267822132271345963247140952946307619739674998463493
636097580672536615518078598145349535821601480260233176252015063663
993913514287751153532124112251505706572311520853765028432210158406
189825700470439171864907241208917145612024917300437993499942065866
379857873460604806192281194643315629256867108796971234962364061937
388112180207379159818010975908011327225784300250111378803495792043
918992883005162429217600337641079337196813319206758299182607848524
757117752420168349348194140053916463935218273710489150036580479259
761583436513553494384319150921462930819950183591670942530265403298
032496761584396347114353247143703922148617843828261138668855215984
613445058033026369143941743559917537871666881400452968934351987652
723008458465501565659895211301104852881693941568670635178319221855
955305000298648325444774777199550165082658896713964088988056795806

6916065806094048513928010222769761561382608319076033245484652866 14
6494294839667733008070732006751042625141429624471453687509706878 50
6600593940265187786103276547028063257299061968975918873866723051 10
1237949329259764957482625519592739447176400925561852118577244308 88
9458931304570975272586707145565142360341819890315195457218862114 91
7103453059657845082618680743649773583175770086475879964322744548 95
0078096671196162151367695085308923361238666283481102939804607435 53
4272724428104903280756767003377271120949128434487450813568822156 03
3050438835175410814830375344342084122081683605813262345767754279 31
6198604543050444851055580041167943376713205581470587272088253604 73
1064967931847963735278844788520587318286600656334932560235908889 83
5377725079702005054144021055946107207649244091363372278973994663 97
5123411788366312509006141623227657028541048506797449812718146764 30
8414103002375256537304952767275484545999787163325331050619024021 51
8146810014651262851039759839412882369862113183152477649679577744 19
1332394798552871653023199869802398398473198178817133310344339890 83
7958000051319653452338339010909704447143479426502628574031518152 03
5465072823118385198658029362135224379754319380198343291431250275 77
6675431686988860286567701350037258969644586868341764738783906654 44
2181923585773107870023191744542871416003026828372404946436034787 69
0357332618811431010813218855279858973034505344033037227691514045 31
8236187832171998898905508290896624197658559805783414287373064809 85
2907821459411264949921965113612567773076994605802064072391808669 00
2017569564175955272113593375897911604759823155872535644568257143 74
6585668898203737054970452907158469737635558706092801201769780532 93
5796783807950227922001052016768988732541083893192509071742888108 10
7086232075510184800417696968262903923998393811623663847871308193 20
1855592678658980709850229537394942175424696253547043954732413392 47
6485210376117773112313850016187130471064778393248758500636199119 67
7877532680713924689844038826593605108546523692226192724034991210 38
3162262972411440835568680499807460483713592520753901701446937391 64
0928648639190537573932945565367754356329489530854791973561811689 43
4694434436430308714442549106098294828815811595635629933779473922 09
7851104067216644803205310670913037594884345787343984737076537474 04
7930809034382443397058305326958562998479383048081779750890193239 78
8196447472813485486485639973679076903930252128591950959453303137 97
5185298186626201176126095321392633918271825632758305911893721069 15
7764383887227842285290091226125140805231508120272624773706671615 37
2979623651717118309181715228052653759337375581282348642969322667 84
7133869598876915809508115049936337356905900842892007054825254617 68
9541647107780117586071432866240448305523642593775798552448696080 72
6730590765024885140814761891799989629290795406069165098627507033 09
1008866119931836534781106895005532321232310409943156697571284321 10
5892729075626652983068346126881743502763445734873130812787853966 82
5948045024450899453850626222815657206656259080710600907194741580 64
3428961731315157060558113998960765684277239548120624654927922466 44
1086739301705267840652247504105360432350868815254382188405781522 95
1987895606499560698274532892273270385375845209270924294667346895 93
3777896580676951285904490573991307948762539798998946853448670842 76
3284764409804653488551209436064288937383710535155958795075103681 99
9586009247940522051548807777499830613137902641282737157571061281 73
6249783647450207227756195212674327358168549611969888258311261669 50
5222402188114669306257495384708699586574599887892786847387198643 83
7904804637462228161268712763451130947831661759970759508533257460 28
4937400104364503455658044944295034531833812907850888333858378697 71
0849820665102062795707669833445177934527180376911410207557477431 54
2932903262953211497882620351598741254642288439527779549928956475 43
4710589858515900550849005696903693994638054127440782720795881206 10
9501826667505282910042864401159690915602602458721174560455109407 68
4697973682748145979040455219048418011545663478335343808815341403 72

398178819077576306472338368480766171878875254440731865830501186475
632030171398339007898754244110262777492594557872631516087487025048
062038162606284156754299711008457236079436838831775697116071774760
197736299860847092256124190334430386806075160778365027891666283609
317675969553014936812797935466652393898654922082126132776378982029
467995816243987059362391705117507050493924429371228752072100479003
695203530541747026881003131427531174456246407354520013033515441611
612845306363822062031827141203471057333057060956104199977441294378
972333619529368071162946497417467460616194428419577150642124491154
067073122138420641412696715456643891594717779694935195834684336783
221413037431073429174373437635441590737738077683355454522041607558
324500141271289974101494705488647243415899129609228298624074551605
891496310210005958713471920979723983683128011017526431868611183517
017358675406492657915137405821629724201883751029772027692280780173
235365852486610373552463605197417587182349087381977451996041351604
688086082725590610482822257576746358191662903439070547597034809044
004304333317413461423454127456779872589232409091510873059202427900
149673701513477215142571480238781897278909931923211885180400304976
289387311988687633977056903190741451762975055829507905515712897726
034354672225187519472277750347806298881580276408830585887321140899
356256544526325626293042854399332825503295028936990777054902947079
622008390293221444112657382089568543447852253558437312693375479376
599430699100569908215603145081988649438948867959773652023776380526
949555871454270658517474445964682352694105685193373700491448623760
659795743742949313762849542374769629842362040406990322328625482822
335420165228291288443421575127060202153831784521856484115066939436
436446339032946286921500120033173722315945993702440466546440107095
463778627366769045642599775860341423376275925853631264370897307579
552699685031320690918306791326542030640031482455986239265759757317
759128625308946541251662284071633701497902673843253016190101372978
864695403425694557263052203876294232648064996238163085500312651680
544788556819973108967957554426839220485130919026882403377120177863
986046398002560372060692953460153673513009351664904759969041534844
228406494643578396273959796970119995996897055007139802671431539123
914611613581834068087605346672553050422397928096566221091111847789
650335190031281930814047064787403671555521140340703039890722323391
594235126529717112144915912874696964544557092280434733841013858874
280507251493201836765498654426190687675030397956939024213437475259
202844493707032198240950852874392941278159586475430366953365464650
438122955385696018708146303600068102231935356775884221706627177875
228953937497394498460688195899260579042663242818188329768257087830
890164354054641753677975214014916981613499304491042042741729907318
379698513124559586063991996596689961080050494007296397098959517574
634950113152395405436384247715767305796899780935112310127000606831
560134705616884208186210590658438546853522653099408095506864518196
431045500569852864036972272644964072209107280506565175900536331942
571882619016852091109444623049387276226013009665098018150216116189
314991755448664845101939640892424535185862966853588072370252086290
3963751354424084167679610625407745354397187202220389829258815048817
462632144019324591263846776453878214900321873605288401615814676934
097243424966959679745512952152475413003838241759677554225154868903
498467584610663159419881211797133452509275307014085614263503015271
473708797902296635683001787990288084193893922491884489117670080380
387588878016977011134533491153480210658508757002551736325688200975
955274871225357182551697875315095569086898546483794843035187061492
313573402963136527912761526230610431409239565352297493261018023574
144940020107575292488958929324580351889348336232266211070472227951
789643113533222151331112813026996570565423666607124273606758337678
351910125109944370304629076346614964495599673032125852284006812886
320601384391535239320911579060473413936297323492759180894233656526

093948313364810290643586311830825965878597847150234490787476787995
667424852051040103999757103940220630691734742020896991756005288898
736759396629367401720982195418337128233932862477317196438625665314
551269922236776677708198643496799841526045194640459016395789604927
913929104349027568381726840470522981408906713149152625044175452710
112357868012989368284933913963833660781422917945543449168097066491
318845378120257962155232128839888294830960254154515830155645623132
845031741857697997991078955656799608252916553758612233838070069219
579639419837426117676769100507357501471041273917783596347944115924
160740964918923864162314431509843379999957412386084556879065017966
046590401190093106491459764550874416917093615978054671746589930170
413753904682544419849306977396303361433004032263704413884245648531
960009102403591486043419567188919858561565546577508901443177712861
645686219001284594607421607429571045831400462012463901102101932368
874623187463906390518460908247466122225868317169890636064025404893
508750600193538323584777977777184156692711224004455167705419310730
388369438797889046242175900466660910401636227006450671672563298135
619169577585613333903982775996522509904038709327898622159549437997
063064807096494177080058122705593309162118440046358937856324358641
910615400682047879016214044578771739810295260717300099121797113754
243334882266618671805934535003597940626101694558948798528738239461
925927383005865786236901271929638265926393781959687776344919278138
391527346851031712835011677541289696340176336880334761324250065479
448355160024231256646080107867025860376099390800451756260090655554
130984042735743005006687743313528206170729903389370532225467004205
889640465239361428307918540416966678324070955958770942320094156109
555343344349138543884086108248624289859619741256571704240067876712
368593537227109156704060621943472602040994139547201317552449158345
944274919192913502355834404187206974345886053833701858976572062254
668638991474061713844091114054244489241812528058737844437599033702
714432320785204641931475594758314291941697190629769790449882130801
925875904858757010280498900927646674318174193127387987919086670564
601741410451836547363921120183127264213529907507531674186041139085
079174044172658009288966400350856182993724721368434131495692957040
198130016060875412795746641903179733259392402107416767024235351742
211828571516183297681422260730902963694871330880778555666323972833
422527065650730725189030903950229751455450814134444281654143644104
921750622706436286101757171120483665814970582463578007550456264537
446280525932841567885798506901058045279756262857220830478354366813
133031723323813526470752577952330152891663952865431899957317457801
678267281460222640381899566937994842421098248974200882331114001341
044095160930831309054655031595551547397748022146240676110527161375
799862835439696657835524567007936049751876795850043478594444834874
734552599963239258820104452878957672333911085208137994842347153189
526128187510890512135465496924606655767345185717740511398090050749
322800709405692065544287992897680913853288239231274264963790719799
785249090304609585020328130118819189798753861277050983112679686721
178100609428860334160740802044853244141445794547210546989291664998
194159975081170839975855253125347930707237719482373833676065541850
211333735753571160498408863069626498901511556298277922304333498449
367839151985626850432520084479855462969126299788313029363064633704
503315526375204047392241570728577799880296353289006984007678189697
563540217661942944247537256498457226550678735909340572389793781914
608031982711392480497941100492298143175949919931032808979574725337
681460617454331326448924803701346264266926317342443574270517747565
067556341333600591783137637375920389020426517169186542244841360946
598636267754333221729097280677212181229450177664232716733109192752
337724245059080858927565564344115484438889532132702856054060064352
403401177439426383149269420366767731249233446046152792228711747373
206820737950407753807024875139736974872208079418362724579267158605

8756843738256966015288450159363605799764879554666897963172764144558
2671409839302605844437311832195273578242992380530460979253217595529
4376466967178599565547975260104811160900192559877031603692890535546
4219693617900985472078551257259753257687803418428239419301167647712
7802001324490541706871940608748642509924900412437779902567236238875
2134487546868018057002677165904571741675093585374663278466147177022
2912775381648935814037542041316317966204626016830058358402780844250
8470610285632146763492164415596565399512441115272252098855763180078
8086283744439537336386628913943990459186935629799316913207431084491
2387826967081737983802760073283523713057038353881201921780745570053
9213125048219766934063942802345335096980545219196416496966420519922
3222933252249809906809438298608239338686773954452673632194440159986
5904066528670206510049409786713024508960506363114749789754318632273
7637932022795300108771768440261821800385909060770293459786409329669
5112338532614945655859677117544246194620867417898814347780270237789
1838654750736725070123164595421042303682530154992729230497065006688
7445529088936646551481938480563745544703197171864227209658706300049
8343665718303094585252856298925461326079017237462336013820894764404
7217671021078363530632839185289426309708352418426880666397245435519
4987459495272368823511064759383705313614945233262990060613544202207
9008007844359185142381095406246359288007491747232601428291506647735
6469491490753130404119487461275842517254229933765619132283441361159
6884512305097922908093477806100012024307933675460695671886784758890
2916716281510479109848199687950537574761034383928929818347559135533
7283428884922853939659501645942296849021635769846036566677068849979
0614937895866238978513950301955252071159479162430380571339104412235
1279771742589499718132089939724094576305043817654202377493729292236
6664085826356304701889428471366217962807794758141064720396869005573
3588378323839385156436769291095321263095302372341887763775951325558
5719886841563511434654449213461836258200177391119635659736209174480
2895107119119312161615049356614001989154067719147406045020084890007
8521044898407155872491318142412374531473909585928549192619551275528
1540455554894860530439518305516386529635114358554267895788433224470
3032239846296940370036386670597551896228216684947215516799401023372
6052761920617504560496637170762638459530053344438789944328543663301
4641420751502676529987148414838592420468435150528589264835412959999
6419063836222550061620298517908079995517161428927433221628069635512
1629029650503454559800242920380661131224998757487778145433349578813
6558008300458790545565523759643089947282941565846898062943112725597
5546930218879127310353002168642276336610318905110863359639860709974
7374195529341785078013653378687767911514738332525130023719102358875
8867980393855297049983218303899853337353315103458044340257304227758
6826097239834223150176408033273176226319675659897729718394229716652
2776196734085734441374759147793179333989243599405813960322813465592
4785587565505751594286116131767395528348150808518520715479514392266
7287510574413867697189020877761195924593592908638396962005768650099
6293038181454912807341809720403203633667664994439199362641452271145
0735037059076093857524400009474822971362377215926308360221391588855
9094614074069763012970865696906676244218618363552047279035331753309
3607797787984708023902185958744878960745237490562837474189310268806
2804817433813001982212777060921847008152523271459867234378543104497
8390436493058607645357560259838281625409849639983181129718814386639
5426544082800861930572917995688879881825724409230860777086263513313
6094630976774099702847276682966685429084540520229190030343224718898
2049938248060751638727945668940849736665162281336948828583395313350
5021705361118175021010169609373728821746838926180687188721171220032
0673364983128125457269276310564825879010685752080806339287513648817
5837581096955969933848419910626922411365611711295479677781238623393
4934140085470537845837828515123279873088409373572110045860365454449
4530186810732937611086797828280343661333397805386148635943716355008

771193119559848021828992677797694091393084926892397161087516259813
646427951911630339179612919001760953221655734911037471209457900418
602899221551175915683036249471608650518632279742956136519830351897
142876022375071605999046852270284824202570096299382791478180154066
416917925969650230616749677247841947414200924297729713888325116655
222730338964447305270490241477275647154092376806641652822611221660
551903510495321695382999570174114651029984898251643905699093945986
820498552583128764456838984342109365894310511407555838492789369974
095013891988212479916209888392435587365554523753623890641072663136
573386887150143766765743928298320734613140394952617095308448965800
565584630952329631871245183661663042774985273620234906785915576936
220534724261112532638914302528937667373926286064609916642583999874
647434141639526777322469333134089892282135236716095628251349234859
268040735518153607196567395027069135357634343767443117249084553776
703266698841449114808884801324930258438177011878566635729353987811
406465883694172838736570843375751044799123597365972434455742718384
733620516409860393102195921211225720343651001396389064945296714205
608908617698288316388283825229707658189611895457298258107339454017
277497834540687764110778004407429296639807958026689312946890891500
618618418921853041643322169492782133921182771902167520208059672627
494630028053887779459621856830743842989256463024089063366760647389
704968736267734714319346437826952783760286146583892789336232361603
686965888599440717090143857650085623703570747288123004277647474703
779463200055437274736584724026183902508185020399413109503970812481
221077612832459563995640730378422829494179041799135365337060929535
804128449019567717436326558733430284401481499075465103281813878210
907214339837454150957218087233216393141184885404882476133156499354
030311313197143885666833802176668360829503236040595136775927155165
679680295859733803613440693078137573011613002657970242655917863431
943626466230186872587963057556366078289969536349814522388660073014
771879198641606614390805777255192448707082910976735549911200612317
536184781317654395572950385452923653669413348562178789261547404561
504523088531184389783350748069944802081583047802929139502742186788
691980176555468181445443074191102292721931864440749790317259939771
362180997111761468900013772407009234849963308320304297321967582789
400084665235071155111834810320144835294744885188632413303960676395
857662392727435386476553325926113916010589720694912160419438436276
922502040836018348118271585534392555374582362825523726253314359699
646366678255933821009175987444402718522512906425157453594796130527
189599488847824353172256275413109599850442774753526388871189264977
071705502201056823253071154389564758303122551162876396883514326272
862981524075588799596209804394659688932951904490105741914199814985
879000053348961206916311175468253485829007683953766264145205273936
078651380572241506897185582776538952151358565897640730148811113373
869245888909822760229733951244135075100387258948206647854453929055
116049254655683017922363526377554626840904947800372684716102649508
826206935748463164396897896270083376303743017561945738907884810424
309285523631029835517451745446606529767081994743205995165291596008
715652115461296735413957327751678443484864598339137584856250554601
750792209883587719338601394896751483376380213903415290428362645376
374580878281537904708544575967614210377236123296196402292022895146
968811447058289309803570015041036948417054728692275197044694697292
034951969766217664143620321098749717299081440003715739281891528408
319742294373367747782587092187172252984069305556935225836786253877
699037108329877979505169169629957607026624877256111532102452287179
703093738005633540592931089018740049575133056457554686458819253443
722717048411076045834505257242917684423561001394566824566042880004
740729261916575440953365000544583331333348665819727492760012423238
225171846893069408572324615542392813887422027661693797935663441045
037115598236757714312491279623141150164528880440942390051734645637

803629395327787801636044104275918642025167711823591081249478448954
880725855125745496079956918012971317205403842490960873636213513109
752862098622426241874243578376772912641791880137675200320563326189
241018616513034810244006856808606110481129427409009375274857858586
840922973157793668860861996442907361574905330345107467921392139357
341469378267840533131992354433034607195155205700661001169301061146
455648916805009145005561378494045436931348591061841933018954548638
521986008082004028633222685779286594749900693607510578023474201503
531773730083649498916728935090935421209752074727250436661880061334
959093061140711046459924475971754240199654073065408416973523925041
563550039026440029227515519108629413672360002694120712781130876365
316152244335162266919012310171362950133169807700976703122592334099
542352764898442089109243902756481617004072173927256602429583715571
067168541418713003571310230544725937706454206437302838147841910218
688218466567138326128263780697530988608290663303966984683962467476
885114506491315186155246294792481115987311090797711529805880920928
581622770652756777195393112035731943345934347337295189941572147227
619036780043087959047999266424281962016300988837148845043980122446
245560266040861613319972328497876159317126814004045056189668690984
708239413708551813261996376889702124152313781873313001560112199565
703541410653535638452439655642672721743450531708970862034765475867
412814640719792280574469540684927959945904582090187317658661625178
733129693572624876301827480530656002946241810151431318690240874938
411242158215083730741283373100322266839576907350698817682754848177
304995391310318465327838386562671747600180627887580492540088784039
279856464964515527892734502001541003131905096271080962889523768982
872651391408194511671959166631818853373127982279478096384186330812
324934368273270884716848408230651068049840198996614184868219292371
243226293284424830236101798391004269904077447991908376102111123960
672507192997931365177067316450479862322551979702992566531510159660
459669015088706888298252728640598951425047655646438613971390930202
571945855825271392719811327758886955446292060520268767522136796682
746877587452876077863449138269956348008254414413182534720494801421
265432982967846686054377906133891020607653897467837990904198226428
291713569800434724666969930157511495371520437403191810795486894324
062290945862326245220966757449528566016465787368842465402656045769
732900129583787420171151005742659749253328682586625702458378115218
220127757607872278753625441767851681849197994949764910003693490955
081945020556381122496479676624965078580232712368944622866979631971
539024990109911767205329659201024327415836646285103519400541457190
714863882469446903822456883885007824410392501635971537484905694524
560531254037917603310165347750019986495805835536614207169974117331
055254042055211077318581045894610462735580709471466835287835222442
439519510959648019339972822544123729119753352333978820050032094830
778066283364606324667100180087066628897715761318039445308517785997
967916175623642457991318747995295187367560206724336078627831644655
047133342557745622032970583706520846148146180327955657231128913791
506107878236724170631574279086027582680483282048253059594486535530
533557360894366837877887790883577331658156656404633363117896557755
386745135965474379288244327761776652997753788443212262675878961266
383306843849005800577613730946043245733141597876165553722630161642
335345100237463536829894247824255806480766433618052377415631403789
337126999008115460840814240586928446408742389124577519366466994637
359158441193177950085848065280520451386178972329910964611770976297
169880547414864040358883927950040568096688268252678332587535835160
050579458531484837770296761832636064913660564711850804916359111816
805735686256767574836279625954231444084268694441780846545900109830
083247012732767325186296528101198756674251237185471917419644610996
381436922527648768652429643328488026710488044888015591064476982918
336443256383798347892249924247347347492558557293151861103453413733

567227462578276718755128522961571935018632517217599994227794412512
769491665964117645331130767839435875570151126833978807782308932767
292196739065650167909884959899971836201837724669791646815888400401
508326413390170244028639070088310664906834976762880088097131577264
334164705251536471773066139272240563257100139729989909559374773055
963634856006159849612535183107450428280599101135615276461371873230
740548644387095103762391293174413926799644747323618213633118585804
069936583777606558414953328326602877854696894300229268531019343019
873705871735821809800669389125076625708474659506289918468346949911
962050562881006235243400502407512125659762183568345522576684049165
251570758414614413289520970093068729022716370563859061059216969457
351312296992925835675318834452109537570173563261816644245918307191
732592805373518481830987229456262172540444189864039750384513606111
006210718088689290538855653803212319776645007978808922913907197183
215533766071468815888614665937080218118486409491244157801586964737
239095958580311735493963934232398121883858322269062273043691547964
773290362031023158462282118660828589608169094090006189644213461734
468252143386306086410764913030963038606156122694775672705661641983
226612829559405418526700993894418145266998151219653967190513843135
365503213138068242451734889475925031241924841752557403818235113902
616355370936864688471015259866820062966604332671588470284672528273
675136369158934985721514957696957393793129333387868587015586438472
121908813119471337087338232750005623992374477172103479216899958700
150469805895623651885426829398566671272305833174739467989387917984
475726396699725651509335049449623932989411838095115220273859361991
620893155937352131938012702984818829682456924664015891024522408334
073529472376766018719083566257343946835470483622445461993712921994
552160770522653798347510666769463255511566494911680705230528173086
908826823801294125418146730584593435812734334074634710981016973378
451137000361466614777973756676762211878253942360370654923722566475
192700250824888860406223409811545113334223901773684113599153372373
184676634050715689668193810358548079907399613453888826857567243504
591899740069104470411162878652679201061613247199984482371523349978
363752301431351328269553952901086494205818604396159053058259754001
573475299749827230953870577210005396418869704874528973591568792707
994416581049442687939022278200261738842463895922113926387495411419
594330027084671423706812813778229848743892258019606732295576646222
560726500832043734636892069742573101488777832814597005506211252970
943955134820697067809204578900900556359931930300746710425701791847
467995201645098538151015396961735455277804306267757948771097991362
593662234937064837059816841914409008692838417581369607702626526373
984217927518655855340018024947388424795076359369625165815980054901
107970726953244886137434993884408366146859209020138746292972909384
539568930915524703254564948483425584353927500268398089195124385714
727889228818004727979105941649371664175676509443374654097289014406
328130189143863392806334434942400260228810471699972553393957076410
706789505905241632902212917615707202813379630649859882322426710298
264264548227932715480458764992124132126818276723090347559579303115
848248948301417317193431046635619982934226608452419772743000894757
519064436425070401157381317794809599533926915579884005478289536523
956367416572964880463463057367371172158099902098944537332554066492
445556570479772079145812304506188806693477316115492135285980811109
640356420103206503138783298144430856387206579389407056232795868744
608528406980628390128319940403175369817291011930274216487446018619
632159446845380755709872212964758426105804371014414489107488133766
721383545414247871366665387182071284847617070028023077139862001523
285284674980517160094177008483060781630740674129158570458579809143
541609290613494597096889257105679100556752900747504379946338211192
119990091221539655631726332987359358386665001897021037681056553912
581127425650365892142910191935677400796661271382307140818828418649

325456700504789023579983462966520539034526722973679711222964757638
427953370703079415632893117466348996286910518604722726888778758797
953654811330971852577488362549950780896238311682394650511685470862
6136402178204452762226218509468771458466676588999479371028457027858
288649455781921024708840980548840494289202758632513512032768369165
509333757568774231103616106683832158080256433346454271722024956218
060593586057783683982546182236449833541991908181754923962168710528
049514224637589120113615979984380345538987436863794164300305130378
895831279248454986839906586006407899335281278519409840167197297270
699322133907184209551782475206802684636165397716512345743403044324
661478177119961085537282430917112635195011915381033226170096078197
922946035526018787669236212486362488512903544283973792325138955506
401423913076654675381145244024706837652806414248720891345137963859
994493516086771074601432747723851028474946663633461941723016077362
976288977251283002580846877265301516820292508730013462199231565387
199041060550741930363390184442397874423384998260696760570205353684
564642727270348943923664845900245979494739486041667113357170281209
226805278156883353132643317590299465385748521847109720477182480567
215619231319966276378282067062797786438225580872740355388755763722
582999050673591541471494743726498397870576633115053342116121745340
896541521554977462478886291183035260403687328220250708935308435234
580815071956958892412605287571839649630550766286009111672617530072
817388845881237359853726929926264266600217297690409322916645780080
286157310501383405996052151802023374674932941095769139999676638521
753746488507214642276836486091831973323639215924903900069678881210
112974635837340525868785445702221462087368587279664145301762633541
558879405907321222539467073782654675608107464960418043395795387211
330646467992861229485713933856329761617850891155827661197902337999
8663577047496379682239935095795450820555051118930347793570244303528
304428347024105904612246808113753997074287434351207241798271000829
331913714192887714098986370546271136142170603160388771587341075626
603462603469320575746363265306120596147410967864366328128489246217
276990604400356483137270171843261107628690706296287678248337252181
678495208701873888835266818806885615538210291793846881259759223871
757568737766365217279182935988891248129048499965476445965554595153
192301986734214396269052453374634498603717927205427968168892955587
945755341314658812833102455747928050200866695716939577801534143906
770746884443719972294731420962430984645053185396521906026711006056
621714505652396167629158214100393073338929186256703337144724170924
079448220819579349698115524925573254088088316481951994849251885979
718179165071886497535369431957636602624261722924254800560595721748
153559340925382832433344777942345089465946829548015616400884023550
373234965498786621710766801062510274472340547773872282337063244223
465713099833535636179045129664535920772793879392700954660146105091
802732697555135713654909405170986914333834373538622395662531670508
132212346736878144276185478830585005810785155567880769397324212208
730661826200908305041506079878672078008638748314710467962218043947
575563099086244244382809070751636039213609739671934940819820051893
084634184185137758694213859700251923572103523597814756562837006498
935806194277478376736716568604401242535394254608374734622249608298
272472402187537341510443884271408930329039663170598527274357572249
198043964068936908330704606903363403761135669272008017206016525870
166209246565318321783590348318466849633623177354463039337934892379
583823380148352466207076888417756468257271713619148355289440361157
962468253470999577854148164846673573561133803192065822135496782962
945837948992590906571508585899240368777247095602252060304105945472
235734307619920200387034244022234909496718095119479811812317662161
328126574188879267178040238578005598529232561568824676516359048340
588004483845823024199841762420397502821442033237813646956129181609
088070522692744785023579437156142854961033099970139477214606174500

788247541700679178188133730735538786796010124219243417398732897632
2809867622937453437289981172593008222324624375985400183726608738 32
647120725544913064336449951001947825445255425611985444689633861923
341088611902366362520061671773407268444876708707863399288518785748
868906955952057560806553597236255486657680659973002696144997913863
949137643343951178186561697245750119555271398766633102419936496159
367342333676593518995108210508545586590240452439501495865709751688
017729800819922259725289161528326432871330191207202622505599302105
520059364272067206743658081959198389468624150753802751656622826042
558448723696342315273704964736012472937470582351894637772876085862
713952359990692232587035991070927536077178731275481509403512701381
707948704002794636433688427716924012826404447538300216806055597399
111532756743042507916896649365346106649030339264547982624507527529
703551170293895493926050261167328050806361911350415038722553548052
495030725922083212991676993938578960521919040226593296893201528053
855848832676736575685837994286855431488484598780431993710784840893
374197790800338636966596327000480075341073313028695828601359287661
350885694130726895270622119444657090135000285078170081732969360699
447808011650899774698383275335446223117890041424456125659236190671
377822188309901262050387138637461107547138243333426066111911249960
431197487300355784675385580931940536564143872408715930702800223362
024034209266924841036541392460325281513910602580690086792469478464
151377425304908113337485925659032521084378705836901803059338532970
010969600087425044814184589259856965345569808272371276255400483792
707641017020870006758524443257752645790361826803605262387899668756
268684575871134948261702787264207740532779178396605930246805376125
287836224216318147642047643334565869242915619461741479293032672745
331987962759051058255643906412796059960516294105583577003536563242
856713972433093599861784854409718181725544777914093209591840501649
984386128073788718816754788756505663196319767304705864894624045949
269766453285109198744337351215664488814513250978299799856828301830
292718126587579974915259421426066384493476182366943613010007783474
504544383940594638253164174696216796375403949152116008355340458730
070341674476885386353724175911919125730296287576998669830602845055
125425577813049196573537081097538898051449828195851720963288792497
596687858557626872836385771428233523466567958926948548919544874241
952228540275810132725725884846046549518516222527214858969727263289
515266100741919597178328836594559768570577262847855954488372407579
162883631484906477914553487265755850111942264869962439109009594842
195050118285457021898741034571838981790486364649082967773150836776
997335515074170081220258053885245195363983453187617781231829233845
161492018946787202174802452815919012422558651698747259021550762497
491226737659456330761660211943484032397991440702488173434330292725
710928657389894240649561810909797654985118424771133900728809299016
301869411421261170343722496674766825988818337774891530013580023146
024260472055275799319899409643161144298528316114869897317486423082
626493416316845278016222869452176524878906995560991510960158794169
103884595635966852936125991245729283769357494996000637454051029331
252353719421156501331547537362809071428157731851185927633100144847
811577305157277411636321762995559710643742787164040829830710463054
191559937148153916125547811264374389039745212073575767777507421150
508298100857375238351838357539933202975989157824880504120705904644
073227688483087435345122645470626940975444513697572570891505730232
425735672721085168470673901113721018280580460322479166007383269145
415931982924325433746486049633965342248172938325475111403759384377
805581002679023593384798958654860787419414168840730434173496904240
691742895829113388157394322771015619624776355190240217127468627824
721979967626629009191769556438105385692640185914761669543194077693
489655590603130341579094455197560296624875454879091117532699370937
126380672256751463060740233445983148205780778552538169343648053568

079452045386888722145805202281371652698201162506165729737974807500
2972339219097501220494749417006593929672960287387671952225506308 64
3850360228641843766240091747190328339083995367474686131010932754 50
8537010324881645635754895586036799189361129787619083567373122748 23
7818270185310642630961347248714360549318903770261332912020741185 70
2039654923368590863272900347872223765989418631895233975752644826 23
2284678147416783941758787792841341122301988055483719196620859931 12
9697830338865167585446227913405384476083942355534490331633000124 75
7996527616852631945329309596273131467261926618198321945664800489 12
7240421657304136383304222664897851556264565532197114472973260582 13
2148615280100972768015104029896520206386068600459816142852374999 12
0852093472923079773503015339059776478342890747487781517348157362 68
8287288473096086418866453032947600753309358538027704926007328843 29
4119520864829711317593752534438895881425554838517329528360113779 15
3290113357598117475908082955904750657658456860498951986993050662 50
6017097078329876063046816009521097297787513601863205458955781800 59
5875717191172323509157871375153991255150526069594760593315763509 09
1797733208336136807194551564074953303571884225636931711834397325 16
0573650377473214535005635956382624749363822470583684752142607279 19
9552510745513042443383364054939700333371348800299785946575449427 65
1830341211197021029987336199117764793004764932649152190991777236 25
5805271272577992841862212722025947295783642415695183890426186293 19
4985023980882790182277086708707193539801835763828047217627026149 02
4918463402523612956451260017975449613122087284837388331938574020 18
9082817678502985052621563352750833939410145554721256376368546407 90
9464765381655080500179673737431409908947484169143006508118210399 00
9419171429055442874348691778082841271632833493337387601898051923 82
3637302197650070299199840953953640819293935448443378672525707772 95
9596138710071579214721837075804150054413498600492907499698937903 48
8102082792506930057423601746771263982504447987947755138368875388 82
0775721206353195865003008391065447149075492797115572184609015539 45
7332518638981285824687769598008274176555499255652637871847498870 63
2914943908030741726036758968025487183739999619682932661224121706 77
1339713788092520170262301471782080063916213598205297385505558209 59
4033326470891561955522356638062641257479134638253749259912880143 12
6144362011718100610472258584185002863415621156884418566202827276 60
0655362434165318617270547046018295233295364896057333074530647300 77
3945817405562218010296586954554296232136268085193584500258735730 58
6665195617446371811134477563610293164229299977128484739924791499 75
2469757461676524013339887118993502919950725940354177678878427586 31
7338620212314331223245499952102264641917059020637215636487044104 26
9833633331382169588483198120936936835919041149316234787276366275 92
1545684107024174052979256942981914981740639527144786905118423433 71
9559261231919375790621178580909320588479483630579561215601056518 20
7521648952936475049978364259687880476092599970186536111131360484 48
1043431372673271493251764067795912827041809284099302148095745786 63
4937792271213755371254949836461321910547901195080548163778231755 31
8805404834474568234829552821306383035954647975531338603713165764 07
8334088593594573767196740862525180978181788036986011661388347129 99
1537711238341545287404899564690282603006885427634518962357355461 81
5822221407196786684310268265573811519493713161823492530436547791 88
7277303957729166760359890682984979275326445793020562500419821581 78
3367975832458201670334401637519436130793606687706059615507458187 30
0740588554185707771293765395461112355201773745267536502771236010 26
2637114085024937545199723881184972004852954076053757550486334985 17
6039343403658952960860734480553122955335688214567118057604758841 94
2058349633845421653770202262887320328142627192419113469807153506 23
6406048801061017613964306550666466714597747927512750131334659676 46
3960699440570311860560878122806328967816576537275062967283576263 97
4828384647295018917985604824919850079916092323997667196476783301 26

384650808804283111098502554661296861855650350012361068529743566446
56198492092110126637583119546240112661948930083828438659999928333
379487659821355883933309759653943516874770254203805203373382317893
878282543047736859273772357478886566858736092568691056377446851131
559478673651648492178603892046920573921373965976293426617993875988
610557138473901586953800144003377394259635248692636896090870539526
251096127290887376798222410747678488299026259214172065135443271991
645998333033382050970236703791891297771139000217964645568170138089
418258462959876893635924393798037012604370001954537532094758565668
626186913776932365553855337366401811426040117126345320537251244688
083925045538064254766280934506039108615119488314246477393594536113
462632539790305310615515404757043183580698889116850882783575406260
470081334894277564198811046150339108196697436038560732670871560877
665885891060896072087471582697016905626687199268158483351741024109
506049761333221030468320093162948196664178664108925963354038629241
301524764041519532761824707235278977276957745431491457204054179953
185788374981085050571576711105815852167055220110024031214717157984
645854332489073410987610992956496761565447188062442849337194222747
404498379859647558413348941074260833361521207750192980151294656720
842115507638816459889661764643697603289243245105302982505122426807
037312128083935122022554084151320294799980575137686493365567616784
994713349269562577390784837182482831556792981972877868629036310560
685800990722240215387661471364480196561481124538862716542334288756
197979204855730192999750041758818622035508435269374224183477542357
560534672554956154189883817856029267690850613136595288039173555602
456879717723106032174576049759502322562941963790630937955810449095
876213591677865829539303065765309230704398675706257606714270638526
055475959525321304780063261071076808321621001457946409776926800691
390719372725319228526274289573895041376854774592960335922726252666
683521707031894962827245652845824142546063037280407774797988541294
635397999246474691335524337231830453538489080808931525181357684852
728589173285917464503656120068829470503204716904153768678001929305
063669577855088550542369890122298087791267061052356297358060222018
294315807355521909375865774736264736992888812797829333934998697735
232413759931554636311929820706537274786072589973120693062721040157
239438426087560393263870639290221903085890987772201985593853726881
479322882922369825904643093397881652299859711143887919168112556374
983131611093190611563255289261205865159851493976127055624087676714
060590627593678972863204655894075319271591295117018443755758535236
978206034603081114085616222042904289052870934871938753668199421196
787160344751165632170440416053513413901731366894638873855531386368
243369975985970616457062670413045912643728498914835689045560909348
101158092318073018459984087990904615749310986143133159197840606356
831884195057075962103268508407539511046071367743150631865568117504
568429109859360948634686959367227758077306072883798814246810034268
587441953320342225922259113156871855129884383997718184817757527652
868727478679975609559814433269798023224692517480084804373540267386
844464825094568371986966198330889858783525793232810047849800001659
240729031466028150564724110345203157652765771714505108046030512975
963903369048782270839013310400538514937353749729516134897226397902
119889634448662018819029576929504346472305784526520058067990645390
049554274873960333111513343423239392815392857552418925427533689936
707673603270769534071539778317693299858002902473809122227024700301
497321483099349332418808211182569586232946518575636897541635746895
986602665172871063731782115440732830840958229371768628036856451591
525703290275690368571298831278118747345960741731009788473156283864
948619310435016618122663037695937267645885383809430494530230302680
142109755025038907214842460093398754399153838421377545972464098687
379266027941662047086632843876627366087827215003598927765170744547
706538396196028343102852384091338723785639795368257883705830489472

663481348213171908883396336724123153639729520379956140542026523557
331822605360301516107672701613667753472021089952406019019073107167
115721315313139910873460499485588793055573290748667569249917791477
776275257215331530591915437576402085562431149445372545956809702564
757642444230904740701449387200931485566126738641899425494931363104
759618933034909499307284324090098660429647764160636212894769517265
674169221041267919762026291755853059616058835981509438139888155464
739539002210859787185924059647802767889239242804773232416801150880
994290751300672861497273785041600155380972786910116538163760299560
019987567710528743417964863494875902284345081024845232428506194564
649282883380246745314360076653939325316906934715341110259091559509
809996077710819240434008174019090499522416945936708415512633504468
374235408291264653803549416953846871915947864482169071971882790453
741758978656539635436417496421138332391272660853829567746264220437
486137508696560381441154467817463182415780125489762580240567221816
519025525646655104178403139931552734970128274640783796773431039575
001167643501232392187217369395615725612096294658612581792259971229
360156048325293246605900074675382891135887696605023043275464415772
720413553534310692302099040958828028424925456609225504736786633535
977670114754779378951221639503917488370060692083214313105651140321
659149716054503315260875624430397512016270444756654974450829108449
142753286512578843201433719161950742434585426712768110260079969773
273109108740407138883985930205685477056812837003241060994880891203
723375156916771294476770105736285175269226738673324904110576188363
433437399317405736193536907770580699187001103875506825865123396341
929847330966787573203290483700569033536216837286915868224849316458
641309955612807613543158394797965036457984422529399803252134609728
622695362672470762899717796327633461411207041541483053044019675458
162359860634665727330574033424675682539988557003842039565097719954
100268376282975119707156928778058823190261710147580089737378346499
210043057076158595322507336108729570271507431229792031372110315120
578694581824201741832056515117533812845799817329613000972285911308
282090905331476011967818503836753034704700057874836099759090912963
034418276550511984294261174212501745310883761527721032091623308833
571020857721625950992529864364182068943965690856477512431829030183
533951091146751371853424630585177074434321613169130454456207295577
914988904854785029494251869923015642048236729967820854327708171399
372971364728551623691028094394904980957111479873532633610861544909
213621071957862718265898464545958700906924924882052343511286873862
691252933569556562440153334475671624094781182657115595475669936842
356249997922772333285678478624526949813038295767158836825390348461
671496801413859919405559791791785828197578481237247802296273427132
738070171213159345402254416861464162064185495562201758027171741932
960403072428557591403748752412558364868478265305790211293015046009
300979113289391102092842221262887439723987929998722171268024426957
043640826917512394728858097663173521903477402078301082500823068674
816599291621420437855969070083963431749157040070491113309702304687
661585748313508014447599285202072786040624690986245818371056631825
492066663392868941642231681397853741745589835502398141347627568661
622118636756113454018506123014505064146476620025479372737016911509
105700588058385528775155356834613555088814313744985636377736943347
307792236920232819512601988334853193084139129692103451156646155817
184516091865304897119538011024852574989315864723399926745372521914
878779978880756267375063872378056469764352686130677476116156403088
981072299006136202913855386468368424583544342072490652694313192636
306455791910328174622465230508681145392237903469993576181922838411
783111273426609317171605472302748587000104786605983536876204234909
356314679354437007086760444160809343038896416912293846293502166110
021076164054661453282613302509899295539192759629946278263263211656
587431955173359427872479954828722781079314977711035342554381663505

021820047559845719470764296782715877268483623611180659244515952829

152301818089716722717634965228375068073131741445335093301055862157

197336759105167204885674541572816321725939792701826776592787907269

759586524444798627848766953949146101776057760360711075086603455755

571296234540663775844877314065805021814441457012161388944294254301

272614399603975154880968417538877870997710531568960577955363596700

780699856501195536169958191091853337403661999066186774586536593782

895158619216835838537205517181966990029062252442971964776076579212

083499798148310842533800664605646546284410595975870105383783766951

341441171157658015291972393283182374190724182705562114292481259500

862193482545185655397012584064777459094161077898448667987879836035

943067050826469850650965071424287984166501330336475959713294583569

058759697058365984023752645595142841527430934760028480597374451154

823040085774538194414235491878380929229783184414022384436112322168

850562433541858843251154472064328496208456328119410827058831893542

884543650548453563300884266856935636428902027669230848663361182991

429872638798806829980861239497632951046359133826912525187946694508

941539649332734549729944898362994739917547441647197173177987268394

360240105216610149815265541625403854517795215840024958798797410495

248004753558164544116079649674374767184221183581573767370489681657

618646684473995745738638952849566518957447866597778195075225888298

702478900964065318520474237695238933550121847859966007408965038385

951470180407234577687838560758095616453392168848975425983059917537

610132320635432534424048860000309082261900373063418486886143876373

649417887401204826095051275986339050977024247252980175882639229387

079367325221116705792644140908543740148530459025037169637477458607

191405425694381561170144378884418883091592292719203584129871622866

850532460389435650023073416708375186459536802527582405209237446765

733512706016011703490806822232723412140846959667332516156575806659

024310130320641153751168740775678740603592587886171973634936771114

265430484708113330323186633985509494314397480484078764776783277053

488015967141016984435669780845487805182319957564073978831770271135

643924204452033300760976436796999004095854955620131358480587537494

725693403309091728323941836921932491518687235477393921275611794664

018511800138075010277721713064204253265553611432390788203509453770

750843488923010206936485172849761293833257931632804024023662247707

358488505586196021481895075688961464986471085846445373294965523337

264188383262127117827240693226571570786417557289614533829164489186

520495527295263300281049823109857339430816022566981711150564218030

749436110781361389682204877365185667020919787109427227650347063385

085500842117094040508256992457562828262781375133270805294552322160

845405765437854007179908127688366953749752286406714615345649011269

387426711403621513820477587549428565722785336658487290869174951010

237587497660723016951857365090579491818691542049514818950633136723

233600179192443975940164167719835945106934272172934837133152708252

285878147644954066168266066328173859064681708480980195630954019100

230303837721074832278139011682082582389277936139561206216213391578

640790409627777430623945887116813593241244337109448308742299489657

270496966891909767872956785683749182662280759470730876390942917918

464672898935038166571603238341300482214907355731011475604391076423

070499714171792722498893625118537718445653611243536680334158347109

999781275045931072949201640040438736891084890000220658968949509883

554543303448063469068362642692622526048050382229656658564454638172

578720242239306031674501605397755165542460307432569145384140667700

093348172625337857836954968801819714207583047902504544932943440806

547069667092081966871809574518223790333116866601065885464616222513

680755807281783990499382032540352222147912787357337924050581704793

436111604657520350964992030094306338515155701039654361560042502091

754083680251075696272405400706130739148399782154975269620067771746

125375177474080770421469498072465669210313803655901391446319337852

4956076512895884703956836005240560377322664848897675986472222236870
457260025131465330278949073668317542852793043641684491309014822977
944414539776700050476454539441997442534009022064970795065778667625
625790416787951719322821604842790422281457455555258501105051118532
051282481704493408500651110585967966113480543157990100271163704146
255884514695315016137653098634679351398306442172125391421048484018
069955555893386469844709722072920441600174464574485789885219133254
971330254820980219920946867055130885041123215989403060607764070886
215302252839630610614984492974704512812064392509526839331630165354
068929280565187157265787411940217478091727995418741181137373534823
204924028544437285424144786673531720397284099921075338521376852189
920275476375155088032382034514104490336878610551139745556445344133
528058933149507241545365042536863587651146455776385286184222500373
544338608419457202578083624670516135441219360521249265478557979011
265815919933225542147336102522035640035827908575507305278835431594
674179374264974074094794894477957316609623021732397288402601621550
899074510246296718368591603789059816357439266727829502991817957028
068636510124544515441318142965418452451978873052020028802043389552
095212624250682073625164648296888315050959701000226437213534878582
602533578984284992642598493826986555915745522772230447836700451292
620325907284470070718264639429939710579650492402721513090902016322
578929364662069079114189091709554858581709996939845824188862304346
386468537094692019086644250014237049070605479440163636224484204946
141454073340772056136753779947174346418696144163556429471591970959
124572988939233815001041229439585288124290316381893911829364047567
480132005483777642241308322733790168055134561187865263787390846029
832484496777676526714460909842724092219442087290507772474227128491
998627528840954536122442608122367302636241666463676956582340509347
865011435452230172110431829674611812712477267475584183473918296468
924243908358983041077861222164667413927458084410934467091407688908
115480426990464476617903706913186431644872934811624753142709479512
183711895430801606136867423308652068568392614804784456647494574832
329837112783484945756818482357381296729860250944563100213870768049
043011088410435606595632913551363659537905774508634658418379378550
213855073066062032361892026534379655424091388667805176486602355686
801024443819982174081868308063265793445013660695883116352765901963
710912216830217994317817811597562569334811817590163704539548800254
386919502939484296333878802324540268683115920771472660964081472974
256413523770713265586567292609352131356326973863345139232379491272
741604407165332837276663606992078289885158189007406817883560033839
550249105442191369494384025928975768041647987388754419071010073882
502600250529371571205988217997519052515481351289265070350312953887
973951968071463129797393988552240677107478132966112514244409425462
058656056386484117697376509322232005813738988859893022336308095219
342652281506753067731168349920030749784495333173923562877249889011
049829135380994323467387064792939183829847365091741599344224180136
090702185376839482371972551488138816352825082378087561773037185933
102376901551814895668026451066955667635627033163755042821846935526
079312867717163008152297052501399440411109952375878216898707228324
155404378594936488165971060194170111775308197796006102061075809541
843822637717441589308934402454807763589859838646004481913063291821
212522007280634089056273136156282514259729116909696211674082471631
451891747360069596699142308087833837868659015986702232142869157014
142480704589721910542004790420726183894565916757662433748165233431
013197777875062648144789623796854491833393254452263282389839955214
350864723998824618234678333412034969696346523102970980070312729811
300298748758845155628443101315609908946158784058400383614543062750
283843451683679399431155194067233688033261838130190651593168620191
839636438811828697041164945876942211365769814951731860439447681922
394006701455127928254056530324642352419083789115209165207534501147

7513376176131603034635001583043241198303450459731115480235291472 67
5565285396154982517322187028118914755821925109751881474996270183 20
1238664665544709627032211967352066825688348737596450725120796914 51
6873963998729508929286150574509391835248986417115156337107720704 37
1942989785258541065122020872198511520119682006685154950907756992 16
1931680576122550841079956447357236211513844260591187852361111576 67
4624616760589490884732188251188189165372941301847563650836229040 96
8772707590630759517373446538123581672056998615449337441355115808 28
5999797250700054256958448290421570329632969541837206112532778185 07
8243532391872673797539010604218982133356800149176292763589739749 15
1033610294485487554126594588308262730872974158135998785058970815 64
2932415956520572243886015842078104750426281129044255263505482966 13
4319834755788519322226718693036456672710264959940051166308663731 72
7404454569497374874852110331775493646253806113344743108068326308 46
6220393707731052442799951374501935266142352255141868055104005021 43
8767785929901108592518674991313145000872583711669369824976994084 16
1606242840630833289799716187050576519624049243165999515189664975 47
5039001147398903189687832645578474537251804522359726877668762428 50
7538166167924880008234090320348071465228902223080614965742704477 22
1250266192371423562609291226018250583731811971039075175338577137 80
7762131772452879479158317148432273147350683717788157985202303528 00
5999986977666937008226708804204330427176103604436021195740531832 39
7750825376243533599258744806695231314095082672974200827195918716 16
9601534065457814757101243294703404989011724031456270700708589135 55
1306594748305010926753310504767668510068727953244323689649387243 49
1401886858021766970655158850256174152070315092726514587358857716 69
0741189566762941681340578424067733886652984335828209920927960002 56
0537316119574865172971711404358368302333102692447556349630182678 57
3511105639749473357081758063298707668034213096682726128479506043 61
5265442170363554065832901954741126321617941436862387824468108851 00
6087982065719694731531688727655829254841006002628870847072641463 69
8145467602306906484800019508915292088347520029483301183570714748 60
4600323180366466301137834614810208010408241624643986285802753525 40
5414811787725784498244012153580883263111576793883443994167425526 71
8127068704857905001700188276611540259896645638226952840861257000 00
3120151341462146274358818811375215962355090961869348253038196808 50
8496757130802652210017544521504388244696353913545222948382275219 39
7816100630815713947347571643310028857201156174719192266771954369 28
3128266043960699254637219602914253777973983167443812080972188188 31
2362266033870753267894253855916918297728332731261550841748495123 59
8915798601931046302040883658123282833932828775274859787053647329 51
5614114298532461034302555313019496430116703792865637669569854796 37
4437404695144047524862747673802558967408496302725388581738320957 77
7270442659676450234624195887257359338615526808120477513640278605 96
7148993681237120118621234905481712924548154302380410365014875356 74
5431118006045004261307876822158851442673029620840482261369497426 20
8176099993500334461976884187903041595951539264111965464774820849 60
3536188945761220485718626461432327497191880858417216502492556122 84
8670444079452809182539144469876181366331943960646378224508161381 77
8729282783976485911046345562271722217817692297411538678621460572 42
0158898217549455474948636317672274364708980215462007325013023705 72
1216266625220053039613516788310130085680167987713860080874414496 08
5961030410411974853698311136710708247974741971708082430169166617 70
7713127633313638154531589133752541683984084786431775066750394884 66
3677721467921121853612236316721888038066106985937023790963186922 40
2591191463458461497417121925501992547479600484600633459818646080 11
5937447037316631953518908792056481072811877724020397440246021297 39
1101349926966489897822336465536512949732934154340689469433738182 66
3778605034749343327029083756180110549346901793394287399056637969 76
3478106955289619876461898507220863458747577535586844687233572491 79

047654807751039237363961854667533349597089174705010313969438090236
340457990307072485296328514308887866880742498163585636339314194762
523066152520565896307037142091574467866737683351558224442263717555
290549395328823666896153326331493583928128224584932540555941071950
713799703563742340097316130986462139379530870947165361256508033157
850445730000941413946001474525441403816920993360411596583800506303
682545663080628250094880200341800214558417554634801876535677644115
164771043843669008537061169050325303146835437133581809292400768050
958188888031319229966049866511923553334427159951307690820852662967
740310259473022591776820132591077731585784477312075886450933987756
187266253938362357576251588056203092312138665780721626116181270037
560534462263494983862525666524229234436513969720823782599576261080
998493754227356751224109232447930724282802917623537533863708763873
518155274821112448002459124640511151114996644626198433900579254635
394962288892436232521864025248104905959554083650286893574890542000
912533867434313407342265195998144887626448318552732774941228785613
062258218781200116285735213380860436525201235079083015059632454682
818922475989132871694359851422675732581509249821248990518465907278
237639649232119042056438491725564318734416229620060447190161161278
608069159705072338317990240010621164747758439023757467891316957011
822646217702894571191364126858718686358249327174656270672807513674
315975075657747583764063380449448206683521783321333278967763836574
467462017288395723672110981540162132700681687402313661948332501044
648564646036412531741333237960756729373305212297457933352566168555
892004375962513420306383429430609715847409538019741154953001028216
505595925945919485334822732715544487352136534472942394955964530478
805317945586293418901077793490276022180849918514125716531651374508
750314014667742519764762046166931133260453878964516572908438615194
431140161514230702247163939901004379068641034162367907418506463768
256603895503347734896731133431362942854314887603124731335419670980
008452642740142097631369587622585910093111299737936001355335292074
829853672042761269847640066766986610534552072872187381806791058162
907487010767369652166873448787438277199732718649255424806684238330
274106960918550071153548924174440794337042318254560683867024205233
933058031730647788593322929965546621687057128180663158107596988037
954190286710515896821839986172264565237272159212726998561668843085
968396028717153852669414793173289354584495315021859300866891179713
664949241053953017401360785889154713408500397680364538111157208612
956394709645574270823873126874988730970590053373183461689693417093
000008616802780058956741522844366300229652650701385626568435888629
758589271228973122504501939753988019599295859466744488527923464103
724733413533839025948077395517640674147646580145330375512587839152
060027305459805828008341586750878202182980291241797731523538577064
067711668452133686650109064439918466472914384152284355957780524178
692213439026209703590303502527032839798676548711129716415065768915
393509094042163002921262342347128521083954216649117518876848901601
635079499087251459442840907695196996180377128279292330631394632150
965793664885286718536589854282324046387338281784815302092030883156
972673439255833643216320660898884580711362776399966495706481333243
008044307069228179629683286131639498341581788714262196654990514044
999490513227583290203973389028542575136640742837719838951375846035
685933196763654229787959796756828399831018152542366659857278588886
806485189459707162034673703516804567897410832102068776915310505668
766877329334920023893505744369544516023429794578060306718931576795
190895808112827048686785651794949425317989898545584635110166292415
067016117622197572925577322229957957026951427313412587036021325937
476429476772338553939496080349432963081459079933815943114610237436
482609052748926091149978175992425233969728695252416687315009238204
121285426136163532491366251378662874417287369277732668533899905091
442880593169617682577285592777855488912248808866962902222009071053

1986727332035012560832761865468606900461217655114103453283127120 44
3522951001679479031335053425355678386919223431249052133279436125 69
0468033045406425931433485989352987882254953185742488103764137541 48
4499829522748902796950898149864690761644389575234356650649798259 41
5250324263255294411659694055989586650761215339929748641052808309 88
7919712372876169729073029530158633809543194018202669104693139303 52
6636283583219629341950220558215628115100827837021914223186157752 89
4430740125120698223625704135116212793447479373750708585344904025 18
9467769147420649139024731524047392237570356833125539744473636977 59
1310167248556425227049855871329918475843821185152491532108660870 93
8947746555890976815009091552453184371101679704394227200606593472 78
6492376559469584717164290257863271834360438706061526799319925178 07
1960601819978896189144132968153273553656553178278789877045484925 65
6831540484336866358934827911537849960146294330178535918922268713 56
0211563806688873602452428615177077111067128514397173946256684077 70
7258589195186572002830268782748806462486258045143333445413308616 37
8682332572962579538006735091060533965232557596824150482795196197 49
4590510082179623656701477056459027478980181006309518889621379037 69
3653372987268128208847887010630825541585042133410149582854277180 69
4946338138816824519034448050492243551000331414292089422576831348 01
9510419539564834283831689946997068936123952993364773605967379563 01
6178031842261826199208163486761966027586644711808760325300708745 35
0853575490894833166708013253482497118067652281580236070823339041 42
8117022941352536003306330261124551686492275338976533327508837308 73
5465914111897983419770812110908047137442356324199743619581423276 74
0560044467491569494557871493554792225417642982230757366515960393 95
6787295208307621299572905646333279790560873601966838068415216005 34
0982287176820543030494829640714377958967789178526513442090147965 69
9695860332176102839832232524209091874975695282502362444942356873 50
1034701874199053002938096986090876149456728711268068719599242400 64
6532771157004612346955067259630156672290905445568896694903638197 93
7468465866534067955971944629775631645824343862403793489804730057 57
0983951582161392144404188942268166553489541432820615539268199333 81
3234143139879087206556441176100519791030792115944641248229869540 39
5866978962963602248076632631118560938170907553225965817149254580 95
0048642819307237586533109347410268460883510176552329792792588642 96
9057722571390829119090719641708538459454433599189629618258137957 66
1952533777093959309375586959791505854695906008160034355707922057 28
4184858559961647715619063376850432936554547474297930822840340104 21
4779400494818065457292244834261048015204893325978936823575947758 48
9390796539861320097773887838900230664965067318652650568283958219 62
5803380702097089887141462158565442623752543139384253212757340745 33
1911629551711879136992703539172350814998662377944284188433457149 29
2710333226630993271591811777984273789750147894332684972051543072 37
5606399877296166872532347099071746405402407398765307649992827255 55
7333971022446852281974406356741544233989522404042548339769553714 73
1599039115199581609495985121037453659944243964558662189512073140 20
1773556781853195745001591386191064089978693283136483900961375710 62
7234780052282421184264275528316128586976015660464318335336103972 33
7460199915388931573028588269160920494884541300922625883777140487 96
5516015543593745110789847180884700960607789076220693684073784963 36
0963425095847082572563368126700642910298222799915761939412305010 66
5619324385291312270883071567471968202186272019484744691477509958 73
7748660296312621123936262684323153391719356913789891966066712770 97
3432280825198475061954062034493330703784267983799417718823847785 73
0492398625585661163352861527957134353145248103916383517055077877 22
2976239792084070887115866239919233193364955741099493754100667968 80
1426502073106663321903729688246980408070541863178851938047827141 22
5654179999425208472883282034768584897255257471819411411004174156 66
7999996419753284032409331190631921047134670233785151816822986613 43

846179559222892272724792951269711902324963913804404399574050092712
081861325429437494680803495274028786638624393417108857657456509859
476694892184500640546563007857601863379039611427130965704638609176
346038756811696167424770017570120962241599529760603853488570014814
031370011280296945431637235112508802119138585426221056899489951830
180914171906159263693473649530715417590666788072282014882919882051
557077635832956721911220357704249516850618829530889889133774280092
605574823119088319103131939299334559231342822908244952580052392312
035468409591811803767004110412429520600416749760555822753840278557
228994429097079220373479880867350017022354028870748724156877915062
146524891733255247701844863336042379174274985534336281951376593862
764032817426362481472009657057617273393219713701624994376072232561
327874249377778589269330335964016213344136498402711391338427470757
769543778601175664910861942707182917441242654445981363785943440204
322865897546386434827291483675790906124620843234390391923443343496
772773556111421320014394443227320381369085729795736326744778943865
774890385918099259886296977925891374705285779546130320543303677522
033550855052641852468351949293468352432860294168994575328382103070
059714264453901409018029918233366474407788470720216230623856055975
822134483772962995988321194341336945834461478359693702832682714104
848145288290526166403281494081840243768279808314945204633401314793
187522373778064144956575621060530337373631466749971428199074239705
585981535036662090465058448358290370627882179517010954976396032910
465540606926458630212687402703333762870900863607757172312759161950
765391337763291958221560239574342934468871298084612180268971042434
170908330991098588888835254085942276917768288120756179439690119075
663452417006163200810141847533290811300309310975867707303631842545
293345309766615291752366323656474216904228061697515605333059925079
176825022364645999570337747610841475018859988302655204068322532391
058724489413214920420150763661972890004060592720424962760719992999
765156898504788208519098035733115741544655500524131490124398995076
737791147971421276661555365700029980643522358559463340291519655744
773725774525517368467724114822876372680019635844862426037986498657
582130805125486775367180449618700159104473879342430418785461787045
785436649442843850304116481926667184975252670736583993025400618865
946300442593498642188736746677914010289921935190341984732576022585
319484839338206114648070364899786708653140531734815143246518534005
640853019289907636016009140767076874864987866144724164384262549228
598167910812920521882291519447434704103619261982249688650183287881
228655261494487243355986406705534886676421607699601535508232824182
707156181963143431092962804052569380172100643874560935856366533754
096152099368441090064234555949678992586527173749829803717638644155
408339933247328130954900909116944267647099606051366703401744118303
662250489910202822410449800530639392246517643281963200444786431071
064518182924901554707466301366585027750507967666944709231116950742
845792691986465479689769857442471202502619936276904918689385379697
748241302056076304338922473675747538314713417546782974962447706654
093819818294053395278667728983884828299114239277363245716014373375
263048026324942165455657671976751934720546499442516009891508526537
508002510756054326553772723422307196967945272246615973866021741689
039122722547133825915532284525152266946972817303175525367108519113
588765425443579041298241035431744232764343271370654209963215706364
060968713845246245663352691301220789207803854120376020634119553945
346946694930916207958199116593075741982692987786665036590825853102
107170150184413675291384847390819223564708665621950319865198555690
374767109471408761353154871815930278188382078139400086999967045174
005890292947204951246680739095172243055169301048038278147544641937
702694249327243368125202460157153486104406075905633203741788371475
352143957277788274638618416087213432549823690048373821826384009251
021559976282492414832391100246927892536253848077699875241682775157

981445345592180912352016230923561872620356180637137437050124625681
248863511622694756689681361908739138611682781042246641848813774916
377582353071751093363651592078320285074878177329456795722880270292
533039303562960965509081112345990450064098314626001133976600372981
338813161449862460738400410387389523346770156047656476774375309135
303602773064948548181815798555845871362783153768046482215248418050
024360485920424819532883678403638789956319332163183177839752991937
552421965960896506553739404460898228965083088605090890249651264721
191096922940386605909137826663597944840783267636254438297382631612
385127135883189511072580994198572394263896590594982782417809235047
599580728228798338367066100204159537645690875936082090530464645605
498351090377847790876519746000574937826856962268923656473689664002
376142139140408853022853014229240229342391847460728918244015840316
196570370051165037483283612130517927679202949584496107578731219312
362792490708774704940277207668639512899595810379182555275737019903
563985512824029479351343047014985331634148827241470870511372210732
637816770795704244352542402658784910323099442185047657104762926221
526379911773502945540414719797361893916413646795825081052536221009
567308707059953511023282255406880818424246132905503411246368206259
564429291757401920097057467517837870949738346200035152023509658220
513234951881288097417013828007277492706073842957867654565122328069
601873592793842250298239452654566153768909500376120416256518301073
537003907029150204753714277894368805917320302711857789917666634257
164269537166959331831417686469920393292873147806545499610556358587
858035598893825325627842779752774869590582901784353170386419677914
076504812980943838768811633599534749783496325840425665564883523023
097152638961085263284139935517370055701579243314557133926350649126
910328745743368016847088321019831805725899635641749947999141176464
087830985873887601262243929152513512743163114240916595798544231194
074263914199573700819368632439542888918921590733557117772516588695
449446490515695732422360494291061139881878797814569230082568163508
933768853608784915097614076727220176526327006304042988298532360410
002404018299071505820953486678658549147523103917653043924444519665
134251485886593572530618789331732908416340355221647410415435261375
821818187912790652821080566445817008188462120953276418823619373937
158454165450046137634755726916725247610255780211198221219161676924
799468148510221108354686977604706507970232697917944664058254587841
235137839159878685765801747173575840055450021699156624893432775705
316234398574651211255669761595794165500430927839580643678562017610
936953432274420323727782921264107279273315388054265718719523146147
608512412071162145370705234609873528525352639855517375988621522832
527062331717710576468344207112184896971626329212490614166624188760
417868396533520813403993199974584851636867649088685910452680787306
216050214958591937822714926533322860968536505039861403799578393235
926809107789054855586108859242822422592774477365117818270019813885
316073056803365796762717845777429169997919369629629072997268103049
709697061750361784872804915714553234024897008651825057184139097089
981443210863274307629534648301060291760317398316298855807697144339
567729015294792494892573053103628809298857109774203433903894241774
960849678531158757524460721062635221799957944832824964981796880877
703560490697406097558151120951620501327709107803913461147510049698
677195780467282368221758850855512187378823843550239713535647675312
848875111455843944130756166908021940470540250925616388730579959357
100709542152424023897386614498430269643615697593835035800086525206
634482325093428912815946824688131107670648072715392133808549088932
174463059788581127442534488131962175507453904692292260778682863658
751566809447504786267227357076953714897264860136280801508442263265
972221147118721715445818774261586970793886955923103553477448442710 2
772791812654193912554760484431809343679664633404282833273374185062
986549946001209056686091094950352084418389916340306963343519971372

234045101839365628394905715741199173881420686449188564896816333551
950660009288433325248067355841713374961715055093426371894023253035
425993843941877187420881455435435616430348910314815205765886944478
270644910995335212843251910491246905432173805106794185988054401289
425123258990996231232405387739821014464058496559741586595232058144
988525103769306549748931350603293607448181499898201118274927781520
113240464303834000930223108054725959755121674670665922944438571075
829356865159801179019948045358247172345030176398914902214494890216
019868415175873791916826610983857384537652804189009337550323487675
887576583508168084898048899461346384675835827589450046648026022470
795960731123470870190122939638421992508876853711199854331293724294
847578836115174083358437533109066594270132580329543981526920681054
804215521024796511454543319711530574099549378383693200170656410239
939685203415131733092513860829839610344837564348547094563741106045
616668328026369760559410786005301485403212528253223272517323249355
788226593959508373340095059845300844861549376083077293236978053902
069489843652286792858078158108085806495326331730564681609178514712
540008807225793713598591960203211769851661813820572666448797145605
056476417427368418914506734245675641604829030981897917595674479970
441848154395604702337843568126761771579873748731652445882100164106
192876715295197730961257950401327995125123044607173765330443488975
837750220067414677801697322800545673449942537241384582367759639957
228554593078385191403950474413617589100741462268192976969498861286
529855178802499331966356382483829419247431923558426763507319858030
301534307486182437832522793357993835685378113275565386473002476743
067237584455570664332239670583789750194011098458453031203974160814
952863365122483951151426513952136199492804776145672284844312856596
154497313827859533076736960149415863707036217565867010430358696114
579171483445820548229597116654702113627728249354079462907060140372
016903577892399326303272607254506004036460502838092961007600067621
093582161548809682798180459087699075582797111496748587103659798177
900559920461992108621883339386436767545357823633698908816193564218
210955951100939837537477554658607786559433062248491278978754508135
580009553618632247789455782167285821565583485741692055782234361503
253551913069451960052894986940468655864528839323919612404399594779
057554351905822581270246825732160269935312376217316256389732475711
628596069997082939495981464546812429119289449321675789363587752365
870831262612976895221403712133337137363657009749611146795473894021
625486684146352498148656843712993256610369032098432452443637457892
832745325401013787354608708578491533913301848796502158881092990371
435011496211919724372703633189011799293100919897206605891949918385
269867800580939230917378195429850851684668129923342594667076177767
558862080126141261464088615606370386756461288814378861816884069210
573731007147127556028255238461049428731994983801419274943751006947
906095976275704074256052792040373513225643720532009690271261787884
195824392343316525246682094254662729793482420950273277702953598156
498247338180616393871547749197535049321791743206684340920620175808
477830518875496124423952011896490704766018606357333213987937346739
149080881235134551377407155868222354558845754468634333775403138713
026260714622401171706024010652254911986468430964157219449244602828
173252536670353723004242498660648053112750195435652322568738263515
606179781774903631475049573203258272282087901580037039472207847114
408535302162674050665051256166950057399083273250689952126975261606
027252472836652446769954693569475947257566855811894258537772576809
839768588064964418575387172908716236658429546000645728360531387581
386362944104313462995374182776271853061591934261217713201031002114
525657669028709745553310907385811128955140392716687522479984987499
178502589268902148245957825905186445482530867096054152463916486748
199695691963759719630398096105803354613278943598184350869745259200
054859003037296168307195762268543536417311817450957993316477690774

6402740259052553880918629368604586739521133104685547484403817107250663691014557314738282505357057566139391755260695186896492503446866474914652615608555037913942029819942221994735438231783223036847137330247485594298263804065129848919712773126979399424468368139797193089451531301022820717602411322963912280618157095376184520228786336178426103531073417592039782916543702395343092259108501080565591877252777554800270019294614144153767227568255332141737201407471347884434363167591614387225594330494977196123384222661604896439624205326779704143080241164011968089101092063429038027925515696795324416192834866410838286054415369964365931969137777870059360304820229130265145922961345580297182724384196876724370844926367550705633405026837199449354732652656320662743808369958263351676070823549529856158343311952439229700398791067526831494422487587059711975013571688080770880163857843277818151302778683116858919461143010895892183928971335941392888564885450916372593983597420767157074607149752460598639896695746231577768604879720148035767956484589821970288761612319470132095592421448835550576272323443484264260117532230618223035658508047011011899193252571720549962926641297735042850437026228972358528162675637896302038984743559480612173873906685354384530392931298819388330411834237783614780597575058406622541336293357809319478196639297423503908480593200697899176788339686913197482588647470862799713132561371727308165334061394625685505907275458645068646565277682555342972140883383727882010289029324031324210200261063566424436966120830417686932201048993451559732117466300908671200835572420529225106285030294066927058050440068181922735142563465843548110959320734012749694900025447207973603791646697031950338328483551676760583103654527085765549800282394782231371887039652164207841403863200501687559289244248916432107962003137110746260693591895581823998836591531097004235817429460073596124743290572109290976292410410656620923503792443139268903030622034078705847521368443498140066439968281777288328306808296747485107268422856395031192396793997022782808329040391879427012564031731986705480903817290109382677032761818733382332992873542517912146741696844438416099579217349254754115169550363292946067218798381779848868362782909979843021720417536252229967274325716308033262679427008834667993123722778928049072690634359386334482737349468718088069450888240689972616587134375187407124435358999357495057639105502602348848319301097762875184555561427972842848760393872130490902541848842697751401162693761395504585689904730039876222569569528522702700707002236312782756472091890723661453383150645086601571667250304425313457307614248252993473550820094811107402642703287961354558997238769243881097597044445727972255955821483185792211683819202237666014705355033299056638996113950200355900395314314853199973395611006459629555821496162158045516324961524984625491338666155661305747107306606494761259251347398672404294705271394587005711446177435924891999977985398589155458011757075458419857074644417157352870883181556649067116137205248421240675688333346326309394674405915392812434686527415076367108332946799307960121322623629719228890611294395686589067468858225888839891650188355330752331981579035535868551557820654682183321590742910347469567566339248541522364537150038862178902634313785302662274488179999873853323415250050507599445291601038492429647379231448519967640031204261931101839001074559769324574399651968221115701722500007801852007690927995274819572235224900924551021008329435060470903821762340123527848387377273143198123533121673507416247841954632534461520828912237804692290850938628075267737336489167527510886718690748573151179871911275897371721222006979026862701539770333762353916857302353277808051500852598175329555080787788667281565096669161583911272169869938875911268864848545345289838450017200753178809612734774403004524167503239303836706170710130550438058717306756683353374537830368559993775908695130621846552857923593391741917120541796998725613245326657739756970932170562193800461

828574998937523164351347470736588209810605778865416514732489817870
094630138507925592226072971522620388194374843914310594095992584334
465657681739689326110459870100372754352511637744161227299994101861
956605142159694120635513144859719545286080974868254874524459036260
473138064839379734468186624970072155471060193500238648389343756227
635012792584941732643662372023278553594194930450011152493701147634
634157542640955747394306944563542362081212241176373576970867776359
301935638364440288936305078333228036674743943248657079895085250872
741832683527199515779265271987637499790762084389463472126203607830
817381428047878554978289786227472441770030163255013397053724176828
153235161769069219970255699962054642437265357754725102403129943553
864594831470194940156026684943031837836936554661866566254708258607
489483972825155891603855349506451384744221188275629862063313569213
435053541753254622942738570185142216047979181239135818570233638135
445357112771171943216604661431015474198215549290475621090189572080
606234908802904067854566746372417724868119007420655784822192950106
596683535208679087585534490092713251073537813112328600410529188355
048282568212439318097857966641441641974384650359754316704183852145
907794335773149648457421486085488674529131457458931518483420505854
272116027520701053028812182044257185040797177351938264441514303400
003896508354760695211261435151449409699151517833258517247989474052
420610045984073638435113829829335370285516415328184689878043592175
819760111037188260115715212198992803575460838874094737522040639123
362898280661873195323552920401422000951548088070610074538656397258
970803032798551240570967529948775250348381191484476396069023998008
588751011612900600807691194381030260949480659847619690480593217852
139982865901636139729473334245297578429975902328892122887617453643
431583753143784957460887473734258795875821990193538981422942391794
151561315397930251464137986089598876754136943230404870285554197809
229580446989901929045589068465978383379944925127160494133779070648
657858949675759940506175576329347568082892202911154918648820159214
617765449921182725498867656896225170636148321951406030844868842947
490817141227669895297665284671870107291933779292824435324313828520
635706158076925928260322211940276877904292408365323232151023540753
423210947605321017167804788960416851071973969399186187946346189679
713546786722440290516444396478293266946358491866150401165503213795
823884640354533706750014682450893963508407963388339316440021557629
487655451496229849457357045563984582865390103120311995586329789859
964274241654564022155269311761821934040528049770013958185699504506
269083218442209858065603603966505204050926529449163112247412243985
455233459397360215848895956457603560112394722600290911023235818327
077603181928957893191200422829722719276801057856446673340203186065
797599897673630045155344121222746492117841921042993023304754593408
148695733885585311878925724359962470195810494083427130065971636437
516574637102498705362916929006099797979820814714713112899508518492
003986404614653025099491414340358369556884216151820006672539858532
035670787534474101821344997039591787397534962114723677715107506443
419320670978481013906119468142996565946949980301501505043949916581
936434061754712006023253305100568566199539885210969917968103065156
627611400123939441274050406560022170985477796442468587486319694618
955103513339164119590397189387610544264230246441278596632014847955
273227434092863462009840598245338576386151933644320983391819574962
950525271704159411032941605520070797004452742655032910680168291821
505488657297908306573320056671104039316642894607397427613272069913
773588877646840767260164503796909067376249123181569461325842146511
243018088628385018727320829304932053488349080225799962089315382043
458746206252362968122407755716676147083325307435180280156466152412
335772666545968950153512096407409879933525112423683932555080407795
389065135984869314857268748994901408530010625403698440243398573821
267762945491927728192707271007595054194545037909180516361580836288

870015386724394500702749898432185567647403247143923664843411160620
931019601825031780683539857258391335713344930361449170866597972333
881453092174031811747752032581674338945826496752752520361126273672
109764543134023806587201125134514611723801638359472687522817638356
655896188613216729989394014941251035646583363688776090658837696741
829191920311945646978094249838609041603309637645292794234193002301
740054343225854625094743545517096835436975603565019923851473718492
670597233277579791173815247435316334241172984589412910750455504288
587776273734066330416039180826874172606596159893360778633070199222
318466648889304527152405511746120223016036619219393661579378673696
158162597300582128112825576467959494028146674576045577470673902200
197698318259700293819541492759081133733236058858777871610067258359
623260496001605899148893422047361613271007545230048439431098999163
722188623262572247230711979182304944435140335744766397083610698607
144570069276396639734920292183462976443818601893766880534512777038
481569085406140328036150280386094903353489323035792511739353041584
113326547129056739888443593082228303303222116592985419196559797184
885423887158089140369301617172570015570614836906812742295502793463
522645006869343077482074666368747614762002275018155179697826673741
459504387058872387338963291213957303994663054340289132774681687546
695021614124655037009126591798302903887348417613972343394556935660
083801609435561378553746892071454423377646719631384646526315701017
132358397487466544236302779285419045015666457881859979478971251481
140502377690261728979301308065657163121212079142907054215088898379
545365916435512334174598794809276941751149031174605522455785458135
586702153090077031955655899599746805741613338361641691140099233415
564386836225866442807940336267010522666936192467472371364090542898
520518835100369268187997465647052545068268393626406994422311791299
733364106678173591597162898327417728872302052609804248757771006988
196240372912716284558358478403404924364878183372432037161878814931
836632132424242420147187986601290829544902098739959542872139066776
982756308916794217401688235876539750420302448986418896369096316270
120557681969929154992775142543788129467665083250351267168466448444
547240410124528064217832732227760436916102880783588718437100518084
017958014108352816351636038053463076389194761501869867367060501475
565451912556348547440616202739383503562785615295889468170169994014
332311095287212448270472060546025850066704075791114136827906978686
587117792043561148929968719888032590349546258685078645156073721715
399533910705457420844700489981128289942160212220926244947274540561
035820926425126780398190545265944373751942813217137033612591057551
698992847294695342429807232562902588836268426784470298363132949660
544162538614748828347981673228810978487694132343671883348297513277
555209811183566129984856870217344971594558142051676013631681044749
870916364943156667001634124731526314664694470222860280711813992815
888751637214266832121415092317205731891117328825980525201560900415
547775952404089135009403651970848700749678332743233588694631268790
098502313172066141132108607604861957063566245230487204929701679457
814582009036192806782139458937433777693126987686811712481640849105
253884239333690894635409235802310817255763499799694364597544489485
664773280449886762357891730215026987964549842771233602523960136788
902639127631673348690099465888102863102237495535995017161877940595
427203256807509917230406040592447593475587819231150708603864364001
669769358844410773687028457703794092834941402822129586407527063935
399304447238508439688527577798355208317581070948268654551492346771
164511885672238076006299878184487827005272031293884799820971943202
275713635203988800756097935496850722217381909642757568466440784384
976235954164378986071667348604995364292157690926961517095282542108
602668881287621322828870123941112135608499848560226167435034883052
115199522213094722311882454739260808544121534421043454311042835336
107232244610950475490308238497623378772397985764670714850727011550

335079176889428553256555785689141110539376812300764172733233555555
695819795161678765161127158802381737058125843376445496393209033630
888423831346474132541575834085328701621478467527366035329814219899
900103996516639857816270835896248137581128520502746831434621865421
002873579845306419721733111903252007346192981287229517898245111770
328323475986403956270619085455073580791658971007776402290351977055
165146315695428841424375579757096894223288731250154465913235682234
856323088186214869175254442042503115517112520932667209352445385328
575930785720519631126771596563353595646066381215699176134271050357
968934692560977592291135575500449546809395941988076919375288865024
897112468591619511911805736623365074921836732839574906693966899486
388125465885588838303308642792235459716140863913280169686706096747
793497025136967094921185182680683710393297681827934909048809926852
979497855733371545681229119082889999649617367275829677225427182642
232866400132724327309242950923056622134697756027497131137749640216
045186933589599433451701314743167166992535535262519182296068551102
552106617693913058993047044013055539478586631684376918286472343532
485938877973370002374344405223057833850423369748670050160028663716
354807214257274236347165982592000599527350286342941390667926697237
987304373539379577587467043870950735671245544966030978961181945541
702455921930096405938055229427692173509881950338542439019622355656
650959811895084955834758326794413719433477706441743068760728732386
031909376467452918921839273405652449125058695651761156206981250039
315388458184406490819305513822068081023933630856535953832850815185
286024907380888193971974192664563416144842651154131695628352519591
124428382628810103084755454897369025403588236483142440595060433363
721723113697973766253778983291481467685475411897102364658779329452
455366084629871709766714521539359362956508416867938874745177684647
019705601206291119659392716942878200104738422691208420374736338838
627479266343817074600861816517701247380026891028324861454672894643
770339434204648424196702561879164897251838674622230416516000185643
129965411759820850056332395241632046675535001335372968491746764631
941349922374424722463302202185954740646378821188234593940899689958
667766370114295285312707935566323783256196678213665709220602831025
653913540119066214292393816411208069617216043809938799300327913519
396160545906725965724244388667309883949480405001995869954087761066
913890684279935646950245990878656104815262619488029162203772854404
310761915233096761345657898664927602310346708078390992627547645000
231115988151525016675637395740190577034126134204163590448083907653
748582777525966628543162988331420747782612095040776043338836635802
430892448403488354102870614733963283464657835796697459258740113463
457623216081042397622251689597347681742851273772134888431264298689
167069631623873420014694898521423020835510710710502557188462778564
403760534154873713405703530471604771067752932007990830085796335058
913648697747150937612256284483514279338752636745707222002567691274
834223794366061319862676094406210515237198485974737929740617724333
077735380254302218943957667695095667279812485008486264258848457967
719356146646462601496495146347149006188672601302167481074660541119
266891840637883531105630441708083578019992232956434743032959791358
894379380097270442582150692797998883144672532976896720924331096787
787043725470404969378268535332779967817629151867127754136572668369
349108729256606562281591526335044669497567922949764583960403124782
609680807632457291796313570638055301817950615589346192005525020421
276892047265235195908441637059762275805273353990572737729245898431
134662089469356846280770879593423614342618357397284121665260195438
481774502442968737870447818458084566985918167574593630071250992994
559021579797126797928681418361794529381147438345911304949490625457
775739657448250418936610501567223911406337904426932767178357282347
840242922904037674700397134683438554640642707102611753009130847612
735756388934449578014367197801389826534243776067204873056592069332

816973770772050673214000573675534498089554053868887867159112407602
402876493610914648563243513922828961692053847422089604660805903823
099659189334258907900622370408006699792029798194409277173502701273
368468208673831027079479355302208227752154460927356207151719553874
896681908468028606626805266261730739559289324327665608205589264922
811457207893258778236808279305050030741774353514258764320918185432
669406906760079190821342039636895309452563340221307302098645862976
896554724865262428461104736657509041771732052323741407565848993239
270868216794264326875694735191217476911115775407999719992668288850
793903934061031042132964682504077064770521769095572432685966471769
863829141153779769760002581927239446920104966004285085470014809180
810817266504567967186688064620584788093007116714190784971339391499
399525524545209494650784349719810361428778184033220570694639515476
946972767747706424864607939235195654366350830702520798246537427425
699694577564626119873862943453280541508276209906622774358444862703
767092488431396731265635680597853428581984460900825022815051063672
691418876039788319773186265729314218073290550935385624444888087051
585120556194413737032854054757221463407137369326552108693222709423
907542994089944254445906867574114322524261672343521912782585438845
595167978299328323642737457452544546052939896806263513733587214850
808820205518659958034081488329701253781235056793050818818568505731
233257555542419605427358319447976432499228822660435558523349606680
905502905216337784746351934749713022329493965510415987839740167516
618593605179338950392466205245511268837311120785257244245799623294
450168341713595140252095179264681156829820313618827396426623321676
441524695487558164084358212585044247670699693803758573003905790110
515414779557179169312729095998221364115981595201458613678920666663
532183944579112942949372746424648239215477975615733670895761840575
322098504748583570891766352727809495354274482525113739382912378335
184147182784881809377625946725543342069023837559765846744498857297
100153365702593838609837888370559661656612261881245463878074036437
755829259340136451738584462455407649029616220229244791778901424327
249245624610572832994427679678314481934670551757083502942567326335
264906514141210237861093296718863103717170461762893116167259029067
712239858836596414924553081207285708410066076168543516663530341382
801133819677912289974126655244951348338934636181282256499053411503
179141167093830767768774232569803429140799802919107611396530776180
407622194451519402604063470356799353883274378588152011080406490885
175270082056238020512864218424823002632432055997998346926232665644
701956357300679539057244150398164239082136235132717714586191210328
112357269933087662553440894151205179902731473868182626644475280406
727464085723801550389418912595893739926501687752743769741533748172
422037707128664490771162603154417119414108348606899529507444772203
362744266818471196563615713772424615456070479650878312900133434911
136292975583609060175949453796861506817908507607566212738100117918
293076118629911635574502602021275654360951138569094815424476722607
340061037334261273608044855312147578890237559057711317455009411859
748652962705885639173897159515988987014175869648654185324863779433
780506989345553880505233124949841887573046444733144459850552473986
539970734623381939800857730435695476169828265893810030602411218665
685980207253371656135335099218859560107881521955992984830737114161
764839950330037898824790345410532502054955693588016154598918936886
572124748963613671862818854644786179243581710112551851317871774504
307353645029761507292301108330802551534951869294849716900991730394
769733378956502295614877878048366582834827540230192303690385819788
534303828558273006721561304247679650997367389863963084595330994467
366005278953510077510623540518095062072959121477879266263385428792
589775958630580646504484526239133538342627050430867009467036220406
339767252991365187842306583966702262580562122210733541161850293635
641616655779237766395860494693244550805903617986442755741294983021

046969861644931370103702775084860153961665864512853545304815598296382985981545562592486591863288176301101499737206920153869877418621655782087885028970856782970192695827695239408257958934666666883918358815549069436830703532763207934945109365399450972042836730670351441963155288753214822189325967173707812714051334747386080963694563512019018439160557338408051663829148862479351379403713197966875856259482942074632416148196268288849800968875641317790265769105550802543228031258589984582872083257358894763134926062496271832200731813542439536437705648192953995700144554383910878449144193680471065163474031170374482458505185788180686628844170793566042698003163236349120302919753700996010666193896217318762267071826314852284417279433406818103101838417534997349697901352604608389864938417085293469279158345594247787414758186260672246624811772249856862298974404384392184024560360919123698959782488064463195555559308328167346023120406670072487747599806326845273202557015621687662840583268894930505193900504950495870154003485427760246248588466667342385974454567161141984303835706397426666703855560964523903570201073652328352769206772213666358574608076159948257589026155644286649673725692080468511746267024678766860322879651197857616442650025536622079972039998656146915511996591892609987569195721982755095064759786156264742355786450113897041993509976406676557120850295842115591494729075235534992741008512949193855962594032638202524988224921444475588270029003679518705235762764423558418333071204601246299399154841958135512551467709344714433092476373215011861279838185602557163141744264421039231841248615613047098148024733881256960519677269438321490104652409981501183394145060084222913194160995009964496196330766171680279966145964908485717408237805713129439661036877272697904349031896749323216657233190372154146103647188424635680197125709771242045599277189401630807555791531803886385226329349122868944587124407187398513109807299600005402969139086326671417923649756297192502128839909708484680439071763198298386258976031273818102754934261012824458351039724617260027124726441028393060367775439840384623746557117766042747940447110253227526070881915259623881035944912100259215675509990359849028736639465333622278560198785244807812000092267255630431187021878325473868804409188331048255150339506237035345911575694871584408122253546614612133683291417713871207911325632996961058630638814550382930706507642500409597837720091354284328731106694070419993253056831695331854406218096083461319779933817165917065487955211443993463691039132585349777380538014249409345036276165813689500309512610570841234456296013280703948714675890101664115170393932146989030266726605846735059647527480561780786795393551032684912986766565426312732988529192700824708774002213743115658696907606589908547798087756486559413089027045689772974195596550109221935693238497816225875176465524209255740925717695468860519010003160801289728987052861085422973909396815077500965971737146008611522092622608527082988364373624387798127745117082236808061077077413663347955743533547250663440979289899184082181502006262900581367815452848577595273359535974840872450053882741039998701952126233169862828034388497269141695862950362027229748868984900397414716167457511413346027344974235505878072186655258735064125308324573880356085157662659100847907204770453688975071997435665063066316758761134751644189050994953044117199851499167397662294269445166214080877491355367345306518299977582014657530815794081675035725631308268975276869491317516603141962741227162095782997451259507368949976478651309830445539167618793163664040969778731171580041226555288637091406258178846923903643987679438994419596332277331510624171111117589582042138226824715855862315936615312894321916548928211959762276658143596743190469318970709546254984802349550186923112936640292909966700863878400428904420862483661779064302063305933920322434365160794325702465868466897715343280772170987980118148551579281644492135430015252996137723601077292108595131459952461659422716415

7476323657025718806117063487629262732360083125256996543432189374 50
7796744529154278947127228947044648131474412422116659008100572172 33
0443870087373605331646830292870055572001906994319987064544655062 42
8217271171245920681242948105505040470592410528835740065648454724 56
0748756247634725962019554163080869913086567869678755397008127911 76
8669194968381351509880852095827679294878548181584339038957648028 98
5092572460862530061488862865030657198657936561579559825729918943 28
9477161896205693546728054418563501846263442674857155608884433767 76
7751811195879631684185363912337497661237712587055753677142553545 28
0102361912882466084685673608493413331195799335404233357735889637 80
5318390934442804922703521622308714944360673004231179796828639051 71
9515750520976559027309967099890200513002263326473818452023997691 12
9524606155729336699654182678756146447436938872908878942599227147 56
3262066667329080946986292953431110762432816432736086308641338648 64
6683683340341174172433613790860478805680045975432893327214060803 44
4750328434411461171909670176253984282266864683881706100253649900 74
3173847000861481761643196421460919937381887765482706997939841539 38
9749094610308060895210562372337339552990648545654777111323511505 83
5187239748697076352293343549725610030112158912678328492646452926 57
1161151465300344961441304070786937141792331166624769640876354873 99
0174775371020182114281421448246213204890136655231442441340428775 29
8118356673485565936917962558531536751079806714527966374589942103 11
8815474548075246518531702182499670582009281703471433056490611030 29
6600778862186439586203091262195374593191550111691331559547339411 72
0861353588405204585927360463219827022407154206140331096148629907 59
0810331330659147574953943653870184306530383427904014305982988109 68
6628793960684213401058668136877008625504106696553622430760974869 20
6667440684275559470825940375954543932812646151978601094092210039 46
6239381000248857808215305396412362630356804450233024794334321344 18
8084314692816183923682018691893983933307825793915187659886158526 58
8303130548206474199238611662169190459756562533363184467689507529 92
5867773089781132205545268932341196377415807042979172961849337651 66
9375621514648813841726621715323622710802784181377459609786557245 21
6534926787608800918807075144517955918932074648407619905173558584 88
9133032806350787970523131676769315773731879594907212372637992597 15
3494224165049186095916392980515375415305601083541412442663508841 17
0889542644097702742282321287378185848137739355097493355511406244 66
4368942045355237930229556990256888924724764828569879277717704395 84
3692472400622209413255549432923268062651006560671124877997880399 88
2214586345295917166624816532287411553275264112489665623653627179 05
1708201531002673539588247022352816399724015346412203202579778082 73
1355120501936842815520818554997514915110169914127116084454009076 20
8300514164618825529634620360873716790190582518946838954046826629 71
7486680083930295126077669299240694352257774386318127596795069437 00
1560625056278559143415124133940303277129532531071186174802577223 49
4892925219809743089521223146195766620759235563597266907679866612 33
2910595279610183431069077020322287162520836119564948117529971327 49
7305978355285212857854784428618168525710739979164485073794630194 79
4860109379383640540030350892499489138010893132270306436604092136 15
2251750336475912552993362345087462062522116152134533464059073152 73
2407955939560032748790973869426066361431450934795793642528207605 76
7366822455612779788579850905074655759995233257680197851647322235 73
4446612494779990642933510320292417061814769571050772801917271665 42
2720280245480655682926562444571074844343809247355832405957279281 37
0093179495842802006781667030234830107405474219268605401978802767 06
1773311698549010053252658070039193322183255176221950049560232954 31
8807248709892249330737590455348878518957734282512509676519718567 99
6529101719951017464781430278133357169564223193407571376783460869 67
1224381217307989693831217042049112414515862212057381989260281325 33
6165063327096126811273544576450343862718373919938943796958561167 12

668383393759855826461542797813317912057829123789989227627725615951
258427540001446320445791065468667324140533658619184280422625821688
273710321538212290016053895557458048149707951428828742756657075814
826054824202210612037688341073437044616953135658473158464995233288
974086138926037436545571031357309787030515797674186488333083334683
061776199649533323434059168678388645247041275531439579402788421613
759684918282328600669289116050761181598098057229676116423560905478
275530999022836011825568757238788125858293421121206435351362342333
545480003763735392284413374664475464899727153248706234324739394940
743678490417272542657426758951827960203343622606184340654829291096
947327758106315005802505689492133983705710619553810369925100616045
006231958956852776338414533870921568787580321274603112849248871469
759238966121654100784516651875999266072990204583456279634204397156
524456500393326975841615274186890528103396227728680145702700318962
787707751372895137492853891601345118147909121245542835114507476620
614502078740552719831064913195084319393794051393560862448712063282
330972563106568067159358712039921409666332251191044508321653543621
993777585843281227230971764972700282533520236033469451608228728472
752281846877737507229883391318768369026382449348885643460614702141
015933553708337592611935438143753258368050686926516021319638590042
494502607779328982929749310257474851915475821236842755637397781015
150277718846739673439741825642715865300921367338800791231126616041
891722846890638267871722469773414700303377094862942467836229172179
125739785889572304938003585912363996896312161385831046483707963766
267992976156682119846593415593391674446886200355689651840618965020
995787949475034213451064682941891357624099495577188337647484493614
890337338736408448766512857990600569180355802175743282237209829640
541398491768614254113578019232843223566220125337569971038210371450
536113521580875443258875177314981234159790077484154852468747186982
843716427756796612188225898363586461233727087316163958782993815527
341580288062228960322744791973151341958948838419529290567529135828
470288997290468242178115881254450027577348975661069369938306002844
248830408556897564911615693828782862045901715920661835559705573502
183092691196050687113637921989163882647003032398559982585297372067
596850212232594796092137013315436900473475800526697316366280876754
686843154412005445181096396331779963270733270078424261594328719836
710018530522110004993585898093472727826132452225547446633652346902
607995201882984865792935643341058619206357658021349497123815423332
633081824963302038636180607430078936284804945727476555968976904796
307725843589609723556268852771769509575485467415631893654443452682
522268733165858336717410453518601689739003705114038721607492565728
669414463434281934220107879944479315289080704416783720859140380787
192020468714895404296577827423277263006754826839257204742895691916
760052052321538211408873240679725588369972297703978174778655445133
936952804673097919875464405405015355984214901764939708993368236817
978618263713774776189924213964754681521802356570084650624621258009
338239375893985352553247370307268761318693261257733337290274919695
015084048179987728373665255064027193614777325988089081494639422730
754621137974252544785730656206162327584566336871604105456555821963
228444258001613092292561169521705856174292971169937298798552686573
679816223076859491733218637615077351715337805336399472531737904670
385755272237382781358856453237660838981202294975179584990141689663
452187860835838411893138472832576864873474621953538997800875424150
586749780156015931136540552070950803525500481212312377181521072980
032310175918378625405659625399485447107620238523408341501421890183
896302766908646062889973158305000605416610521126183324563088749423
761321117383235991026715443333980903010767519215606860915099297579
489847091340484776037253316486633273997745741707870588584989036478
250500607565276677666730181427983462997863115472471904638130827026
950271552434583777132888840113322856123276424758054914145334004307

351368200167103048967407913220417329365588638081990240250424758979
906199739449424061393859002043745081712616036278391241147268209085
690526837422506891099193767722077768737126770152907129682261584375
714966534629615403528980698498199023815881324900728284203166454586
451867787181771772779283212526968322976641245496739715278796804347
658957612653385245739151343813784500518738591532963414053689484439
722550801196079269028116229367043437115837195386577860034194671309
665344253552356135039263743335590248778009316758556650202614245175
520231051803797924160186816532721349074474187926304637935701957254
656870769649025628311394908306598139258771657534329051829883074422
093153945626718913650932778527585614188691505843112818062116453383
461456499861027990887831599923320834970349900964482897361997260841
303050161383437573503350269679199100394576485031398899804053476207
979951035562800942711980771413862537468942006711292903794021105099
312881767863557121288220584525902329882784488972855767643376551320
983720845365197273566294540752078683774825993769508547458537785440
151866870321270325108378857553525327422467456165530175294697049286
034935237663193775815312691121571250545649366284046131575493234361
611438689415519179552116040327941387040597365968287723555493695367
249260335274498928882204488684436527515895468955885890718317292891
292345774428441927250527684755038702706328297997585388259938790678
996367663472636799709113700050045191515070502085744705320311342837
530396450683734947465152543161640695883965696047762481007698125762
324027656324714558678116653563357384133203756328577111457947736117
758910978449597487134549945405008974943123702669160022779621516016
443144632155674657986969134302091737537932953736310293482594184851
531345770064943739097642085895731774231457672882967906750299223152
573286983302634123352631634902064904297082100632648815676763242544
468703921333767894896001251362652354725651702225595569986284251088
668968471078726001673324221562512429272130805593262213072140936864
354996898787430352676884922123183449241907637471574744625215974576
466357242752795222891504064277678656611519193319181783056716465304
813810106667342459156864174457688390624192018654102252669706153890
999072549984285484195668192454519747093061422753151298445309182757
715136118167303580932146032258472352811825504706062154262243245514
468964572693823166555250959895041093425374308599979713700425885834
030449726710962996976323360777674373479878835673010286471384545928
791637490145406647519394899352212362474366131747830486884631516036
592243576762762344666539589796468790552923902702010757218919138214
831626852490495848675432931241826413466272282093653277283976675572
672897319381293419430572396207232920071863867466703063646013311111
642546802512289430533112509853860120123607044969978521095859875329
303277162267982305510767692680002207418849030165005038534475971018
301673782681943612416569639252294741035743185176583656034123276433
900956511863260791733899126277207213516175222255241829612433962825
182328696862544411862381233064034533155601640695747232038365145663
557498734411685994161655182496042597983926781613148318090253450716
466664426702627611859764913247682952727805703223834351506367217706
376374024903046590962859602719797255378001418201998101813981259504
234866248344043921136487236662920206393962884531448374890102608403
614840731200674156229159669636694083603264334149637120985454752501
773669601971461784645155559941672637397085864959877953242158328218
410939164052835679070686421078034660757197989148155400542005107300
962796234727249970112217781656798449194332226334150338567530824467
734104550327428561157455387421400071928430177447314230098365760751
551277796281014722053066817420350596794105098046656313637782517247
091409925552471036812670513824675211720052849429521974886284898527
787835621060048781271144063499088164592445189801044293570832904722
016072696604619842607722478310717143909349289737950750564710538029
161874918869946353013572935018732066873115017315310912967948625497

9581512168220757123189190913833835344710236597944808047123388274444
0350534679995291335460941392728446513911908360762265798398156424631
8291599904416284527681893532791356747403227351506890987754721815571
4998488346694622271194343513957275609331877672157428578303301830423
2251704963297161229683675274898329472315069749788741400219267006724
0656772921310849357294076359289561828129001109784724328303846519741
3758573685912309817836030314052823008130266313304139925339921794154
7647985347081786361137720014085708386394377035291834974037418351164
2237004017318826939326308750548756645290932656650302439445362272794
1708003815785132529023651056809625891794240016387149612121694699254
4423986747262060057131153878388338830780165378838775211593119449354
9569491793940578848860623959444184972892872308495579260721132977124
1372388696986360236829162225464710880621094479132399015406678160284
9346942821550627212605417982917817382489199733829530168266790617784
0135336504718863397842735335856232791853579777922662703802445696824
6862549118748685305497857965989184862186237485563935321563048992834
4865561541540649512210466103765481806025067654913403327386294169114
7762638138347851183641056999660949202044895026294461684668551060664
2420883145374012687794781398595777699039877073994170325653193556134
0005281435994560612616083223589903248956595675275769853245744035604
7612886079681857619771788765561985237527447223599272020602389167184
7908147088670683027939897683780233375796837484716792042056118846144
4350842383697378594825884978259521414316768984959213193894128750694
5961491932711470358745336608149437546971429195290310193894356371834
5937491483074230449340295962811166523899581106000938622216226552524
9766106507452713589497334474072816739263486222629713471555329362444
4579946508231979087690744585253703457090077440815341678638701480994
6741240038378085234273977881746910805353305091194433138730408380434
0675060306862695321245229016675038563185858593174377694941574108104
5727494443840013991522952924016806674584246966055691076975969873104
9507845182518576898000939428637121910166980788517105711446695070314
2737069620047300356753682352058152491868239083974088092648527045814
6800639153401349373525471509235270441619265721100423458480853223984
0930819701215864173291305325898717158855168420606503405569968593714
5915621939545955585570093477116811798359958427981955643563653093894
0509419646418892434176612177117545737144294027293771776591831074434
0581515315960948263506336557238614139208130754146107405127413481384
8906875208965175472864434890201501872018366138417280798827295820184
9774861263383603711094140868044146381899755144190511520140241876284
9786882338665288749564740110724599055379921751556478198091849558764
7527782808038226298180439415639795617256940909295185774478836515944
4787206826785963694547637062382066962023966206659210812781832191274
4680814530314217798673533684893808266818969129998351994223212726384
7715975764285213215158837171464854288124231224684028390561577968194
9897855625102710706283793994319073579797536228737199478452103831684
6685214208220192667231558101173724423756091514893863436665265794264
0371682892815806931590571523794802566191268708876475069508501113704
2578802333818019030210029759755926818216359535070641885719005949744
4467974174202521309472461919502772132372470257029616316814647621844
6436444651799535877759048091724695567396794553734971032219369455962
7789377919383406972537884155020629583874830961954204615469902226844
3474617677113197374866000879354436073024336632808653684733506687074
4089001847030676982147531337315428622151551318140954149797246706764
3436976964583092867952120199414066540432666834408196869186229176544
4103649208078572924233887550618098365912226537972884111201306910184
5760304983295326942141884259428662146952768806320825719648671342244
6985264194190222362411863391302841718447248227557233799697074820024
4375803717921807342020805369357406187656641696077391209098134947024
1207251972136996423442093054784650692374464904208887326302261563574
9196063092369916027823649300034497471237794559512408582397099465704

275366759813304777505050536634574715516558372773100785781787153031
613276848925357607846211478860351804029765696058486717567636659308
748016099927950787178913104203849478943286084797051504283326524571
886423198399932856342268607883443745309272893146092544299060787111
736766959849633062177514884899337787867859785265280570548661217379
213552124702395325608190678852803832422968075544717437748950143023
150146961225494895338362756944869304674198022922555065087429772758
076095106879827109193837142290968268728596321942836727242477443909
060036804852784543854819955828743344189095523099265929588482897771
967505439205771668938552397736092582090693430578986742357295312051
485090384652493140068996173731735816222294455416149357871477506270
376192498036384400160913611713729557661808926386467940279365670385
305779912988573944783757639092679443336505496770742285963808721870
399582714758000440222404214003303590360960548004718847304678286807
740989832225262453168032034084435109374319499380299081241792110895
423927096542582195848586679924115788447815219557498322258335674226
798960098032009354865108549467676713405310343499864349758000215286
835835721365978208435732604661260570464409200520643748808684041999
585408697477316017505390253064903620449458476440882040053860571525
182217793518019414711660086532948281060021915944692783460379829268
818677784883782713148160668128480874790430234200377130896464781785
599461837510620688441358628450630346441913942893762354742777586769
014678228907006092683252250324639953337566728997660254246597951963
260902742615157481865278192977983681101331339651625793318419407026
964988951386923961261275369592060229690087420834720840833188415826
838019383358973224335136412244321174979404766824167809635203566415
433254150964501977910541460943749815990445792838028880133562481814
072611423275972894824141887025957454934254722746989976877162316099
322885042028070838100814091887352633318358420740748446573397838429
805347106002374219987211762683334909209073865337959074928089283030
107207550472450851183334676304759820661789998004462744803370196555
021320441396423674506953708781697379969379061637848201169796270721
270358480479488580658308963231288673402963848241128765952185362411
256969749199057478280326299861231724793050323637705845698785774531
610386670675558440682408910511818429025803298514096157331538756311
438547792152983663838215871358824082012778384097362326475844352630
281664756079993221483927156321249990837098930946329559859928728433
521252427433494379023824949445785164936127032642339094544808620028
353526261752981835525297880465028135399112847161281153414460389703
165467739525876538384445746110351561641809273346254142217903310714
720310599294953895958436885773489495225982103831596420623273071483
716691798967444541841890372511272835300592982739374737571099277652
356370360647348724784839684203742309758998874387876542841593565973
588345060936129924492587467691542804598132815825872999110300780631
592481722052213206010771492336601003182710066727266488949550942336
897935481055796423771544954137177407995177501466695465574100801557
934179598301318715461713838220333287263136997808093756281698575352
925390236568114358655398284283241700051641990051764383512005756933
430421802931523685411424059868057389737717209032816486238395498050
084360235358582554618855942442612928921434147898267094176760452225
134929872997435333820627622406331004883774527381188722581819982219
428293676666000040379914870018568674554412319573518712379305995148
215954867701054047820258539083335640618262225208028648666809763156
107137641890902360603954124553570380667535676524726680367517673845
564696693596022634258001555720896238403647713214296692193472420798
729629861675796746082959712748570679034670391578658581112738257432
519039782995445767430575299283028634186242545022496241979163982734
904359411395898404348957578332464822165249725331811930555856140503
105076548589915525542652886287528895545773678742029770378468475636
642494767084854307354132840361634913471074468329858980951110201242

544884643071227174886586964367223751257407663807577968593851823215
803790138851324567042252785387661013519568286523394604020035673386
025205513475307900746894526143616381246602094339688182998572534654
355285404636104131214993769216302614831518234694209627911549417194
660720665528440044356575326641438934277220905575184236912080347379
886707969228398693750888161460738382464200081539367400188625730736
953499730836725281014943043645634975213545319519500350764823703618
453849756361633974429430988638719898808188086747495831760222984672
501959183717870015464719437744024587964419343305273778617450245249
707149907000518726929283458717863091748438785506397547781397976147
102974805258930692216662225235373449011353986266028141926476293709
768013187204140666876255459542229249384946271177550175862021378876
760029805157411237809551927818159082066363654035686833244556620095
160463375225688255854582920019306381533873656517945743702588756264
732107732276466231522699379582538162507411935992575434703207518963
927929216230912990259044551217209318966179934694954150218683377015
220759113008886890238579915282639867824654608874627852622681424733
188588572416651261959000329224404728408961960264923773072793032869
835071995091733622206904266211379357378789633982192711117924375186
838175762134729227304841109052893127397566546440159910892056359539
550622684903481778340163888074775859106047358664560729940094200063
120435623081164981455149655513005854611735524052167155666041333475
875987920445592175677563283767227690115416492112246422360395403368
455011342654247448989545996792036442429665248273506879964950157404
621482511116740163812882370549267667972800574632906194561799730944
487237467063062834619376926372843710250629430239838747180411277944
515182108640001558475791284640128739950977629770826222634588250520 7
818345760505308157127681646160126745615131039107176973845578732241
330030005534719511669012581135208015630373046908093097927353658564
913574711350904412759076490299193882008262173939592861233365729706
646410270587838551318934657962685933047956026011545035967710140057
993336889004022075384825139930863716343366007923712406457617650036
410612205435688688177406253057006023018982911091534071177517124423
703643637158902201162317102635650130243991215404270127303916604348
528921717678005443537960268144769874794055715993778356399662100669
274192714681089620407361116347202589862464744081961204033687520897
010880633542844369252180174251211967856991105833494499916830944946
984707806367546667767825383723040528489291173054802989310613282285
243013974421278401082297992256374991861619095395092292352403872656
334962447446903480575135659465046250309625011185996363024036541878
244570740245894880605074168390715058032424183755862679604489403118
420715618426638993005968351960880991550054081911609426156177996494
555738936233509560216938453029407415354220170088505934108021537744
168969765523900070011310946928000344435606360766131030272873892742
266524989909815901237651570432773192185028448811193320110357105719
444387121835232255486772644086673404544135367403990104641792881141
327732957052332339987800916026700289290467003455063211355182259645
456365580270462153147060321476780387345442039887757315364197294374
658678276336231119864674608317162495938051631791016021743160036372
135135506555681162767164832287962390037143316348095868924384711690
483078965100591104965015992831438312018932525166768955897310518020
709156128212794785768231503099654870137801420342350862188944511309
174155201212503779765726305117588445579181661243191479349987937188
974667677782724332922702482645480284999856755494526946870327503783
940036651442685682081309020949057899622100814077366965566279789587
599381603739294081898326023119790605145978038449412185507347234440
464136333171482978197669866965514005181845419763310556350448849713
422360339130058979717346782373472329230517388505004636025681998062
728258112455591586015018439090409864180971710075461884773934911273
571127107533095079036197946170873344664805241788806067731106455884

1428743120553686450754131237892050164182455985291702855298234917568151981749535650404537358800409736931002101619740994088572336813989068523058021522578307985844449884900267221549288886129250288528135271737803182076280866581987021339186121133602461873626491285983857042460547885994420824018091973627117515404746563411804862886439875110526018600763208664032080058809812466828727691582888514535559929721451343188177166455645026663362751571422612127028290235870314678624273023359989513383310690803679122897592232090053533983610528084879743470505105124297994696958773290081207079728796535839232426576733921443804703617065295956729932344168693092018662571582035045922274601133491784768678310636302367243553709325626949823072618631310910501643206126742460867916703779309406696071354477720412401713871525414787133745660229142745368281009292055889007950848372326787186595562128376549304312274644597738111563966740927499199030967831570443792739641666751097892640931174682418788465392879439142807191372281945062111996049420141675675141552265693285969399005410111647767529256494404287958357100368450907034580190874999930927342332379066474107462898117101040277883382145098316061371850584279038953949613459869455343321733883804422922186848247101171485158347106099757869761968160124373302306844692710557893261660012959934985974917184503344610562408400109524903112915131020735366066991425097441671089180442792638502557662206256643470568888120913431296547816198453967515482108102441606244493185873512142860108581558715194193976552610624780925408142475964662701919437855071869834968769265751713501764020035993835301783027817671022024492886556546201055956741577115904728583016542256142005482685137191627689825272660007703368359267689271174661458864432562954417051216860837357165976102782388486067014463296368213637303317464871763201427880067424934856844572688678255255509250061546975828854921081222247668229027751168223695025439873245618612099967380501457521453467701080259152981604212231163287602645784892088144425417823517877294636849168637871033559880293528797513166009650345021350087861481652756934254915758254478587897790042101592801135480971581549325386490211513898577566392705820047833081031935861720959285030983719779563846649873345549013365660629589933126670354255179585895342556852221670572063731668209322415546565287062082026853326008665800583966090695049703022545349369418434799181485403175216153188936016989829712382727329618815135404187049273485262656664081364863788716802997434199218404526700361558020387500409637218865537661056462525859676231120914555806149237446224865590525941467834123013364881208645131781450546417941645672385775090452177054997583323609161824686637311995974256373924319368360663346878883664893997708709923975176942932704315716340505835198994772125986124659567580313640200779332879786511301194767901228493345593727454467773069942456260202388754930902233573983039664285659923462394343075435576614858518612844661731439799759776844709297927738276470935627949450937574975809402297195543701438592212160580810042397438533045434671191438712266270914012615384462773661088651827155664020489973871853842797408717803985878574872168926362934079370551601837140508771496281607873833623355597883713608096663152189322875105227403710184125482971285689541641949279438506394548386171545286329870074344746461465034144602561936493892557193423209623857284093622072055176469825304006432287560380697731469996601018610184090834745280892809833912909149258303651173029967654739251518450277244844953768047638864019063487296774799021248561273166399844273618623088551731823996788171581832063096996485147295737236946479442548250144837278643035426699644315398152771686798446857777317672421499306359765181359539276806871032304580251915603646418455272288614825145974092997199452910599833472410418542027208513605430735748762273840792001676346615109061471910813300876924398905054283828587174596002008845764482519031375548086017940341094418988372652319407183137053799835234437595

4

8981321534240842874824428098988804719710545292339984765517177514410
963503314438415742836080790134130163961579445590873662789091442759
845229763054393408666782643140163757170561881345065363728887368457
7300189754353864153639381737629018229633304944189194065973057538
51213398627564624984703279184151114912113525010468511900896117079021
888918806248825384228364119065587480883812073123231413442333531444
336096562719210824764039272060888862628525885199283013330589057652
728295714261949791649958943631773247495809598414916399608724055940
589740951851845370108423911078235447953897722079752261759973799318
017660258416783458521545313578584209699130699520991878609886124440
106074119863744715309935103342861637568094850359275704744265896795
661933828768847466738762703577987555965494014662899892099869716485
407230339888393676110133037840451130783799704331160533262199544257
703071039684397527969197308128025112622360077754000513085974983046
454049513097048034261383540913445405641341014621937160565528044484
008804530396494929738268650227452822994845774673433786755028009975
605100915288666465879026257768957124187931583948729738877148353842
481293119168316060135430299784836863527731202903029710778302774738
958134651942756160667428436070204002387686104592077696567626787819
706560612033973047229654813734461913219885892321867439123224152577
419290782257091414018156957284573833622918850794868329493305335931
935720916763645955813679923869635567492986511324827139460731628550
124132311737264877398296514923426741322472886328460210413669666442
677281041495943027672387634286066448079048426771915985645126086187
040257274427745143079017361515617731515750059883996401418804973069
975506691012924075303749581557846276831148373516100826421056868786
356840858920119268252437039035251766690092384082646752617092602697
104070471481531020573979976815791829812892353041464919875936156322
124516827461722779681573302532557352230229683398277994160348264985
693826397360590562321392948550742764853294267105896994589264214411
960008453533311450406865373131957148434854150415172347068715966588
934687947761605065252053255188779427620006779291742862951480363937
155624921492192899450678409720543460019562984744096748624653637113
020873814175483338166165615185111911346847323655382485319878581818
145010538694131580428941053108502625828157123111145551238854904453
479867002570776217413802918927623452389391402805293096864556020870
747502963056856668723977499859113562083485942647022385403313966555
122940520677229821077169887490683123218656678892534843739289398243
039270631046016785592875306017870222133068112991425648726649716803
285494390895401159821493770170327676209298763615294761022963864003
909946651742860527160651172140132509592705592948397361299817981025
671385331771066750331317827873251215013278377486502070331355062275
581304810800294605171798864186469383014272229157943503979917780164
905282771302956245709102784944459005025001264756232514016120398203
255027526969519670742351684211910982090147345534524738516054502034
488652611948457946739103249460175460659491334735648784812681880187
073525918380839036790727219871365126911287379537715995274134266740
529860582672777608419974697064196590299595629560556000221763788281
809646584242944311604341015403241618371124118334133690860407381821
867859296600601526097920430269051432225681436574696554200716104926
071055162136298793005559121326652543344723751548317961256407867774
243070700876622029181406550213601916638438599988612327515290352987
034953210752896906114040165980218828037680534871490208308719178047
753136085841410659675196043240179858915353244342336299100339036772
618991404668102761485787215430327575243593205031171651703430242737
608232710098962149506384969100290257741671365850448982075513534469
441941851991214566815068435730758765412713166542356681222737222333
875877673936228746034106368156518664932281342304242040017305391395
804503405968044825751340555490464163357843816058868602279917915156
776991848385745819789813620129705387867266068895188507220074426100

297073712835694266977933820878091270526740228190344887810682804959
591079430888100469561835872093432323304409697612377196896298211991
687870983396113452620176959400345867383397823414732191382499749914
065896773447434028358031537479848996761924969985182240176819305210
022455108578603846905687663641289089751554366506561650619221818558
606395256352043478945916167981232360574968374823438905559643350429
275477260719321983082538071553885217730924299413144190263558021105
357988665362641510146460711985598292895490755148136944093607176494
262910340381718216143960417698528173282088210369061259770468314059
876589814268531700310662742574082809102331168159759586548561781614
606434476519302871734300921800100587395483454403762764601382427634
053294655808884773746683625616908343097270069974817824245741942626
077709798914229003500843321192397735909559457468156646947811010103
696356946867890309337571102762086607087821065555377926088164133752
939155961539106238153813148131766276032319888049792167796110491023
883227506396471007696524744146098226259447672975844810138808410145
215932988735385180730698100946012616786893086024378498607208280266
924451098153916959736018213287944079223067584129848490365630343690
870142583141989910541398522693075466950199902772011993438099809657
194828591987672414559171595955750006024391473464999909496228073208
901853177416621570733389283886391644137593974177979961906452774096
579769282536534878288646972253655754525228031688471039269429944017
744150565410839248185380972246265514689030002078212754945052791543
698175496661875134783191865741255835539740773733416015611445281501
716175117999639940611911008630470479571340953158279114969755061425
259661879019404745287573343889299080029769877893086987339902732472
293618765193297280946392158801058120917330356069608825523217970057
600041590448817939229844535803797460712947076082006515168336564512
412811294002079114608274243109520336002850578510317812969011196732
086099490036742606578833236759989031746784188273762112822615043735
782612823923583260235062150253881205038087610757792341102006638835
964616931815750428606621212402530812757970025787253844905787402407
677517611828280220570076803317314373322249720895322231769914830922
918525246749051877165871928339145127222439107688038146764776825605
199162428994666415868570033589710058172746117001313172720152645395
750670172388733144385271949699753724585045185112124532376009243047
239954398933276325847419966021261252980566184976823050412057268302
788959012984790370101236347773267203908107116393032892689698589802
760428530981257919573240805314535999506802816476376786162049908722
050571792632644701380210327447578509598153769279437353995599069201
108684572761587374741497813219922100979463616836883769800680193267
246356331393619802284466029082574970887611612619391798898914147203
605599369088389305805359369339114503166658376790682533810154946336
850527021605286589896942257096353454924087953244983450152302310368
334930834082351682915189641667157504762901953467655050454331891572
657051498776384149079126728380317905379403906551343242579313304132
494807608810469731249545345457856264329245753975443631106604365289
403443842934131029921856386196903953622936190101639935285350105729
932771839446878649027719241196947766796743216916617401837190656046
390007652119611483507207555929101785378770569542074600725347546329
875918008302027150297749789152839894533255407195166657532309264951
394211425540451153778645696623468005001055766568622256559753200069
485364386223037984856936822387490319549004916657833974366986091833
919987237194725884528872540128464505663054723627109926427857024582
922373042200103989251437607418119767998004961158488903136574404814
727769349793351969079124128680495050177445358305674042673285789757
264025168112914401728938893906007862203398066619650785808534824907
943715105931869232064049673865635312813040791072222135766548218780
519858530019883207194602635121427993700694070856559587246813655434
167121600702677482923620401452985056021224418548337825955416419100

110698441606111936134157284385573768224370273680210549049859651658
297294455519182415160406551183970720272020846402043930729863001390
554348608057272087118125877938449849043705292103749701001663998151
949476294999864284937367525363175218833130871088807978839241770462
788936077376914701380205788950494781158875639904502685755056174160
558994625034600921021093521309476759343508224228736527388837423211
347106010920493956173174885378022731466288416038867881534237539156
003774078668328693984834808067071923600158571920292311134173510221
745594119959835444561375619179631107040180474480380943839754826744
551977505936659329500786951398347929873388781017794560817544738135
591808299812498231500373506626543377645218316617295923566550503629
887119356012041679383725200771593141903519272458016944939389396886
129000119117055885151579807832197586364396223411559124784518708290
402220207055268885676776757208433019621579008529471279823397076704 6
678343101904313793909567418493179487559919905514096196893922557331
938718224016540438942429761659128259606455657678962695006754576610
574970349472098549641722192264151810279891105903306539154665967022
021495454292522568011997322331862993012889772600548883051801907365
617848724489615573216482574547538161434670840182571136375339420168
400511442960030308232427627244024934395610559393307378279093954401
080585108538114412665516154280952868117050960782891078997195299893
421677946200201699898496514405533694909314415663747898278927807417
117097798317152252276910176290637536782986869272805898815004823069
790734921618995536707907033479375433604945307207964877016335038661
247716798894046172089012433709581716007094122493621549649575492391
338905213792848132560065407087219295204117451146578362108110624285
418078166194941845801094848226063578640095318038055317525908824674
419440837169751263837722218999035166081850378401036964191489110716
279202497884078503577014056163478742264000063558174689957745981617
176542473582133634390557463367004182631314361141816033296676296760
016799420553340364035181666054990897216378910193314935297881620939
541968206581906428364266241323705903925680464546366588202705763264
918291587136360468736384505449748883936255634469025847997339724378
268667920048942544022238694891720046655825732880233249943539810894
646629386210678261585278995737113648254919496669990046514833047867
362138961073979915734993372656791738205067948903357851703480156848
711905733150307323648157543719277078267888498830184864653982118322
884774599068233974621561258538266237228319698602520433786277355751
555072010160597871217465069736999774885058236861823974059628238990
617184581682396699394042340380271521493416458066506094255166330604
931071671973308360331180912226728261653649177815454713336139513693
578970790381291008172086749705669639627505283727439791628764864557
681076979043877788536898437300360143129486649262310772749037059562
142587514293266878284788078762847818624595678168662583026820364459
788509829508925259441721135355859411423995153512414886100581148133
714476205748937224169221906391313782811620178787608643888605065870
832408698639465194511688837952774635359778005996422511881275601601
791590224752139769106798632092833840600861021846713981186612051037
717967858647158891191978082065110498720927329367444664555227833315
561279846519883483619760801583131790674551241002086775238220655461
455939748978692163232155531192906025885276633670028108500403677602
024625577852652669770340069592157761564764259634743356471602185512
767526489221675998015472591183530177901102148470226732507958525275
484231626158929674912801498005754149289437240746443811161096891279
255334866504394777647016689704662497021733473368079477321086193443
422642160858013035024637111089416681026503673752140328243429336919
373726378916898338751375557910265452952313728785719567272503523272
501149088524011122123152239535668141756360827968894201993232452749
115000568066190671007305621131256401829504993342817836112004413870
830454117779908282985239103165217553221739083863377240702608516018

650975472284511975391203976275960199053838294949822684160694237074
685285118596668768797229864602757184502991246920648994694897748305
050135197459222778942804945888936266175575585016684911380345406553
384045092547795648368531413220672805295322177576799732975000077209
030258510443246399340674510943312435873235986285879361322862400827
815076560815539481580746263592719106228645291219548991273889934768
984063069350153058083956513944024323250666224298765923968269410311
308341511967555361378398542211792194114495619165388491859795707643
267369745935938106687751104593905615875963496617956775816312907314
395200211716241602363878096329901332470378593865529140518948540202
174774349411807469378036532613139946208945557490603976970949550080
264968790833922207730630331527199447948997819818289566397872623599
650538450840226160712887069191795534834127291556345078392909554962
176378094144760392676202991209797852610126161587127075355867886070
133229374148009805349019787651172350139260320282831938137530461743
861854870731522878960438016260215193217278125010153660955395939482
662978500964721476963041420928560836755369714576744658251377926893
003498187673095366561540940181812138145157189348521141376323974759
124935970455118111351262638521822684142229057616723362217416385969
594285558415266032581735696873478715282538546866170831715678979869
207966857938520386732793631311097017509091536397157747854669238984
188000859849849311591372836081341437393598408772681388157631645299
040033170061435515871321048490860408630995545829324985126941508965
889662019644103033569857578797191371874747941989023985576445427531
759127821820679194009597944889802165519947491076702194965961007134
306836058843980625029333392918050437874958457839559752191849939915
665684207644401577026373497360798043894373233710357794629495956975
286424169076671625974311702801304335272139209895910162931503144061
676033044871310888930329252095324604243871580713741133334967521894
678420435201200510171558881014072790337090139060829623257365434902
251585715973438396432549682824253927771242235747636514746268630421
600367373905728097415180263325364778806297783650316962478876630494
658904139814536834964837676379724030131546539880841739693614258671
793819140481431262211849010477107002065136340198655824595491518936
088602077543374425879392350378338502501167727052720609919380261179
501593818710043945478642611784251461725602723804763286997966113116
147174598788554203789603048511936947192108774950855386289958503777
799044798797681917449414290009803597502443144572163879873259333474
843304573940812551247937720838298860465524871445206812031443287202
182491713332412389413032203595572780514404956058136514098616007905
100746445574326539394539164730244554090449359189950093007018061723
337167982022317326195486552606537659624069393912796408926084161148
803306464994054074645973148240396568634321593129943937077821600270
955871259263938062653090637227159030214454082789035367016709815238
983270423840016348101274986996593833187719507936973083569436728856
506110250945352047041905954246820198982796106997322621366281673631
229890562473777629237557610116540065593852372739150669064576794639
205897165228649774345022841403508880830934461816836667371572514163
826056268400920108841378388920760123000864027233105874037792368077
723633760999633454914229514026340740695000357192016355410390524035
290727326982389146458549806071219716833951774684572732705783001650
434385226732890660418884113825083413613799619810169705273677247197
959326117762234453981953204724407339455212937548499646212828779894
759263556471124809844788635485768440400796454086534311784469866699
631550715355346753318278942174905295408470023651559371913007076532
061016462428460575445913627408024944264302474203872311368140350116
491673880339796281288237086263147773710950925211669667728400056696
523553312357273447122505849334210006543804671533515249182317846165
102580881801644604999405884890852354086151838940436071934067129236
726069448064599978077724922090290386244074458697014205902219888068

4609651517094823060009646570143644076680663727968756940713515678279
9906490790632772090445245032485757928070822520326239683354851586069
3145978385283616945633618631495689575125205427583408433765438773575
5811332332244587416913044623332885304034168185327650796295332567
1968030466262226939292423381761474062176943813018164468362506028878
6882638848622844076864987050543822925806584870404035562573256749520
1114319375477540770919620795371814882506166306925483188887162368
5251554848108075745353475665069108998902579006747116536104463548486
2584532960111660552481236658133484434023033838766947308531146822952
9009285203397072972478459503263973047096928772755667410787921270
6769691471916296467784842643755418575698510816587182715147495503615
6500371320738054521273860737134932832995067948381046672169613166745
5649838641066553851957114779798978040531315313046953559560125012
2307301351228235903089741315318724606576765069273120754053562280539
6956670940455433100169920093401603015109670070870330896286586954811
1711644722242956459262470228438373631682761826381454527381901157
1508952201669555895255462206792074276777692308115226475110682443391
3416500252404069330258598945633927036419440753978120082182135850455
4735215748043870509653774461478113468716565558883519727921318504
5506835539430760503690093629623878364086670129443989385444418785088
1588375087629000114446901288812955855677523752165986849343242206433
3126591574887295399533862251753806821534505112447440946911045116
3239958515057551231258294012367477151579026785466343783299768437518
1671324663954643020788768384514133131120043836272094728966779743948
8890340393339347714916556098784406261235812235129549256259585831
9163624484491123953657658710507880739670881097669121051336720210884
9092498348141080851471979311983256014913407118169265377176694886325
6773850811309929392427973112696774583490608959014679711219754532
8687949100384969406070056456723771053491890644506528029557447570185
7859353330253437314144205303581894725025659741992239008550333847929
6623707672334636290375995008754307502579639741502039884959037585
7682910017344100301639017484856330642201175201778857984274579591250
2607278147035731188031082540722337056184039814643086670132641399107
3500244188772556351318020125185808148975409736973081487305408871
7373474428409192916434244021024496426392873573982403810584200373458
6953107032797985022930946626806901792724178709806252382975492674271
7401093133908440060317715039883971756517156642506614086351975457
3459747328546035257708163790805387315806922805330698661071761704723
1894172238541326756768641085069361977285088089991205932294787017236
5995791125474049023042173561164395489353844038661966783227383630
9911100528583707824962506145518825693851635763993030755907074091779
1768960090942166268639945930987166518752762806121677655991791029060
9779887602911312938589553501801828282284251271767414232794377249
0834468421570946790104913429397381565935133360706191251839663489878
9049470872644134458081024139652538971443908917775225241178022016887
4982430162373290165423895888029875750062831044553948727701249308
3152494979747126764811041792369032564979086214759140723385699856848
9932072281268315037098991931307602227680917759601941966313606533754
2651454170789726564216949912776720193565187129742389742007742270
6008183314686892660294098085839553452981326433742948397137157826634
8938881758528599643215246849202217050423643862971531703786120257828
5472396855010947264868652733936132705317091849608428679730630043
6165421346267661010170035987579790699862232054880264185324862925109
6168796598076953897654536145457445540016522391424814892972938142790
6255885970122387283489024057385524642344391199345027206577171521
0499127908992116992426409704094162072318039496941688985426561530328
0722468255424581111427009573232719015598853789575571161924596312339
0013892387272152786124203816814896467821416667587669182854585244
3941373067714640373433094041364476929357832575675472246049237725453
0663122614055017563811599943197027883656146997453561866251992177
4

758789668022046667762597743833899566039040362829861482702138619053
606636684579151451491296624149189690080815398786558385378115703426
603443048225501319786604767627111519141329606396129679567514855605
359664271764873387754842166807326793446827374535661080150860574339
919862152957878761118559244723527131690090072760229277857204073949
284081028003889856654021555633375622291458982640581718488090352195
923229845591916946392957967530091549871090141039887383479249362893
105797115046206176901054689301366912564960764551910533627317915600
645964827476548057231889471398410986013028648665616266629576250098
178394457435203937949163186162324508410436164555398170233396828075
408160676789235051027647052040995697148193078321599322556225791336
901779370937542504178257657070596223970542412067164187424641557566
178175183211009184626487177650911903345723077873178804849377654425
394524714942409147933707351348787631457698510024967498296725718389
578378464947863985440231214546407023160932103605559461954760831841
078154975855244947322143893205233734975829477293697854244733192165
853383175552249465848759397461203136817692491287900551784037075161
061508632843344567384956658915034942405200789741383221214924671798
085284634286820447027578369882865730447370179875498833918216443632
043836027526113090044610037477990279490761245993811240516191996059
651390077909634293583119034305624356715734095056163628748278205876
154899881362284006319511195201780809674906704976589428203193245913
242559617114164316694416180155240661886331173995068796437781553809
722292974598686743643437724460225008217013149369918140245420915767
683955013168181074034283041126865254986803264579323184502950977452
013898055358194141019131984833867985554819940171661584883611814850
491864675639177286330583746651251909951762786218221778373921604284
381236585503598776831679887691766786403769600339672806404573452597
520193285403903843278475185561475310226363733593846397999451197734
568566544674283895819110350875024475420750117547265579343040641644
816400018548961723573698765002091463124400680506656182113202933685
956754722666466024686854200803926074056629829966228278866733064506
550328841629388295625887554096946807070658121980508578924056678207
301913200670603642168364916525631353776254830895948420536098722955
582752459315009433419009078154671122572710798521222737556158326103
023920531679278861411832982264597557653404542346104902957223958753
311957961950228946050308356974031984824793750389739827953899206897
189129627097026816017999488236851544102490634503793304638505980500
689368850921596092493454617018696647022532619388193016821226484368
777952396181368777350178398760142879720848366410773287642886925358
714697839726188810338450333711815171148471575357282911137713631319
778212024568460969777492196379684737496910945644214623527467527261
285301800789573543032753550589002760724171082427797722732735900626
663866696013522302560850972996315375782433792507162172074406333137
963875171443926623811455393900438867851842471758753790306636660932
688831931210323207235140907033605416575082209060337201668113885031
468464451916950436558866152125950693828434458152870871228293140727
555933699681210990351591016421256071107576563443063511705673167435
289581947549521611425193110025890413452890075077583181812267074861
693705113747405144794546197953017476006106793453483773940552135929
988183465458679825875860431734040554601182336493553306359083224391
666806121029285929309962757245031274894390964296332087307746715007
773300833934315885963701244337695776945482607716097670861548166679
423891035060904614604413039687136894886799835087804068064381621772
406347917811916200629577770139937093439443217249722182319521253794
132602753367456855860884410590851123027060655379689486119033343118
293391087619618565414570968938743695706123428019773355738962407681
631584433584877073360720706401263672416841255098300951381957688615
124648660191044190004053873335671201528782626114531444001949050115
641718014623553003346080217675891561479950371467332745815027281127

211826466922555444131883985950933419623985945561184947674786532207
149201414043587348389120710525816364490692039881387927289928539884
606794699973386287843222510037432806665926419930608469361675677484
717995553822497857465567250556748949309600038811165025990005993740
173866604706262123885284817010946710138768352200253700490944667104
755790008627486998607580100559897397752748532074183466193993789997
610753993025114426156892048551972307840758227848383123586478168286
347239705070337701551080372168639415071758912025235200309364453816
100089088130502039169341159108232754929969978413544833229671875424
182246552003796227904310697702416765482939497616404950028309838939
426022430461690484355804747722403871786693491539288578630229892431
436841730470301570109023060675037024472003326413487285601003219723
656520159094929341482621229998231733207306487960120379727647315563
630376092938373423468209183320342088037583199689240992749363529073
564984723927517964835646038113180744527184622345859794497228431805
274062500057844200483005238238751084855426648661840587880464120681
035919898396098727131150641081845490455579927609435421840067176453
548615105282475682962685981806029377282987924425294387085412073102
529404983278917912774900315217552148825260347141601819538454176711
806252183687581941540703676815615766181720477998692331464033613803
346520401842615803902641825361857224684486061288736869992720274162
680637666211206929034619695458113643447415987140189211660466226582
661590542069763943593123662045528756034216500347360119434225614914
032015794171185171542756396517256864538467095452483713059489858255
974527756437837209390373760644875780538089666661399183963055434635
153154818588677926291272536342628898525685446469814497461892414958
636636719814006506858886086022426733798812768796940649702991545245
272132575428195324917311506620858665207749095296510075340404922735
654828295702569062935888169041465106971777242095544613025854381786
304850806058990637380905430695026138424222705375354598590993266967
332165151948172534532747333602744725852724539478578704905484758633
115718366332359132347588259340641521039072871936326796375928473313
161233978154985650774595742630192501361344218177865732684594980392
574196969999876459824956709409559549064514319299753296990292901811
334684918939731673374047376102153497902801317223379127998639147101
057364580882496403779366914426022522432918220359694796522963241504
625930376366432840865616023121610990271779794048244237437724217545
327436903074926261725888065223326141060338165320932320266991087084
758681985639904985750117619963690596992541043687532918190720041575
982623454667270157369711333570414032093793451266060707990655868796
161579984934109540903212436544310873161586375727374817450178665573
793984866922911759920434224760064859760054978280629418739147496645
660197689263616598289656557445804099142689094724970673522047011619
153600945273632530666440201002320187322781976148686634898913273470
144482032429311784100915283333037691119705125251189029708294297488
398137149977805278164934370560432600535269810691898658868981610889
926992043454781553574046529382255475792396512578169849867342182185
312407343115296082141120919999406160101582191273730165017695811861
903668977927569046785710181059393731438811929147494435652218962602
863258663651901745365921218638768107774209158364690909165182739807
531030664998062448492774756188452973294727139148997268407785897786
865604872330575242285717247344366674181812327084159179147861681978
003287524219464801193159379351523941740904190984125780990903889407
794204672704915345000248604274553073068364722207589308219944523472
145218428256209291437681438780213969363997860221263221098220773571
441294126406537652642854348297069365511680672830614815535006779927
342874671740836666020537292204848408702523012585717914569665795239
635968627064590372072680587943981340066767014117658125223348104838
686771740587973689615599621784654973073934095466043145860154049561
577645616734472126427468746140830206387935980428496622472232550466

0952317681724586362611284833874076507582889567745895887361095197420
0723212623335561519338247176021818683895300679750212076904388381280
3562581450125007119027156514434627064814950590196996139040560790670
3726072411292447199477028384835318633298176199947312833144915968770
7504290327977034761938062955123840138422910035767692969859590544390
8289266660878010344059670559052076683702101595219513945447731187410
0723527945608443549466760792882681935676466658916136214042478564270
9268156254485063166852683275246560027477652412794270534193482805460
2670281599245391248739375580940125919778346533655735625937668087690
9752574602702166964925299837753819693846254708518861510475226475130
6489188335738189169712195832681004195765377021192118272566508896680
2467504866699659885042041191615332089885672380926018142811762344790
5582942880858136988607372754974912130687437421943014866766259691690
5195368856911749382319697559557940217938873722515159971405447289700
8395510365486662819650368486846610392745568414363590177744038756510
2080771456364877728443833156357249683675631481039438968092119282330
7414507618630565777737794145333025782078879337135523281930667781030
4744878814533022767115982463014677391318064699017145323181957296400
1713829934458665281042390292044042050301085037228897072266732041640
0758383521162554729354209770671865262076294672043633643273505663200
4112521287225894149976280468914855507597361465051176412579302836970
4532036046506156923811972132510561806134521343817681732762841418100
2164413417024917558436568114547977751958280662844249750379174772360
2042042450573630609111548402426995643360035301436665975118280328030
9534210540491910305673142107541302357934877234239073959389300436890
1328148546882197053482680640613344760357465909065646098009717176990
5752043755635452168504422439082780834807215680031213805137447557380
6633580661289825695253557232663073951954063697946913927391950929700
9929134880148676072714978516827026905071076789657653044046336262680
8872262742931202875173849755421431504998907456461215695542535701520
0147462658735882915448693671682109726387703669298762703332692676400
5112356591787736324770461161187528378640880382801363490414508513180
2955873803365715923755404374036600943126624937447350183694088350120
3180570255108941846936668830380623604361689986818150462814543993700
8439467237952819530328860609963154780541105397983173910481917987930
3763099182400716369535925678358669990852568283461799920448492158280
6825542660666948065905588375476747789006303076397732011916264419310
2313733282236418119343830505865855449829986899114668131171194218910
6017937360257596321853210486874992047347029942678712761333423766830
4282256575650157489720280343180320624484957230973900571509314538910
8434494382839737345157998051562591643226270141862062369447593021410
0508502812036049109939053684780560216627046368552572741329060422890
9563510252284751907030825327384995555330449578033090259275316352210
8098898826291159803371125701721767669045456806492230515747468915570
1710175672403541893506112888730240431443198695865218667607330385490
0360277460963545019525296534070301597032409851150252930588656719010
1250832847149680648943813007837186239244681790216217356912288723940
8021648464737751768189421222071035655596507979484499008271935528140
7914340403713871720817609031988564587461081099105936917743794712870
9368950324774186485806481967995614643670824870899368395131507203050
6530300788685982036072066991673761641475665428771935359104452116910
6769281639636456297834073706478827406183405435707741216138320287370
8790378585893274553614956446125505055478266874544550908868894692710
8598894942344950748382185018434130323620046680700191750459262840830
8505364312676869803402681158070981034589860413084173550995694415170
9917543233480633073261339139979788000382109132766014549611157042850
8028160675162338135386305242956383309503201928781641324922300476110
7953582495605914530004246447880621302468978655969262925763574028790
9401356921167553904002699664556025682972369504959099602717097381660
6168678004832729299059428102968161574696306060610106226717021253960

674795138938137485389535175783294513642600693613777440005669930 17
402011366773178770446945060129226074969110615762076378933450413733
651195600329078352359646532657474974352867211162980756758510838501
606998969358671522596463057009139087628741649254170816909684730954
886023329828880010165296280897698772319690742102700934888093445551
218818833651978431853559606747635072216117872873563946565543427614
068559412425912141707811630308010192587621993809895894305093968251
827713033033492664885329561879526644631906349389649279747796305818
237760658035402279669108180932267251426142876850855023403639597056
214125151376204672244428979978554541319013720560029456706340382429
917807512572448446357715258934722336845268000504905794076592611834
046276469983532198933127117327105112938774627200813172632086712472
478310369532505711668466933919993838341653013309247729429358470743
882634240070132171320972827494796116356678261507156628250212520627
638975156658513406045529010926112638166224236689927106490418862700
144211287359239399825005658006432506075094589358500721807293223082
461082581858746713340673344326805154756527611229009421546556183103
412687017228654162269075744666374025785058198390337266853912834251
138897761037015547059697842843812110416674964236193689840635613876
227959545215146892881328239439636612945013878167659092925089753247
166912368348275154607827280445182434537596550492568064853230999281
451475345509275552779627941424557440525521882532395562508572117996
353019567581177443676255097319751155651484513728542407490483808199
558809151611793921910426190928485781613905148231474455310151615917
841459994712239051659694410397272957411583397459390620500775807095
967658989249614373434878156377442083749991461834513411785721356576
510028821653437883890697229988629462268685195628832320570537894217
895936784489997283808225129585737429565314870430403219543301647220
458139790574528802074728588103114085879874721186328648984473405311
460440048001118964742165719993115889037205900314664181261792091194
088785006677801099918546190934892669185091189985328175801561496344
252727420213230832626253782975374780849648620574737729805950490214
555010896934806451097433300599798555320331318269175191591950065584
884365516563352350794974414869955459346826667617498419319232391985
849314290703397249074104335315507161857712844527045561514872082178
790107580994599078190340768484559080348525612112446388323887760077
256405950585761450617292910176342106201632276313357086984161133384
335191595521993423910456556597310082316994799784563195983411430563
705888413585723243945999371608451544322473332574743269029321113405
536052609072416883753354361412870234237825270895382357658516596417
328110042367022479426589489542002462779779309893450760213624171370
310651327597596134899242700470471725333264227742623475663202251798
424952498212765595113945681412700766231548515825735963353826717922
669936333918066855094802896639701633580306357779206151292995868181
602332782682875613869534898338580784048677565029162328102232126286
237036471167259091116220744994447033715467171935579603406495721839
913243157175868905635782011935622777763421623672475667687617220610
152133894288442755463803914298293409706376846651169968454977492484
216234549879019005901223071102488058804992082026734152133452619482
271804045246592288442955419081544921458089045704939272983216883413
429953682586746410836728468331328743219812300745130314440076835740
244627809770130021421871235118844390781428645714867130316274381405
338857603885294690507769112439640284427539211601124684855885908711
120433136983355129831770447543952735118094562627365072134238675487
816235096639875898907810584333722039754420498618992145343945700107
669930233340450706235582283219793912107163390447845740649596837368
359996102705598109343275457182265819162737640832649194463392541412
570472789300121814099502881776632184985453085666790070376265770583
827317495612091752324760127284885442229898679988266283950867894577
143881580967550580114816329510134178454949532484743502461668260490

860543498626070769522068457693088810199363886020569081016645051872
181500574347274692400456628013524424290432379684768326499597859954
187679609888240649742665229584406972977619146264897831510287400669
792362033206040445354794419819989475253195717052085531617779164107
727646139215711774029913555501516709796619652406222291416099722702
986540871469079193291110174604012065208119033479335074093396733543
810667764425162109106409782774039347240922697139986419324018336762
578795166166921148570844034731109857718604143806570305811408965227
990337070679277771732401960636690599023966006174759660274364772334
171321125640695730430073871896976082625377840761689045650369641210
172605511050631805878307177104571678917209315551005131262488507497
125708827760818462973515666064138131857756923219422161698198183386
159109111212964068347645414987489259676939155208899974348348251097
717173347748490424157044765736574577528870313708739190721825057729
931772042125966177890946278107374893967275333669497759775761401339
096400599495991247742405822602276743479140436597750071174906872762
693456375287627915386103348098692957428984900870413755216037594678
764398436269591372899723772007314533667335269968366292608565705839
038823593831189614763613317043665297644360749401649697173956600232
484753127826135116274516934985914972842578011566354011257488383449
578205475651348675253533930949298777856682473832247136341278156638
245905023073398325360830038730248396399541840286629808766899600543
606746374781759738593200109703840094329084825214860785580072030283
926248148421073567689436508478291723943135377307833828620452560793
714347989024775448000157389116577894911436600367935436393206776263
021105215210135921546945449970588876283657933406061323911023381234
789116513396064823273430276115853432570782259674566926399445065492
819990540278815070629903621350504523173250136706243941061807667613
786614145637857660442074924229269770349845012651492167176963310516
767267848837295490056786572397844276311347324977198906007618759140
896073066582151384491345615555711510845132159738291100111428738959
946162393850583603232344208288145043391507378081863193720783803113
641758373487519765079335205354261064839646800228318032347662678243
897034382828567674099388012245584182825061658871841917739713484249
557535536154283510624483282114107566096796995104825227942158706931
518686822890659905445428976768340784284686635169507359290059446525
171865184120454432711637452459124940510317749743271643304786104252
035794032712103848084464363330137152901498842752377949834574799875
281511965159434402988721491706555591849396373620235346368882181314
372081349365898041885261814616685646389742839150595583703947123832
173452734821361569612832630851650382152956508420824710834855636841
528927797777756366598286215650221250746116759032116542096541470122
942838545756721417389929799800524641816847334818021732521988211950
351846705828084292711592599970153750974790079509303318805655801013
980812298456546816187153857992812861037660068440830849839727976370
041660306524614826604283117793289355874205593451881326476050299179
833827163739598602358878513460926732319515887297292466770976350989
467701402822922459093649319251931742859694152366564659951119254685
886480010377793163073879444378711516343580868385509803616734117746
795525054156963255517565930011098710343833359200752031771871321169
429737366650481616228139743691943602197933189113714775792846048510
574542832874817932872278710961589682604151910321603588677947479259
298850999499049216484971385441255339167379832698374244874127454709
620633713904740483607941575293633639044817954141117349362026048512
012305360554368887938629144807879100525559893282527733543592470673
999726922739927756533972566967152409677307351761299221420255506531
429549087426170533585033317774602589152893788654307666139718694743
502046969668750567663782500133665443412014978039533409484305880408
087138695315898917544323055761484459929712872562076470023808833082
557863754480673545385987638085847636506952673628098611990040267981

130204610101944598035927435305744929624227377339552016915800533206
697551301973113370391256119133054329794169919294829390557267957952
817726968793291142577732050021476019969815220206152451794238984581
852682797897974405416564805621008330286054730103160503201457405188
876198453502969999264657956500190448278241738609540179103702546381
436244525088702922663923366404351967800356654544364250362507952964
892139065648414018273697145021452643164662100373809950418558874896
308246574073342630025309949781559142128751970527100115710171637749
883378795656865393442661195440774144399248742320604226615977147800
654896433496235839622113531257289820135598481565702045748210917373
786628025393070446554368897474906584779494095981224478743221866015
300973454802469617267129477879519441513440173011883236744872044780
623663700352425861765683808485736885690237092290882122272083417008
979129256543541940782689930557315191699011807050189588596474048139
046260970734195449422706775403353710296483606203275561731021591434
684415539095659097465499279153763329473599602008980264079468292536
127789832058536058561861189451406113222427128611166867250257033634
886315857173971160328821238663749187456626042953189852087917692798
532059687082732060772049087562497623985063918737880636107372115907
573362989705665746883773515985230620783485667267399450197245706160
417028656143126685079755716895080673861961335761307793385665294261
178995576128220396278616303669765729274631760052262488130026201593
446959933230130444390851414406961294909514351132404372818037803052
701614745966697318233961655755091009447720112313016992708211043728
483536465802279843531764876043952080736225958640787345819153105945
582524031075377215743214571344778184309844749991891988572348815392
190452015661719255542998753345400238110974852027005371147123897974
701015854753862680281323170286201290386585144236448649286552358171
372029388017529410102252028569118718607964501087652984253297163117
441865075201876929274642106131317620308506790665882560616162451232
983338560212251996132072858164070209062312718344848223007894040924
391632745240874566781367355700397551427807392003435331321282287328
689542061881883291418904239295829349293059481391941921015430324356
744769924306848954952023954564550306504709712589530864100115696873
272805753462888209289499803769427671523724690745276874941173761124
890701919879296423247494837186391329220403340476272852904805702005
887722635976788174715798214217641766434900548515322233513050200474
266084260275811143081158773578536814136568366713391740316070565037
908528432267821646435930151920709912343384447619748970136375189516
849863063347124393571993453325119243402486722685096712244422809548
620967064207146038923593401068440047536963864975135973583310937832
600190925157443192037612293770890557454362847738453351375649811641
233689229522888668519991591629961786720819183717347307006822812701
860650275302983390146699957479446107026716111602787170650023445485
265531804615279803013588943109664382224754397716230467646353180281
996449375662371151160519787587083429214674980001529714109167257057
969361548756157178235831117710135901253539556871274579972017592606
546190059379608978461902722181450723587954842714991331503962030512
411091650441966975582513218186178356942755406145597270535238267357
110231808197208539486018220548268986636028695668183486685245446144
084069521826332804876044469190082669676296454907545722369233274416
649131955648643994588993387758700988054331863998554049323067761591
828592874389605780464098420897405506832961139723922222697903646977
678755173039666447415747265846547806596395648953581955700357971668
912269469927151284486477227398117418148866331928994659470600892113
189894296771965704861852768613423688150000417238002829767005277922
765540848554333486168898497387186788618987323238004240096386406798
435171625112697259246586787211070538015319495771649485062981579894
694171428204216416558665990728619849384917548026958461964229477931
498122383641538557038089789007613901032349717969632547196564912274

558263541323414243643574594749297927856960776359148472801212182057
123722912544332455660534074849518144676905895980695200349230012498
661937621085005123644254782643573382132966096697316535354256247308
090288177611337397206298364305054086194062218385024498547566872126
006763397437315325783835487482440978097393361487310202390453380947
415977664560313768110629892140901661232700390050502294761351885912
410647065603129801460888994927862354781233707563735243212718006105
308551717034053603307376301871136693532176984282601761121860063584
896534143606709141997792464097211427449546989146355548286434011040
147223008474005897193942555677557844039936570126377009233040177201
570971402261897254902499639625668908485897750415713042927159289338
014627628178042451243346115672917087218116986695871312610665581097
155155569633481984422493772789984900169133406501392255837452536445
871131537749642845154005364042185976909329790072008362962024673223
965883741317529058662626944673521044260379193152110356061561327177
958332423894101137830862454629514095817189416538188260985813625507
028147207441010322838569770121266793214647280115968243771101640588
292038122298228255056488502000903159908409669801425015995974256102
202631836172557111491392144361101853384556828607031576644860576825
091946215850695082849408530180664499120714286759898668841279064653
948357153197916296821916428762691256721694722877436722690746310853
419544061133608487163008322078153715481543546458370259485036167470
707302758499672313280960162936123357408505167586704703228598724739
808647326794039491393791308497363241413902943928457663835198421867
634664301808689606921433831960422100947209843976665228225443683042
220547014325651194268703971992934248063911831147159679288276590160
658481161372294419943326376901682224343559260799088203400234350990
585913929771576049472707702830957584270709136977043713575902026722
712135534497330430506741037054407734595843092276937484039563820488
592647043863621119935422550000256114497085052705009162892960498473
983059770893141204198377018700063858078442617736127875809955159503
846662074848157250182123540825433798202752568074574177955302589468
194577646065374993269932888205395151847408514744363568210924250171
052586349534579159028715221299536595915807697373406864938135614834
686259397425293493723922991126095352789014741520946191693752339607
918005888183785066885788221740893022376707892649055901783573302904
986104756624088404630174420916460792765924033500521369750536665803
340501312807124279897000627372915259070166674643724566787432560019
555424209445336334393919567680459087133098344796212966325811637654
664808900711247402815156434346310814453273397154323345449268619307
448373532903424290227063234450908155379512377571610492712179818535
358509941553871821944942708611496926208222831105450526017646944214
984796916249383350864389979794372572585034947332112364201564544595
832321025867338212082720110236171813291628134769361336231630005551
854169945123703087471769347530638094914882823181146014847359176501
968305714704713971680541712076085415277906148408154352770547111386
61935519182555496737687537655901891589207674352614885293763210787
312387572064840823737530328846402348829287586745751741196425955473
254712998878441337697174478289514806062975015981041096517924873725
424158606070926343451122180515157680503952320798390703844559080248
976751242811186831122353594495362332805156428450911638253284682769
037798940560973049659821677479429060522906427115409075963049075004
578669480644240791416042498973639622383553426568824892490309401353
227598292267618021399446801899603206758034293979479500581123563398
697279023670197762898407331986142970899455340903726057682234474886
920102976488719461875862934213170932727776916518710024989966658550
838113356789617481139240080692044146256653829452233915516045948248
702775240265603080241608406335831049915931308539474269073234720884
119182024847075732911507212454468985268553115998511179393810802097
734738174933999888973856536994038759525336217482394715478348005894

603936659188928996217521047163046603844441237345091038293248389456
001298364934173204224321656427582862696462987054943708647463427711
852938248043935821601986070062171196591832591807574493655660319057
421033069753707322301404429391360729974231482186205712797240843229
742225306478470222877289889172044541364168301862059266947810650015
772730346839982955110599642751983442090994298239413615583265388406
852983750196100267432796083226766089824373992304583819359944552036
471095908251899166291593196398638609984425245591944423740980765055
611750578961464359199255642675963119627783751287465379652386652568
169570032696428785072018471660573792272520952321099076112702419491
396280748169651494320431930648996967523523778013360171535579415272
267440438354774783461541713610807197104730886023745031213890081325
624317204976886802282925502433493959917827467695941155443098503616
431316394425732596746141758066342449250604023220280294698737518293
127065541377829886195848109350266364520750931961525082015023951281
069618830208378779175314247378006661366107125561380956875490976302
248182547336957774425013633346505272962419515030700162982343399091
000615550249467371288432197235339945293806722341962170161634329247
937574459146657715626682851107920980138236027790852490861406132382
047029603361421239678916949923423217152888329799391129466525384726
864053187319793226777027601787151571127131902216836416945329045195
204615033553473446978714152244708770708456141208314980110666716520
746555367187872873746904987162762468053085758352280419199560732766
591756957730028792070628730635622829071093172254124410289965621943
930339359793127298249018850599820753028058182687345362620769884288
389289635517726997755270892807119838327126416498135850566092974668
194143322037636016031702386454010380419337568874559351238398276056
529937969463111573623676580351575643680207979098069735892895033363
102750947847813570006470316765317984374893859319928446797050501465
842227782696067591977743142284898346229638095752245329234359223513
044120345909610127448589140505827476775911036197187481126259602724
586676557147275493941205551336228916904263820835739952061572394645
174449899129702110657095944985564756710539101364046559061659117790
624364595739346071857771170611184517001545450809988500405931558750
951206165545631462007387394433274391565408222265516671149813613507
373995489339174808637419664809327817100263955025914047775193472052
693611721552919289489112851231256310527709723493867708930988562479
735893275980846342321851624985305036273164555086002448011287948708
902187528734539294131614662088148268086141620159155491220419860259
848860991001008935521986004274340573101214273402947594356726977628
542777276759795406783215499987080260583813286902818386210006100337
642379198001944237044206333199893214651697433457699128223182611409
070898614415408199147374743368164498243252660816669669733619695332
127776912977263579843015097108158562779524101403121972539950098548
370069915726381749334231984170867848596330912936697738356288707840
800239223578231036122923133431387087137560726479553068785676787614
086797853884183975085046835092841447196834356692453914539697267038
657031729624183897923545368707062910535840958625288172928169247104
639591376543397751033038618690541627854067967188564523146253468346
430020306636243007728041839150504839977463906523527004766822033701
569158523770139905412638347648466384117910763416394509626576134524
834091389875379348887108440822515024794471987688839920035737926073
657685493015534302684384838893140272196682038727684904065078641498
395483862399144327100354841428571466367581410868575684974964249205
885698437459468657448018493422802795823563775643882682326241877622
162260709045198459326773477350182854360693935241658960117450737611
406406895988292994464538186860664747288899190982296017892978047357
912479632186915368703655952944433499542516058090830492735940881012
512804591065050476649626758222413393315802709420923435482413754573
059087156567567670109209505467111783773210475976697943635702499917

247764099099618422342259389668469915441887720946530070344371831157
287057320673987595782140794073633423608496383233359179022771268263
032769487753200468018475770539434300795119666775243961591663082780
839590538322951127233820755074415307889777628677166251881091187535
197330098637717478618815476411602223903031955967898153733333258298
360045188973413138579600929777458806142401045915014782067973943636
291993558227602367510347827556486627121882555285317825358601035108
225814502611204747092401718602564690068461731767990573490110072728
768926194527588335875822194738432083457863305280755745493828952390
059845682729141346432348817148584606783059482601453596876215967081
249553230576378156493445652578255229382496265751170749498866876544
103827053374089892104036867736560454285845169503140223236337570264
179657785208175448924655709924081323665578698526453538880111889193
286251925922213556676815576092763061557593066264739260898327834768
021460555713159391575134197362381437944978888581196334372829232196
632033578012611307701085721598982028012452701419440551082110912628
261670708062742710620807375623747391179018806303915191898251718666
137575727597103898114628132094118243212011578288178755591908312841
658981012959939724582828850347090530282922251789724313294878973743
215073413895319923645094033008944417799497855061146956152948565531
122294623526306051560149924641646941653581717906597534647747475189
449033886376945491013384753795701243435328321449298275732064946005
703587974137284730855685002414057806994944420965645454206704067126
917703420558935459214751399465865637953244989394807296345359598977
325035224253669755202625966190223911374464701515637749468173440379
453288595394926777638755908647972478088680068172355853131435632975
431766043925383854057568997429850951712778248854066092032655982812
701957135642813925406613098387251913882874323038507006601992157068
887156531369864586671792836573552565862718814401443171436793748105
969137093212168062424716237296617153934399533680541456986793897178
488910159860309541293529874616910919252380974294455148855831849949
859479590242636642554865556331493468935615034148837488463129465300
565980746769773601945598152863062761262676635577359767581138421612
373314597087298604713841740124888891879713327363626251131133467653
762929984089037789520000853939976358474428197985767807210489634599
077801542669717456754261723840220327733647639755175491665338447273
368535249669156297692483436265047461988233594559385423887390136417
704694539579811875271215977684425117995807169454668617498200389141
367574252951992353630286409958477380806675941697155808335426239966
791371918119745650950142157414450246559428230866854834547550417532
809049243969757733834069200365962698238063210584211683115360806396
000302983486986250141895196159770985309893415906918264474621242983
607543464462434641837589126993823538014384957364332358908803400365
035629450989571731821193875360604033750257331182525704669344702757
566572460202434358051761798043050015766122068591071191644783678775
528755576514955386462900314778433524201822322818628898360499556710
094713073625117504656828874933451108004370570085720732275083196736
841092108726460308626987012176044090402806979491118396436605218431
492307351631588904445480567978322555962857732503063907386237033313
393794864907355954685179650429666182553105264598245173537563250283
739435510180592720530901051429092433527312786900151513055874053955
359526490302813127589266878502683802775398087841969542444707598265
277147636801344512270464696586160140500059813554266004555304125645
385648993160312805596469709727717647751362379318695356428514304456
301276104282649403679748029330190134439986092840586881002688832877
860690700575222916378845954295112712364162904172492592870335181217
772457206347444140710457987011683486538940860879346428858140532372
205220333882782491606550751428498895026730473386894146657715191706
700715462849334130545953261782576247455778605289070556812093921363
602079484001904534822717501991998503517218198291555373940524474881

6084011428682985421981541739946151944675665399110862570266172891 57
2116167086128078644225968780654055240840769809262297989089743886 48
7188124121528586210714417131468273941512454023152718464160210458 75
0969483759431807362021929374001190274750271765673435942473670661 80
3986776730560640185899053575123002306608370871168691475791336384 08
6232538434926718606613904668433787965167900709509607700445453556 31
3624051358161617384399700872078005727973747669733000195181571665 14
4821563406218186569555695230599732096135279604360849164645440098 53
4029608616745334380968998239436938249495509471695416706412839424 51
7141260191624738270866976931180696097101557258147853194625746145 35
0397626055465125435021452414343298249241381217713203403237186715 20
6273592816337441031547104639631117708345350154482594576086659775 71
7391457660958775366724984051724570082595821245485219616437893131 09
8824817003842233206328850043254208492159442373470693012469333391 88
8763956241425406832442961396568624031641284030587825646523428183 36
5665189585503699094325953094250608082468414255314370373906651098 96
7653980873587499377033458953019495195170217522645207320360275463 94
1311371161162228990045708028475403614063814770890413618963981467 93
6090582948205418580676537456845215201141451358474004249171418349 79
1085267557869236460840510296405685471629114796051660512986011642 18
9235847067744783697916343692203021988896384901524172648351087367 31
3458395344215022462615533663361483478643233561380530074966762084 28
7575307448476761221295204640268425615740219898496340903610921847 60
4312888296926638081824774162432149180517457605165276714859567236 05
8544814854402132907532311933789705421376692598941462443758062516 15
3217997346963717964554733535492490014056074366310647417667998572 56
9863025283994443463799305182425984125798358649590627890695365185 49
5918160282523112964886245466247414987802348961990493472819666583 07
1475772532015868355470778367282575623992435546393774544779733829 60
2922395391013639248424579908952046563980451217891118683684611173 67
4956595237321588319222476966429594969400736850502840377689062658 08
5002467172958976399152885528712794692079212206720132052809396452 26
3227086822123147580066031785861841069345045525790977739566180123 34
1874179413622157860500783390345912525245404857543632770893637348 13
7625065838802048457015329172877536585102843043037380946458279446 31
7034769613448682880549387474207836072091819669560779780786595574 07
0960443029786093090797207307496070108155868501594809753435305272 93
4116171483174733966100517521700230147990108690345229770487759840 57
2862989418102152969007455565972433483618503777150550860330111505 31
7616416961877236613812722787109865173452038573787302166127222580 62
3945634238951182710638999382819394680890891714268678748870323697 42
3698254355888832460845820284023483626235883643493266480175590460 34
2821517219563963495304300848416621782715144945954090117944885259 50
4947265569119457920367936540376113867493761913528838976548861213 18
1153030471606196867043644288434988225523312968750291635458654268 66
0889460469293705964951284489740485678003585270403993562604898282 21
5255571996993525794545261740743270859891130014290671400225943274 69
0218982995179553442748718111642117429343466185812595775017541353 41
1801559140012523994839390176617521611923006320392693503074408005 56
4853217364811681583302031705897646782329202381824767644909239971 57
4846690066268487079269797454361050266597917187256545818722599567 18
4718953968963563982739116945400828677220839735648520196059606726 45
5519342925230681863759467716574716398510375801026645131490589465 32
0117025939029809267215532618811216870595841647293227196915373233 15
5149878813034739889489625427170463108520020308934976074748096952 31
4381448595233628759639315703476429000525190908752531657407924492 94
6317614112816050060433236781492170244718104090002523572907450940 08
7541909448501323427737790282037687775988388910224289465863071885 78
3632584011400402958201515727775055220497671741806522968128144535 96
3077468399197436150775560849014830488152662261688754968034628330 40

684967248845831448961089841116418534724679049542984233687929502850
535622738086930362906434961063890273423981644437129896752462213499
807179098325385375182451431822981701498047147440520820677173482930
757424460717784725245946185748904930509650979539054225306921236070
170383791085714698302257724852517384591456079105588537047066293052
686115149625701677756605098715221893119931908608040958932727146520
031599118043637406495544985222116311079240253084120858743275083025
736046735590502428762009605821782540707253588194242748229061261156
506709906900009646228666919350261335698044849903060697708791796420
344947066473435831304985932397059589076521205938976976179995460990
255750129252950517564633281937784817982728921626883979150390284154
892848405010183293430169393085976918820760983272888921135516982344
564447333253072962398579235645767684446557407881847532800320620409
124850379079033696967998575698548117548118386688492826248933731346
365620962364360176047562884825574687983523166892032758120831192672
738707762830879194416406020746280318221576402945658339747608798691
752555031704962919619171215072124527733136375472863049900375024593
485960032115144992840662158257436742274475501063912224218890391206
885714990281250332229301019625987938312748207951457466369086901110
213105305738750610287625824804729782975970378866527021744112460837
370072764091503713333614971740090516021354287018659906055371259092
989698875726878000679158690910845740780273990101872583402502706752
349279084556458472338387936948393212193705663102735811096309442346
293573358743954610171509748417603259483536217516712490048287878693
443178634077789561343147653044727101587308359186544227533506094500
454270943829595234500617950815499122260677053695403470872316703773
580038588820185360607740785920309100130736686153320514309483297128
610836602524555926973266001032976141119174374276782789747510302954
650308104060484212662927492258713195804378325583814279728206104671
644545396678275066337611956154718081141066372890445086071121650660
339892385555376753205387993468505034921858653621561162560773785078
336813948450925056970346054311689014345656230772431780451284414990
211879930904828898966619644774295261486897574573204681701313930905
117056129681336246565767032752997884256367261046845139557876174554
261407949927885159419323455730645855363767666277904565194687523590
507070290264235937689217411258335714398554727179693347166990452457
385765734636323402095801122354476444172330199688759484111588591938
802652082412625415775923953557139009940619257885762438343967082535
985086771745203064771259716871629271981108722640716731620311995057
495353350785579058055228056768709400358862145084193945110212966418
030102507190041435180262583918416963342871083924470112172842730327
747013437984117330124469137759748817280837808632835848060410924220
865767728752209963240080429944929304986884989845824998371385891669
131411594805379770420015970689347111831573389010474647987808156521
926441124175366266821681770769432381466336419486790863825847134143
907867852662542025507987500598344208643353203403385407169700485895
423819416463202364499218696935197625148758953644751634449406416198
941671134104435014824843798746391600097858007148865413513572346046
623479297272831424155920800251034678954542752194241325704026306976
946540161354854687985714429486803039101844108638904144811237544371
285330823993732836681962313029569185695856627411377033885853664622
747193167250336110407331565700765207124240797569995015171682190064
511788702874635229298088187710072903397299225664211305601375775977
190139941236326728084538940031909615421499319261336411225553601183
662732783852674019875478187635393573394928471029582528710380997565
439732567129487558224783626807452739034903745390658115194195726455
858788269618859947491839526549635447571365041228605931178327747043
171702175554273381131644612205777914607365779146307623015698777942
799470800066693339080866312852037258042871394552756934418643828321
630754249357674340668984292481754076245634843585997894799507358408

9721127260109801859131872698582043602154493537342282099832151279967547715108672556888219897690679432319918500345646597546894209085865186885415650053017704347774479438672703930952508071748114388066769440408803370027622892294039495464568694673656276512157444272755618547272970923160771008330327612046440019501088255436661183840175064330798789601849572564092270264536383848782826443778467646788945218613735355436563776064766781708984505435511469123142741416483679764597496100751751595807391647993195111269366016485848293907331879739169087881956186743588313735155390613140986275515212954448771045808977219105827633989474849102783391699522543776814394074186682375671244233235148234658676499645194524763308705364406871414568326066397694548019309437100867957512398911906085980795618977028617046714020263900407552116967903967972007171335597714677918457136111494079667124629229993314776342165412277835748258627534990067921119780603078857495469732841964644872481549238845041687488440326562774709529606774811952785925148107028490709150186522875342941836314061123708587326294024339098198386808979186012746208189395020988748831959202092020419914311024328861840438672146984472180588274776118855314334547759499157081121547243048811098267530850187927122360672654247225549511677834995137607049303136759892216457674176156088948829950931142765681879504457390726038660155812138169555771358420435493478953642023389746495492766853536201317528657055058809440977166826187785035656932488370061916868813257698988921537701642941547703528005611948422472985187487774953546599864731283766810231684783864208035715066104376080275900992417626841020731910411686475234925060364563867772961804953661056181453874745364735629557600768283850026539033822042359255398293284193944942050008998872489180621128704903913002948556514749543445752448228715834065454230746784942749309634700151432631241612982110976577978086462089636434720880591553642322648312645150216051965026584720667061301204933869699220607212055074846983132504456790361979375114510561099405972270610245531643418423159313539053072773643156367264580132267637726686186334792960994124327001774495398230432040025449854464125821814920560149218878884850042818418295383774717036791912893763087010427207210527934076159095560569028788415435937041294487067737642712638215283791146308614599688138515495896934947775300910908956450628879874949987918977330055395549969672231130329962237357438567780028847289642133583266974725834606152803712627432217243252933925759249244741154505859760314253954019027327179534824534471181832675337725688313193570020831617831857934695550625098741480850738372620144835846400353369127055621195890629893555627791783990885764956240379714308839097111026422589746293176689672234040127892499944003014646792202038304216198807717346647351646810982056584456771849874997429162956952777441709563128459610269014542233395364432479089882752945116320992753074993793818983147567944412459596372625788487798245921701280055758027161475792168773028767724142783904590739127392942678843857719239680522994034053347073573334518367251554265826396199993098367307950372448686461149373049576129415707070662032891811072389155275383366638170804303305567072752616774194630606087015556574452308746558396124050301480579106145816309013148988618821079382747513047641248682780160190849678442189011101839255967801588844050853939768387360141912309606008688848409587590939798875457125098902772115401440192622172796546564989599214375691142902020411115792487312650807559597284727869968278916268278694911524767458519228110865267700981927943533791355350051468985793823713882735357271717893830142216485717141029006997282353232884846219281128940817079740244219054436930380174929970320843401108733211145368423599993209089515669085964915227766722963969422424234188318035210991164028064348473544379832000036280819097685584925611752392977416582041844810908951268364708462474117396127148810193294558673819432508612653588373685599202590781539608212879073060653335449059883 47

470101680869637317737325829139402014992329209692706783167596814766
966752080774826807111678492935846198418626172110925322160685253 88
159185598806277687216438183516049553852793642109031310360781624389
147125433165370049295435731311918042841965032161578090425201331248
560532036085914481767170549766907392764895140552152060925413291657
024918171664437203666136857876733251108285903819215447665286225246
359219175013034284393319549122972792697639531748622320787892026844
508352041249612609478597647640505134461645779957974192093941387311
276724057940541046207559701574182718191565611832096658777408146769
169774837664183860817525478596851524694807752817906293992706525231
293089486645014790454710761515539979963895457354995616420964604747
459853772405194520424469515511057601494221445985078562898005200150
144217236030394428342444870888738111756954845868810158847305082029
360514301370104506990268158198945951504537485723487980716132368998
892862049934134778445964826238868934495641306886939680162402256960
972590583690359144783046409691845826547581534945007765160758195664
124007433611728666605780640979068506843839086550136603417156612177
413653524666292403852731631584292475107182073761997425700526636287
342485276970912414632604391164682571938447497652741279128833276475
340045879787567219728508025158776549056558922047149620525210401201
669876445381749387615396217620998186695643493775204078670455027574
954208283438265272799066404046308555601579354158018388708877140523
005777747910133607583463708160374140335816621710523779547780310828
789311389894479586116939228137724820976622315374165551870724300378
446838734446101858764966248302353552906856208893670501291450337471
297708298592055240518783105621652132246122880034754732559325711750
916176594166482394972913352370543886272408483705528170029629809058
650804794954624582240135714158490067330844573881811967445142911521
434279392699655622571986439196067753038374686672221703556890842503
483294766784150367836819897475626360760561739594959045378728870880
119654187892476530782025541234215275554653752784851164219300210400
696015444285500717437035400703359356505398651785707006582099804195
744951235876447812486104147556590450055377874542573276631373882502
017264896961612910104812793263745673134738711663877099845420670270
029601117226376272726745210181186559105258614533881970128991196384
735029017400070680631462301308053975457760287247409909750691788261
928319716472128495873791803549559085450061798813211982114298258375
305635097899123594054486017902486260767194835184423490587190753372
944339592409185352802957201038394209623342775620874772317011752756
872410122453028153879584509634857983910451921318634956903039125641
139059641254019436292949491921353071715344840968420710642282289811
864026763507160796935047021002318781098561356791065930660078977625
531978982500663151562983354439164449258057007801061628032102201957
047579865658116809332423000560664896736948762426172410119907596206
943468594040616410905711553454537680923271287235399907443591953983
973721101334949165692714299302802031477456050544661845753230590170
786156443038197017914956765394045943560606605070173938931321346258
503810731950386744835560194918228051677305768502688432549589089560
814199507525651893554022636610084816146203865446477107121879516306
983362021407461243273856073300741729085341371467646620823326530075
778457801275507872627830161825087008428187745332078797789429648585
975819284204996482962042735407338531005469939541254619473472170399
527022703577938585129683664406788983746565636135444780666838466976
517661499961854398962350237176711027408909193995831451468723612871
384972420690809504422367855102876286804251881635840261629851807211
528332237580970905745356917840193816002439654325782504544519694034
884092434085789998277191512303094738055403082315560818607161583433
955617281063733110606015264964148156840431946235604363017431750920
771304908868560472738551730953808475014486517604975677360783315447
229253433596384563021521710498738592531020397895814333663841559299

2550894460278070179622745210555067119131632626527993669635989238300
0609698160016708813443002039117719163070163778003830037112641824140
6014987041714805662603384977517560384954919157914179295368495970620
8632971745221494526436400040116851275873879434866688375722889961340
2993866402364058944824529124282016580047816694184780636604784838170
6185651558401746037289782158565908314893065117791985723171647647240
1893043153199908815499713774207210118331968619684944051847134805100
3762448875818172772334427215708740008524939194933981030831999522880
5426263085181455141049674896425768172031457741976055401166514371930
3763721881865065248544503999376609226777707479399801422580866214980
7191247013874698956765809816342407951357037334868399460740014838180
8091091227850498742256394710285890361789248694551999049171162317090
2974081951721636250623714208252611907131791876380037382099894155160
7362903105494029053725379895773700088178658870490439209102611278110
1129355194227781921470074363737351900832947336873223965494763299280
2753183518126240071189203456588554680950302630425192198797773744320
6372609289111090052198687553722810530557641476148246398586371897720
7977619373087670426497044115114128900621261138853060373672295958160
1170213950300741417661128483328860167367167320358804701580247848640
6398079995767647079233106445662603373073615899226178752674260135360
0072952785114473129927914524506233402909639717592321979580111914660
9928396066090546200798237452122450360169104115632219532972695445550
1518284094539550786740409371853236603877962805143126766274036439820
3983188176059785281346639469560555811845893980705011357516820680690
4894385529135088285447348281517609715423859522132730861322041292330
0776565586927909570047843039556819940159642233595945502281056543770
9954708624485590800370695015608019307214648972673163938925538159950
8617022059139730270900638588414953461627642604428373891251918478190
8500254982630358510063410344376334073346990312703558308011243548150
8661164679904704099547923812878971867801098152049788060504766682030
6629672509369396073136693374720367243003189666204997506525201754710
3578657346438364676379268501958461510696765363902447489954321997230
1906116932962287789461226566830643518956163899574507722109451279910
8853244493764877890405442242334709795872652176937776370796040732780
9702455829538696164126324657549210448122380893363807649499671963480
6155406090914159497678087746191227708286844605325727180192324631990
9466767892603035979578118279000471394092171939987407600099970695810
6344792336051061664600778755939545785813561911797348472427564395440
4690018537030388994721998308058834058367204730105933716458537773330
7382618819978607406745090629225548899083443584470718683462839079290
4708011696863948511850811643813460281234771266500937086434980810610
1925116998390691124112788492250107404670010024987554980352405636730
7156440483483522461021967504033422680901960919183676975391844888980
1030769313603684649075185192089980796748495206425281503988219929450
0163122444192907905821755002124641564387801147363534860323181769760
9925688623422436511614137835848603457291845645973101458014423391030
4366190912117514143224004338147146495702803681747815733992552787670
5813633597536055953938401768676743047462011227916421387901627178290
3633202573540649829431595005547141144066372802259064990772972153180
4835396210592075094818702230994825467297018483782461121232263919430
5007317776200669540599603740376544106287192417866624208821464827820
7943811361974467588435956400543384035329212785957488140007374970830
2504832785755627877386652839778888430937242195945555354368165329370
1988636343681790751801961273509345804109446551725884968026121015340
6697273811614985607135933184212517820869764413662803131959266299800
0800499938017991534491839141860014917652009555057429439030632354050
1291327228528953318386128009002420185920683012455768851599860366700
8821440361799497576930101581684048963695057071941618192298699854610
8110664316242154343885744834338880719947667423092554142522046461320
6333021925412332655422517900396237001187722488012189973986745402320

7831011155813888762532752346656497928456091175839397247695692295816479170577534606301700752743140171314093470826207580556365138365779777856686672314338997158540512838175395172886726792433519324279446404274845572204271370383384282433585631425510375691018147458356414678953450868562901848676091677061998800659230534436395717282508884259966392897124775740130935543924733240791820455538176637235332220935125401324815902989026429742592787894547500654994692121246662066260821434932002080552240572239843830449363282819228454889328958740225793208207774992126360859118902964660983895888100292388204924622971332292970377519931361009803526705244868532263744780463843256463010008144862912199457156447900994460842936828479652744612765333244881103324202517473862223449069723675537880339959666403072143753602331036965733231523772298744269056689617796282321898718909625100096673816079948561699112561646645110175597163799499487451735865867708404716844747708499097699794470710722164628013946275459233625336185844576023868690373404023429979586621889714158804575375650785042610212069743697096921440941134689942630874378569318126994043871459489599835002482339043529602141043479871030683534297708298332077518071528480882833701459951573669234089522074675311090200040877667734520830410725541593900525760346091208140284177420377130700842437158672936059348066492560890600621400735246220346694340437762973714172956577384435940054753577833647871738588319957253806398099602645405327205628731511229781571608629573746845665423600829004305765331541271689897462285133851076706642751110612635113161609242434665697007093299521780947571129105148114698468163620994912119157375909346546661760859252499642964904995300849587607819636004710267394007407320843624420034614494703242395176785324245348099377528028052592404865762846714121867299740770308393074261740145003221049726207151701671849128134389819559697665219201908137000367278208254808444077054889497735290074093964115215928130985243276068247595225330802824831409114550349648055883363143637880869268509840227543561095303877707012120002898032517901049232507788502590832634143548516877220099829477199602305243885580448738331603586172269203006710187874260694178604070699902507500493233626929932140946580996465314285894029505075993837424671389269904330889696893171221522509329615283223140401522472006962251931218769483286742002917366443568066358210533280417672615156230212428885543250193477471628043834193928479334861222057352401287750089411533192309765082818111896355024958467106845292644845557427712134742858861286553169290497678456625964182472669277834400266072794741444083706645758512376709200048312194034837292085600229027797730864854147461858811157024028731490423374710220512254210599660703538395064823345926097124425018477808097717267392473194016550396078670123047395765332806585083484125260088946584673119157291745742241779493354979891900782062130861080386551622375812464835540650724329292911545092667131859296769309032438050050470579802957471634654618685966633481647375637582530295286292373436789494660108835291361314666383280711983717491455000642982081727450617511533164317850686055995804144705051451344346613543491323777336900047757585040469935495286508212310688552096189971243934341116809879539624817085293385576090027022794974124179740475717835891513010194831142088683249433148178023376509533242995528594436834355197273185178049465583509919430937022568193180246844883186770873093472780380591552502312040642236094709885301607583705436778374146441160534217600459326489012510109436888394937501080782355178495090823589954072647462043742888105083964558842665486927650484032831218209192252549114726640636220307934550660398838572486005108528078987509229541520536859292619877916892215922052205519853201479261471085918843186865741159637899311216099897611097963356544490273435909832894786788397496610903105796567898848146337793780972063390584010251514800188040123088613129755420721536964927058014552750216146780869136607498122516216343548510063343

4349103534205339346945249747695508626569362762126109157268918512773
303763839795715936693067949298648386633844544863127608551005181894
581104146470845401536291458227457290153410579881693540552831867360
3825088352304739202146070349331910672726512771799141383722670503 00
4288951549134802923632392882422079577308657735443007871499407960 63
0325769589926239205966013855541803419669893243670285104942836217 90
2424447773819256545997264421416458801833242657385618786789598523 63
4784235368090599271199955978540144835966062156329516389073004275 68
2540019235888320300191134975232861300651097876929455311396689555 83
4764370807033156924647705668317087358183948045388753075171478337 11
9507687976407728846486649791823184502315381055175873407189625387 98
5376214371724368207104688142052492393655087044891355416556266667 13
1541921763666664454613419706588440480395862840116136033685481345 50
5093590314165725257605525869878703051193190755363634544025154523 39
5823365871603816085282185007141035499360846627840750612368387644 62
1458919217791425930064973124185463655995675129585020308227841032 61
3715113519839061241596463339823900878973879933716728872035678948 69
6127846918029884000770240461416843570964611623794845800243691534 46
2319297027637045810546686186489200648185788447046137629428206142 10
7034803630844111678006148150239136901396657580309396590441591251 20
9695297358127309790325832927479399692824383149206259029330928601 03
3239174038383427457113513984577478320244883860219680767163316534 98
6730347454013999215982211167111512544258537609167343276999040058 44
9743475905564206307694693472835650649910777679589265079832348108 40
1822448911707496651040618759184748576972103674326815148420195697 22
0747344822087928699608362935876316538904783900487427479351515284 19
7270786143219658284170693904968157725682805012202075109236346551 76
9315157232381050180225855175182478223413643178816520685066139422 62
6534469728935978057557926078321667388980661251923880001695343252 26
2005288995610861328799507595735547495524742430832870191803056477 08
2736701434453937593763155017509351851587985050694639052319582925 23
0975140740525459563140074366313653185988575773788784190261411868 95
4456504216033706478625262724708543417597795006926490269511202750 26
3095436740580164721315926794537943694975261018446608580007831271 91
3160212350913829704258702336416046448461284709186343151986536546 60
9026761822474718012253559968132352238667955973692580689597530371 26
4802448204581370182034328690863716598337757108583301036874346577 41
1062181431765563396210063858316746748091887170773765355898662202 94
9987382744425547924116346546794060365024746024561895259093499667 35
9512271273205240111113918523027067614277230922294728810133192963 33
9978185503182934432632206469801012951704557043006325015625043150 83
6576283267412300204950639717367841889100514252530524968862567387 38
4777966286621649736240288369309617354373373136677583583570179447 14
5747081249069802297768156882572257089498908991206605540252060801 32
2450482512081375674376619867964264129860594311283000540888188123 31
3347297473121267444431186759432091066818417810265573353262138773 74
7375534578279041511593132185182858877744177229662046913866020934 96
9425605364506621333173259619876825885942987942670938011410541539 93
9189608363619248741879169306463578448072156583993120379401183244 80
2015567141428598637278598469707404755436182348158796011413662352 45
4806720345614756939780122895658521622561696712983690085390043834 51
0362995911887655548585010382420007282573831915399075270712724127 20
1395819955356637355128909069762510703048920279452591556500485530 46
6782494374123417108451112727160221094193145540157999752575970623 57
1196509207796535145582849694641247127262752026385688988076835163 45
8821474438221218629646612627082674226350571950473923863507541211 66
4830262009712767100489826716132451910352783620701285444467011130 52
3252269301508703063384519741892706340692454588091376803729575334 68
0677935046864787458770737621925305287481361985113857578454292910 76
6542928340713435022508828188929152445277839874721900813143807204 30

2072454679317587784666266568465288615076884031223212187332960724426849433913948234400487947318100156723452617702576708867907794884357597613518177223303246999116657596635615488804049732012975600952659882349602233294960423551178727855292408028587766780633702288000221810335470733819373826226757192925933563709540615727780572441483111640428020011737810453773569712267028220634931269054549816718499502811568901079688029001125658917905559234547229213785287232821812125034518205954809677227766071310177860343882957331820642358723699341009810617234963824686830091332565344923468406806939017473532015044406113834755190428877540607758191617811541300399257403786443591301907846113155981228743338330985378397280207272868923202989439733948198177571392474916946466667896123429109370338793251233773971388025498350706646550164356596853145826507561070572470299837409048601724376419814227043148037384529368743600536391267265076156807813142004122411959494039297701634281240787208085216663064592305670320709816172252902696023063081292602279781774357161381029192980622509729023421402721191693803271329832008372850667961628159235828668657609990441599158720394183682247309036694969071774570121777144672683511194579923576437894693565354208606297301046730719822766077439302309468861548281095152021597052550236156478355794196881755560913857785219222596477699410230570038366747623550697882318965569824146502867863189211312240606180938604883264517308401695014208215732606429222886911152502549936021800510419326096907384748832391402415585332601152850704306609322444248252414417460744488445341855282414037622464301160849294866458299855205426715174054544202062807034332941069337272642970668910815358484014909456938246216847992970706873787740628928325451342260408837187219903835552674722094123126765963381557250244846112695927469752381449321640444689895162240069283709586273806888336291637240041875958645520463746275695830507984538153471523066411007256923629349276393671091313512704030545769699668455358471455918192837712462583521412445812027496607847718105699457043360508168509589453746307951839500347172519484435994948544685268129735901906906535989033569560310064479682631204573191011544496555112268417325152277386303081359758217229059766137627641766163476909125070161999553759643211557534396621688271084036751192999600088624632199987541809436005308741339626929982076296680154880905235587186807616985560604341753925240496799964651760002692691655169875265250677395085130408053884450609260109643688108942026856159073899850990825015494639182209700648455366366899685892286382159711076717976789750115428087230391288788699618678930719828675499197432627093410002685103259296326881852414895791244327648721801452982185749771429294366689378364382229658591114179405184942073570645283259884591225939492744455714667765151145692903139525375804633758579641581163621872276615189824122053513224224882561677424596765412540331784498838411137607350077200856972776264873652783389163614249642106308834930890332084877942864404972226828618599466893437948513348559058282069646123946497574122362831397733819087455803316751727223866473603363229422165312776358477306315342973727749231497394273391681398751716501781032613174550637765770978869597675742214937163528845687419756069536003933733202065164936970814922958343311631037274090986625747050514702272309629622876768936937738712390204651672955925396375704229682701372159784961803623480433790639703585582422108823529872394968853577050451828950991937634747320351938281114420925467393367822925849653220080015263180291408646888248451312773062679808155954764828504172711392640315538504058354882187206324982256830837811447496727888333200287176700343696901126333771406814924856099222370955185473844571790541768739279171785165931986828875641818677687684101914918079399611289070751588545524699476508217675677211646636427681998522410096521305046508340727574484966197616146084059060741022144497622366799448483777754612007723490483468047995536374920022287112718513560661682291231

239218005582781418581599044062405262546367710924438317339847632851
470653500079783184915824011759565900535027064038408707123341254904
300589255268336910947101885680630974863894076607300957659146215650
501976073448899217067459599010087108436183443327787653682587723082
233443454329275264503508275103688527876967792475290543516348471778
306004342306802510416927098404294232615492831376121879256159805549
617993488223404322283765653188612575026407804515295419719419547797
740615546242676714336470510868155403216644525162310712260123089371
047550682508603240463908671443690773244134398492841467882847147933
299621527265676834010400353802720252754184352253722834489706581156
085710599336667745198566047220084160190860000788059526818266913138
417341819905590105823592902013540514610372925984089244405799629261
209829819631751214535332103905565185435755015506330230393983217424
163887658141828375495738248135795353764156486001991020976353392075
484934838869281611240904286051688972415625937579583189895007292459
604679885544190931123329852718446233567773599333480407470372053280
347069763700271572820230730576961414871966420425572750491950366323
004651395418140725108930709443978312110733276687592803776507172513
608755719376485636744855888825788766133918449302119188229270901950
014684234363699275319954611567138685704507441432163390407802999234
905814465652044962335154357201055418206044026298913181811835652148
013865548465039391744227689983209599473453261485153380908818440673
726935784293194085081800541112501203457445303331397380446948852770
989980569600051914114142279477629690392241524461598136812557513984
940301589089128390396906823715967622826543755905616030020457274561
527945965191825007133487156545101752772344850870016671622088134714
559577331251876805648529105407392802221120032862781056402439800380
701905697739652978779098800316200668984037215519624334297992810095
608616020149108819115097937929003694499120621765377482371955324580
636150130098086504424252934783569851494288463384019650862826192681
818133145352271022161786885639796180425572709401969041952782218972
371157604600163990908887257182510468842834618913181202969641334893
176005480461049509279897517631114740226421967576451984887245324003
253302518248307749123252566884756169542393488977846191575794422770
855820578541006163487982613985550919249337634419693864702415434328
232827684568414269943837235402540939373073804634343828207196553140
326715847016941483313914996741090812530998431631207310850501690632
931910182110539558556703982419629169520765719992723071763730813642
389401482326265470550903841961663957458368747626735252558119907191
836237358436871834305909221799544996922233003428708226933056544676
836776755877960837571832810682555956854316804574768968447920124443
974874700573757245740874921782756424733258593382718360118550637271
168238142462458904590760296921428081805778560188655269099927922154
712708959240179476507844514414645517172724548476941607662478326065
735413894461988583756749847678053698392957632660226472399204136521
623736361466640323155185415154811185810844339855150436734807098016
306252475101971504669545974914141011308661681636860421033880745651
994932458611604871116486279983802481253941899013637727311133834266
778532592324533344853759664716208338537412263555308937443901951541
575679942453238033408307216841994789968124268884616597060833397337
177144364986798767187972512615063197288554063191512610386496203137
400515441345721044904467051945156922739366732497685739160310543114
816892225159257668780953462048818191351201284162581472102780965979
991944160344384182326231448081673218912379946597469447371994734475
461447290698588542010162523064196805972372284233732451140654028375
526303970784269804597321019493457002525055959469814542210702836906
765111338008271970430451924780925117856272910352627916974258068402
627307584190214628440917898442561629867390910053700297885506985823
190928855440993457717507878492547917137854322631465566615358702116
916043172098426523231396606548893085383019683401924136867142069727

633671975814778723614330172612555205583002475666557171155769559720
731113661647649212410007432536721117181902698647349658130101367113
732229307682146982330958626017552721672584247759443215834483251667
717953813744964440656738138326645751744905748004650568402111858982
706460025498422293207274982206974769806226082660110961848556935211
806622929940380157261010384282960889874606563046798502292990209291
932461771606160384801422508869123734248586441731267184746634512149
080855321275811894748251785940175844722914259381996647903390875103
666661541646865470072022022545975348098423501364848574947885547459
213375096376782165427914135474670062812767442222991188279981357269
073785469091101556810429717305778842476385374026797415237094624639
434605121639245148210507976032685986609400873234156423535667666375
312276348010107704548905103240579565966741308311579279748096695434
726072474106920153392090933458277744733961650093575247112417075063
503208867717412193495146667638712637372846116040877063015837600111
533649212190203318068500324666379221737979268046636376195583620471
957455881725511200080419911461363395552011300394239159753566741136
702232551901934176455731469482202225229548333297745560513730774251
770977444659807607594546606593103127348715553264389083383702773822
074314568944586437175412106604933774542490470014903959465745943771
237897280058429396210552675039566321492376729814066350061202360793
595072500261188229881702440932306066540097229824335376524377994159
185149339041722501469974253353780504362141093577235490088186907390
269514016697214836261672332385111763897273755722811689919980399572
937460322172819284534093325844116963040623830035426887429021182429
856451245795207347984627346195104552425613736299433014983937291110
870529969519183533650534844242848046310476522083420859365173096584
496130285833654819543598186756220294161384321163257685982562967201
828906781124186868784597313387140418729700711919867701293106293096
949899354813921875928804839845138740758643027656157147335183544073
506255312343664960053109148813032384462652043513629026265933306812
051158885104358569945649938869570706111923572757110294196928994187
655436884256928063861435130310638444334313396196979733561523242666
417066390240362365593574944251038356824938543066369565628381349757
831909024277049909445141111241230206043422328892597491438231575907
984423517784541128724259493533309857109787553868398175482521211751
810308218176505155563452429948453904577562674465785517591489162251
178070532881170459740597598645830080056103223325384300750981134310
120450833190422865468587799440122965616563890815959223940343922260
010197221765736217116359902575752900033866022749259421935596129475
518513699393249692786635065238826768941167638908982314619095968338
612311858671495757270575686399745427113036591818384717808180841752
010065566213047632675249466820599746393688064999076413425808930820
409023632383517830632217617206433632011040344099409158405146878326
260477568040712615484260346833880268094044793089193734239036386440
254924481157390763168026646799679017556718706413633240288705087457
165871395916429253614402597840290871343774441758956655811307376296
889347527173711313779000310082729387122487986914124280084502725122
546352721992018762423508027844796784337023680736143992859048111112
541931101350959312727661124888954689194535563621879329974884586783
481448626980470399009162895288368911374616731561702410045157757001
603778370339572539261354053250114657419224801218243169853035363945
988575041132622240054109705194916292574379281916876204926756847774
860345138396946799094353055861500427944483112063090593443247000937
536710056044926556034727477807907836395045187624483926979873135352
843484638881332304397927748022015296192355486000473427309507867806
253076736433322824196132427056557794522660656950161892625626948238
005695033649150471162428579689682908969058363758278283892895520363
223930960420462287810637658111782742762532340505564585343287393682
881055582302015544340256660561199160833124527637674938321952334956

317862584221341665748262887744717933870329083625039959451591113255
0505060040551933106785402214013928930774710317833410559482918371 30
769245697952206414022795846705868857757846872528947007508518500453
068757078397466638450736019535737073785356700362585582066737243338
623835066357323527255029874737157104957827619393563501675928367423
085383857351276128826173200948780873129781099401372087532187962176
750723431042040983005430754543089347560999967053006260089395875398
030047816817127195093934191068331792429451595438511210909172267321
832118162279570595447822536126829509548622172312363166507257218634
531741072397650382647261206586272339002819509088574096005768787459
135373146151589768102894467346086010997367803156129155718923796941
378351231627407516945694908680544178759792003655469263444618177373
227167003444266776046094924812058797064658497352880792415315639324
344125789177935725901786375825693806342504430545882795813741075602
287584447810965427651767062223706972419791802152291454833956256228
460783866292668106052637667735843824873378258642885012123329247207
096075960682756058028935698068009042477941448052246140801929827445
359142613006731539974220398080445375011953972619448484495199114028
190660032628026970954487165779231879915526503112323553639686684530
243015961973492262352274323053604223375606417777316238560718050405
591823508941421612604389373200349753263396931768396397408340876148
966053467650020180180950179015247573815905144668404233204625195859
647960289531559077547204187516804221048827397952482737496742588221
229084184267327354050629747395625186097845807013227661151733251592
801250066103078456552279339066119554676984670693114454341653858729
999117725534075836267307205981923186415819683344077561735876011585
410628859025148597066302566272781881934320443544059426417472874446
384970887538924365482695425677051955005030485739671925936918313224
995238290395190787500747741928834128339315143605456554992740034000
514752860117649136881975405835181301064281918542772397988891155654
420613295214834039746559537469317679712605932622735788936943952814
037155498125622918360289709884483519995909272476142927384761134273
942707646596586099675123050324376092528374535447598558719279745135
456040928446312383889192976387224509486946643316458586117087884072
595663446488772838981448069759334634892092084747933664114769169483
043759599830298448510466971167611803157567043074868319135015108662
681481108066267644488187637341191046301486433951333169438648671912
530511977122226051292720662888283651460221944708196954631978248180
623064295919343803191070756728911303416669390683766514373340098291
769177833502351137723780700801344937512480505007321973812385162506
320810496669536517392868858139774907719078245297941956168869722316
752104506671379192086538936749986314866410170044457629958945321955
986639580917941851056008686137283520554464203327542845960428433290
425439861323590988961610491104037053812955077468163875576813162991
902508157027190764907757843602169772279041728321524831115467377986
753486330097098407188529177293638378968670454493802201715742430599
092277663302429744170450074589944751500765742782902593896377634935
315947832002254243267251842300506882020825497212921405633725581581
127104741570185389317829398787712798274886567150463224664385555348
488786876641355612761048582420589186519723435336395723609948081681
739740311903093045100043961806912344770855514924729667850895219861
090165524898357700496192037386165583736313265234598245319951059160
583790003979969517770697952469522983676074314990085485641433272200
349890338404285312421123402100498162429185892422243495753608082603
067624015469578806472961926684527511160095905378548316367124548486
778820172520546398558650035823500202150851642366350078776071519856
145256264951591055507477278537981540632716819511175410228892983782
225453367566519025121682301691819839425989997594117695875215092794
637661963360871925094446859022136218571040722049966386358712990530
555270284104677262021274466745452154577237082364445335706452251497

567870517194800500802567824607818185487583892258881641762049036112
904312816748320766934852285776067934846458657669095206610087879064
301681675339162115205681084467894159123374146368211388337577326140
274624666451509892104406381808305608040137010089074171937662958444
216912279089328319826772333212792007680916610268387238432454420686
797560394826736582067345155042676308881815855803931916173275442955 7
643651620151664466855759372594097115187836921732999384157882766022
670925291474618234186636721931122698423608685452041883128019978033
487875658827105870237096130274799132348225813769612170462274224961
016733754788010634085514866228699569152716263350178980339827364487
742823153814829001343256788832287607165110115958718714501057834762
975288743392745818276860004527757177247880209896564385294238817387
999187471297587411654133239155651089087752576862866168071921090343
265030146354274920447493124652014732319757703612045011747939862821
525354972026717908950519508590979562153891218056487899678573068849
963903277813229401520730505202096076546883252517526410135506514502
980213435336587555916168367494289441214804865998225611198797208669
302128499501664795238170649564273515525846846289200141881385743510
670806803934006493980278204084501559743111297779680235822043997189
182740819520245230161759947970828058600328892886741062471328690946
946684390420120577410669946215723851109156923759278558684493977360
688001922934914717580163165254747272854041117825003154049416495321
147450754966548023101855184474204933682149867867387892495751470690
246623904739663020066157810935792046362771350394697843435917414264
377803119021954752269208954796887825485645707135566698502327546123
988230278689013175732191716784930163650138955291315901174224896073
749460202948512798559245077379356908133386974703741573965582588573
741349035827814340746255423551643968904607795838664996649445074756
579699351493513597320013303372081166289167650986948072944032991761
290723011140465891138242727263296851760942841879398026052395654066
459330078965741576697086719209294525393155274373528280048234575091
448533542404918205830211736693760497384227215913483552040425761699
280642854714019368556141102765828085704034232587586569465009202308
498308267843272774869277955040661110043597647686786538495502722558
854224986136573631739614809989360847409717649547154334062370732658
697527645921337429714124207051122564494990791441924448328393791380
420636238002970028206239318075619226485397394933083251970873138458
119857017100249136525227198684083184047846936429025111292751766993
988620343878917517267572217442145385761100283487432190524333293992
809488390615294064110187937539411343031719168526355316735298536398
677616350661196822472348640340968103858504606729601476131074024007
426534024368037921068446153419708080881220768071106438905886342157
852825822877436754701408310031138429853493528249358504036234592392
668831144807754671059106940654723734658778941924873236437024020240
175175970468295402550796773098444317986354134645953902276574320351
884311155975463523304523550552928506363115240811767846454714132798
134065927467320835452822766343059530547343093817503778723176464890
964910442558796940411705277662970232569524636717758458788220284605
305305466181722096550981839675444011935670278272108335560644665752
280980586287033307578738210821129210210389616523122848792032803766
538720195820518561825014424096283660984633225284110157417361488234
146028737749849149845904629889032849256083957399140591024120684557
624803459047235953688392746190063530060252868443454660057857456872
500288797407812699501435969649476414931850496255521694445285574529
480723243302773655574561042966088356974253073611130310823800031585
387362868849210917491803390548285054627864100013169471998948894209
530864465026796100715048439262063311711860861208187157327345513700
141867686921967048859010362423315167760172717422330504953061585247
919628896759444213462356519312219428440714309789550559858862442017
362826073505116384635711187846834715883490623342588343614274793829

5483412634174168826028887355478166532383215407683590968120548845 48
1718926920620367096536056408987592845081574274786219413671699432 29
4586933049535372296799780048719102034782473949179717197672625388 49
5281730513600892270524308556487450412160335515149310396418638089 26
5951903435019795036622993710706109803283472869345415135967181506 29
7663744309949323695704953495914193527271514187376586945122363671 07
9380115242166244941198004465572125975358046399910239327977083871 84
7534799854360306617746854816743025350911414225363563383883543544 68
6001108638480214792763158479351071062272212328900030400855510346 07
6806651955216865671891813348506806937700390687013762540552466849 76
7101445993496184224689804170186023510196499013377865083234368694 43
7821639202188508599658131112658894829177348973611017473924599639 78
8237708464359325646405544663545645062781650789100006035789584714 11
7881140014704556579246847933898590443560951939559830484119070859 68
3908269696463010331291954054835663347075482559716224095724560789 95
2275137431729204329442145717570211196649273295045892435115422498 92
8418293096801627909990143910006516066465476572330384646243951138 30
6777012416199103093992894039811606167420760338291759306566044008 71
6224229486412092768005484026354604602128643129686176048676854587 33
2459049044581544689760012917675937178287781574634474974431747224 57
1417824959332658959901232631654318097855782577535504957177981990 24
6125777284944635352521703343393134364513830425898151477362367919 94
1816883285991871572172287651994703142482487875964116310081912766 60
2885664731096116466676711893676347212909630086923962342070886293 38
6312556128734065346790974199382881663850602787328004850544918201 99
3378711308294933902544408454452831107906717557815800938675360038 60
3557680639810642357510997331840280685077099666201399383021570574 90
4394911543830905615830011301410991395832903258695837676197074489 19
1132631216409818434725600876621115969513338904625890504021039716 88
7529763411565301637614017241741275415677573385156334096892443014 06
1797497537174425664734934545792469679930110261943376364486675375 61
0876916130436137483304794412259526124151489816998076810184818957 80
0383257633878043531185697199517408404042921573207178938770895931 55
7022742728265816149740801332063433840086890238893918333142004515 96
1400898611215629243641694725431356170181179200559592854391833343 69
4519194514317154135007420063905060716765819058242162028976968440 90
5524544700128188685814354954542055668983878624483207521217410948 73
6474109157860409910258555863940130915517560027976586538407568236 39
7358347233648255335205247722960881930540821053281311304880926255 04
4062395575903919443171415265275408089529865726307163407322439503 79
9871488151262446063128138524107414359794085766578525169438992746 55
6218058869206623250449370292128851274592702137674834292777741271 89
2215540626833008286009017921875382948629150162454072477788669988 90
0709805056925069858183739013507639436541872329303118365816863336 44
7793290070785745106113991480911099712792943849391367015842418969 10
9386238027257645216678140223613229046809772487782686418812287799 34
3297670716387056951199018963230924589999021797571313451742593603 25
1369020883958608546750477732292906284648172031950728149118009595 05
1258134475715705546784844362377691481917998405290667715479291174 26
6933488585670881394734484862143811115954754498528040574225069514 64
7200842462447229932157922646721788145206482083027693611921738523 67
8567409627910852342295609063266671048028819226371390907376844480 93
1844498969929310603687009530872724102621367887069726985697340022 80
3635047552368800495586973590390206919312830707106179135567674215 87
7257598221912943186457454772051328945878273757752103071194255451 75
2885836334459358005524008931209918825706554866392314480862374414 59
5305590030658095292440426176752542067710335536849552465464357701 01
7897964163130386749523961082890325772448991862299651984232782749 95
9589340831031293267661027241080737954628188076342698617617033100 93
4680083065183477132870542549962326032501161928273021299349341397 99

634261512648506347348327591363178682472894449321466061847965057304
067187482841519147416841690897229561606700728197766108311410618692
743573355356462725414379409813463832286243364133478978890912641531
873040605317247738103537082669410654440622661293766233632590613838
197631940130398985582094820953918602481990989664862713566498757014
979534006764478586820491076270969775705491508796197691944139015941
256832679426395790182782545568969968032231781589778225657613871677
013214802115527276731117341653118922038451473699023164776475938806
016075537483382328545825950629102393600165447353942982876682073712
192752999073697440811342372020131423404505259316972775590585657003
132022465479086657583451266545682630554619314754718739127923972118
469217783762006326246681456322496877656028010455006968281528657542
598234834009264710128328430643025697652644694135027062145831911049
179319414349301770348702633346016871029183608374125327587763154022
303956288776844723280302142987294946474939503146491804133514202393
881524875937371592838326600354064289535416985061992235303829218610
486918255269025574988931977847206199198050179722622476371814459796
413713846207982090839588211870480155631852081343051685237415842174
781458011563058311767877089770942569153607878091136284354824022828
394565804195220130311977227965959838840936358355901185742704482665
056343842162536049834085438904028543049268993066135302956244002028
267343672871926207940297350617969254101291753762660825396822180621
641812462173118967334743094220887670606305467169963141821559029243
513784364350632262093120680143169163849781012271071502167924720562
634687067390887567539442448270838250878826535655819744166357784924
176318814836216441222232363549938942990784092165099611235325120110
314233835506549388909275961105369398083023861037130475667626055583
092784943578519785639053474326745056049094077085918865106554530081
982644525281740877465478991615116348753930674193023342758365049641
568635388344929702698830212838507501173072253194741218860306066086
656547714244902618109150955830742760829485811035201107033030587092
579512353389221572474247856716767883589737676177211751305869343355
367649036743738817044405436987385939266494471535038152596325055300
204906764624458522605213931219629970578255032704577980448589560702
099021534466953706842845217821445238667104694081075061673174785697
189794278788716052834504290221224398343390694767646413145818070481
842165818603669376409894336493814267999197179815233510841570647616
502760453863299952244303389384486986948796492541509969476646546897
692164861423923568275318509654088133533236031501845430918115897953
009608823801822954836466507308346158753739094675311255426108040965
927527145627225527350121765782432201282217368454018834091125636960
586741735441883030291042295409312139163251665271628121402003934852
462926770253355678013212110007468751049272921506773328246340543305
146411016945801523928106487165119374849628471452059228602216430922
707329113148505514626087654910369689708578112513994774893832884265
980561212183161153030419155186977220696407051706558307454295568020
558606479198561137208320213973371589718010093419529924086318041862
299694415900148445348986206796450530773611839913611440073059304205
749678639537317291277835848215629148003084298917636403425821977585
909988615422915064881854893919464924424427073460653662824110438068
746346424452489217270080026988968400977049906879061899434905998791
232993931686542977873405363741086041168212232803214430184507966819
142023711524639482201770931427298845543362729864739836067619735520
646544148606206582731163150571772420887655624872226829266602037148
511214624414964999515202973569634689579349118486138732356737272362
867229569307022272826189362420914468343426468002660771995022165093
651912429912989094967348869160997557084153856326697999287231066968
120038735043570013902925124556125259003322197307426285577090519268
291420781601592068468518949602680324164502321797845493500368685311
200743998786753531880447347851395431773960600553611144063536421618

1260212638657309469059325590639721949203805628767882874309190961540
068691521231893627892498701245388290743083816074862738967877453782
363709467889116034175404550891697540592273940492666239120406468558
191112089876130221444569725686254529501304112171998091066911541574
687485849599866199083983781712633106815336413320408361685895059251
501682768475240163473441553578291894992138591091122483181871721948
688386571304048294777424440601099690156383523782761290959674815107
225829181329982874270549873596774842208562067520671599421809118851
021464388153607962345415092134034300612997868682579602938497659187
127068051527071418619605739031888512824338726837664102076717571266
109274582233522905129948528281613592546990669160185027594016816244
982303860880138242498830699639176230939613485459945178006710782255
193242050873901267954978440156989887507912316527747212894791531731
284579690612883700197518951091669085067985676051658730747998414456
849249212797902881242410088408847783731591936132045482630356747492
775654138559987303215905407629514363788522298669818514967083486052
744652644981763753211029230625903686358567994891492488089604126511
073389096634435933844124958326982682427601020989659454604773652398
711801751865136733933944944267677542321191082309423728968680220347
439593248623769437410866602820174765563194951087225889202215249803
245839271724279586677378380658016613729297771184466502501152581240
730709630180406940749655684993087263042183001570412013792245678731
940258213109454610936997492226185837465197323220368127821679785482
540385357995868520967119563235803556744705872326862792820603648717
936660559441175390180898377902808434422479687088565952716127883634
043276080005804509481613762417573420339477986303223673828425719406
058354743783890446415406579099993185608124308463533967991722881263
788799160033833788588455471982316793889336283777320641146617025954
208508851805129008431630715043310753954554199079646509023164428834
474068719718935466735649456812354304961298884537609297708931994214
630482207660235398243215761625487612842541210616113313364882245413
244897545356626534914240822491340206617500721126943061249663413321
878554680294591249172174641038186713621514571649507321984896957276
872688364311053604427157154289136681571274428332133397633430005081
273956718748263504621039314324319975491958090961365625700243201665
807095188730589919787067936829524404853420238652758845077629278714
634221930150056380457251317594012285611355436854201081823715869013
394106131783292979204109913274541054713071745330047233839565461871
634457034018556047181381578089815947036849425786821926363634477428
221860596424745794721701500258173333022732047386573215346948938772
327005556946006475062041487331611568622852690741688093499017469127
606927198938505564840024337032655975293686023874269601591645095650
888549020898484988762500950696676359381231697790345117805540667349
228798064769733991389207356808640524705632218673824785071644611430
980954948809247373180071966058926964767438019702682241032886561113
658492748669631268073768413367434448435491569475817285335944010063
322752305783993875303255072167800795954106798161051287012353251890
481593561721703239862529923914117857155601316674495414313623225134
309093811713897244019512308210327892658362850240295904940492941532
776864235979783872458059395139056795560489022429600734317792826184
751933955564593715046875619975797431690153572144066875808686554524
850048273571308531731244135792320993581940084780355302666178999034
001645004709491013833401772294629926564233454788104605647714030170
786181447811161624796255323924406800969011790922851352731479550364
501613013003828067884533563391135173141024267843977071244855993926
430774456327190903208839351852366033052369976131317334834526825772
849605743916715539515852956333008194184226563499761732066839099307
221655802854054586971189012219660240669460829422781432154324365761
017502059129601843671261833291453458847496239270976581693940402863
874677684859859221382070348649830522504843916857753454819551137494

718952124618141523990215336585113352535414111656440333991014817160
305596064373428680323910031407094111326232632399839699537619227136
973500148398583884971448168151714974590795901774492774451113062728
420131635843764179209332924316744005546123114291616263976070663560
386006560837140438303004134347463989548459451126970333775832905533
641222535927524973455348333723258625709633843342035966408972856443
178958761351810094275452037400888010727884818895951672312621189125
001920873733861336501373434886404252252001770462072668820070446561
847389682355647147107826826300452149043241055363554525591842135419
686511373978866630975008142564319847403775914587895906098457426078
857863202314402576460524637248392024315470427111900318904204033381
700098642286434180747777779834425559893089229069745701872020468182
941675249134855996061980098948447489166287604198006025970012736569
393629754093208594546675623408046150135458215508632072266038934013
767305762534065551698152777855992998824194642665167687761191736222
702092278336052507704807075907180343633570756382836596813995390760
727068181365657591986683751054611521808378119196475540967095824956
017828245672736856312185020980470362464176198682717748478222463490
327810885463141517371814329792883256249937115629715737390115836310
870448602510300496946914258386937065120377046630824216489443358000
596868730214852492879538242286100073642036496791486942425477306447
281042550872919341960667052564506409608790024404064247311413566099
006514678880932791384938464806546101789056276456355644526787973176
600856459859045759450452936327322914034062409343851631402526002102
085325002803141809837523389639583076237367334254811893427718926930
339828412036495177176010034675192081583382936321282066313108914560
201482252304552882944291740051438913118279809819848432290298386962
825148739445820391094065328018875407720949074786117915770017190387
912806376236617440144045207022924523204540576280696579308502039812
183784020672025012026675295531308349435347193634177273406360262579
603136511978554856693728464042046848927715778043458677610085289607
369314413346487377352501592452119765975459087695020605617578193591
077403625835765360080893765328137084369439022722986532221828843740
013882581116297155345756740321498609755428688657987436900949705097
986093770278357223388331453980493989210171433582618967400312252799
730336457106160728496826402668234770455830154585574827171372435847
099486137265871302549402449573855889966053537090338925114540555812
456929413788827165199000437610796725728059987482047989567855938858
499483469651949308978149972776347330585707179027093568227576306393
049702296633955287633799130785859314207811335111432012102601987304
216706260143575841179770790458083808849808816662618535883559242006
305302464346289923082030708064941073041567597710077523985586867594
573174476709455684268903853112849498801814477456650509614898991517
629924164287800047413850804520329530539184097689946319969559127867
694931959273366205430918120556692462152740786651432352659207070867
879558641686045277535750207487671433377060119129403158574310767777
795213590261308082898324883948320949988456830767241759299430340209
439932270827548357388507419917136940049879858619423446279608414447
356652037928295317016335118153029312723025435629105545863957777802
211658866611269335740729443614557490563720071282544811355783402901
604851760524329698135502747147052635429352648136623886958489819516
790476124747446800847725887139455273671088784750842568825983963683
066764766451330823429953840637149396551260259641269166395532942221
627797607874955291748568842182486374632474778324492983235440257156
760792867425952849433898967643436575482307575478403350369653768736
549802239878011920354404912882683594195397184364725540905314210556
663207320463884838276837926105500380573953794021513641366249674935
373241044043486238233624920495354428579053065452772650722034659290
443202201716324235831378351252109576415274124465776261675436094709
743356400769041436221806829935515109138556573734119489032184562204

4387715270048211012761208140782452649886361038326508480852529514952
2263554264606718445430426533826668610066557716951714429565559054232
6819339387175320386411552242884740879638726559965035453160178728423
9959062489756943146572532979956564427538102595666725587611303086354
4595086848420817023090377601073137106234293378074547508237856054945
7987690213905665585892860091990456026032063782729076155397038311016
8008449011214811927779674839102728820575597820535088346150021903487
3765764631105684014250421063783316509790934725949942661704520723268
9101718680689315989500806239975869483897052416122301717289403904669
9984942721339295681261610046509028456212675739414392795031958650230
5048110471685635783540426485721275402638812871946209203813254648111
6170313586767106436587660551655133113317022718232156877362195848212
6856465284606970661905439540140651063097333651381196333165949030393
2164270853542280497980267149118956364251748913441214263615547808924
1452836708221694025987112632114388529939169630480481789296298820115
2380749013052942492948016114353302390080670657213781679719856861306
2903012993994451249846901001989193605982791697305147594346496028837
3289696608150563450566093781292361334905857805509456421035309073608
1958446371216507319820156424220132684566877418323310247319218685159
6434120327170305730660785175385097069171707917252855117436278713010
6009522089202424050305756402153727369592667997478107072793723912351
5777093468284756010763012791311995391762818615943038207783982432612
7319663133362063793496768750895240236424692319045416738623583604827
8374392788665477594859028920402019395937706567321194909910433528551
1798714035020307605578201914838828809464964820842417669924567583128
2624780703905576531412632602429224362037195329185547180915964431851
6852057882350103091076128060445704425147997589608880281259978623876
7435496599049296732208449724434582435036897803651849099512142294019
5669174534168383090352847796430676086115997636787204955057956365169
6938345210212057124671890236358379083391190802068995968969901881220
3218552528693485736518886301604529410281797360806895495240360664889
9446834853573711706079943054719216487594313141269759525166102522900
9575375509509337185449000729076761263467652916646455803715330602058
5347416205556683808723310114567060821971360199116696011772653512413
4405109362036010017584053344689875653490024475801849902851129056034
6281543727967628831238165774375176624564045783704964856909042818462
7414341076607549841146574215334379628252377393517758770399425521312
8169017399018616421413543927797334708765973694817101033181863768922
7283763660230192059197929591791482244163940318041477900282857125172
7644841059315644675363309241579702126264813042808389337706723982288
6543417317364814245629661807931369532509112875469498015503179945161
6912284138446463087410279878209558773461766677933200636161412998363
1123878526984496762249494601622241984818828441759725089650432388381
8267762115386944907223140800386409667479556596033658655008345015744
6681003715498121545591770828552690587827462680189548409854806477676
3225930833646432666789519813230343847805542571189332448803371027669
0806642619768000401457681926141234214210908378826034880398715896747
6918681275950354190406896727813951321988421183256109487473527648661
4367133593683737190716713615344289207252730570778056160659161544231
5891078464655473695634397073722178185912301094436923139522030101134
6740734570595261330293674379321204061599708906812035078623541278059
4168265823537425938569664357627109735408652303333957492497719953463
6625694281212119266748886652563151697066072400219396266842825154474
5614963579333658452377240996873579532275919009797415517213348453331
5786814228739938519020936782740215599914204564464383816000999065058
3718814849381608655035722706417743866297516789666554999878895721794
0262309084544806465185693092556964531722410894516454267967618197280
8329584139351338445960416728545739914150804959446613534398450142769
1805422096598486710994408250815132392521360695106267337367922332216
4259952302229364090476645961545055948420488131144131720464692670490

7597490599351169204390276051574466773968708032478040634377778416725
0219888494354098282116000727729150507598693656847220169410461894444
5826185511600415494510628158872485140345190055563466615244737496077
6611357787483740038862938848861019502812807817927450349584057529288
4529838909157649132473101056333147813464026504626291567537790921377
2478289700319632596891251330215246561205435837622686092820307774166
8700459043526358174946367245517897849317506753904640416033638472400
5464980750039300245766107146606057194951091402482327352669122149600
1607089722072205462881003873076229689062152629711142892734633921433
7857583816799570965129751212882470762293756572134890623618601418999
5950002939343301174633003329729078340263825278379605300004735592755
4684871892997206561365337515374779219624955179692200855731479445744
2882259242287677732128859806537046540246199387296499359435632302133
1108482424950180067571893986118972621824307783178334458570361181600
9413976344651627256582886168782130134255890738184057342227527909444
0150796335069630683158584259597583441339316667997304805147104205166
2135621754090487773302273969806564959009456956985365843208356206155
9345292542418929161730522209793524657122706640054135392126209537411
6070259881312679566674617093237174052362963196089365298444250743022
2804976641640382829257137163603061762596724995717615369585248664499
3172010960853457234236254503854441441271638476726283333081895855933
6476006163524985906328874450325511377681813053346646699501547749322
4209856865935049010621141299141773099804599788653998555997208865277
2973882165087748001986686031630561230114449331935784076334183313855
9772732345270212652657729626488462044050323775092702644091599212655
2486267716599659132457154139254001538116996614014497922059852865466
3119881458741918733755185509581187101969241766429242389375494516311
5947724531101984145080087615562644078821720935112593426184468303522
1073794000418382893605854407065172644916885787285452650728104911722
2412941522346848448989734965331556939326855402116655944907515310399
7083246234459570196856432675680385445193586873351496819597696008200
1253799008400105463352336418912796054468763570371065141356837155122
4483618491925094994141446246321784596766719116487767444895994644311
5839584871818846627420278441899928803275124496669648679345894132988
6023303482928876260637136445807371340101726992400314099962898759322
8239973248787138226525474190348822177498195455707963780042780145877
9194411890770714358011030266245429362515054346165151986079342385622
3906645515459086899700987275783385647691033468638899428963619169533
3138310635144431946929978952150427343027450548912822404656751683733
8409173741484373181971188226411967029514001048449736868836048926288
8540745371246015784688794778131708392027701850083959940135078751066
4535614615484503534678749015340275140901834645675419760454833086922
1693902489806750922992294071550692377787826669912301589909380813377
2850555299059934716784235078673905803655389520181114771552751613833
7266566870550325145683158295906535700608065726990227214337914923755
2422195825551552739047664151524230841309327935561940500532444145399
5061094916327038715303701528100887540809332947909865917839654089744
1191987143734113651271643824052441584288769757149771141471427950822
9588

7029927924683321337051526756439423113502628776890344646636321844455
9217157587924113199632987541312018325222678696789964132934113176366
6538896832051191636223996373640065062421869198223064419813515321977
3198591015636256986218174854708888378220216171014912432492165323866
5576908527472547859682981249480686066444449351918303748366550817554
2257335268514038987865030070402899334381972301961473408648283476122
6073019822268614411798984367558389159008469991314054138319391816566
4308843497882991517174297486490963838967343065171217360275453757833
4311352172150182695929149322787473742572457213602566263841389526266
2793021300099661963003232522013138218844822215385253127676763048555
1870068314684039926818548765384056384831921002472231916610091343955

0767855513837048214284915101698975339078975632339921778903880476336813748465168922635716230718406415663249241086692396760121601081445609232133742914578448806124786377388264102086180249513057338836941585087823197098151586711709517388028679580151067880449339024806890990529195328446696828825455292078708090501661485367533081336907004801338828585461654064133202506938355963174243658840647261575760099347841140840629982366482357485543533590505361262742820018784805295304476986322636627829632741637011531118234081786739876610728127325778513921138076815418944404176329463049006186478075989126428325729987352871612774183368051756379419524402321288854911774150653111681836226989531900495922925083762608050033174333856378486749582231058631889407398076144969201791751393353298858853433644997913001657128680999951557636883579690344998472342604194318599122046582749564413763677702161143127001434771612016464832132927118257132879105841357861931189374595323631023912708890139129091665271923774586864170364801203295328751612012917060959270907773561674019391174412447124601417849679728249366145899072550082434997089096809636416891569620898451925626719343047171456304432399815568869354337262302614980035283716651359121693178382309796485222062854188473486939359438432529987537651192492335099196668931068393430992917742911260879728304331663875840237022011217239456114473365412763340270584541778577485248631649999170485476948432053120929273998661075263131976433765380295221416374236023722185067791138872580576777554374253574423899796335819714032277935613974470711946114165176151512388236279056488635894726860573344797283092570943913779516563058538904168168987692580836506882500936119261078911242709881222693468531985170663717420468096376655728936417132493864433405288735279025508689950937615120464984509308482094646064177940775927273518750614934528181767517108450236520442367768151326743193251095192005876749184930277695596540981225396357711694671126060236069439457213648076464990166378437484109735730098749733872155726959760331137128831583803062490323833048619521149826235866733363594360815330962043523180699058672531667967198977573967198505633203916276929612784504325093027849365575704663665005042353807000210433790543654526769156321162307081538667932875280399181022287966754927414138146006565485087779489944785505088949148052882658768844456627293908196144006839830805240372569506411438993318116637701630751930445002156616091239778765007387433986121377676316379949916035800294253941509361182877925648901997063611511834377322878051378170068546189397707800275450470574657440961151865016887216781580801618548641080898632223340991247492258081118532699879573620303636012024863397052946712401923986888626998354310920045622791699844169883212018095594550534885326175425495363851506311896253092176652916582431590045834969397068765865424328194564764785373552515306898910979666887810025698390687113192142541988664192866687545377244317614463541566576287140553536428785180176621964712668996243194827310093974171042590552437496873330365968721460188999669280258230500025049474319578873617743981181941294800460295054273686692310079383355277975003835915620816472862995161814151182430486495587047642038715770645275872367708081805904084235237757757540088468775611166581392511935673190940209614289011096489957150397207159050424785782964191398186464569806900388364679836798101237694632288836091585443010494261487603503799034417768599956759933050225323476525468899552580628931781172182316379508778459343728786415144638730344373009824804924955400332234343780588846442656516711172540890242516568074345760295714812822409478460558543210753456382184804837562589157517060137146819642168971776054953019924695302390199614826260170628481879635799123969700159444146867753185645831272547174394450082162982830493756959752133974391203106521261696229281178721499149753725472129306870385087565061502752264203373041216162349639788099435270804166933227218359322427911165736309254664967124992961439907500009763571020

0913521721026748783818004596833106999955907782554648912836743394518
5824781528057461034151134356381056637703548798094032652665484582 48
6845829067556435863245918075346077580169583997580648813770434341 30
1059688439299179317417474286712514331325517759566739120611354673 64
8311519793542086154722283275856040177338917321114186236520276449 17
6308259943093916713016035555066396640063769917744823839840452727 76
4172011229122906118559512750665064983546029610296574754375906955 55
0751018593507588378946923408088442421040443517845101844946977660 22
4325727576337213826673283184851041913722572799003023019519881457 02
1217165722765189190273755803239808560285417910869633038050283058 25
4155207922154675509988166071263796669062669622288041052194375553 59
9347863223933308807429440316363392974318457429479645304848126672 42
9605547789372416592547542572729481830358524079897060138339019218 81
6473115578505264328106710783042538278625507357514417809437945152 08
7696441803929450533710695800288060095926155424042953849392236692 82
5186545787154155054376817216194941624398023669701764585168224184 82
3494985612261220525940694686843355828800042360426716492051983003 04
0063908216049484182231793780018789714732654139165969414662854460 72
0116633852755083190003281934916500791575742541572642210731921314 24
0334532607660005408832422430395364285170101907195968996222168572 42
0582700804488458661600852468547117664403374541716972573166435712 99
3493887181992917594663181328648661847971944939975673768896889421 87
4125051812865226543689028478952394531890759781837842937386927112 33
2452240270485501136807130149912753906376567761950408247294577951 61
4725178334058293631438937472774496789651364811407002313274619898 29
2467466885589843355545576042775737627609120580484802719998495539 52
6723426269717512224621696901278008109844442553591517508360950391 54
2809560322940245012534448001359071329437426440765715671941413957 91
9227136541009016170299103199865705258409257998434141590790940476 12
7073830478178955109473090662575049936351422786265074676659604091 87
2737225477947297521215673568572609788566464575410138193018478212 33
6515699772263615169997116230814735386874455953454013866559999562 53
6246834629631683409797550456405010277261083787851820349370533279 21
3894340837041728605351627431809719641851581334638617864058085289 93
2616267479202822900779806148737877411733583027613120796025607848 81
8904686228962784390204998370368536881027711277649164807893994443 90
4092507590483328908728324142449335236463081679818407101984769366 30
5538954028736744903373984749075859503560607200358784504301688110 21
4426498847297177449594105845200382301253166078708859906630371280 41
2152890785515342213121547113947843863137802569372757622158576792 89
1521263000669716993847263443082846306827831953212479757976403014 36
8143734615264691989502103421817625936597845326676025066744884671 24
6096686617300970662524501769227885205690673590084316041245928474 80
5668946978182767794755884701037881345716318817494428998929871672 78
6857254665536773728311244461767304087523506505439172831961983050 56
3809001407118907712213292090837662204930496794578667884181003586 37
3834270913535280939425518198079349785464480249642736866843355216 70
8089658368204954333674108689934436229704144434396109886127019621 23
6168294238935804471970209738919920823023231464235056710649911360 35
7731956388471918197698807100580670387057250153019061535855590146 41
2669669192362905950385486873376121913721744271446155552674522825 74
0005803470748350308148551071539938916838373110927502058170195123 13
1177677851844877768726804213939286034213238995818513277666936559 81
8064557155854038012159297126776864384285371888091790995730806801 02
2541165164298547985978012005303253225752499741035431088380198432 20
0235756740827330608396642555936595175830516153497134438263679902 87
7179428908266042597494911477071422970252511258606039005296024025 45
8262483257557575612161312795812812156853840855916278057092937246 61
2436720588868157679076930350517895756393400311125929797253577754 42
0056996640220213834735660376916954413189061916061446825181316017 66

0986167723206634974560465097288265951275397273336869417550848721788
938864061839846003716868968509185229834465775516415629814905434676
268421144524839941312303852580518486801957088922618832522355364368
736458347914690356787225982557597559602168145222994919737926897880
657277499602061831236191259842299974459179319190700446995540584360
693267316708926126170133984267188893421249875569902430595059536766
540275330755030949068933593376555732175383356648904107287803731742
673096181407451562072125983147245748301211066094797879629490438133
242706116552697331798122204673427121226641381929147327894366091827
878882764146146976422205029114448418441381849237635277149146906974
336080814504292765761587542170524939409283863732947357784234240779
548820953126235340275503505710289039431336814819951535661092447742
704699911672378989551639046374983966032427419931139442903905760590
741555533250655482151792922547642545087189622131135166993304543120
000747182980065063873898926256489054397396866794321270549392327444
279957173363591063334844185146953429812808968687408323754080262605
943298620562918175441222290018402100592584355705001162633413891116
472241032935430679924686315539002795139232997222766212995130994097
950530207390559581191512433304040788524971092537241747430138830317
970184410857045135768151291536244294925037526161101183732100465189
614678269724442617804346498440708181946488570155664729124940018323
157474892122721505485676173310551732867555555137275257228070158444
430690911684207944852719275167523884694520140584365412441900688299
574590054357430805615594652422881931272032923409249033976547146518
111314592519057258049351511243668916540226006275545801761174352814
314894999161467189352381443368464042767295387167526081339509875962
077857277892498559828348232891772081177773383466334241884922791980
529683092637567318470970487223370762475836981471774211480432136309
414872547814926308746678478952455561005349890788889845921184102235
978273731652128019748541341986977054395388749739014574122119048053
900855254751776918270607097967712659724884419682338105825994352982
382672363173424267155782964601050683100461379274890656030763632598
102793661123570622546093038459223095699447464899594352803595728122
073590021484674876096284970187989807161708718601131703969843543710
968435176649247955442027422470637716000357522942761374328810277374
243763384654818232425458586522993701908884747767400268001009673197
266849558645446767079878771751353980883983207327701780462499327861
888076713309254338928428954733998046782679145981967469019830683989
226343929035718573309596628538845031122658632570149517844368139185
358392042964337583894923848122175655021035540671058277268875751378
435979790444914526917905927035088146718778168140149009915546216901
425697803503595872473914976161903348045649916980438948284871605733
097080720504665480348755712333122224862473301639986713795127886798
643810255425604253579275162413162454955297310236459199301134961429
522185316982957104068514803822139888376963907581425519571199359171
118755087759625477377513592338703229940139176365803706784400859562
468763995140147145722468543401280785856430439394706997121975940645
921442901071293191405742653347134164128664510758564588123951140117
795508073216367810160373433760157315563492556593937367165619355004
588107322335593024482569699655583883053413186676168998085666828277
132356870681226254846298210313176077180123905872553472420474152001
617666021805882461949664874606456387899631507124429153884042324507
560321404776242580365260920519148291010271577459241426287104455972
926999565011286066885462748757187665066969779602823041381108469308
787168483579092546278034944264254586120459971996080031663034795899
289456325531254253443173998536945980583602867451850810533130476475
285376287457097777675413077142430023253474040930306942182911681643
903916557470032165881100062420718524757974698052765170972745153025
094618659937285040116814957781425963612401478096837868885112514712
762231791533148704487120579377655030401664297015076738855047738322

888178731212460074527612354176665768817010114942899257349101235646
676396258065112713396498422824502730566937089237358164609535611643
437505650299631516797453409382353289997025627180216562436255117986
972162498323095658719682960254668065000046716222402396653824185505
730658144606359055955496419820113969652844393015739310520628308914
921806342871553537005900350470864609635410978841060965660343653544
490617007078995831805614533906504770527431566417609721517919489283
364812866046083530718819480534421773042360408411915761644613091367
593152863992339638705407205479884795798861699621806442015353531790
044765255822727670645936350572878042757348558987682966892335724288
086806246324897918958416944579002959286322888293828009160324606353
202382231247377367874061794090104138153305761028300884886494159225
575438094606302586267698917318461563936799577053825149341530483493
122434806333316884026997670244732749061897363345433278280820774402
667097781782078312085726344560947085548521426584891018495735031866
421748229856734063285256420887466425340533950450231027544934290191
600084415039849520215325600163927669366477809584126560429064525680
617095585204187128148134743445153937464754963442205389261099549442
891463675389578760558424841902583118172885021588583788068989305945
215392813746540887775361004235101493108460765432909460867969100188
403841622500908888374112448306461237752331765454201486843335315258
075266734685821776462554798771580037807371524124840869256907049289
006667811402797916365374333951451614111072264561762822599124788490
992848729888705298083065245993551737408241133677579727233568268033
781163575499834766699082383781455439162155128563855768188044803432
132102939421624081354802623088222419123119256612052550161349899775
372113033318398096362166247186330045413600338330530579386079021129
320328871749951452720450623958005426893173481835408084873470938873
886190102136217565025959113514421270210116480930930374941672915936
245687860034660224003395352251424491516060429976479424234983779611
349866591027178292993124652842563039824406078979869734206039517007
531875786306161264714500100320811594169604357882471847656444135133
850918620897857462180539472705749147588858463426651824146838798580
804824882080550201928877634902053551585624001893464332426863663411
740303122342371725194337451401469092871472905890150615238956228461
520314617026175667585862095154776828356254506431626437458076071417
857800275876080483325967588788531809595965814816008065212981791958
439859252951844584692724664770760915168517463856471876221491932156
230101271310528445074810700265024464178587243567799221303996521838
279141848265281625104614721163047907822420234842176235064391415298
230055436257014763699588784501440513057481801186730872375965246520
464350934313039666558562939251568103816946666203136394399173448967
139829815627411988262723510952512218217047506862533992675377978466
809995420421499113435407010220569268199940425166589339284985656673
473325794934373118520489614803989074911035031394683340777866936873
547549110776112694702987821125647656814915666919095529367320559577
279295129820907151577300917884779633743002145803603144778906200771
554904764805424270513167766893532669437359097224008315940237583883
147635421404408604212995770165367296599020483630577798545770670281
905871864830613825275278600758790702435874381211840974392908362239
891253893167318426595596595484958814557352731191074691798283457437
678588414439809369945323260657259969758824219293587914543693491043
904226378176755732249873147569570134160414988729796068385741483909
738944823408130109565830165946280719178447982633284555363597451218
726033253578179240687001068616506202782368106342928741450813730609
548908924744506622773308385268109020908132431315118495335969689890
391031708643714328426824906481266624069267042133671604705742655313
824243422085609793500650141268388679333024186546223074720253207178
938050317199178734911226776218997084782360811160079801956068213562
664092459514059419198886596052780459618987988978124604450752043911

951087425762535033742853443599668025487721129385619101220742965112
088842954685544392519090409345969976232251366844939593914310582200
549776165119323633557844773870072751670887701833608973105333061674
009407487608485728705025403965220624984387807914212329203806188310
481723210930017201914851255372112309151571901612713740653683546403
459090175169190773763122126257226586645496449591237496183719395515
196650457314903486981404538174573697589822751137745630786723562169
766825239245298159046756218528584558914530148222658405359526390985
393717661971015878387327823837558472442882536372621081866574074402
013077213982940343245984550348898469160893504606046029720752430522
250508848409813445599990758681315475222046561457662331404526326965
352792923797929373929190374869671964630718060724784747396550517097
475096606260234290376468444505822472220213238638855714513234749820
349966040662117777729786064434146736621110648053316143070546516482
946603376435620929127032409021043510275954039706547299792721089618
396731508470303622049840208056686992252465953583737496013314179003
537005246456058694776746889730944136910107442020272238575142052254
708190896349914219443174041123748517288954308018457409103199946112
805564334422622895793405173650295313360283143297024936562201188073
837965968669385630403655424493757197421024937405701936945138482569
860019532151625689714018351165254960063601103120281995349670461609
746208291773657299785645713069651650016227778852738340725983559673
970824046315259176738042297431785283156494449545036956401109369855
817985115027211915917638004829658130789859470397312065378020322760
344162973296980120590668246901430294939952501589890477105080253835
157158428051781526426400657458402791703655628341155199917788499516
885789808814050968676482560815758716892137852614348240198670085959
491834379968727493803924399001240892926764545234221922075784137853
342487883353547493246859780197430738916781429610504444966285797198
684931704497491550675521279111615838057069681965725948152986672133
352580867678999596495159606109888930622886966132631217557575864832
627968571141533502647214079502359859585276482031363986556281374476
129381484774020225044508591218250956247790738896549452650203707851
005311569656220298499374750861361904397629959903131190080431975245
809400009145582174545266258052740399813169325700182768421722318051
406820050230929661772701854460037043301432345251646866456105217206
929060367202733353961577082848882372881358894045344902269945387687
846572485781928755820170263348795417825355455575490682500699797395
059504613420534309269819057255312303387133029128503192281356963960
128385345521159435691409774601581987774123819889586672711142729583
108270898639204621803453794556243397185624971271409579259619230781
884045355529797774221068893673388554858810722367687848593822515403
544099482252905928348478013601350091515811453292144235396298755483
068015588531659665633944781862223936580697312612851200242204741143
375961776991063339146375805203581547030622952772170351482123853049
326570584461131965622545238528606444933091816747127236972720295002
626694938676067390723574413268607147813063279625222521358345146175 3
197073528090113543146777394534710240060895178155583075721182150799
500558837744547319261292538304998174304023070223890981607615311099
288865287256021794988663396420618209213160431768011778154296636735
078724191834058059780194136413801628579298183208684244469747609594
675465935139271920270860666700964469126425789697600503752819096615
375661855458062643522949216579083498437925743197158770646868200181
823204868998256456334050138496655764029708344806187866968931216351
339668783136235117749794199305482289866190400647154359595792275442
777794396672633729746627797753573196084347249181119021011929439259 0
380260264841748444782005168568430346614412500612254411855360366968
299480657213953513340788692453270591291498280174112107188413426878
788829800210711931841547690632321330356647042801998341625726105167
041311684938677002775094988441085136931695644486075931708354676736

901777389429731545511459227701110360843055771824121223403292822987
443986446401919560923000143949934530604425799693849177239781614945
113120420486863791675253063490066523958044028984353925557848458072
200332029250346597448132614017337334841522087264985836723648805643
312830469305304873539059684897769410662489968164655101825562769089
233065437474773251574823464207618269372020011128849083740841566637
879049177157916261744725335692110279631363639619333830316909605856
347865158364104095218542189253938453651900094568218823512196785349
129074727334576190879527700714534296428857778919797005177373318942
564746778705951416709501512543632545858505909277772235744136906107
059254179657940736448940133684621259740377694362926710786480691656
941449476496275547975269975061123929065905556029980618277579232119
869045159059424907676014494433021447538110788616839417362682473795
362048578667366194340183753995078873570769569736334890609662341520
330327366441684091559726750606818691954289729554967800742088808731
999842293318016422639183011407959704912671956726619387623534230677
837450373992155604973161965453791841362376013666098734374056156461
634598523847828523319730791370198250905853269294286401288966155623
665336680867967626902193385870094706204085027017894505168178682770
319342784307016451931313911485790961696844160662092837320833387867
641488391352989258481845308669975884128896586702428755687731235900
349616499576082923775226893655570763541340826557724889024357548539
752579091134201798302611534745174893942282388277104497423443592282
036621472973991367403671012159709430824875344769801066976990314194
078502080100063845162203542748953285695525801669871401279094554658
446853172976638859223272280239229572551621704395377986809188708511
955501483450065354205895881728190715946327770613634760904731651841
773200177627496686192983004847842222516625268124106031714365194567
283488928109589044695107654103618988534832669434021847931347638061
335551520236021763656182711315453253152483185016002550353002350998
118745684013978413245041292489951063561883988605939985186066266983
743068215608935364080372210569221706210654029033468957152390066799
698439819719944948847363799265627137914408554512627737680336924879
096474511063094304810474408259752902764930190996182867206680083812
477082804253485451549448267335177099158651397207444535596290620297
896514822799643822846241004949253809663171584947464968773242941714
860117757925464809222939256348473448497344768767897255186768445780
419301043588384787449847191575466125277421065198340368876821770985
647989749664179637585327608894833993789803869359050038859150041822
476926213916322211511707329740757299950592161419534179545395648258
069575581914101054740858366976388974854435670380887776225342372523
668586252868607011120737664441770347592390220540292118336359207682
874681916357344362122584685518491173782814989331732943286878667341
277094195061406784309559634661183009377235593155008408188204299011
125362549515865879877793320160602302539963958208885785246406838930
603148815511881851063392801380688294775533868576870062873818717550
962023016789082957729937039481235532251177306514137747970534389379
645194776233680444566103772824237746406531747191228550875257012485
553034958425477551119231041741260896041764530473844861849598768824
455494974223707962742522613785956150815270717355225140609247146628
770765759232800006362366178185182014661299689732045067019387912233
902801967928485764215175360503242804953741260170275740303053422716
418639495786000064599523927669172889510347832507317813674423737276
438574252177536186049961577845164056212512007571126869254391270548
041741306290852654801964879811114373415755475499917082236619650715
279722050896985205136490535547278448297207107814574514568460861115
729565963175793886474842463316376564944811616192160462873702904040
975367288613066251380909350984914309152013685940349903629793136440
331259011869648801208786661412089289781050701755926315932894759333
535558539615357374864732778846929005148375626964569271383010871929

842282561144132628796930855435148219592948067080592226824590669598
704980565202263218860004581338482133838010714011937050319998655891
249460661314089799465045029166977232883060195184978556532435522347
947617679257654458205266051679944760722705502604025380693054988610
650921746556588887301788838412895999596591593227930457380841437898
235779781221663915400107412133609571689636670057484589520547926161
961736661796689247300318163307768429123981774002938069046482005059
305672109704707235857627655971528668574058099115356058690572447224
208349859427076514578043398793416795768137963620833903950832934495
580595363760485462231136251679236438135424774841948043589332145988
194213605792941674122615999836108550167244026493529026929476241342
582563872303197435078616064617695101218541063220308171661124148867
644033887297576584439522022196100737434541485089168713374426783595
270561315212526207386933218305935658930621030492920953553814549511
601214641984397939037189643986934878415890922090939070427578219059
357094307672370243890053453120967003508961922242988160876864329829
397148824960412446513280821124892241883314447492688036342391829666
716628224156781839675243796659674581169914928136901450227978013597
693138653945547206845777717459138536178479266953710369508963772279
061281236547915708886907667689081937493406103684106738600541100262
787008747059471065864514391969805597069505565050151233936665890571
733133644764213070656757319919039388118938253075210882859516147506
809468839245740011135470274786982168621274321497665188300319603334
562235534421417368117005957663493676223290691848803237345192434912
465665329718238417396919865871333134120710517073683417241234472371
867249415108427049615549503795501528738224860538460676720392875868
626261698438228056015875786683092512230401599897538489228360095980
752159490258074717157735374806690050015349853590369767229710437159
210984693912049054262463396085508249182328658439340262938268563715
259623894744717833699966180201154788249913323652215956653404857011
232582770818862150130715779346002743951689275243551823962408391501
234739246686510022276735154153398174438062936818843187021953946745
788068387330450266993482047409308509529400887069518186325483548249
662607066502499564681941064704071227311004215441855491231634073401
961809074987236703389974993439243991658806512836679056416957365216
050282244885217573611331742947356357748308478330984929574305730604
504128402971148973655233370252933328593415448831374005810726242464
775155356118977342742942596840194068133338141610749091640443078052
777297700938276873668269280836283467725910032841281289357876118865
330379943915710991731308768414829814731674389241507081233304663866
652688517152287734958086507090211027130801148807052510861641816152
556748171047862194001056128001346471000489600816181363398613143759
5378357344634700973802239706673331788847121742166237978339505084945
840564804300591120184173005022419629811376432555086259936672979212
123968336262543307920197457555379857786033399361139731479735858804
674826631905550317147510740826575455384526005243911716394798545438
546404774452744423208201158058940110410945383309204755983130127803
405876733811345178470423962088493582933994762948927492630761519594
758086352305003906352697550897371963214320279758088695852977316219
835944256689466634986556641828527840530710394603837055319530705781
433206165483720876373054215104981963982316223946155540162448192274
889889915481816161014129111422332742480710512027849723849044026429
680769803440316010136598808564229607540695695571335080053565951888
414562653198365459981493547035333965788049476127320900485531135908
697471453536890157189698415775481177794107604190191456527288840405
188279508490082645360132429152288889379751999559985968288936089112
710910309973067570621865972967346398430619284295504292105466916091
541828035178323684155218186556796340711124306438551541562489751763
977188126209840873609829923836373030275059418770626263573784813688
683682933396988927744468696966294996896602769160036986059689047184

171600019718412362651997930127874191392722798698022724595229401524
322084048175398124008257637136067030334477654114042743699620541251
450482700210515174118908825492609774721462055366779007552008799892
323465359252612737727695456712154449995014845268543259740875744450
235595031758880946786706242795049681223173819531934699556151004209
215360832603215306918572722599298600395392547343180646477064441544
096308598332098942811738979506827495524870662827328053647924741072
354611945944265379787498697959643221449501435206166327360833877895
746269008896094162137344263820026765753391034189247610563598881700
835396449558521922407698130525217319501323741964534289761658135407
331302630302854780224851925520783232374548326796328907125627475246
122929296414094248502905947415575992751242508506996634735376429407
383918207419091625416097284459162561447272170590829385767671304543
843359908261608628467196328751602860804035347208536219374949413665
519915085368923735127485074294814451965416938229179315309180378204
728722389455877264858456583583688835417610564721255643864015185687
695779882751742224347111155262343697211707633450466532724766334237
821195879117615783397228747084512798865992451832791641445982802144
372701894626680357923333751748064104993185218845506821183608568975
632511813875046094241955744326397198431078927752472356672288395527
355236066225987885985396328772844546836949236760648441227353682921
913245547040744216668206746126567079643012005535159904741708546163
733620270386595227380642312621874062689090399816710861502195826500
644977817357318505215771516084763131429710068248249139162492892556
126384767386218233345228302857013815543747650578465690588394825313
419981396295736250191985710580846679236491105929088055068338217718
370944062699938269197068244705320057945408351861003661161560945082
423986504199873162383835746664545218873590261219345316048583392126
663772506208519054623623733732811425816643842498897985966795417592
003691300453703719627536068718301376481212741056148244879598635108
500548734902984477529757534939665530715055154410390938653741666521
591833549973825668932645268620823596214023963409712242682687002533
955826932243805998324269084530478141991498931107101571694749555763
521945874576862963018389905824201278786755796934723185030744610603
483914598794977948711391354629025486282224974389447438682661643606
831812488598723268791076616230538008602921583381443284532240746235
541879988817472381285359683828950062022524646357316108266360364314
856355316050499154144130887215414433174525373210651396119733069487
813913096873318613666961939402572004993080999953482194276558781132
352187781245718342397646806973069793406081383018907785379227621548
466408823126429816421239417456971356661539825555435294981722390145
222359192574194314642182664776888667725021712329415228978446162910
566285420071453883416781489134566744506929129063191356184691533158
558135076487541321859455745770156486652616746620858010700235568168
758105959676998901985472706417531288487494139070866420808062769445
013196701970335518100417192425136442744852197815370357770961797803
655471501006418180502754073583631210075848690420360453063743034388
761523828983557372852602790109658113583990082025106415006848860377
851451703993626938322618882301899591271000879075416628748322394452
285023918486791381569205686354321704163358637035324353038603138245
178894425200804853014804232640065209962960096641776937613082080687
020130883472099991664558057470297265064248590310071846989531069017
432283784757153675098497043483482059931223224751985485354554519808
422814507464169325174171166032932667762278190834897227510030808975
252050302466493512646127848908741183038587799856966390634505200221
239345266865799204423861484757242890105114328883814583700148678228
333016407276114036941362115737169985605841735445608033688890692524
353381053971593150452592094012886826761957851131323839763615662128
576482640972356689220650459488317985864101056438186988942899276314
816131141197839485143896402016161447028222175648273420064615301617

015673045186184377052127062573422587150628959854886176205229616886
565215837784247149479866487707067324817990842497441413030772781221
727570393898531076626569482761976332874465960455935018021232313616
829469105165367996131496561881423079790028197020753072041377449667
453062511078456579246380038273856860224589540614393614994048484286
969806483262108464380743336558398688089988471514295701014512054966
842896674866101866876512973139628321441026834165860359911438931807
625644344609274750282537324722439635823144186618983533732369168086
950292204814362372048123472392174822684291066611784943531672592385
041053779311049081572958008218904109965374052294046201984820594719
565468430076822037328399061467920788031306210807428878267456522279
510397530185492450108066714356522034098520971712751588390486131129
466673396409924349264716231223460568160044054572146286566256168928
699746838216339043317628637080958285081909697417621207405508511001
815330208171813671768543487272089172606743181038687549909642874280
410652857444783139948749789244343537320188375097795346044005281197
852692754424896325741629879428825506076395165108387117664673766387
526975088379398903288357402112295635432087437414162494910515768227
117417711932232945391974092136590860000476202432818881161163644928
715559908299814543584037170956530527567900610385822005025774224292
569773732296609385467336929449681543260568582340850739091504592315
081322676781063632505958627455148922828565406945222105635580286224
167640557695260322183356239637398808014246118755054609555094122720
020016673290789780007096384828312446295596545022120743326436571869
713451446896888922951080200162568079951218413160983309702178276860
244871443361314459232060147349748148691320774245973643394920073088
574820672241184792682405330459869275458970721315458415404772322220
839208036324127217631162891881643394036869317135582680006351732097
450524378305263342982051585729293729065144082252093140038334428600
943717769650829294111897120873707840935527547594667607700739582996
325838861067374507926180433067251405352116133767896036538579850322
184508372345725893974482449203287338602799204201279950628458617692
934934748645046491968635338391449569329353499139922453664188100631
030710950568773445423096458954361418630876241494447419866698347713
405300957797872079291462389626390884639299690639310163833638321319
539379304280498487596279495977933648358480037841610186331741498133
643427387980302577970218308886503641810622157102928202158718144562
643551912892390746444949104273596927665231146956658445818114476377
752350128593126592576075055650198433567754320917506901135878671619
549365520291390943771733201558080722733319100177931651968154228088
370576507598837597021754117738087137985338962896830262981628055301
107557758978534823854812982810501496288588718232218048882601827461
644879029172841840002936746970665260086282843883088133563358024351
057763528593351544438010102449942174781896553188470873781552236440
714542829548321311895375408182160748659797776227910230823364843617
233660291719339926167882868980057891191156961286113730404222996244
445645228811797471536635791461504943812179699911719553929154679851
888569082819110314718381129967865651453059679813190800422182709005
693044807483008345642515023609363752556383193517427034362926840234
776413899039043362351851350263930095966444898776041743786038172342
060790714371194447539522843551677888570909340590984262800755500248
725830650557511259353896315171826065846001289326829742161791308116
878212721039217579698337007055600479265997432364952544755986234844
740409617147566288275325091737591546032508096011443270411987315969
680079689360407597750180374094171469981885046628982630503406281730
282319799125530918362807799251133065557772589580549721937547685450
346607218411557053096747424723286992072949541768648905189668750773
621842979151115758515906698154334699735695187655323006157281995740
798433268786548387703704838867969634471044881036662552958628343438
480462678122147642516601976422702036294508798790923068997762622023

363411771182015399050173071493996115548403715228268577998385109384
004528263675761260563984391352940873945574277648499241414685824291
385791775623295402016824786676002102151382666411013004217800623443
217919523686177696138805006592509070252900155749948752601372319426
962837691739012328002602992780683106302734901011003140670779004579
276982793136849451630895091829048302965001908928336498837214396180
793208742328768068649099204449507359860528957211699519040408338984
083563306643854128890071475438665670708501846953790032571643627157
135734722510592958651109840684568971565825455725633355594576577747
618020156837852364031497853809831566253185809425785105813904615465
248072719832909577295805530088357643935465714579135927674664325448
384545582730913986167177799594349945503174771436597966834564542345
782349530220337939230896227344286671746679865568253732514537743009
223721202753169385665977610782359801886307507560408367712741871458
966983457027538487036030425842802127788310713511327727774992046483
037340486427902258367600773900836561591221966284269036366602985432
353631799451470339639496138687167177630565460918856551844344516890
334624584682912414317535865749891247595560896040292155393977446428
877279516223061246477930882654235748010717809152774016548710468265
535703098981310831043094866753941511631676658281403700866865547643
833977042757125044749221422969080622787608544404858813995712747561
301902637515073878311885144100537103141831634743367511749232053176
825839150342354505860226305868702779243229691617545953440457447399
711712119207789915812180624709441550694727351401234550204629067783
378176214191890146908807079818100673485939679726693487696523832201
910820873136965799813776062143345608391307991994916188426151766201
151633013365240268650603921725403434552867518082580104629058208364
681107351833729751961456122525371356771188784251994023543962242477
517373345353389150726288232132196100844063151547998599521588884711
599783751001062597243954442905647837242827112768861308729717667450
387784470605049817926326301121793285779630213417290584506938423127
857447098281990368933323225245658784864990971750320221672852149998
827754658306559015958435161855520548978267361357962795749330522011
191610842080236996138900439932835066345181640768389987922413230641
588672500479862191487276091383655534567175784547455676041291332244
609551483125353611287145210743043635547898213697720092793013726170
489082803939099983557408289800561303263280487840702588019085387730
318818712730746136642050910874961241901769134499707745752836339783
231561103564821247090359536816103938413756883377157827938294135462
391627057605602271779835321108182513441990267728610496870350607337
208935530864008142659916508722359726946248604836665891130395850751
047449472699392645264605522665189249764530807213109352096231576084
883113826036479166824680084142235887774104611556932270788793268743
612837957576853818407467782098467762736724469111891654655430484797
104215239779289206763896635896383566418058944214745396226231753265
579725268146631176978012993711098245340522927093300399629513714438
319513505731788056663961042122577872528013252838483308299728818250
749885183147176842056425852484751295545343386763129354644077734050
007219968380140522695947091991189551884053700772316581952105304731
149144913758587914656238871946479845265284802689647131727151501040
126023071212228792246888113632874334667237820558111794202721647922
565370422448776329697012927691315004252022598108009997988559023568
904329023147853873872402094744838539417783679432332561309381772050
173430979624532495103390555419373115567810960057360469040879350621
298748824052849743939646946584677743623702801414300304401661790116
579760269790511369309091941300404399250566495624246838020340508948
029000263762200578640552156227401553880280034689559175431276218613
147605255689989509498932383472879082539984234639757912004701170765
647978008566264746119214932018152685676334858437821473311767753820
642489458096582004134726957162370383720779356597620052278022518225

296320032536927653198445965838103755079283425278582591745643500626
084344163112970195537547485185666661090821301768897917608118674529
452988157107661286021403190196538623956291513139154058784966307201
942185802070548054644775476955678720896015971790736172414061141977
276502529013859928135313797092560361206849838882151922518132179980
933359782131751070483806021942235771089945917470518247086038195757
880028161556161166585331628472637285890244233722087246293327028353
174928410044347263041799008694169287372227838080288266378013920532
928677292804236565912564514894549289320084006096841831783905934902
376205000224339124261918283291801084770695741558673641192801283496
458206833115754626233916641813906198852245734368306773983610104642
316464133135532352273752664453382030040955103219288976104028788257
165434018178388741015541294894921097507774609559771524786912881124
482928425719746882048856549095615768512861059352678026561439383358
592178867356600596530098536546206425434637910629888573898318354369
679219264775780379760991519977631569730191138816967770383136174316
445378545700731936052197001517354100766869601305437275881607049987
789365017422246617438193269192862429301061984254163460485330613122
444410053811904217052950210203949284993280229187520880003182408337
953638642237831826693545467637857036064039922133069977838159195259
555588878191552733115500131708794901667727284263034494974713565876
728143942654920526300619080005910944956218545217579084841829846693
841949558812074700106037683563441033205450016151657240720125298604
958894707972183425970164384759848658280980869054903677261462021539
863629416377179304762721831365968096850029180311410797043113811864
184914158697584986602245464927651310287275862938670400213000595178
163586440778748117806522568506530713507342458944602683462083458031
339214535422338754448630386070872785027777775086776299202224027107
432459134004028928720902658654473562108425271922286631314180112202
868765811959272712835132421508816450191208996690219737367720181554
670989399273542199116273165262450694992002848523663471619210135317
944601819327396072124887398157503934618170208223027956393354316765
552788502935163273459472657951040114997344823774206587573034636025
051615613927268982066048321085542322084072024003091375158254174604
210574559615339198458900273971574375380224264155677787593079348042
453601445500804634412405440897265939966330079979725921292231094194
707838420418307596625539432445609635895414225661367379692854237137
647495263375569771626021992267349139427236091784676196587205759703
367639965915756363993425058788943766830142891641757385033888100786
002186250388008817542820476784272595671960484060571210079656164926
916996939208557744994249775621141413332432379515093640966413408080
447528614157971242508505925805081064620512457221688482019793441153
229915524820485989751301007559884796958676495248802794232312419807
388735906666496491511396292448871057045643419978174371093169216647
620690940566563479122208766735316201439579444576216638684660165500
533947931580877471076476445478396109992723489002851457979744344660
440511176045586177008433876053148008853673570211565036104548799284
037532175914820188299399708652690645538159173954184083082629694214
229603619265688038545999145315531953051939183455018588454934955788
237465098560821298424007951804176372673129537115995329871379480968
186645546885144362583503666244085255859306244147002018821220464219
259172345933989619257901631775292386555197656249237162846568538934
472706908824411028132584191077575505481596675431195699439784151633
240688940704392660811215618619025303220713906467697732683681506611
237692800248968355757137231128842582768928782310956781189966969774
094893487241466149739727949412661076369402958236283034824223717633
199718432399903981284939398586827244646054071699259408451818357188
910943512641768469147790922528378375323956019474534909055101642338
078115996634482620714158723813542032404931757575337079350969461348
285274651377146834205626236321971729619991708666383043815049988726

067172676572483899667394934781864059973119900529660035329941393264
852632809300822108367705019712870766990024781300851305272966844060
610164378230719136307049422049383419600953509993987135158792521973
942806151356564313408161568884901747824857836606800403926759962908
630937903111506727671941876882462830751887950689739054897988939998
836266317622380542165500973438436075892142420468068102248730738778
094787723527390164557430678984175586097805980115965586660818087835
319300271259737913358957897334008763443118861486976837881121510877
126677572310183325111391985166650796809644853255663841758311669493
885921614166745675555382378604424455712633396677214622446741586901
295620545652768104736368260978986496300568279073769198631560129161
425693064781006989197020226538674162603049633997127366767957428955
566314014881184615445820075931678835668267089919455698580240906776
542744450798568453549054758781082742772021979660038202099786595196
994492933543169491649170554412944820929676092514799032258890049539
549957229930180621792621124071101622095785527048886053819284236085
295701406576742213483133260263421770543730953570108907807302213549
826362852887826558691568563466259473132585195659138468924462445834
402277049670665349938723547520909770648817090001106391255718740682
470471367225709217122286721119172532204691459692215612297524374555
068820561736954940666273325260413704462908654461510442560076329179
486145106922588794437481577891250885911134172233031567497381920863
972206513520158280086982468765373753233446669783773281011145261959
958866650108216881597594956660290352758332149372864358745996764765
258208605552447339121171297976729814037989097286506976492032209927
924040206629297956083333483709734371103831364074116484760050698520
156744722778358999608425578842724735306117051602021864568180148423
771285876616591199011868814095160940245806826199051129611212754574
119275346382293994753499107485956141079594010471612965889159165679
925544442250779692987057697058479143040118254545356111724273371399
999432672127719323193391300068902626785230042044775981367284743790
128671709651764782559460090760126770386665955450974046848589127133
239909729337983586535080972670948531616454530790871573529955075169
242502752012548206339883390344782848948625326384370394044505434363
120240495681948503862902856933719155477929628988453250576597682076
434462946898145244334205580449946585823750536595705362244038184299
359354415068135070920577444979990516676905380209621766365606835781
587320379231026760528625950776545290579527210420413852461568605765
628218747553890252057850800740693372942987737463057925699377504026
856615866168040761542216193889794638536338311259582441879709719549
522407479595395194229768582513900769548365478993386356880618290567
934076519758024674217910250332216964377600441282077990490323308123
176112379972572146928331218471752129580119166422739351443766983751
998453064578736640777380699652918703123194595004164514120225826972
469814614881846289049872728361923812720419779161557131344799687575
703393540193254612893602565440312289217822034095434438836935460408
954458024790180847629703419796230216029451611247691650186005981164
172743826673072895297840924401656957765725555729576130242533547909
506761981919701424151665935744603959673618532551061007924434665329
441818070121476460301248629639975333472474598343390086851604672402
252161362633437520040663234254993084214185882609820943615743240845
647108254431018830907726258570251121046551644620072039153746473932
152920633797970985170747730380605362838981511969546064420171139295
668853118832806264334317017170205170264852813184125163439247307171
335549506051586713611010580504697835880611507229261275769395214080
302982839704314172657091329508291125343176943080754686551329222427
649904174047481341076368194957397746437968651830444656683983184841
948244176059863821383782353137304522859498310101762249439405390186
494271323242724894320227208505266704016110654929802726886299503201
407835500681783266124429473379347087040369339474448836401463014307

6654888691999519065406311664767819404973010037519857054167252764702308591992273998423414933499839097864034390769224272933766892660493494416947156971554705990421742192588257534259299956598642676845141061238468788065445791771750402776282360633007943758407436694813190183015709126766620798933170017202053954906864094514977409774109437345210942859684717270234064506710071428745863558686782369963390799448807437608835336820312113732445157104041864292587944963777514577235117586608817493878267538776413037795190605040647630268064742690687941447448269351953938097017849673194645289143892223863280101218343141180980750479702438991935727257052706054704728147464744620822245407471416940652069695167600105591770136489713227842017003356643205551146221793313232221711932737347771577886583769699079117113172835374019357198631824447047615448184577025234412484550968128116664970906043227471833668098116783651570046801876817095688932418440736231060256627475747969763747209063548402949173472748730812019505270963758360746254547935295423417127268198133990264190257633736116569738550874413024110469983643222100126772868218094989076236868926338441751885626283212965994121375179698905209247519987894668451205783735845043148908445688161384015880396987292009854086296947132259863231317127321942891413549432335912293724230966015461649969855796276327555457798445440322304090493465934666330885736959602328575018026850212000712714207655565772640798302072919480651293602177611360939113593935308121773628431894417396213554536050024613878796067604080531693002509344182571342161361444011915228953065300777905397200339662894179465964177798355925342228777465640003439352647735178351593305571994715981212503801755954757774595152071390843361001153790490150789070567088184457411450883051229970020996961130971218937285330835942880990492700746796012809697182928394128198960521323361070521443176014995019958953589718336907828313863423685795679656341929304976981520997452887831214597368460756747663606003968791743542138503489532629582054474876924133036611832868911277831754602912791295567600741873322554290824475967304300804589663453378198753699486335053772244515901054165665887069898901375388802432758515141185845435365298749157271886535640826832722511014700909898627167722415287768986226770369839699597828165579408882537183764537402218188411874481338287947196445493757002072346962533601592218202808179726049128292420726712980024237600224648500879889885723158842214694614749102789155465212305942486102726047126981324149381499017673574896094118268050477173013164589468234540907505186166101541070179554175975982804229386271555107777996745912246616384747714601117896485867721918610441753073190603997309812718219106724424419481471152783430392065368122142465502269302065675881276475434385573474263281549277056266006654671184876520726733565473166966217706983364583582683020776633777864748958731255219478599052629324698436382468573872328427778983992573759790403828529778739768466380962417547759148309642991552814516580372824423195752092772658269323059752461245056435575591405340142976750824433474662439858343761487938996414440251411300246886937195215783044869344384073455908669094644813823535320421925347916889980143917862323760175521459465427445917974760636166524018620618884755864873805830893796002947147554901679495904281561842872515852939829836320669197995673894788001995879803482831259925329759910502073507362660254243105132862940349554176399109476329448542904448102689152595895214573201226639910332168000686350486200735703485896106179027766071816770681793663180453823791912595619843885760951802894321579652120565761109398991549688403137754939354085695344990800901270384017262618018204667379599468295436971942325792206474709758952510700203774171942638934649675715427250404693871883572775634448769445950849863887761683550588497002868572692805421291795858131914228380387137282755286830645433314868809215169723787601375527981104596698829177796241097070913703788393045064501245988678589578863709104821652980

115205833227808177991560826384334655419760315048884191986084840626
490039958781693294270619622974531271365326944415146362569734275241
608734402697978790021463626962620120377533883677549691572082415463
924241350575749432317953795546323852419930894060511341098518780558
840927355911671616701871181553505823660985691939227000646822883589
944865752267148004631656752194201966183070345216392823182511277834
283289541424721726008101478758030212294751534403712723321670865724
341810804779578414426518997788601140202712329482376233826892096411
116301103221754850809433535043407762834159300300053391341804464235
262400380739510951370111585095347324822374380350893528935216587780
976003257121283541953122550820412698760354189007713651108604718194
108088431110742536391713898813597531932334651579864775046845758698
939196311882411441543035704000826401267779538411066650964079049875
221717226415649043495962670656328990457837601136851326246834602134
845575646260777352188360216622168327326752466009077868093484338791
981564661208248486780506442969584602102930453724633487602599622427
009937073587107459968463323761050293787408079067362688314322240026
342541834946497494337876425107862940494355970889509680133762402481
909558113491329791361379976702061469804350149070673315063787624020
662390702718327904802851482956061154740695997256194929668302102119
305025062268263880896540629845561979338912841975881135820072574356
168576772366593657751853637407687010082486727325827055947358759499
152718354765991563039137857167298544040275171738826587384991774630
988127769334111333640702276667861050716885045092417768179812507691
095090914411583370303122408506723054581245437271259392013793712989
504976889641046583485074819454011857702359172469012966511482150074
342299282812227997873756699200712962845547283485924965768203078846
795064702194730980149497744309949779104146628500906670090421960298
663311030110011132782301805889845558966393460875372851907436002284
230389621517161956418065627000999956013489692855739326265725163640
020407998471412336038886746834087295761469762659715075739705145216
740388083854201531984940935620834941808448216518439071864548579354
119886526224032719177493852757822503822693597054005494545632486688
166937021367054984886527552679637592542953115273943389962168015529
068835137032902484582581507127636005483568596542941065170419630389
669909871302275853459041651175097486133027113604353170371718416809
873141819585031564870772149478854628003926277518456650430912603414
221842304210133140285691502890354177509096542281408332982473259563
282470188681318906977341224009824572047781021244257867941962179708
245494715165738807912130559425579829365910185929521458891989736410
574890894887746130638684259775642325268634634396779838391211928481
559046325726844298069038018489373878662677601466755693021431752909
926805769995789731762891660092351933832885941822434444837337458570
622675049768273613929212565903885590939178962936286792195698567220
771145167687115170363840099018030189287795668529739177054160961453
069937591596227833917112798101298430027748909358748945398117353381
576846139508418563804583298672849362869287801275472398663892413528
204505780353885364847097327544925680094275596516029103457751245135
941932152689509014544595241696113698064708110231533338827666229870
284100724886605287603754043021857842964223163531335034068040278444
147520082689003786354784156536368956731168839504335456317801016615
510364384488614982713956079572913905790086466129824415228134778644
226453349015863717448862610877742837337586277208196830696383180588
110789389572837677830118699970089433656062457189838150176746551248
089349447700083734530619482002243872523604954757117394662913618252
446057626009488669025658132931135067443779323202503802054350185299
498077810525998530448875507249312550651003885719082485478389932660
286033739356873644557467569660119191601438807752987664394513579476
071447098889327766053074116311530139110492328219311058809736704743
234405890882856400267975943534642742107841490615409296240833879108

156578990949881571269023662004328021528958961577522206062145798828
404918233836573512543126936803798726868475523692007777213811796492
400361590234577003494115340683355738248739131353919147581585276254
133758998420361887955138073173462244771235853672790530083551436917
470851610091475448224060922455757610398609663567882894550033360433
372084655672516489462327278693098950945586309830114378782588321229
906713291819397652202572455840081402413093213342095068969419077870
202615357580218210512329081352831950915725992555006719879687514630
234571315295363312886696129887510461508593563383915070262240450567
951168869460511094662767237607237505288455533235047477489980158288
045753005046091690215964523830382629210630322585173215675280891358
488354854871241265327424716575220157935604338198464883776605527026
552678470835601024356860883266117880977031360613779093609113087234
077209618102390157853292035471271969105674794704414643312131439560
967516626112894440503663881934028642048503807286098791982980487313
349900484552194065734654155537801466230578392118511432796651242618
604478370665694246510969746211106625572671764171963200006067946154
444738300958784936312325235285189985719809160006814191918616838901
518124804643471901284000707041173800540248415993671028492407559303
963487240301375351991157511804441626152220088089789683333245220004
404297312612251617655694246030207535958932402085289249243527073965
651388572918316494763448810446032143908764832655167298762199973683
709458549393433833258846205940157298446429786277862823329069044923
276593292449912404613383396901524758560101968276123720343055108979
231752867773878201326684509880718026820392202804849215743424256804
673069717712187345608571520356706217008389369827536191719737107940
739990603683952061279228549713860022565446739856276967564477699256
300949570927013119192982495577576375085942369144906834763454604394
437131867956302588382681792897579073867577438197352081312680685284
194436531551097133568125748283469790178901431827752618088331363997
360282959901000051972437701525586481910612361767641145832369347955
064737525034060992789723071950827784970011960313162475551008728852
173812918560876774785619606389351240925078580628668215537123624648
969325920348921913067134717109977033736289595978350953252359827128
964919871104481561301082918581273929221101792694864281968328624692
921084643895996928816550769582289873372386157832942848807562193230
957406308380891462836413811692922908323367569040678765357616396175
426664593802436019747199540348365085688712885529242935186799465568
445132086630207489953169878887983908989545654675923206058192261778
837661222533547338637096772959302399118055662280926495004498775277
334625217332638938949491465403821243218073615845361140460215552597
536672022391988105028468107377043772329312159753622750515723876452
943634838791352898878790582155011110423358451831022761133433580478
971414977152515778984829893616449182897931779032646722874941867545
326918364087982826661910595314252866309267070173240595070622738667
057928733882718495187976068532280614808818646593287994277974612452
954095267124969044104613107390919211239694068351844696993047168661
742405051922297675298529668486734836811625766352554575224403184392
246233255616522514104235923273201888336360890136050472633749620582
370618484689529986526746636302195871613693678672483535610994037381
399698900440515388959039103282794572815113975877627474453184293053
661363795169817274605208854646923204175911435001350395075348489615
692495090020755605575438417029014607818186992492393911943824110025
705182138823009803545858781164004553031127717926661474377483736623
746020207353840348230968767789362305616789380673178566313716353870
471587401728905272491252082716893043739822965883776322658705827681
347353299478638582774381654779360985613156779341800020147580424559
377378303603956313491357634013503034840739927578659534391275516020
753086523653852745037888597124866716500398774192653741450111604950
710018649301535827573069553026842287584834032104779305348522095490

7925735639770275737320455079910158184367980977313035164498978068477
0092412465890171794998639015234524231446407331462397045474526050430
1874212994382125706449150735469297093206380290377591188187390157
9103827946849262860649355770579275356999844748784544845580050634603
101943277182722031250809775029951919768802465896398114153371350684
3610011310996298251092340076886268173814285820414110607895701149506
894308627965260288795353976116845807304352996562712209219685525228
849169734490752782340903793436643175688240831929497835431473144939
9148449444634289657179655332850400946759399635949907338642665621
87481072632478724304062904946792025384859153980266086302820683710681
9258636756161674883003149343012810529959988806188629972368964165
2045680607795101009177465730814546919258132731296730255920587165658
804203391315397441591728719487570142622214719278911066027507612894
427322429136699466592706572510419363102385981754907986994389243889
008939346341213828136219471807981114503000204339015792043931255399
519222609088999712563092330271429125014403981870500420259608780870
813586866490177244473695219446703490650223840969305182593996803942
103858321601640076947789192421214895435937440099937964372856130362
894311674370894674473797167618208641593168356184240048454270762185
606643959788021421643166519009607281746064137684655528891861819603
488258520748455566190896931890551159916269087256988217638846374595
506473777391415806674076650097783414934842161844038388310937601539
388936310631548713459725290483703688341501686075158579902541153195
356070770381497122744696096894095305260098081749270092193326742138
874489748595826098162781123934793382770561974066637897136621101115
062064178327309094386421044341001568487946244696759993524704930849
927057311124823975923359898645282770415482776290851650379608150578
350982302758742157795977900459206088800435487434735298281470367665
784539260478341670459417691748946808253772836216066856869113519452
383389089189111091279851458741407650285259067209111152799259142128
435543975758998522071759099462414469284632686263402158266024982921
158694801076576660549161908778645275866719423683443431434193812335
002128977713142500052922497167310777100171685118882299889208472946
752106224245534716079912083220472626821596886645081673509616439339
924477511462369670308230209426462536749134703407424587665240882619
103362519804641137116122739349796447567014545812884270106771962632
936917848228627912056184982809090073238861546445788578285840970960
477441126591618895177662916625271687217187625165136317089796176464
843096986550203832749903690139566167724533477735942841050791076893
352387935549818784678123081259581976513263542563940234617028903607
081664241775014401517898713394071954068036840143777538230232741686
512733144671792770675415259373709342131975970409314814919948898722
867822674696519315663052914595713618397495524748019433927949365635
114979908435426571310201971443459520117787594580375078746251804995
052213989814784595033178625784899977510091836758799219228260550380
285078100178544158073124700713812448131990189182879151729748063153
541840272497319866760503046989214001220778491865416706288946143739
873621697146657403395403546570420713258686633362792832121561488105
450732644643989838002417068492199129748009428508166943564929578343
441236526169848230319409486334102166069882846231098338701418928078
207374832054307495416428963248139509455899337044918261866426541508
190058270723588418982809980191510351770638816439664279347043773648
026957853681036798665319390376877658266085036871810357283666433650
577172278666728793090809972219221888136713093480501052572641573813
406411781621048067871430238916681156631072876053694575377847806505
850299526911703233303716719601123523444074752681289283558682868402
632571605697450019444495170180661810819064410545524662199746055108
376658288581298144515267490380226956781150070305237616097616075164
743583933410407798055772293477599134331367215978661055073422783711
677618319948593027585726139705865847098686679533960946291886780555

717113687861007855007438818571064126920509669914928942274974254510
850292688489395447482286306749939427340324868374491455647358303787
886059847569183700454233012866275857927095106789690533359734293614
200328824671488045835314413863079762659740489308711076885123230786
079342451220171545580184169216407608957713287564519943138023272075
005128755637620339753300605391520811588010542944317855589339824635
645831046924158286611788490100463414076094998214465414603928375102
473505894407349196495403702722453457220124463687003138483398423091
832402490157951865933785992829470159857959196859838685981944905441
298097484199553689636996354717206181813585525926232995399169375917
092428613664218558467667720623054441488582625370532082454374482290
302780270657510380017108817832818651459865583258719554645852534197
577697821772923612071333641240281634970014373150088552712917589196
082897388980202176082104877545001333613191713197620856414914813796
406630406540354290848751446093045428797888157247969800565660799594
388364820283160338946679044511365530731423327605787108207926760439
535354664225367818502682922884743863930395837400973858701426510863
446204705175847605499045727257503150850585856819746842929041706716
614133188504384698079735601777104811768366410779396794362026848191
177314824089976925551288263145278012643813913756963948911084647998
499767790629954544951573178700804071248028333711170264272301544239
136020661853406307113082815207497537193146840097106225037195921638
658242822894083649272628245596051552523505912078414670760567587367
336189411174276167915553017199436756847928532673226578045593297864
425666944433892545689917122537729840428963254728255533679890350772
231031642222559368662240293289707900774962130957134962928964929387
875975644766633100100120853804913657780486947710046538421970875553
324956543022798404918623196790625317699314735845280277782058867692
232477965323935598599179926338256860793129715306595539487832777388
807136981497464050662517514314106466975480788825062108036930301495
236024766871701778304594493982135466681201891555895109323779106639
743217171528610129007333518011331114135668468007910399622453150596
207162070402855157026143358103007802778165023775172009678562401690
788151274926741016063023195786733309667419533263179154869008772125
173072357898092522530225632265419023399141038030993435384580270680
334442716519277258234253690592492756444995993189337302024156133921
728688211168862565852709987290601656571088073894875836169521706209
563268246090399618378897872018226870237853568344181001214934617230
676752863599011280889100896473779245979568825007398502380775095912
981555306692489535737276413238566846781778140576387723487604032512
946764713594366594134553106314069585626346336897310651638074355343
126100690967453765014405198118349235318871940799399909553892895779
875047727780327084660936154885596579969702595623280284617474416482
632048724128298949478102988228377461856185823233466718586883495818
421919438832220412925662182136162779449004102238014024216582366043
639132312295443465694982722206790823288070241513735241623122747757
303256124704268544338532247012797778599783518199543021487594778160
761885270838202084834997471275528202579694699665538193959379828961
377844300795301854003696616611576286812079579716153560662027357626
724712099348262911458725856610030202616546006848143871460837279792
596145993239211017039733769873495439047451665419547377441161880916
700728524973472353480092459473691441023228343634384103720771001346
205794664067075309824085550357688699700784814367551040154533652214
918883832021327917374952250859104094126462615872664616191769631733
141663374449384885148595135867901870079581736475850407096563444530
063108651340154568645460985779376822846423033101732799271214469555
313966505481727640197265790621953881325350963250947445989891087859
016969225819860487325161631487225332086811525038778390309210963973
140870146326277487361999251603690351640181322863841015778913834548
208695394911416541921224410372588235373528329662254040539599551254

188046955347016927965818084221691146779495770903181471995224200489
058855937464416153490934682109527381906924934012585401621298388823
606711299047278538251093221267600863567887299111060647443854063130
702691579329114716835748930860734176203484242255797432510010038643
688160552466827732801481669787349633209963417237792378830351660548
716717928740011191447262456712470024976224582240273977070270235032
377124169131491308448027264009944972595720923593023069927300052249
073651419777811827203052590605053664793101848708283976243597654102
454719021296462440721878685429130719911560221343598109261278099244
929883532142115168804430524223133517203668759109206121817157215013
230491503852431276016026780710277905987836302849099513323332565542
428323312697082604828410911646293553079701347159992856426889889700
767442334648965004511482489448843811905203162023956125155080114293
455938402258904452354916067705752641775197360904402044833678818915
689702778936604499831675503334609974345390667968123798331363984458
622049182698598018506280836505817585632828672397021647037926115754
368783456640465906078885859361572607337647947362839418949283576050
483364494011349865491208210048132550683756281970256869699549187621
976397204502790044667563951193761315600645448648552507497994208500
289544449953357450468366227668720824831641359948030706016118223091
561752595284900289952934287376173510267424188159371599489096979222
577214401390912722461788838743608051967515303147911414335732073658
590493042773379844712919544464543044009597518309741823376186337811
529128015178663600901647697454495895732314679554993893375139495643
626014549592646737347216021885313265446860088537207722134527510310
595262530711102355378856916499591169220838887707805173543839856786
701509637808868647575766982532354044245428400882687477770328538261
997625425819929342059121797780827787051185845230897298563876865112
750727634100359941466012227948957495592036099460378048483855259599
108171236282744204017849802110317627877887503036302263616097666758
010603955547997874569981579733423399742444758845313933453664591755
258134755046344267161094890817996895922670464402169176805100590718
447352631235416442486477743878776517385347897501402520406932991135
325561481360435329683129289912953561529040275913176773412777046365
308522132575486307933547882996383406999371515422494380882406473326
312335046138821594795169175925450984809791108923311377895396640746
083457300976511706075241436288346609180038490635692685329640055165
3599785791306066640474557190848662504146276335720442508766033207641
200276837147202583957757254830817635228170657759415327083266255391
096897305850456225936898498975622702158265265280620025184416489819
196909558212078989726717646133800839566487722019320463671881723954
704930209279866104118469570486847004963864125953067376666038942176
189387542375224018745815972284425229079773722925510180886739908398
854921449138635625388637891615918884240512998193651713692591695779
199884949414977115194315755826307059948575863534749639756855970386
267805400720089745025270519397969812529688311916459045209756305283
373094860238329627213225690073767533911168294719812770574262437522
137582503200873637532046450005738917934659235577083622041452850139
079464067246673601827537985447814076921256085694481054166195675264
750745239025451705310940662636682474575734607040652757535777432010
239133411381357750332256114390097609946952139817702841461088413608
565918393299393135808195270706927092760772171777909876385463446024
051690499497747577482873009339789406414736945719850482990513484286
707099150933044579663919535589147801094434509827017367724097904948
059288384657526908214068409367522488842466125605269509780101260577
2822287359937984997704573176117586941984674742904864012319967446222
686363326007641107029348897236012621498459684160318742453158435205
489185904535694196446063337988493153116954758361115749766774070315
448057897817050457319225881549431143902579345049989550037270423618
264568041589970013697709364618431829666069073135476364512034680880

448544639479881054680984967013179549428668138827658444650585179771
236814267458547557138229072663460316438137501465429194535993436082
062827907253188657517973424574661225027443019092242962776936653158
716809444242786249840749466556352680450276843578211362734069435616
425153792322466645823710793214590444611109221070397604565101012869
760593556579799723039393868396179918986917991593869470863242416010
161030988737854395677314829723489659476714272134128400437621066020
055056620233395195755864512830241771428237157769328767978452275710
423728172468445461622447270366618640546724925014467120456547835726
921447053879805427443650665491900369785230070372006141837257113091
116810217228672125895948574600435329503311469579656490062446226953
912511252868037826375208346201091939205299406735316501758378263276
410048994464890719508214784102083666996441555489973118544459531232
788198843519364669075619174436387489862636276503027206860925188097
236088479380162529503922552102831859119520952160308797092230631824
304905136125178526678309896484076261871121193856452332588015635845
663256815365974140063516653852783302799332761818731642928434366351
6155663255280877405476696700018814831299264949756061744994556048405
651692066062944190747116474057556195518345387406404646634465233320
351037784476758856666609017287520982244711564504556724311091957346
662677919503511119124849140645554352577254965663926785221917623854
753819710831983228483946922294953737493172577554258096479498589102
686359453576135514660375139149684512296745547842471779306074999924
871503917371133105984182400457742575917866712195051742896119673898
889045793126077836316129782569411368450788843444978664044958957817
797753763317503868656921432845659076387703508545492288177459213464
479036409671937884800156599085262761750977394016437406423215378834
130050262017131975912486458792300685002533813548915131998471093397
988436544604827289154971076037317445126097171706215491523093558078
456283921799509366499044096091569942149387112429146631205469132238
606335268740464186976497513460031842898257475120258445983103982014
060948468707691618383086238789106146824197283200526150385110681990
583517695632365696941423626101521553817250369391988202927136854440
106294367264512033344244808295285077865022358866847987292336334526
758265461364764488099277633165502130074494529895433961752661174901
691213005810955424491226738528512234383695983978048397524645101205
882674283063999608907655734436344801490488298357189816409645101192
898539876088229692264354208244568412368752332589778385243845422759
205676092607958467279386639764013337529817410380083971366987501792
518889005096162725302906385122448156294734866718079216757439502335
418797146370341359507068879603101501646447422392328672923717256538
429014706590688672940694842542715905205340933901432108131385458259
704348580931485506339418705437548201917022688231751090132941361718
770058091133457961642203012598022043107382966864907037504453868442
844087909458071383896209544920759961553665571306844046952712994878
309713450788275724844899897349703962246511049877700417937126319866
550424826450427132291612309324616413533039167689451483585692702166
031906568999303527296694254093298585047142854083867108892734431087
363457002691119243249637729822940094402075202466206644738391720442
575483401453940803546273409990964069072075622907374684131198586578
798855914252147080351784967358936933535007544672324613125258268704
637563439646390594790703928961259764866705690718158460299360428566
416523782711376077456210903179808657173199934312817969129429620455
695201243315446083595765650783244672112585007760996890714299062146
372250183703199851692200508139102053789839156229925006468735679795
406627829502247459266561768688629321162565605008454294559032917372
009820858817353746878318206447022686127649760906343394156649026426
219449599972627879887420686537748400124027120252747334436166813022
720475458702704640986434675736414944556040180469025649085325167271
670951279005239342170274303288614132330961696475560201838621599787

236096212275704210996873700071225799429518696300412954188779628724
093278461798048647907699890577733886055838249114228316374869287853
814814314622428398496233785577350860511010509261293230994924741892
675131618818620753257403868480696490469827999122161138665663820326
019135968402515649247906443983330031807895236961651840561410338434
799376178182100474351909070654806403205691171664322099215471240461
694247104315222205104885366382704720835222072281792307724378621462
986066830039443184031897119593875880719811504839775086249284520537
660993570351138469597842959544064857515050620849712281233606395414
804523183037590392304193129358047025322396391151279375936015140870
535146062989951940745755354886861982269324695538210219472021248849
044263655395305394353300405061335996832016669879477207952586691433
189909211865226058496088149626836546723498404814381094319857403683
774663709365806373392945879466445168261148333459808948132301423449
736300081770030290154167401795744361620184220760535776542316284564
276440937556897155378728695987224574072558628891627542274001393924
890937205554561607842415395618839990558247974029707414788143572707
914922104355774546093490057376815968281968019771590645796605754942
541814453299247981996657119645518856556568121513349098046580376847
618266013737175683727413061704644380829243916537132963826165307231
060682333889999510255307327441209426994137920110104663208749715410
587445826115995906877240942869787594626942988054778607764580052294
075703084063851604360593125556585533123116554638655410300726993447
731181690786628011955322480995617127881556393519012560771128846947
322636357783025965642326973847446967479381719183498441201028423519
219594794118886452077960231343063217174354069248862375881350795013
019542125685389606693125427932944450460414399751105930683075898666
312089709178673814431062673285729135247335737334139964981622560564
197417879844156021330123029600421489114784857526438625181429619136
89838222749415586395787408237809038341408792976445118880233720098
864012236174176430506370381076927834118901729401329462385639308531
5322444222768818571728893885168650075904844157097366365393941138141
433007084179831172343974321289826930882817908454608352276168839236
706701819377906387518688982678985926122487707255370774680909173812
195568154246781758249863590845775282210873370947100534470431626453
265098754187048260408504943289449671151155640450375992218315315062
189417680797400402678059163735949230580218910561624590130191307342
309220118774890541763475234787205095750830124580097608944902014228
321517081786382971517875410232779377854072683639518037227273990724
613281166726202385362958044768744894558935561294166787711514445952
150728011245289783898892439805792611339511716337272476322035613413
766554936091076077542886394153750911283550953891017569927348105802
052447498860656941406880598157145534961021164041299207119157382239
649687900615771795957511675590848192969043559344490289369648619008
661184836408445470922988082018696435010241658928067289346189212883
998058867547233822662874674898276007213969179081994180723645143829
894301735530322511478911846799356943769256545351140882462644178781
754058520462752091194551715071532232290031783786392997264579504136
224307388747429588420386537963008878284974910153671404487270605223
983274654434529356528076960477221503024060329960820144287406646309
024369558220175148190212769591948548065002515966276672115626582703
870721458114744697943698506765768823503506327908552602752457845213
931189712195956022277801052170563123963444611270021258672357370900
902467406949257666965304797371427626570535957448790876199299797549
154709567456866266693317816026949924563786133450401286482682564546
781442573431384860066826797672708278086896403276259416788405714594
114804629164881285200102610561984527854316767343019418002873928094
615194818546866310990795150448813365012546122141354279122839130369
472625897800273316800303122198079222723393023339699024932381363017
812136011313683103886773390012252524103762883920011468747397830196

81516234484584417084711540563067122150252400600956684502096544235
778554788006584453063354586519748

5172711046869237082103742383445162144635916426832646976748511916II
7839341951421626343457280693936967164403452311179813313674725581O3
0233003356470919313118415493271541872145395500896215199557764809S3
2247281705684628352564627543057620000172149902896451384383311711G5
8584177645106185825082104724546989085526057154334736407766059802I8
4462230230357649286983535477228669116725509292642349535911297780B6
7067640091417604725110184229542894697242719313957825111771373646G1
2886109938596154463668555664063242409655115271244874081386339584O3
2906830166375051593788944700324467944420500623238056780758614051G1
7949156758784854753798036133204588672013137468422277739338301015P2
7873826640352079385737273318787221160069788684910568876737354682O7
1793442051691869120733906023040359531440248482755249884966863905G1
5181291354913330689198050958319547452434768855877383104143445399E3
9782643790560079325779032687723893359704089290637986235913268827G9
1204823532268533111309492766145457891114707181678298795487397796G4
9393340499958044511144263787805500618120194285658011511604965975I4
7093608482447840715101656881915154763085370899177749500315467791P9
4055430238455568432958712280703393036550805203590269022257432694I7
7337833020778508816459977499843551470304189931092788636285559549B6
6645215146083224327029398653547117146112097864464644325618002352O0
0486416928090125195558796777707120141585403242927279651399821426Z5
4278523836182489744008376465719918339566033650949707852328897458B1
4933477309948639738318201932446879191922759819287059190059075406Z3
5718523481186834643477850541578282244907985840870058612052844716B3
5877723304380827091373968895056845553523261822111023731271368814Z0
5839838547470490005360938657617777304878307855972175388186172720O5
2568368730086721769154412628775495032392221164872217861522620911Z4
2592377467055016125582354615442087445842149647760255957274029184Z1
6453158885258827884286855889496508427039429899354427475578488409Z5
3424367596461265438109202556299820515414801937470048035796677458Z4
1008841318118725823857854484888166827713303205091480499027063386G9
4690993512487922710050927746141495291462610517648599069299238175P9
0244161879497023565718095144258549957651792962105674460022141336Z3
7548079860359695946856983379772672852875925060444184643577824036Z3
7766702987283237060452744255506815180955588868358914753304570116P2
1730819041368219619792444604264993438484527323746191137110824464Z3
5016948015502532841846287334922661345689441390024706633554707881A1
6054856796686564326698130317836216464658820830050364454812922884P6
4461641012502375768282189455118458059573209093946206486775093802A3
7912896018008279404748174220633279147128420951370105619432717629Z8
6857909094932180555689790662862891547375486731986937384664195856I8
8997708279900169246494251903473777039886301492011183528372327919P6
5077715581634061761969840722231867827012354034994384291685565051S1
7438377353920322561159929756879655748563713998498418898187238634A7
7477355150135350791910818082698953601252478254704321409778469323Z9
4380147255125843760860998146021996986315484735762920809967022312S0
7799997668926149370948131311761267250290202511250176953858317579B3
2482374758716019598930968995429457152380277892235685048764182413P1
0232691491655744448451246083051457874175073871767441735511013076A5
5378978875222218520586133010759127201284158160990129182911856667I5
7392998092917991491610004660333292257760867565666359653418185422S6
0598843184427218109423181090631060596773327840395059606697721027T7
3614118272064342985384424658772847185178836337528193254258300549P6
1461483735041419186161986291067063879119517620505564105481485307B2
3643720165399965209504238904116749764360290243419567622446851420B9
4565680323277778182804023531717271616138474526434256170300403880T1
6888884214757957281324163069397719048693210177484934395220889779T7
4606413216065912354287306634985649513842991511937541568268804640S4

4074003191648752422812899084960491088752481897662954439463753621982
306085302662976776229728237088410640306798395704550798642556241329
569706903126069372722704973858490635481194665353366026431535545612
762002245436501409287070103845024942299682469894819311063805848963
834966842315468958573941781004780274310243436170639373226671414047
645055320685254527772713379959897191293351095335218376237814482821
238983318392269540362944194447793933862947820856539160276865474221
602197454162503479486573308748696362146050796657211558568264712564
019832368722180162737027408546123315314874653193936261343872784984
098267899861969122026697545901203347487171527203423784853201997739
410893991832399353436083831944835040717016050019719407955692916944
124826846029055460248055663749256769023585654963056305499094738338
682002253272751014765382015718968917643861760384669147127050209010
166793143538898179926138949582056843152542717333984584967784219554
228496937753821419875398362804151385327095150706778317618492686749
245187887825652388078755933987418992394106466084284159517680029189
967446045623476841746284361490524099614609132990782507767172994873
799300497060952190291591878815655029486924994826388639682384956086
850057999208125916980957625006325227429775722353244646312991916029
527828387808637437948487816007986691844944952033890911819968400143
601937093305472219047178616199521109291127917001976672020216396691
842224134953526405415034347849373009481075000992303709153882015508
200330120076040367400475028238121723533105469837101009657554881166
142817419714224111146539649408810687135316799674897427937226351358
103899882545160553672510213641692900321073122343007239955691422524
643012627356668178228590169033995255886470851754284397934232749253
399892584039232079835993252157435842523037436661389938632000800645
747508807093799846274709665708094369299361070027345381568480143981
800226497961654983924247214953855166490613388699479448764070625660
160551717891131051578981248406744154043863432180804960357763693369
650750249675465965351715008599750764000455954263701196268335042396
940932473254073217465365771218978633545568241703910378182426567244
157818438494538256203497811749471046589508232140820478205399922170
830963792471914357052689273788296301720459841639676597939924684512
021673155759406108501108401501493958481324314326483170638352293389
835732862962500645396532323409016634553497614539777543545510180022
729878166610572423124306235039912669272559398387044682244056902175
272089059731403171949993937576065170443081784358468902322640906702 5
582563156527103991987874499600566965311694201789033319307912876404
500245292607775735544830851499121604626040796635700429294141521078
517939512489293113108723403687549333211997169415582242253234526991
651484270807496498243209108709130271922073605282398890333776482440
248216436744892838932717872463012952137775840656766503422548447952
734389296263521706924829572233723726052121486755901243751068863616
862068481075325255190808700823937566799300052564004105686873213457
742011004302127479640462677207960288680754533284461163963670296167
636106120956409159039226759772561277082336910179793240276009477905
049390594990355097623285524569201492338038955511453694537989642439
077531543866107961725493579716448034461266623538041455573676426251
445905719258022229306403304943177399110774599480518484341690301247
105284001145301170159264176031004668798434006763661357541593810739
490233845959978566490063310019258076179659274890217308818654512491
561008456492191733984184936400789242534005288512740978260728184499
362334439677783416430328617074655574470958871066122859798438328988
827786089949825934445706255208466693362073645613299517534649909660
709934312563597490296567184680351887876443719273432284967575348743
806058683938732087107123411960330893060235219350237964753015141593
728621182295259067018575855904869810336131061953704410772086023300
066943559822989972003894205071241309633012473989889865016134460416
369764129918551398564133480244010903820420980509818816370765602535

422885206425047489586808991794668611719325033248230241059805584766
380455213789323057235020097155747602593772076776087468148213452253
163020878882398535566840846201887763338893823940059693823475558119
660440536601708515543140928633570921594481160175329658341333471773
027110597090517811589017086602990160512479450702430123230670262179
701141510682002268139997507258321303561667949126100542012864532298
006726890009482097075854102198848852954596019747306361328429698553
852265238161308896659145091248868131259535362960576603197504295041
188439397247053605789479862831714003968480764211909414275681202732
454233195931119523950562906226110099643989483816464487458668307548
577853287408199375727485219741371809429677774117222393641356033211
909334407556787838113045199845148628980006084838694206218527192801
877804248668080299512897034732944631709460038595125453386835579689
058465172300670448889684061086304061213515520387421392844962022257
546585820866986406049865542588590814553099484349384273384217864505
139854273974290958570085614625618349527002281417325367653979469127
529747013170063835415965446342449683526350594853447447210780561078
108296494264788100259793187756392390432917853276342037522975657527
434082950845479470152452608993138857831239117512692255667572885133
404397696254039311749337139944952935680106037969445956859752498772
673480790732676182452335521216214968023449292542886551457337565576
594555709239533428142462903172781540399834155641983771801898211247
608559555189995062073007140345208155033298149750702442677264360338
737539731484313740709266544922952042319900734594639311996535056807
332981486584110919944394627232845367711284847362246063313602859105
963523719387163459869636443906854053223193152413546932487576730463
381703029447983522602051814944458504961203269092337527162355133526
234320721943009358815033935989744933526957874572783140396703969100
170734149325310220632630169252370180120244226884929098195551171956
120838155014485836571665102690866487173238190148609924699131546082
001992705047305688761418932981083102352648281081024854502208757221
283441343794849997279202583543417204425984693274091417821439492801
799745659873698287428268267484421213715468232751128534165237031653
070432582833721123713760969593993754953622322221974659619332529074
042487602513819524269739101756371975343004479617825043115331506758
256273534347625253914251527570478784376788524187196634624199270080
257610839274976226365490018653206454995155802908398513272627321967
284783025385221904792786893895387803686993188466031043633524373271
546999881118644367011402842620261504738823589974728149334325706 54
746370224518872890612550302737919026403965774176068989769834566464
705204716359214483070995843064717275076337180207145974456525141885
050371637738189029696852844092581931744100555760898502923271016008
982572238173945436985296547694901873840464656437307131959011407613
174282203883313602970852614512349073071476245340502454237636666855
757401206040598869556301144154431416969860740322078860031327905539
178696741635552402507676530856322427378471497460377840646093468129
918719028927597630701598408877817451926901476910300302349794585110
001808866062162868011109151161040983273088089954337551187183173786
558776487358854490366879074169182538313306362338205820154885449827
883821742437580549238159729640619631058215167091903263187309338138
501130913327709303425112210972155056104913870504262198052602476116
075059710379436647715293534917186125066116367383304995648787793656
979112931958782777740601075333724327900097324072560703888008711373
096596344570960411750894447911916217455169709648447620461741281545
361284226015513015895258628069570639244435478023905168613385498619
266567622760358234985569192248906901164598660961567955415492157581
283540920253931708073781465078832035266513457070655368569928112426
567084480177864614974045492118431227621845224410884715075701908834
950224375698850494542410572662460945832095962572872030994776540107
398558069966198019534500506514501054924018861089134173060759238439

4612465698616056090945417729073640093913219567683643332996199979654
4243480265694068369867061758741316765050602713588257443370721645888
1952261339705452052344128092317306505198995450285853835228737872866
9829172758078242098261060609015092521109089899643892978629430141111
4006762877499207817237947462091689983896189486307730602749102670388
8394335247424342123671217702461011602406111857168705082440491623899
4343504702508136491551551043272507479410247374781922652059335513622
5530181219642499248821299260177408010371988421254744721602969500277
7426850775217586691799380136258422417398560766991654327570612304522
8672807076318947058954406188421315713800339848740868094144618458544
2303449514485210539912489324554866593053355845782771442377433853399
2082412776321659675383266506430638806955691562026222594694142900799
9876983442091469998979568326670904141398068633325156525696878789922
2574327961396437026543144639333799000819857530797881761337436094833
9283022338032797320386536462424980551140224692264789315929449180400
3829836490348886386975644148556085605371772287371482282368642781133
6572039474969069372399156100368280751411784737825622127759959167755
8140385329868885136552323139384317422585356280701915440077630163477
6477812613243802484218656698552740076410511901095452898382563484077
0455808090522147697220428738220206445111655802021581372204663476633
3351756179905008977808856009320814541764439032352419397315472189200
9202024742704058579135437926009768076362987566147826443389261212133
4565944568010422276165241837640186734533914880790013636035284321744
7804016831467261880679364930468658736463114832826980492022787625544
5401785091774977282946756929354516660986419481458364447890960383044
5828536989560806656661903603100453047200242263938815720686746900611
9298730822484900168163489212554337544475803887361586588592485975588
7427838599929541709917225115340254222296922343661777819296533134966
7477572209784301938184450598507508056494831896792205834341478905100
2576174909975820012347244102850794123184376014714213782951102187355
8993917081686805598813354699137945378313771141354919712434658109311
1278332662175922275893699347704984352519210735175737020054573451300
5873132214384620876027751840534893713237662907112055269490530038888
2280420480821085192876107677281454892794403227236284124794319264411
9243079681370382948200586974201501323531987205199203538773142158822
2114859743182387909891993253934150378768995969580432725177768986611
2588939544201391713064188629510665268960624145208448034034741133144
8800431386473171584468157548365316705126017466407607280959672132722
9422453610426679280946977358363834982281147669169596955732770282799
1209979260863817017654210151115811092683287485950646262362992592499
6943781822291692343254853616041525142063692521477459809419889268144
7764439053761119174630260741704144922419498001706238668169466079899
2475169718500094287444466241005863803558630650636095727097973493077
0964889076063019079233461701974566562487128849867382678546268945122
0946229054827542330251732132827853165175869340541118457151048346322
8320081011525254131193679545612612161031974278321038795482539174311
4098770652570060376719683830478692910032674834420668406673515088588
6091662976572277996926003868273349641875833211808091686185171345911
1568508931494044819961072502337896779899188725826867053775743512466
5081379862813483506643132466270924523654698351740704265136988241433
3088355263194547542532484588409399378463186733813366103100581146455
5151877305014130815666018061132268352963971146240104983148464604399
5200616373542584698260521254538591505364620141659306152413774330377
2464410397598500156892102790937867860318517672404695991572340529000
3816760724247701697815214861519474627054614221125691272253815905022
0395830514685850036024200549094550268261850958754262109739913220955
0295489582891742329813431540692575705880157365453517892741527128944
1314318269476902588854786599196898835999043885422748469473118751977
4887712150191591908885813263769981215908089691823350590797148746133
3368039706350036955539422590734536933263896961623842541047946294833

793746381324612408253069026914650215171965524256788471272297526679
202803841296615750218468110886939399252687943950326728700875818861
049300859750196928095204823757138945438844241621756626373518033643
277401734125942745582026754402788121409286880412030002270631808259
318676648149044725799446704594238281114878611771247129940234353193
476389778948446256041745478020529553081502542980157090392382147214
574805502696844438096038016443726195300440399081842658748795326360
174773439634741333029275581820008464886098183291707862124370345940
428150160414770581856441322231887793921639889612736992400225160535
128293723655737319319389834175384397083090358533308571836931136503
700819056545043298422099381490045445400448618221405506052871683134
142627896441695333980296879517536667847550967256739077347181693399
759001189891113962465206160718856491192664269401606959061610443780
149866699828433246525760882571010899195911118083503036507974281230
709395198402548016944626205923636351071990148156774400012313072541
025605601593168405328169973390707153720880901326541540840848694648
513376227482849916127474705322255057918337197829980217375914243447
148663438084599101392554944659667423730119121569104847330698050817
129727313806629229678493165707003108305567889791232981303751031746
783401120813530914660733675118762187223247896837038279501239544495
396758853738446641347202470015885201761312154814372133479265672244
691795625863300306994583628910381264895233888076384381880921180739
792768314123086880946917176552671971341129027158146752944276252132
950154301153369038922138410133788327539359202090519420939389794128
938076595308702735507730422191143004325668462407228903402171151273
168905339467851873822784851582247048412773926828056517260376445844
006828466737354482592496916214239033889318117011389131501922285410
738181452292592185148575252476183848077583829866667556762888310086
015263589358635712742177728951544583129347098008471782896727341290
370760715970897838993427926255738188956319405072752087325999456545
608586855358263133708493406413934913749179077218228531160094982703
667927892358788431608491838953362361576576833422289592702393915386
811958152996066452081886184389697200189356785489494221651236101718
473760460603829616442733117304025869985215372164775363206607206123
292932396240780047428067808124542992795093505143976021192911303780
217039508295099069944393911955003407215741480177592299719328271630
397133938003492679133416508911394642479661320947250898195723750491
133129166984273711489586628649336133970303624716301283210070841520
262768996306818969526666944051675113293786905003412004284173942954
144584447541246771850871030194976373064645661863494065661595559022
203881357136176823477846310988547480314160751831305440342811270350
719599014203058814923214884129356944529643170313190357793773919016
569125771780698512180115203637847182328949534446551462678468202630
396663019906922610623240862574936674402658139719248013316060412804
309403011781839533845697347778755496505226719892039806465088098765
959904026835458290840488743590121024857071905695585182299648163245
701570374833507162561778784026024807954364314277409752046296007705
952321593783926560584763183164539460869129139029707529324575283112
206316530779455997093588019101795478468222029813794967339008709934
835236592521531747809149296359576803641645315741984082949704240390
235340265922135259853080332431785857740605690039517496624783114615
470747101524109270990190694605559239683056148077265373998499618880
204526136957223089073682258369725346732930434907962315838626126344
424086314103499740365508692160500462809793942595737077522421277559
627928584177313693090364594363844939823392918548955367647356087898
997197780703866209274631851985085192685262453825870249573805010993
816323870820228564474021890350370205158682457112552023153087809016
194370538717681644829394491186589768122858228286305889861029605283
254438604524159887904370477377371368502135393822653949023421710889
783710051749817597020686825702725971239990477731332089067421121200

8218398677787056562942469382004237813491306663028758752092564773 27
3167463696647462570612003467156409034789631481868213459806127296 82
5654557674985919728673797538106742173858019486939329232978545561 00
7900054725330516708185495508295733164530389667280573878280582588 33
8674395672132016122364271902399903185069780948472980377051720009 13
0562696720528431664964904631103134009037815217492434067144662452 62
4788444797032670809204796602152536229777984130352918249166775473 33
8610975771752089257006270953984192767246810212714644651636182903 86
7855736355070011836724154289540477483432843483747564304527445068 08
4429432880032635348132660476017214226940034962856397025725628371 88
2800895476023866630654974704534984376640385989464581448053195091 99
2594514982336136539044123167407129663261870424198840786560346889 44
0980735651117190884162131337038328475271580140233374087460550901 97
3370836047200902016509576637603786372188320038639008631870025211 59
4327839328479264705620690613940364883094552023943727600115564487 67
8447540835616039984885137729230343235300979396783369830091277799 79
4971704628531410043534933382267484965817752353127196015906172828 46
2137140103053343920270345130194910703446174565771792191324143736 49
6939690489657328257566913276453108344568715944990050920224047579 94
2148514139245457253260782716471305699581372348962272410151358146 33
9359857391762405734462715784143189580687674488008034901047315958 19
0724146417291159828969702593777767500673203833675999208981411198 98
5757705456900880667351053470372132934890554554972053530105573246 96
6105380660995007027547522626763831652725279154833145361939167195 51
0302515194171781239124482761114532218866777176734174064523789930 15
0371042110232238847769373142553479838888837413246016948494522990 51
0710895587932162056322085156530074079505592494459743510349190441 13
3791566366617724617723425057713516044266303431268508796541039734 73
9274529051405512410302983625893362358342678655320477807539090909 46
0140438067643829114783029646518215386189201400711494551862692991 32
4737572992206115252478291665457569566383251147867252560975782740 64
4380460707154246177387337680719306797191303107259747170951488737 47
4695034915202425718743866194207982872883105710281579364027146345 32
7984734941390242082297386601437354856090802957134692265331182640 67
9652544349899969780862934703855361570010379699864618068028932857 29
7252901428290197040501117093960401799400772790730059574064535923 91
6663881144597641874269200937829705225640556982994851451162539665 86
7422363083935081487782114697145156264218397232451972563939261864 81
6182977438532410643492525416862643522704313723804662598556860369 39
2975077940069921092726870253264588061666922557296352244204858671 81
2045093427166631890519262450149084600688052235094443465827402258 29
0512950304979961401660772556448746146270978688973256721019292300 98
2454765438008643740010975723666092413723186800774476268629452639 17
2489702676745679273486954263296293307799383060695174258956537533 03
3198251374669746258716171967671157859591293894641900519594231162 55
4265589036040426117249989093064050953199964610719970516938281588 42
4916149236396001113845325917165402764954766172956590312791649517 36
0294213628187264592677678276896029664972224763374234588532554323 573
1917632165397243501468576239165650433876800210156944358236086348 45
7350102531746380709120581568187968385839451042367958767056686080 26
5948295232559420292102688752911543692228947178983633062840897730 39
3136992191147148162894383234242910144325546512377642992120827639 29
7377159406413974052092305309640784163165543554240237060821781822 99
2158282156540176766976612089914480600595299065437623636120263059 88
9510077235755651659219714516783674355129084511136295559530875867 08
3778001919961816556831004557022827891916130240361835164122316270 90
4542939796741282350843309452202160626684268919718081496548307692 21
4680927243772183273970929550675247929813115669882315933109698993 91
2254344793577456066112690464296564074054192882264785479797974455 92
2998213530029315531271761722186319708982235311610694068488157552 89

481620820918166724813128908104623769907013229353284450081408941518
931109879654072146182757480558580243538161513918772004445850657984
792025456944114779663992297905320277130234997864403442182496163201
891811804326478311151594681114816472645477617634978713086688756952
976260303166684121463430262440794686978285987418395031713942900135
590877225577053738582054889531696018068632325879151070588932716859
422071560763890785976077655084303731907717669314552391351862236311
427116085445804084750002479987582300587088265491462207872672680636
374537598067416479448481497389238754728459343875279286766443272564
795561569831372462510454288850073348951302504367500924192903435436
010856692082942618503883972921380359209785263348133849959272530132
582108608715627994119122426533013518546830147588361727164882181498
350287788557539659788906106832228618619529827640257722566057247446
559340325286581601438651853736161141630755729703799944665114114054
079427147537781111425513397283496115287533038864432816081165190097
196055850403199345652798222234280729918171305432277487592302825294
802655057174086199252370629681498124204263776859881953959968475068
012031703913507600700194920848368879638514240583538606896803775442
070642716519419088448177490953805258104482473913499622829643783561
309374571147615093589594579265351844458244073484489100939557560229
105606244845612560043821227900342790703931871075238085638921136403
935835401058207371156598072563030772823585173136193707794908570998
474013366850020841298191122359596968222596454588321433935711948347
789268345889740076030693945402135727476634284866657596679093779764
676816301584881677064603897065832759236308140929955039458378138514
377201135323628926420377834841213595082140727120895337331687881000
034208405761803890377556602679235794264582504634285826405824664704
136419947470546611833543879107633145242000537808999550347417398247
970896323065778806615087882093271595756544842616883205894028796721
171980537283624065611890799913802883209434331124691268141432182067
023539066525496563617615132401567956891035488079558258253280000374
072431650591530590694165524402644222655346570827097143842841856265
032262749319629589024754165345761282409353540627014400709114820954
833364938657662856625027302154425979845382948191301499938168390326
408029823488774147168249587848181800555206691015613702532736823984
640258918801203376500920647729115868497705912814253936463325614938
138098819347295892191223730295843415750510217738760027425700671307
213271558502718326316567322974165569938789693238288866660475346398
736332850561625487738543568830057262497407546851550544779206649515
963229258022932661722962213907725474952264621797546086820993904542
065712223201937656293829780886180306195284931320849673872332603947
486973079385678500759409394786742549882024204154706671982406807377
080366075125464173710459356950619561033855527322098109391227546654
430715285653966082482186099201307482570769885348946915431971656972
247661616176670651988734448966245862862515222538429015608740899543
421769517541033533634037347503819645696162086050486414145849222445
318556939210460917094993512309706812433674499298196274387393132097
040166953757317336392406620673366066435460951047803390531981705875
771238273780252473499031335004611778877727476072034257314815970711
634540909184231751982744277637794025829492137246161424412299249358
946143400880938914467003203465218983727289742397437971531983072961
242850269656158846639448405567776686058195053148337097686851718630
667649597890678887068315052510880215627001700423292565257755357147
488071703303840646594213132225602881837518818002778199301674099864
410627199825274556959680616423014905837129420328352608681346582068
661120881999425608719239598657559906884794479895728471897115760112
663523321187199746658400358021813404365355789510224096323064467036
239649691027401415384026186040025210407010782659915044971893946376
538974233959444780941259644679388105954017706171034931790601028584
817942869277680251606346981864876158623370152516023637181787999034

379595511508651454025879726423200572504444194331712013746825419070
853107215208512693984662801771110264244563807915882495667434928755
342215336739800701841459689064069363816415346937335804134862168236
281248551962820737251711644710048433926771290470954498217712459973
537949895925018192667009919231981513968720392407813173328822740618
348993689159625882779434181259782237468233565569661617070377394245
553860213043349364007531953398491086996333561330849820046220523794
212611273864697734352984061412029335747698542837985073142302960860
064583902032668329710664748592802807062228941198468523711846288178
252337801817573627386563385765251145897691425173865797681334553312
596108921679675992162004777773660173969815700518930556320934768057
520823924709307505648653540147096925863324475352400235795142080886
099352369049792716495297330731217627022775828058433099277819938043
921726811176593651677463485868115239136038172399380436191370870417
832458368707326879275915124213279306924936806725671640937958115437
410084474318079847981845622953378315920943705859879306743149584212
809177146937159988393383659676333285508452144871734987298280228722
459721110033706788519570863646932674715906123201811286192207037816
689825406153183076538439839566907198048513952994033311865280881232
170777351327009709343772864506905524832018864054459121311179044127
994901780460651193462138351820079194171186947790208647877508811872
244776343972876005334911972357654068682019368086771886415436808009
906851236046326960994085099039694836217157071869815680859943192755
078361763106352286244358297577723971617124439000785272578744254553
882651665801545049441516401692449890426834573456261734020571401179
382531553966917865085328616022779776182844821286729462937149110911
635104493201078007237074496349256912189049313573617672737075794898
819870814803294560802701424574027992891569507497718776325901218558
321168332456383246354264136630474420695339068746180487426957308252
892854977557044655307253726535449091655058544905009080736081330077
728805917621134078127022071577217991846919996476476550010097766017
279646966552244526699337699312900316835211790528327287495447512981
340250629138109549668572838779529050442889661515542282376017449137
351386273975389837428783645708577787917772282941837862509262813945
141402838181071249937085703496006797685633696864767208107940134332
689922920321079715285432230936878389824978469977558977758416212889
666118309718939561805589888734788223858629836061482819706388537663
870236997190568879142001500589327815766795541265615324077751183701
666268023336345078784136697950895864028584925040484933796171180328
045570796932170830887117625919959435644139714952826220987117939305
641225493818743814308084727553083891726934629489967863754936115462
433363099267699468701922308814839034814606660954452470388376120831
651420100763183375893493999620082480099860462830624324904927573357
191805826053249355127411073586030225305769820499460021459863975785
058321391016158208938102536640432838562215605048187456596545074877
137045502581458868787094158414236369582539050044102606727943451061
502477228062235096633157361251426679434140746652063534546583922261
146323557839399370970262019162213473885624539830201655471462084762
972652574642687233863623153135535568166360519035718952446642375866
198041144802521990130259589349990701834644312706805990043256138711
210450689055750679076762563050384262622513729065225654942654827321
349984841605395004718249856560184731449074269196457452658113570265
107162387733468833725899778643672591741155701655292484206315218737
915952464483195251598063394603742186735024198039034291728820585693
526786658158201195876069825239649292348914679443084786574974508366
962329607901893079624458748437251749229859571678125574842331673035
806137323872079009336336925742457891953867586676113412582471603070
894316874964912571672763444303055435879439672798391605502135148333
240544829591240121878313403045929441621292750499845016709464849534
409152471837782557600293979425014893421463386758834589638702611272

977948184530344423147131244078498214846735862732653628625501039736
030179463212553543423298346504287829926979525076211766041627496983
635949960324349579121030004621920146211722288584413301742909151997
456174122142548151012748826300946974835123007217022380251636265424
573166829154744421810027776127607297892368258611620666702210658425
698166382179841203878410264487735566199629191877992434897623591813
120793421262858085245471431809776763721364584043359927672555158766
872926818986466457737181567137271273270691744607683702302787924243
821403830439878125470062137965560074412906471083531304202892912152
146345225675356683968136278189995449676285459172951332462312686271
207307031686740866015957099166315864652238874562344964515990749792
099459034313921494067984830272254572430514353045490785504685756559
850314186308483486501057512449287567182899127645724607259255296433
846454729452076411844381790283425846409298456812175616938935965975
740429295571529150768297078020239789169692521995691674357951072811
013584487803476120458651798666327827480150636490227523192057452153
557288024819586565693666305469970629511442206125550456869148032744
860281726828102742488640261601893418136540881702751903632798220382
703820898351245577903536165344698442851334548386435254810831284998
328941817291612083907139068486878921381010367965044352512042221465
614364722014989420021438344201240970146623634385827269296108625255
251189212907148360456679559516865330531054510197832165741762682855
934691871492472425479123271529093087674353283875056316259536391996
859258022570941304541646785723973762668711162282093474137383953097
453856228395401248478081748766221827151570135695466014514527686148
821945134110598019590863768978510290474547665743821518113451025024
651282130788257311518251357320827342206955041620563142444929775785
418104799619444293639466973981359366911184515777799264350643544477
890786688566763655567510133020392064109944674869723800189018577123
739333851891151761529179033570357835979595544489785949895424664715
432770670827265189437837948064033422143377240478678694063066207205
650277370025852374393455794943717575948222394848213090905392311698
664096483735068307724944504687929063370538796371011704409037520385
264029625703004417508984780077854740069098315941092887358718953394
735828847351202477751441528641433301523760202571654663931351516958
028866473153834042344370579637648669804291749897294330983715121568
619296541976790875435900658851911949101426075596946536884456188099
014507149283559365332865878073446563488103298867967164678135738438
860393567548126731638346326081522267743361034256279904458071024372
908605563941984409751355348193689894438585629536549986258860485713
492088747953260910977030346501294040228602836133422350547868311753
104804378870682882815000408270466690072446076608132834861647163816
967844605155176165371188763515235927858975553158127353916830280196
887220255186609054347841455916346645871317346752404232051378466514
548485210827433728001348672450682567941253261976165988765239668887
392524079984935281412709665420506976947910909196918431017573132250
706433908790786086732900306398353516515980007405308268960241703702
326706976447029760260469815761395292209643118412199081244329745349
697140355250428613898420598735576265543534721231099641807557394304
984758358977867534082777525594534690720294929013861369117193813173
601646476625497435511923723190337566403995542447783944298351828774
246412327916622487261166153119556515318379303744830710564919086376
924643039253332818232102651629843824798894081615315260981783582054
204757574239190790661089061726333635275358836728525323566999568627
018308121674052801800025536899293369386788116744077729916542788044
678413562009362975545691518076713312963755314816579909072931041379
628475994177907248909988399465812988705098836726884172624560065468
114480637174295084587982931253382289570642635558951957479210047487
800990674713490817711659702787400484855846184436218804559755361397
818771100160012097380658520602274673984321980195069095331623045898

2917616258601136021828935305946736287128555704204874035807380175224
4160105364492072700313587362744654707779352664844640806718320237727
9420143447234741680498214353219066185429925469027839023946936756658
5504715201141750008863744375280986335535666305314474278010855994461
6123990295628653163830851747979431177026166211075066725911367956657
3126107906874252713210208934204306864426562190889801026878816775586
3339198793606817796800152073864581118643322230027606609792372844918
8165221926276820901885478038944356032042433072568734606173702322452
6804366175896199744461169110304860590553199705636008633935746766825
4932730261029297265221999701378474566833692781960326841205387250039
6773387410094302331065949859757562894408874945023244710451411575592
8385431904365609979441778694565059086737279405018103589133007802225
1836704712947858393258945203373711540965251726143245821365109492886
4963727906756677570290788108245219873727940381999502492852736340074
3617223491460131337418826157775394499817582444937381706204950516672
2942428537471667761788064434756742240965920803803416278472569426682
9022925212523848585337347913671592469499736083501009084159991613778
0484158077661793091915947188569099610232560063679650977588295435573
8186298518032859284770413724366489514614505019206944691005545175531
6280653305226400767770893310898674759236311424921196473798385954425
5778544792305750680638612690209013250630793951922213386091859506551
2594966211156752477031726132363270363423717204669236175272964371171
7948451046238560425822273820574669416399792178115941355964646929884
8306709201425779742380093529530764213118796303250033849846428603363
4072498312855593980962748682443195781859038887550090259136755043375
8914720260583621377666420090901070593053387190959348338330299912281
6614493302348832428627809450374459419962277192591212973961871592202
0847315534698082291794557411069295622770746468292250640769884404475
9019173477414664989263523613471702165066560590473280364968243983368
5148167372969698615723107288050308655420546534599832179968137693385
2187938647137415299348482991880895775760669754960742573489972049999
4459247477655065588130988577915322125348254266184290083358153300442
5533240532142124836043612819221729578384448001546002989505011823889
6463097856070910788010264937937656509471879322583388446088955461552
9462664001960838911309128568907495244109929559185087086298774924662
9350984305416318920651890102210836873850768604495583670088449719994
1471180764413202319502904398729819740588179575559249432469415479994
0500957863464910789359582772786600741560112775892715697466918567720
8804615859568973929234646086518259734809876278032735783122824239771
4918079349952189648914987489119544660184648597939334327981695217734
8104730074648312530680755197063807910667955898766453000450685243334
5844501419438076057321597242893329409535776902892813273095037334441
3744484240496526726491230745760280033902974672600719069651789305568
4608570486241921921895529501206499382979045221890711544996993791444
3408977751170261408258401444153573912575268782112047795676433288875
3969726244731879032952501475268642593745614354879964023555025562241
2865641888711495639054779427685872504112799119785252786355553260554
9077541637281878794216675674857856141623043363824076503788015601198
8095772380487988087768681885315507155213567545824862107453652890442
2991722156412432965485960404760340108960793000197018816034018706668
7673493011680676253758341019449395995975179929452901381967248764429
4353034940384045489020690811451703580193819159005399253854990428811
6443209598104297256009893982978142801815867903361601288340891824426
5607696572754763199672245330775663565149889240332801785290967159912
1559220796605920051664715113084015747198573315595081493132744386609
6777289684562866947981365031356609445293868587621647238419472667752
6482797803646166461654600938432009638665105879383584087496361419970
6343732440744061759639504054302308420453116892618690547745512308814
2928671314547872493672262714019480580720895607295402660357300016659
1846228694429707353592797791351415457236366805613510337359416057798

6935094459307645925364350129491834074656822106802432954472119886O4
2088970448772597852229355144143595866617108405761912964802496895 72
963361908106473429291580124923341595072790860874734729777928310221
170360078554576950931364786905913019289750813682069374766244097973
906085819570369479562173390922423568787195448887076554041753864894
947001250532659549065911585793127048165934568764771061383451657286
356567308144810722413625202977151230115216366436175554153777313531
260736738451161060841513583749649991446718312384781726612783229101
190230569342678897476884530592788790534903105077614255429962938754
841751963997912067148771056699673222538913932234015644585015038358
971663177969650337608726334162566515216857077375304022479440398754
569309976118475950363021128888392344959267003790422257102806512980
545469553211495375827664971867066319707916922605079089218874076177
663472692934300002854445172960164718901564120699430998616936685189
833401054866295948994656903536055415702937086950368322581323917400
113357891228386438186621427639112016762850917015801323940797165867
875199335922606774097310151174226890239632200130165011170089640856
609159641996020206039985951675993361646087251610537383060830138547
011469178633538023410741772497712969498238933474609781466633088906
239419319707976848862203944896652185530855371967667509635988051779
747261793032691283182674862057809265256529034280190882705901405466
374700138330258893616017150154888689359105694404497217202113924564
847498885836600119303093340504248190948084678987600382766921817190
867696601829782035599207189778042923618366306679457260518896053823
472875932823011951586555180178283133565830986137316525935030805823
962559082865729213865472195779312243359147323752403786908253602164
629481320488457398705136724638246505998731146037622534977822103010
145429875113822448213673526737210704666777974242250838584648872949
096005218614774771519966024655226069621270620854168787239515997826
861207922328864955994712943920009967608462614452966881819111809448
899195588147137993148152932958251607601071166249515565937202893034
513965776120215825001792716582114749398982521641313983316292159116
787863114903503708046729113467566457367760316704471187228697777493
720498411552534228368936469948659928163890293333295967050233310631
864547159461989211746960440747930112114166497492276966387934136055
436280135652188591691916012650170347349219857791215599655450788459
028002419792836146886166968729406732657944855141210293316476780504
320302389291620949699409462681126884776194192988872830204532548355
595645610497507526105244255809386273420635892776828442281295814647
347367073622559728294372637748776839928637632345393663445058464032
220274973415024875765991021519544839141489452822383268148398051997
076559268898315447157695118315551061873006768568040571230783243356
862781303169868434085520815414852556772088289519403587858372024544
781686346084119703605994692042050223895050999054746225247328128667
550756059266570238196798544369738430363475513530101422313185966598
355017290912266356068396272443084046523628652842323814234990867660
915808115299856731882700013109382157619132965931457997811998234263
059141198338941256260215214745561859783940816914555513000175131020
838255631736162154590351291061800153799212994811409282642152270031
879995958336372414326471243780519752445258629866091397653631205034
855196870142616427373944255387041040934011786902848317324446696438
392741321758809800049498861502455683932136997226039513159990952783
701454801275952792565706687603394301212911978505936574394130654178
468202190033810503607149529696827193408249954082421616396553900931
007144638876203134913407756275562058777480798439458119495188200713
205259403344213400124368874611015102666890106725161058423245264855
139823924004357219566830736578634636284713947718760514239870777535
371198854467657293463584698847810339146678478547087315150429087424
592394613261089291950371011825492318420721043794200626722449362643
509595503375838171951054431168732796056753298291613125754356825245

6465008122805226368146115975321199170660364359744808288562193226739368656062542938224900619956077533306524648443072734872088797672926968147974853263746082115171227217434461213726243363240118432918898637112347583073897410591681818816689559537182399583109158955865155107939110515371592823919727238518934595024177790551515157264975708724287679440973145302040959076917387500961326483707455953415351331344900038752803101337856441911474235022452362008865534205354859562097776348591737878062122554402259252738483077651799963738230090961975938017475257830796156323362664637308389573846711167092750644157476328242109681866702142077632683755260776111089889449646732775343901491089616361841443514027645812228960506038155465315732310359157359227589113492569009356071479776887007319541022834271748757490709187163047623887234096963025340782474650972500272241452603350827917050952440893757333312319820302154163507867782655093217137817123137161142123181244080633098153607437639502654255747238777747951603707602548634894828153033520219413464669637514327152808029100281629344182641082759195249518173693711365151453769757463035503968815577039389834871549884013238769153330886083961520387926598342627243177492768626963541310684656244843493116508966874844693471034053482295484404249445480290150087120911679176586065278724812579775347478803166890035108745856817454970704973599571133983455436889482161005371526145300563991242445399625803132802285781555675337051796143359354831260719900258511108667542907999170353700606436838865760343284213467493632847981345995095244594136668858863653580165643967245588975213805763615902148421583350868717691213845760044375608187454847305378791606854309384081019497206105993813537730874309360802543746183604369148741127222098901147672877947895395173377894112656204674800771293805345840765561616367140328136450673896217852090789222464391679860438040198487605953575729784808053646541796474341632080188152262997279175361841901057253910235261006661285793861284828721151144331217481644040056183601867286327932539692823242601400072598995097051264681198513807028811692974703651388278161801811431468727933233145431510250480273769735906929697188889345453153536951518987596889246757887794347506970959483891870919998567821390784326370316579878408076134700595423153306313562919723476311123701263743716988364569939180204023601706548474104482716849915119737619157080068754318896722949153519195619312478770104883649003430712202169327164487378907486971688905566978934955748268599453881593423799010669245538086603569309347485162719970008372666259460916369119186683408760398160534571873044883787844599456410661946492827902987144851382966227706977101867972627483623450552498684334621758253519948935838926400082160425785815010148688691944139135668696883144598621199233497225849337410553246237223178411540422579197837762605724976861180888568657979800450074365599616849105084972307353455998115616755131668419573344751329229644291365157996632553834794507661032896848698762817246534181038300169434521758808549607478490075673039704749799412435126184213715027756166827369026168815088921349350732182693228066051823157630541607230367138987483779334050158419807105831531091345171439567188012503059886950631165440619618064708073612376753683950228243987528605105113518141919737956946936386812745316528106350383468283573844055142293480079936682108044936068621646006766344830319224958931559540458169497241368057496365679330791963671525698071861874731197459621434447874538755676792302136148597286303389418237450498917697400714288423976680628317290119085740325033854522235403375989440089793296037412054603543841820076325880936286978935955808509497565067995350334583706800572396726813294621407540131282863688230745377375496644876706623705867452856052628768437103120859783070774298894233319665993370672470968952524985445820981439492120793934365568025694559226089370437968088305921735499028081872394235008316672586298989188652170704858091843945174164560090225973841145776221030576886909262

001961997563649835723155371164800780419034073499583084414551229428
177602152104935813182396627678715737149982841408036881971422738830
208745015739858523972510668956996234962835492727345082689120271475
257042705061118459464718285320545427233451594086986241199063270746
182667956011701275258350864738849204602785712850234784675339031318
786296649552070645507689584383918676790667856947756213003776080245
180827345252143205516063315040369941548606130675953365971680023592
160894781404681853314710609546833691621848065587071341055193617451
037101599216136199509708650137780533897593988366937873954822789683
336138162870025109398023076921640166695991773931224839082644791280
998578064053243409137186218853230491028901137161083086808748672381
158597421815653709296744655184929287500406515807192028280529922444
162735432238256495251742467157748268961216185256399893656944505583
510328185664131997626697439111167780948717936965736903761431922383
476655463730888517770884496832380581866104908902147878769073115712
614123453649639008426994470802551462468087502320398977365460713304
328417053734413903893234842503181688302691387388458847942035579891
651177287920689338631682700432147008424675785294166046964037538411
912376432743868418340633769086563342469199412844660048651217780432
768985518402277518098790110696764581909532313211287890901497686946
981263359885419545567175712676678837155763126702761525977769925616
437210301084993130354371898992470093957528242987296922410711118009
672641573072618623927137157828061141430020171114264825848892720722
572122032771300998294999206516489224551883661421595958912823752483
606217204449590248575680996915586234438165167146316331004873922932
262219431953654657677812098448625420396083011277674528313406762294
368841354220939496071825983260013557530996909691637349665597450373
805541787929382030075698430766954390311872706744220840025986793092
414366290522730548733203749931817038992564161674496493569266521534
815077105717773031882845221753638550909028760052076444558521723466
926597049347060455327562960679060663231026724420595594961738355220
588146676672261525390990922373470014065613975006335694487509687715
208483235189794212322592920100695072008942754098085726809450590641
548218430923520598808493156199837134863086316081775309934313568261
193911313197553117878918315599227750248461596706646640528488092119
285325699549573270133662891020185295971510209873181846394428005269
519090433002235567601977870530906642648447231165417685422211916748
623508214055524163362856193729156026563037485196337983124937125125
846685449441793989395036130563585381465349742945202428280473039319
639196656867950978121194503715184948395534618570760753296976206042
126445050572723736239756574400005188506438255472818396964755953980
263000973297590967668112501920350862913964308563802687805424226912
067084666956677938084288797590663333851918316580733312886410779699
802773881216321646181972297993823279225034392320715570655636931529
218829355461902365071690769166585341141620278688145206333435182444
586927795980466279701274348819999836714161593004038549093477123216
230853924966881367722657236650480074286645066723197281356544204314
442205442795569289248165106790636054314227622982051060394683907359
874274419025274298058005737842467721405075868932757823896493302953
931675436558263682933422786679969086201880895596168898194833665683
085048883617646031216687630865949198367526097189379850864296154278
013157388422626909720754930123834769332599468506448850358448438659
834930060179435497954684711880581531834838854670090003623901656750
909851974382608917629705175162644632104682240045354860639954363499
876179329543924509327532211671851255361710720256583335435269680085
114896326771841394897101579682237123237779981704531349779534409755
378224041468783103118732043028771398412667428430830099637565151994
256408235324995905280936608017708154802977468046987301844281722489
133366907642573498314953015491797186038684886416413668203152784150
730160382876090478550704679705102972376240049732679654044375743461

492630923299395310213857334039465464313803932847546016682894570398
520289897056199050058566331681025424796122497994161923808081718695
617683355593082034329171118611940661424593023416858928325402281122
375144878383804375333860052459837715219808574847409115965605101261
021357390877587448522307072786751026934059525840044387691660888998
376929711576754644468668682258216315938415334021845430200445567878
616535387790068479648161154614774256766434666786165714321395605805
106852492930203486311187697906757373061308658049805399624983088516
297448323420918709324865566316859988821807634263361803803309370806
856552116308357042659878493962774257427221268652608755377034324279
721316247186562181502127210015338143527640446743840817921398524717
656064532716663053443606587885020021620083222433975474388465690808
482297610959890936151291814324694190177542972016826029260693628677
593944130399807004856247227074616381708027260932449104071616943112
721693245961346699250726493583327369223637207752705679531859869893
932974519234065803202897787347160231747227460805571629448861637690
049880287681783446200622032710191351233577036490080845554425576826
710914815596736553858259438221951358015637711971679367020622245686
348546905987780346589745658447852408819268830922777054604946355615
841409745355423947767342753050083936054265338583429240886791409368
144232858790092230529152799915905009065192474414170910047708499889
030338563394194410486439219020225662877398462669712962868737572216
188171278212356334904715499470758868040594632498061324505338954523
862725524564400813036863468726841379219379578507749890278243158382
732350331096708993301570664195240164048025986195829466611465708789
699312666194868191195168899785713826088972016502211515000045916759
183141379528429240162630759069281025915047690687227211554583699847
244222110127830084214948985427598928757962681408284246202734481156
377615885856666062870759798453898588853973591506784666774407355889
621176490263887730463122881500824148640352512607007505904268551545
873081994483614251750096919881214717769429055846364755781593888066
239542018937490840322751020634892328309341028237894088989531725707
278146698392546761505090113385627347482282653535901008952817868923
851305483370801216375706186876378595480214881006720711402705172446
818076076012994222575783785152623729804437548974460375910029399148
776753477242411230998381469118795725444744960420094875863210496756
226171098065703754579778452875550670681333011940370283684631830050
668075306247064752243618574382697783983354212993579342251352034923
550310322632422449618848671977535580316521471061995841040622119083
596690789796338081213639892843731074315823093529694423351893330134
370824326438532789908261497650024662233601347971746464208079836954
651332945377557662272524462050785169967201989999340101333507207580
771040382655836481700018825204873862694727977686819841244971301436
744461773836037845058867731041552138029551148294138196811165301623
559891014775948075941177157011650869218541147100498530766154450326
362434342050527856128683711788698624228453711227804753731921404895
699108618357580954983844456601308474652765120152251640460086388254
089210102461583536189885561567954555943415393774502910066121558706
401665298168145491504870910453636023369626790074204524510787476711
108581603883350490730198454596575431151627225013288264132732720045
864750400359753884115085871236676733053671651766723592347410822055
662073897145896736124428601318448099009966194185512659140312448268
215050509682117223862123115265230071316586542736092478521373501526
308736450420970868697527750651953873468375231671703179386470783338
125470305674216067595718124481724154900677955395033949743440651101
402668832339813840729952577942686050980385710038847224848237875870
249233921727160672323783759668280655877905336621109097334341997978
443348526532435072253360398719460987064301678895409084338318327380
095549056808509279132189616199663626200962269637110459230585985793
321394571812184970469239746847119409031628654826727816023346641245

8675531537220698657075888456159200392763767615955391438114106410 71
2803664182738485702131664766755240750094911376831891968759459457 67
7975505054359139588476862792044160738994386605970487557360320761 89
3992907847325701218938635124345040256111531106159816041062934721 25
9033810339622107691013592064184427275725636244992188419296928450 48
8655716808147667896609363464271937555630095802657166740606967045 07
0055976452397530935669267213475656322310521709797267882011756733 84
4202585858563099582772237670124261950140214124151701706257482391 99
3757315398056518447478149788507156871414235362443327302122681085 47
0827797568225700932570140588369636640436028018657355839449184790 33
6263501554324008794445528858414945115640942709224065884058157027 46
9906282629123540380245799757493270182391447626286719728006741510 64
6157842608708921008843375777396856008810813692857565080184359309 96
3392248748227346979480784064776775774350810648131138541202668180 14
6216960634863869351822833302134661336932791685950307992469114783 32
5130820766910151785797169586601857927299671940055236690498805765 22
8834054038295723294956666106181631097892263994073011570024576283 74
7735763081837981616381190797360315872121983138196203449769816206 42
3985075228327733732583324372882160597886109873551913778558814037 29
8650838175116326674547594083452969670926281699808448890104436399 29
4171335504917218530444136127553727404380196616706233382973802404 90
6298258609513935027495898750528072067318378647302489130579054815 62
7366934203153365934803545221237593231989288843748037324107862086 05
6224621755669140664965603256270152469394700985147116009940891283 51
9475682748329672272176682993494445340679073655254171748865839010 39
3192874133368705592913800277273147754869775541198401388960452885 54
1646155295967306253288304118555011888298415869115770818537363775 06
0713350543268713538259132850979585614230274360395764960678598010 89
3795565430875945538732132350076030077301079178964083799188708619 63
2086790511588913741262048385411578488220395923594332704524591411 47
3507805455040335819033847064810142486891972563811686319332164976 29
8148495396460838748495439694585152579518091162665452367335174501 63
6083335297396558922109211569119783167291844257925757550040307490 46
6642270906643224285132454408076050309972583021790257921821690823 77
9438834808656545165803224926641396247339605115247595839356366074 43
8299366773118971243814345071442634906683367462679651448757604216 49
0046578045668108976237352466304486513946482319660407267126392740 53
7148060020288141194791417421096450631305594241005639877803076831 54
5495507157300582014792515959046024661151783936785601612532406275 24
2043711925061379648508919819095877705809924908420856001038860239 43
1557064092622965854619405990986964765074089090371020410737732283 30
0019434413131898982911460768793479475637926076608714832586479309 31
9426065037650312207896059737211942645807433393229464562171529928 69
8775723744217452435105937015224486976130482977756125599017514547 59
5430957297867274007217741044287624195270575130818896669903902513 41
8046187913963917519996106880395794578140869943557929398861400711 41
7249894605120231528627326923240980270344039357213519034584028877 98
8233814226609893318496674788926698874274514772695849546580773589 49
6632043196842272939054023420699365934655175946440193569680887573 65
1356552737827558456003178125785472579739016890446296702126248612 17
8766264775483706533502859187059393901778046471759424323624082047 97
9583793498520455967990254051594049454774417608395779736867376905 85
5647918279488713678562976470361971927727368758174220619342121583 92
2147169397052507247831658368690921206606029778144229145154061195 05
8652651412881871106491879697943160479965128847403654083999670832 36
3146792721324493626985707407047130584348263293188454405105866194 03
7558732502573156652753929021523622074153014465759307227508883267 06
3705821488431961565310418901791255484578746340538187505614044231 46
1197845130970565453691268255794448780425882950076968232189862623 81
1110723687449921424691504040400313321866823059154359549671890135 59

031469691373622407761443103122648603764791939267717493540753416257
102558871122830098045539403337048732823588397650909521672656474725
802054809063989279095949756542290618460679476258129147809703755742
924808981654174485509672708892033514269360692215766563468441714251
418841300734634211770913388497281568269755648308409133263367172477
250081903833257398187374366036429341681541608528746458725565350762
115073088506880345696823291535406069272424136126383496243025222734
822076674328244625195343816866329833335123189264153753902689802092
306902469188086616534259713703199646563655178418522520774003775501
336093586141637044909219989129808172359620295384773165945159325457
512762182658826965023083274877952126416176015483903845869845831937
117209368199083288932591601683152378984175095542145657354244770307
986890738854236551194035529997686151218503691185811806196552576296
458247439549463884952305229390431920834700408595906247758692673900
383856751959635718838147734081913671101305078535558976019724131868
873517693888960920970811996086393237611436761070356756751954509856
677260928307830333384947896302610290498277851677349656630179240458
141888901686110371492187075536854421284230029436184629978447099023
892090870282586775997932900240687404128958781800155126238506698352
076101525810292220691850589879780761031752744058602314927111485381
252502212065908659017820258780104224742644030508149340088935536994
215541242794024288330163556008454806114251973600079468367674392891
368037545225852503564337492304061188134789864950179120395213927258
935188503227479728304555377830648563922152548181723320806672527665
964316205418059448070937337627385191779318699473024590811653170846
477848979352443357203806146987009232700653873512378118935558807382
761431387104773213306585242921769520098652215583227076240478674720
185383578343770223504250814245712843756571479689310363418089373299
722019185677528387336013394417726381562202849015960447422841069146
815777966019357848536075667691643346140295482150176278079402653275
401698834354341953169825972572703237672327104388502145755116078107
849036727341375685054751283331828168180687923483942357902830465325
709099698933929319568594221510427531613778589133026238399572492462
565209238098216310022009938517838786291284754647499738084609884915
717838740446198137448390687340591284238313992268355061730953776007
733441551971134477801136367129304953999001983705760561472107745833
441235752258798197320154370849321291768820404507449491093051786970
567117701141965616954874695699554579466490245988058182052267828055
440063055171620109170645496657728091231282730371179344888819275752
509942568057204571560030883512548354531821670031202098881756656024
815643339856121033521803122203872454617649277197607561639899925558
844824712539754441995752875533816075238289074957943408478409819050
499547223491767808998973555428169119866029105054819004663413715557
369930816878792785736669646282662826784498376781127049916168005880
869983507642972740292518890639492218318736923256039915873045117744
833426791251685385329353340557406954661639399223125662373328913082
446605159607568186413772904955157885328899061541234378136169948046
390831109473541619189442527956102391550363062024648582096751952056
686309608898274241602664868431018535792010934148995913294012970080
979209338728524506836770635227193756121070552995770056852165473956
309340145995070906849439995261099503701149114858356584035694439244
018137587295066820507129554209918508765071118127238305255094270970
180836733246047964391637119624816712878168808667228632754357219976
027958550212499604293420723785566103352134288354032472088407536227
477076722657032216145985308480701432711332327955896270335331133019
138930987426335720748101442606041221949987395209820431409400117396
015001163746493739333742500935967983549598081681749426411617589002
974453790246451001157325681153660550492182290718208490667306837347
413540876864688036281053463660636396370508400603225944423680684070
109041479140807437243253754204529454923205488540944727773308677289

572844835199306240623336014894657010295372769319239800791374246128
988062094042510718216870035418271782469358852896936838712339508180
711265203231606942139435044164221180458659728470198747058770491745
236140621664718268422765043098722130253292080624410135651901924297
683194184224795323048872227619999813059343435409634087341494009836
113799290104049021651980016965345105093201186528895001349855481579
764869199753554001996239218303715570495661114074906989061468803162
745650430929296856492049391426632560049095467246245060386702779065
977825588642987245795155182788954929379136186433549495607479606299
394332898956071018500741297402790275983298534453665473738254430506
492187558490547253663137453707765892998875453181707580339014469761
261208012192364849601319145375873842088703277363104544410317520421
681702024924246854339384818323972011733672714375914035732497421907
662839518726209487736422890355550709956806448138539121394944076998
176571221767587769774137476930080385309241470259267309724342514738
979433308220709198444296349368273455599927565430849214500589594985
838897219490804800211031010774694575030279867204560296682902433004
901958656561523385066010860852470512592510723689039144260448041910
688569171156055467655775413133784673435728191355792152125244163426
728793514579872623606847687942449245432959375932256803824124308040
441517032330354680593025545980840181419388391309913137803951658668
856405344250459768630684647038529304228125371288812406383719196825
131550640458658212202703344525150024555697185204494271266175570977
907652201631409924345624965823463274199966965919096303150772162295
973794133044906912354662899976787063964427543970530720101567866765
146256209664985206977071028331992535522210179071542554910668909890
157143522523208824935483264058254433228993388181433246077620211927
635355605540181246640118064490748656792493045753030540635899858103
643050669178836044633760072521059307210192292241895322382915890934
128228750510980146316239573671434576541180542227401565044111311050
586337680869378330384195969453861337328924716025322293697313224937
997292800599267556724797579095349634141700203866341961453441828590
549528053409997763087934339975978910568604133901260650786125608232
043804545448631332510663723910133243023185466526509293911805432574
169027595407190841762886773529998642546058514480703245585088002374
921985388998257635690469402036938827446681840139984177397803802254
291492591957492773178379574501072916189699932883137541980767264918
001306438990549637448406914582846426124204961678749190028707996979
188534126248108795055420743526441794719404034479651091027244817919
032055597758773842727381310581436032811962348249687706680871902988
723417289527936418706406948463980108956431535233422900314798101668
431369479196147206097308580136150705516651333914433244858694690120
492477325571823058188574716991463603187793301384759759861120961707
162675773157297613346857048140979691548600125124206029878855353376
478465112312928998520040610540065834250345163468563030940509789836
252773934123544691012936261701989971395671039397745310096305490105
448365702167199187220346357563638244111617093788893854939355612500
904793637171542240806103438118860330575561248673326845606941752793
440949702599774350146701995027107914478321097845715562188832741071
097653063416812979334593467427567072441346943145162167047337673582
685317196054281712858870830159316048841492190324363058050330721966
018280900940432717917990576993235443881050324067491860691578406289
873447376709234225782244945434828081265677173212580402386928936112
556530820450653066340561490103696865856206381088416211250724374687
218924209263026533476485100648824018753110775238799051914751301701
155512593650950277663865604759932677726955347806327049303948934897
959809117789256537443265439374227850627165326171004913012764765858
878130048084071184414269029062542006789764961699662037240749990183
839249623080167971334236069975708749062665937334634933117472389156
734441286767762850073286742893474298435416914069489814464185413445

247285102226600079613809607527010407727596892661516744436606657917
119518927091206931157006078461310486009590279729514654677233831975
300392998202306775086147937831034092325166793058858094449717802012
406075320584269045332099732793580656207789144551244404825526930353
303513359014814445164701717409678054134220952991809060291260715683
392766168926744561155320928000933552341934762481168750783337505214
486412300469359127245516840949343564359202084008663972887452644764
168122243197900574037675204113145935690829486365028866513866718709
840191265208719382146104962917716056112413262298472918197350192326
469347606735917920473460195021468502042227254990605003905271739830
882393469613295460582355961688596144385517732556825720040864066715
726142874215865629365346667650305399437264337771175524863334654686
617471029474257074711452408406935745933058106647910587257708703941
215958349720801434732021667320029592177831146547941567632358090159
344983934360311394701960236806436471015526548330332290324948488740
174871625554178432345983583131736856741194821648828321983039293782
089006668641656356329990025891242536746598742757842445313505681163
336650379813616103342876913997790939565375874699178205295126606543
587480249531054620790828692382531734870934885092202989974921677075
930466511581133383047832465845377999596422451105520528225985513579
954331407804687382883091817168865047464734200601615944581759276487
831751006154057153340802777001733934869159725448358499570311690890
502347900418269611277438910111368249836511243522173294127706038130
263418165235751483500779868261068935781083578681115816638025428639
454882447431521714465318821226560337168643885527949083722967271505
859983902007370435204519621300668261863897112457539798316748358028
660902437533659703795530174286017098228525434662822605029782281922
967974950706846947014111471827123771794543954247545582317637072002
093952480305502486152919425838074644561247566303293621119406438535
126173363837578519909303377895635070998487264756328815771858778297
353705484562184061665163805211633553595615713655488304023083904849
905346402275363505322131262857984748871208797423919712980651571562
251453573762296496995785161894725860193048018878841407706427789821
115503893404172990784288779139603190909475642774628234645049618558
957186727089305050991750825906016230356085410026150659958294094188
223171176685610343109409015195560359419762952715191446546570114627
356476034166407335530107840661217068804877676582960344592623864758
557477341228559099455126197261503356980467429465446524107479989467
997846489274548144629270461024277249451728542720251707513725879735
089028835651237307514021621311702640482513319750428220989513845528
136268841773267008825254317243579889892752698716039884633307640274
102072542860753914632056334190051780169548164179493173488781224447
251861194100883513137555490494181672864244172188026388165627539857
333600411059599433600445109382525788027664814425790955484257632566
676861865912705148389804415975502020223084423164817145782010230876
136894006217159186369664756680115058939506917948617938811069135739
111929119476457163842439850676760927015601387625473877555130821614
917863311075676996932639836360199843056398867930350363110146212592
618232432920230504873973555103880618396303383920224450218778063418
013902925080016547655990603908806917718524407509635151958193085485
349436375269314283472601286321556955893475903752173339569860535581
813340404683458712039407449236354697080135396702968920564153270576
178507436941042162002813859740994458039484371712237808591610625472
912894185014337332011394192377699272849879216795704857208482621178
953745099590160573191451033015921950477998616399735136343018127076
636196256421829613557147414196825197784512923995180948027615779051
505299624564676859410800319655247777844310184875368377693048120859
493475149575363519083664510383481178383040200872495432943598018399
096116144252080810246154834377215900747465469707895682559178102153
564440601396893159844515933212019827378778074605279848063188533935

9255326405680475871392736171274390494442064001760465960097267419950
0111801944219947030763868082018915210696080337311479275450469180700
8663306830471771276993888434975203615083864030923677079665962407460
6530320588557954353589859477754208465854466213117417321363819376110
1745267198453771073659565949816596887595352725655305225867778743610
9699554527008888504312759094143302364295198309281704636367105770040
0823556263457878747852344823998469437807398003882103551971467793670
4394843979504226155553063937295775976121390828294776160906986615990
5244347407208254872747416379054120320437632649767578839449115948520
6175508148236435201449006844903755254950452871127759024402682896600
2399138122666872871694391424233569071672197485298549065028669385310
3900278006222810546594919496576773408717385262225853195847657410130
6500168835483562369923544012235969360060512297048480867065598283360
2546162498884058080568387476805924167214899254667697070427975947070
4439924019217135876892945577148244404837002827609384443667265579590
2053332863638211834362027746460871764560182369204997521426141119490
5091413659399395988849687325390545616898630962962774556931596271110
2913890687533714285816832655822915316734128890277343355493447886830
5534106128230021846623652602520308299055735996294121284036158487690
8284476721665060508430933235779163412598672524107411628555608874170
6483498207142090696390405828539182621622899826869597594938059048850
7536815235174514964661426965879562019976643810050615041800687076580
4704534771470059633072335779079437670642119611920582425444418641300
8896296689603339150013243279609922778353395891846625759931945266900
2421463659868461586505934071484008604030338552638224638158915811830
6335966437381856210405820132816569854031673556381630196805645873480
0396751605716449040168382782016031003260680326683960468558981291340
0311753680129125576890009703604992591452651397757729834685305855360
9363518247572333780440075047551435090756127219522846296067221062160
0746123771515371186885040037147862817884264613905805364750289469070
2392890947226362566212572056919773693290313934135875697822879124280
3350725027285956323478025040789612019789216413238743692991691397740
3472714978009964967297895391487270489581227501458990446238905869640
2949272303541293353238761892115645887644297136389781641322138439450
5803462655791314402914125011688519989228707998820333274588508787390
6201958428491699988096256663978461402160950597299728709612433045760
2531292681564329180373839481915146495291988536197668964987775347000
4098933337972715949051939180303124409381216360642720597499374300950
7961622047067461174085734109744287490240722240719200849118581815180
1242763385231140880919338699052473755179697915334836986077884734170
9237590002069645477898046544209616558245456575726010982927946212010
6035864590980012146110812974865267664937754855501638009363914403870
4704406807417307111491203955955647637863687252125866419965181552720
6826102491047161897279219963728814057729543718948300129206125582500
0880958648234350311584272504471441799240885831604436354263131199880
3815034474732739773265725829183742486825322133620191484736976267550
5076004784747507130263315279144246484583105426179273255959789950210
6364980568016721702398636422151384913678946966518959963698189528920
9209109158145580415830296387791786935412183004099868888707650560600
7578452348837144892995803139722692500263442393372937783612199894600
0460805192918157365071406052132436657117486518651095866553176699330
1817383034483252372392809606769052368514645582723843589209066695730
8354627801124291041420564745807139444790481665880981587834729983910
0310275228746947404696773821161510972471275609181821603213271154480
2879902209158099544671791023985775776007593706623699315285106178000
1622280013068950348282438059889742807809786337323753673875156399620
5002026889171560872056819803813215927133464986079783246988263250520
1724677323215850527677276908073951802063323920222893513074342659780
6059370251069263878950489395563219211666113551555981326905757540940
4016636894260092675520406533365539514595944303364729869725224613020

873983497304830196186945556575297910677872775472113472308106665122
026618370236590083531181275297824104741768120054732854088244838854
668374142336505912599422868792294835077262714575470462006165094003
489129260399554319578326832004035426871828068254965253831583532577
307988741429846387393058843241116758545328754899971955023003383521
326423565271107017507937488068307856033254146019433209677063749357
415395330037478839909900702531462965980415264558977993948764754107
248509319276032948979171741362137841981035068496164039387135610981
878533506494822506753456264515252977403298927537561691817485375550
733716370480511310820927684935994530695581210082285314541817055339
623762767685236462658936773733428035587857812808211157430619791553
712435643547688811631808683393775827893152246419954930016978447909
000797664761987833614645661921975754528302389984112801986210384988
301577437087384108280801447372876668190323709674289419709340243364
458161318074772282133775375992468949488568872590487141814602376469
599508013866043470594351749860090523183122013945918488907530401736
869961254394667213996723140303493622862701101830211066751111569744
130936944850884308639209469638005567006340478765610370824098048678
842658505599647762752933451721794819545507384938113304238594644463
901683723440199071880860774745846502332455205724897116515037354612
483953355037071663354695583359220890033148110931050356252415751554
607393244446202438951629450718397676169870974697327731850083632859
062863381325773471767970860082863657847710142436557087371372940575
360685199619901423261535191218781832403826601040993227680387025182
826899050139287494337547628268055926443806446358529156983797510240
859940571555962016906118060638530479462781011636883711150185564208
324098816256980545241961108050107591342574231162743886126499208689
264393552121508479061673596495341792033572993192298700945731199911
697842268853665105393723073414833627765946108202750720135484799053
771977521102080214881391072844348389583374523960791312644616573885
318211704659936653431264959034724197008910572073105140310031420016
078368342775492638478125557268114790797901786907065870634749514416
252532134659135416115937735427112748784426401032091386953545141751
045683594010162267754683709086779176383299513414680468895693528680
453620097557985880107544175928524296410275443941749831975845436916
715453758318798583064671534276462601661707365201502412509413289171
747243577279364230528420491538431367186886237867006886699026954982
422348265355688667764379757582173536817241785261396212923528146510
190330402029598086319943328122202989858917413312941254825530968687
233116292184678213100262026568569686333898603114906825151840653582
620284920369110801300451065828997688939862230200298730202666823959
834337214834359411418680094410242394805971295162152859580318258362
458840738919247171307562713626974288333595200543374022971689775651
438500239796312208322968868544151807687575048509919864160038519290
649018781843282607380365794153750889224733309128902329783915701654
709899025909633775625832771152197699012720654276736343144359633866
983789906914273142987712102809813540389905181965902575287171101772
553598109188971805969066534622525599610871060290385068261037365951
903659809459038756802348958120983781845663284751012262558117615391
139727878696566364760387833095845869521297413602123039262307275831
620171532709809176029470213889754474404764535418138440232395192710
500836541126144987477629576646131529273040826246467017087921767316
215590235210339715859547058024228382702797149401860222887247744951
501920484063908977847063936837638424702769184371401132639953490553
916092843649937862708149230848515856910453657203421411183827241925
996098440307151328839084613953670714121052722050610253405101940294
074975957452717492953907938586063863227169758830913157754808342730
845003458209437567851176238291813322850072395652673288180902382192
834149414495655428426022137905886102004188339197317863254722606967
863498146897954811292456491956275748589910851167660235201086703572

062410419111398965080563101776254467899402821164892062993099395041

626919363285250565907122368264291345975000114381266244639619402922

612493139664600821783860242226340290988260707141310134022518229251

811450745324961179827809809090405986688873946543453374152928352732

068452037422867061801875774419308457568459008304866895218185054620

583640072765206482316024479229457650350271610240236048276091892925

914186544310797306158572168975813014599779416671685835670145627974

813776287791201997077337600915488505485437349191072444887826850797

672742474988775037169509964568506621052359813315597357709655906404

999570137621979292143842319021934015133733714638856997560257526096

919920416796982308783513389340972127413617967133318021610655335147

840122718050005605899625441087429177105963861488871216534202742021

940010898234916321433410966455236456415744254761628061499486226281

979471209953326569288357570768742314825654762139665761587018860883

087352063421381805508095387106264331097921834012391015587323449789

928640434008566433244035520634294570835086745978222019072043491820

981652741547556192053287163770669883912653893258830090785933097325

279803007139032546111667906126220914849586424631374604742928512122

584090588471531943843113310747680446329529101441178853360841472418

307882287955388926542866644843467401260175278300532377950471739461

989498412658617883899732766773092597723637251124093693571530993445

334363159572110004778061319562566494190266100292052756670249815648

374796640972093861428742821806717729444668642296989806010450055271

820474193533036594764842861974188173599121091811051783171735572336

204876797734979795164258297228610893435015799839631133567144207775

122452215944588812353931831789842776790776195747512520272576345924

105999269154185950946053770947153664423368160345377494478203803147

994524854190241582254730780105109221383043888730097415958976243928

516827241735402495335256497883617447651981462148737973733502013899

631749840480314174733112535768108772820544027530157949921224822818

831585990321764218085761179589830507631045793941516754013599164596

088966112035636072409926071387687035353083602313716182758794943707

880262354513499947100575161658408314018141609641484855569557304840

323932205248542084091772149915796670505394094970913094260358442410

735665967515059412976505726814953177565470672315031304636084548358

457214462467208837762651946049230729108575517180870401192629859967

437399667039842997856292449157836794560501938232289199784202291438

461928771033981179532791964008706484999927364161019298282836441987

022831823536960133729526964003143205504271571656300347801719246420

651854607568110387948042645886919236548593033626064402769482209740

683542342439780194853171920260633603021898499877395705143192427941

574283714669171775653622153838039556125883362532556198988813839413

151905940783614415697879733902202666436676056612603417723852733817

170074654328762267357799173442064014595759856058119852043609907487

862010633095050398949713531747581834943611833358525756392124646558

514617733143009987470829349366305014653167457492149127422582208884

946092094232114334628251716078318242748223680631197587626810722779

638741191448120760796135398449987832458778085584707914035804032279

332157013895936581773539678475775385919860590770257149851997929188

620717554066504414367406195975690246107524513634966072493582493815

286236865926413923632758445954235165302660337023066455584086230656

244569711087919783006102976488461105742426529547417648662520787040

049090179046710359849647006034864761711029493672651497009872703284

799059993478928185130602369007493095737937181386951682139546812959

146498623414918326207550263876824895095674867632026469345517551029

281824983911964679091823935241871555252286326831894208769977596787

361174983485889930089824631185447842241011310191145821330652805811

241230053589649036369265243691936406940486516075632836894857192461

337719895892533652652570482026720647698022098371415108748082727121

455265654004946322613711755652255785578543862048439727451281124698

930395385132755720873858613633284515498099912162217608194229832953
752884308497481526598950959603170767549866453741376304678326072883
851651589828190598366244240984123976754338199564138877339025561910
404340709254058733122719515004390733257007402291089271063985702642
339450723016625621780326505250808879203903983023905630409308301813
017261457073083950018428619529012573812442180643661159699702227693
367937704896765160022948925518417169030129907212012965013335062700
714227663549741111999219819664698709566640066532421003947145178129
100001780324540645368945014739497490056690622425714606805692549462
264794670488663628935046253209784701286810903059627837913196010909
078160372575988890915668049431931958905969736237831810429437253396
100728725746329776748022624482511578553027500586014154190875372211
315288767244349548893937126811823576507975737559186226095475879390
068550537922635207130175199884858141373912082390955291049480886320
773452653449560697377315653885478357543068230985809033063451846343
524211935900991772519327329122989298239984803314307134208898676864
918317664827645516485097831831275719666859409654673991686667380311
428772560547672156667644589756821784995803697938800350918275358548
373510238035096603225525565991415554441736919449621569243311265081
247949877523397160098964043204516324156612432501455034316605675360
644354019814710729774780115502323050776586429235572979795505513976
023219507014587792644147392121187155759311788108567349467436775790
869700486860076104855396740093966826692529948537691346709983406583
106232213642074997103676648809063665818289088678365447656052399611
687466435038854549657939336678299942212390575467578961132002146388
875142770428485161410379085362672854329928261900912400426930018423
089741947233718827707653645996344376750730597244890946843733502536
860175083172039515236001787907322728885243637033300444409278129059
345368663141470104659341883474689282629988236301306013766926988217
798851721245414573378488230382467191665951105174632431279031560874
148860708155483110213254013356868540558834310188708893876139373250
234088079659382014804830316448112317620154024345025897217767005259
876857529110799488761703346812320199323113219287434184661259987018
174656117914611868926837025201652991198988874948829242061696496543
089442346341753064626206632041270524790465222259474852629882180166
510377391520956925717676051391512907908330630891313846707678071360
829899189944905399843274940243889710601762751648654324350417468217
404772053579072978819030064762179565605159378531746997543678504299
622806859383605835065216371814375812035946389801353857890087538637
799944252751397164285764558538815095998654259961111212635252183537
375408938382994071476719479556565333810335609209165135879604317564
521490021087374521940701660790742117146389209287184760160902492319
110422671510290601789567464238340951983591142408642645711070748530
076249802206736383779844598841477515071622932192031026050055150907
697894319437834821122313171976968730832874683832939868019319165370
266382003482464988882800995308021917638041975946273043423705049816
862663146331381992449951350409336852132648622166261430456380155416
702997567018107991459837143013400320349765295216438577834202480497
460481356556278767001411676453276570915946987857471095170775617589
719547014691405289876238634466607521691840515292037064341671434458
101488124590410883667693696301612214043030796233418792780707414554
309612195098803307323271225143074674379294908470001118157872176047
256284368744402999903490723523364779561482607275430475073383579416
952085411858141421163366331884361393046086404438120305008737474074
303519812587955651210154379618540181768351639553142978892109793350
644218922063827926017080859661513409231014455095980500497093334182
603462822266136524578624368933828748180808311663214088601896279333
796917967023892600395108849232222624879146995246944822132220716228
187633754117440717644082563597774910049844113158664565521693479469
938534589527648029861584022640999942100043342064493941644651586082

2749727905680465910580231998140418166646897107038158991782599052244
379416476766531363703816495568807841719706669088818711189296355409
7089449350838086720874087385891678280578464638730133563290056081 75
5657051868983518288538558189418761846431885541883532205586551491 96
0840135051091304296438673726701769209462568404821695594224381628 36
3176054907299398382901877071378648219596279582737284384930210765 17
0111412097127189513677811336345225119432564060929092039892030311 42
8693110299616289715741651353122650976566387254150218818945769606 33
8265402520174627484331378659366835358927288944137222712232373031 89
9762712187563590305524059334406804067165885499108922339510318522 80
4003163077793139388788124263739945766173505780454864709713365612 26
9105452680323351709465782235132634711977541566480012164761891538 39
4454382707413571109880273825243581929452706387243028983887862373 97
2699481019099564763398726779743818824078646963720613457502040438 65
1404814540848637229480891874953336845383329185692611600136090526 98
0748507788080971992207905493846449129981160445105124820157681342 30
3697584597931352507649917267189783592046244135583539680204390112 98
8082084879270599398452081514555277160455545091663910861465981010 94
3648552995834158940501132217591891822740788585450573707541719807 93
5765713476422566400785520271235964984181478091852475405178298598 35
8719450900926456203221456793600320098036589140365924802970597042 38
9340141784940898340588942082813754108453271947659401578491808798 84
1278671288346973044453463300113407842446974676100521632523146960 74
6179723522751888911366108472825044733387698808997882496174571432 65
3895931989193809453735620069779566007329207375987877395334012242 62
8246381176046655295493277601516544433987977965759642130364849538 02
9733629734054095365660271566620956242040189725410026903088730688 59
6758323634848608003136749337880469881081792434870555858612604433 51
1134155068347210280388630798842486479599344269107098070530828950 65
1392898724560947408991150499159326607612639813504186421268398792 43
8281063901902442716735076462402457681752412977343770472115340861 68
0417829499676506858062512747529950655953249881866111872216992147 20
9556065475521976145504910999069756842367521533929735597122527571 50
8766565966450271917178205293885109369447210327912997299789495953 72
1796541482204684847107971331529242256581065964907688575121283151 57
5700891568839077515923394970555715543961203428758061751886703983 08
6783340810134816839437033921934197424316334687716755401028790595 18
5546970244107483690998853159223576836050185875678557363745857714 84
1063401334897590877749058334553977057953521359016826647738272508 55
6557813548876359883200278577063164224046839516165716965633117711 64
5412249718086216525530845080263561891326043596292009640323843546 37
2129515947537029341355782056091034650314827936141065660345442082 85
3716002311366813190919641028730492085004174370383374462810464620 94
2776963785580934275787598784183334039966019354202671488261281948 86
2553950438151533608881983528174947354252961305205889894745297898 19
2765362302146492716408632029235659299419175245477614408430602237 93
1856760648303943416218753627041474976139638429863915287083114593 85
1766848536922452479133970185679661898100702047221233180454192307 99
4392215089918339722129466485426691824780579878782653881338779174 79
9929862716454333930424609112847414100761105420089712585366728363 14
8608986343464569341024174867567648864999320167607691395117456163 03
2737449804460907809064030467634944431558869897372150230602240876 89
6280899677720082954009728621969369799908562863781892068734312434 25
1912571665860848853313223426184326055836735173575594624744942409 18
9135202074248917184402231826670207364676861018624736484927580147 35
8881296157116453077773099187906102988862871493020467922752516710 37
0807163943912374316792866821934446224765726040705459985968287895 94
8181229609966449841895435505126974622222840558216017815638489324 15
6294294102354724474406529827595650852308039881041767531095394508 29
5668667009805968039723878307108887309916708399098666703021614657 17

2247840852262333384257208168100733965346032149843206972663930918651
1492548013701038387054784958056923908090714701468031944118829166774
1001086760714636703460970165877479386198655725149160321261997199973
8034901648422675449125967393123979900748310553850686618304829064443
3556813925304490175567549772245865537013114885452145575276500340001
2894742742237558340321677426586029415028540595957341787349070980015
9085826530220465780692136863441823835855058044069078904876946952523
0168242268953030195038490457409477237858413080942448126386762545526
1790718566784949159447575258904329859715562539168706640500338691114
7025275287746323076394773662205021243171119766975540707333112675595
5811430766435083776613839374188211987281402430195925772339924977745
6535991737370482345525690174683861816059068502523687172292558204454
7178143199185807494916821191010614101754667530762028915463213429918
7226015691453233924467835360929239259563179924773642655885414299930
2894571429764367323222629236024015550305643202837051864402703200700
9413308930740789714593411354663062636587285718897700556917963920994
0895404949675776691668312826151980538685795163887456933961269736669
8722204498574265207857339345005521824959736483872781039461205445515
6379796120302916594765746993415432710140747457728926544229966008002
1914307516320121147122336288689110031419826976208116102372004620999
1321164326070691988680286409722667809023807403593542144991574619979
6835571481367714201028436827004103443187994214361381197705387057702
5157767500874535392877472019654504906215944723770565106196759999908
5694877759391491159420150509913677419640531912235392749755102752226
2125932903159292020632274315631639883559894769491278028259845083358
3679986203533520206854605592167865528357649815669532315858857238872
9888822191559448037870908916485672990721373860536043712143961691003
8569517616028475707074122088557445480386155492999601110900895293305
6150928346650288039831552918890865902817664933855036021130100426614
0461218562027290863585170570520775006033082951809061933503365733369
2688723114598640046622373484736298028779881021471019245854937487777
4531159628979254055017807474919647784067465527903931955658138966692
5439286116812702860780164924717579476900407138384187102292173351889
8940764080897143188308922163936596875379870142040037849130127501000
3618935528646480423801407266877894994702425251395683293667201267727
7468876032284869428730134997355463449841082903990246143112485288848
2555246814876273994271498908989640658846538277748820154989400559948
6508510846581978619330248608338007255035370575267261626271208957748
3857078107167903963214061147985758927316520665138741418399014152240
8069427164153124841465750736716210143728566150672804848209459012214
1153970570484622153904550532054514086490834816933675066285207085504
4761687047642470629251984218234056711931759773850712138435661612200
5412914870910999681331855034567552502739480560945533332426165004997
4273699236895955712032345816444506183980944636812010841892621331446
6567215994708198176866591488326823185460165541728834534167044930991
6637484656897676342312018983264383910341875841362419674579946492202
2219798345930565636927568493597776710931030414113073125395642486638
5014555007579436042665449474702259689851026633743830181532607046636
1041203506982910077402475233657584243492598067819610676612549893366
9474579320383480118918046239934402048605474005397291988706489083353
2738462542597815237701653934090663961614181369936262272422063733881
9843067752648038741771906134560708695128829421341889432614115598837
4198430965061807992482485995574739758659791783500162512479117682205
6611245687897954672289441161207246221821503611187196038675940463340
8153405209319548994528013639239204558207050232815917711079086385599
4326625268337083516221862790696351346100018927287897223967334211222
4885525379496233480501745645714169688636010053871749288214974692889
6253474032490659110794774699550166290271429846508839179574390119915
4423166333872790505489315733714008430333877117939845502881051522253
8785585885276786724654682252601394142126380025151105253620202850888

336811671179131453518274582690793621433828736367147855025406183150
742638171351310767393576500651872257966213558484525199814004650496
644293694462643253534227048108735843865153165747836934943817561843
938910192099339207935917302351336134333617409378894332436367662102
057520640498600339476261177306597900717338435086119046672830919191
405487618249035409603611171758738428295310712978874130067815729007
187202852534737368305268388208851900652888992067114141756148218048
590301612699363022004245730365450630834445212718140481106462655021
833491808728134317000593894546477780717800755411594479566368752313
028096856384976646741642397940380978024006822393043975148776185510
146807492444313049368424027979663806970107218594446946675695263158
838285262613400278056513954164726797847201873928734317431956342714
686128687031868026805130778331133364970514243458619433993760383134
891953616522198571734006026268164233315262753256152699866044674282
100016307871335675641760570610365397244034349964075523914459700042
488278070090182478520476973060681827286895011123040202596546463916
882653440624513894380086858263099263707383047836303898086010994899
412575125614015344638442370874909562441301959987563891046520966754
587766008659039521526930724947593463765524999573981368704682383578
222135022751562771743922399554134549014307806588887145132813370761
485025768523236382933147428059668809646209984224762074394269002794
291723758974789327985624247296590853215947205332369490434027966266
307402731316432230471242896578160810904602256804488197247067993494
893743915075505173557882736746630113365128062806763873894435107340
477854284494581032402153026889267092892734321622288665308079172552
536648253192224860467190401188149796691897238390489921449906378342
247258297448757138716393766038353195822125838995005317567009552936
485078884042900036232460798510809447041187766965698527002242365421
484082307424965912899096508885363087254327321514159891816287567811
307051625685105581512671359344832178026783508960472580054261710332
895188363891032447371674832059178733650962829745596943462409255652
816656642813369025930758740440023467313737677792486726102625840368
808169386094183043542160512328994311377533910651173174257919038774
427555774666030406620099040630426051492029870431846013273895090998
152703064336944690410044571202235451171011328756403959370242331710
298393490082072739036495979673246070117441657434325499611780691764
675964746879791515572781516247306058334526364851289816778469808818
991132100393955511186968360232676578194608392777588773560940755982
917754280861145433013950045524655124291004911372885966068671895355
711890373330064908975683351650049482437502013368515728499636967464
259149536037394115496098234431435109320221809709359780329549759598
895081104350136062164200304054253525182009155876233217544217588085
941929940166160003634391015340094039861381614185296591895827468622
176004007540224052349144874115414450603504256362329696036597208236
492559421476520771374574795122002325330757727354406667254606385566
002002468570446003727540392329608743253281392448927596263699974608
198030761215869443681254346476005823451709865886875789643460227054
800708379004133051417219265941576156879115019134029748585051714860
817315609739898187117889639975438593851481271228565920278693528607
609610014500468628214330810028800342379908031603885040608297629418
230827838086035227249810236770590604646347730952402490251187179864
243391902530458957320390858507871952255017770376521626642185281981
740507340026663725152809340520811671011269698677937225985693349519
432693201259024230765182777135271884472532778020551144835864447823
011547118441835229325114932572698861749122603284020727778843300201
824351288952626434850401801176692189400301384623039255957312898153
724381695307731589478556460254890123359844526030584211078366417704
984380422727756181463614970822052978940468419642105195952976344279
449380087623752745873654043686032392568120396815397806203184411751
734063549646449468864312900565992397103980260552719134441217649315

767012502328215868291339917094347218601990614994727041937223244811
365777364784334202259996962798552988234835813451982181425675924349
886313315764355498522016187470094484862457290141545591894888707730
437495867207924838385743401098250062896166079971094418369987478443
956767929238886241602443690271546527600224939349036905471674482965
770830739242100152832723379609356923990338824465601298007919176430
314202194237399396437444250881398720311047330446839944062988196979
371975773532541936499970332980309505730194490517681341165244535932
990515291198614709570353745265578742451856888960135130446546702707
588099460903301835695366013279171879444954101560343692286480222247
044767586960903220968422563613405634836829717434394913450350154562
712113070691281968263867332213184044441497703738450944461754830545
368993606820580388987724741195238929242163746784562498542798503144
932995331585543002766715402629626516695809146078810174714306991744
199865847329040165535665857626308050241495588477533489852364672238
934163656532479436451005902522586321364641258499846796161843552340
352324721110521226636091573602713021329448208976614103780709193655
802622181784957122075851190422878000874592867736276332300969043780
313708952520766671757271829986143936555118371669223725419466798082
166668111039566043933750372807554514848068166043674678943264045371
156658637505315120812713275492053068222000525692985014308858791838
338588827226166775683455460042038732166503756308540835999973834420
318792535151098838338539003290965874054873988529729683799722936601
292312307160205509733930936050345903955144350530779986167924716144
327074762450851301978973869927099332578952464554750676366826464527
152555225433388053548362739162623925296676645875489467344757727335 6
013838273729005393896656592230598571048482774398049720583821115538
200989209661369468931771991114747170373374826981059627061291313996
060882187721485255788982496057151197409955071399286692015456583834
310142603080858688493271922984158950926435718314092471047051845128
758699884109287359028743120393437627985164110324412262926311001109
691495544503094533576921409803315676548064212577277675625253662101
808506368182957928716083982340214720353625982063645520085231280580
032671686683448151104637370484997348399072102721190358008843242221
164334445080022597795281797172269973237438645179469844576480639489
491833438525180428786932632752902447890475937940428598452749922277
972100023891121548938382391382872989931731194761739061150447827928
769110237647550252225717321948181473706301308841788981959816299954 1
083390244410692706737595956997119535930938496110286574076506367694
490893018558649870372897272343345722492789153260922324770228772629
642491769808030278236217239379885400503625715548875361008901145686
498282437678150512482820550492067614725271465218966300496885795997
677522593974060305110289858039626218819712821705192632230895174681
586477249400663476252399854173196026161036924195715977601971694902
399328727439746588043656593649688016852863977515522475999764941859
502680405006409698435113073797110441197918005746465493078021521252
981008731406046947356590646892418148391263600007362471055648198258
938088745764536277429937681358765419179735722961270008929684713696
493683678963525182303891310399263375859652579616496449908909552435
508658902553027859907755325901273060023553112413722883395464048657
778331615768298615178650924137474237208870130880543952259278853023
943092165956490984077060959426129628247967788111335332629528747975
409878835566787900429195451576744148678404482363922335095660072754
793914016971072318582441279892338820023779406397575365725162501335
163672644359159774750611925713016230090937345100474527618016380709
677370094376805966714229413589600824755383245974803932060796044905
017692070585123672619845895683093796806254340250957462165951887975
505779654919550494928671233251337556738716057356380028942990248851
218801240568679236189247556048248749553282638731464641642059885385
147743343317259129731711974000426498722243810614211032749924136371

337547432406296672518156579138643702562024303964790489005044298526
244657566236218820854094942368505732727377622836552938642131946178
526062604999062547968847458530441305937394727793077535078193557627
344106921558940727573628596944966388909215851327061017106149797620
538570852812095752763294985766777194759352152421676877868173437055
674237402436509635179971533020571431114640135864028290245151732610
767169202252500633762431074161787476243110180290133180972231123824
004466527025579134333864823384782408364150914263032146655473661759
625616966594331206659851276704614504355650567632319272380345140253
542128096185364065860659568650090054298405004609354853062062677047
658456432303555796213970401284145071551329589154551669286582783894
033915299223882332902538885726058492433074205048077496581896610609
181058545419793248020379655682803999261459692054638058771364903148
774404809112742816548241917457211102449742316156169247547908473075
166326609819523795676463876788253431508822081795667477147068016351
059647568318898324971204609208556997133757414465046934783022432710
038421476879322142485713565646283401032424128263276542081608944807
016915495419078899085838997387070670154166653384195835071697145193
419203744574382051040777297327360839324163745628589224133765386363
749550495430566377084345083651770046466463815328674448226290496018
468605036883440776084482397002567762132357213772691392393095925237
942205667698370439260789034826737347545283328576599177610125695553
501926205517993980215710312414311453023069858987010303589421288523
151506444142065284953493622024421560328509445445462874140740184508
573337343507763059426122501925255325129918634214765821403830797952
738737610527302639241822426415421509064600988318441525643072600146
861460116194913024036693824750171418942259202080670774549157595384
542378138860870217866424786028682455382570607007852827332226510563
344566490874361582295226450690960831695617260526525349150207041380
219034005701788311831237419981786872388251010597475120234906541684
015733501431783733524819386198287179971086117048195607925864281956
197702496700421100095380047388039200472454678730906292796860054268
202283888668402908313352076886505277918656290128921312403151147840
465000757126177971158769600362591788995845532035287764184783978631
665070737509669088361316739147668310680483001761136059412558390261
849754766696217285340358592190345237671511643133726006710559414359
332135805934319651546323178338090818578233195716802322563645435465
739653891585126961726835665295452993366536165073980298734018388646
124416365174666669893892482737826454263142720386501175530970761558
733454310267608916815162421264870580775063592788200735717780569088
816079843345659706100924240360984178262541720215278830719157976674
288514505877381337614484000839126439568917135693227613352816047973
256116480024364781339419493919981444634503389773048307901722189787
611415267584913782767136404814522241700976380245927541667269859014
203411158804515183793647076944899216519582332638281683336325513023
426351694440084457734264891932074127715509564322610386891038570095
852192162848418489882732686554704236675275075298431229087305419839
504408942021416678082196809827976707749289849712423880933541449510
829425629732782669230041011618064786854216339301274558922324247867
491607615769541168830213454217159658460908480197196494872285422924
913322695771899106521926823520973428529362798860921167917076294858
474961499783598343087200700477102185689744126172310910355862262499
468390249780248231061077389080430317290598477045224303210033049575
696595575909808971877355132748296339886457187784691064035564489612
527351448682310530027781884310676814363488368688151979359194805864
518378586597310271207805878176828347642204580417485465272557925932
127542209355067091521746074186345010479544484728043228759042785327
989258645322429852338633257207854943441007130491816007509571981783
809560002874758275571459591214237982410344201199042980008348466798
477917366763391675598123307360449981783300027146207947153962607424

019051778269682879307334273726355455968205132147577968851655215785
638215061003757442106878698175908797231054718785979450934163531730
971342755736848046549368460858932795193878054835351838457955127888
971075385264812591819795227144673148897830668144129480904387647541
720328836793153948731927842820614083782111123855185925737202642344
646616985206338453406008552668716999882546853183684501164335422424
676631974561346008496308560574537359030332058584604742117198315800
728930013561157562071742314893304796447468064963812931642923523581
139029669949468001450688385729504988003174294755623676743764994243
612959018878163634223194934072584973173897184738742749355098506472
696968441265206780502194204287610736288893858850387324568556438816
578846280988661820320357823033380099305913007233341323450960259737
460520043570998600298145509578462832001513573592546027351596756441
636530112264712786403244824007737996917646650602387339665635679340
398356568072219654048851193224882054279809129711007700450022775461
206617166915591398097656598227169631737132380233081894643812813486
645249599544573599602734037495319810341373545859961495498360917612
628539530787384570759463293037148822519303817175115438350026708995
826545263811037252548877439260135406025221454919816995798737164535
132550990520879677994407822530807758169956027111277585448684402760
529394514288800290953802848541101226157784149158140774999841496292
240198891308317859666915388229009946947450247844902571367356972639
792830403286063454681985901480867741408921089040105765750311041922
161494187431458784761367147739183053531438322669545383299223940456
133606017821411886509292207929496640912160035905115388056492162705
446419123651890820653277589199738922293901200268232222369773672330
039382172367465305265074391406830947473212603208840098990148026780
199482685855351480657053914005769345471367320387577245130697596060
567953900372658461138451132306458337250580531679344725994305521750
085317786363398194721774384983941664621448550518877066168902788747
419777507278594616784819648879238392429701230219526438487691711692
941913676453989753022131894427468986445119523361135808699525657384
995132272344858932311386797831195178438771350648230787048299803447
155070141882053104142668229481600816095024682359788933239467695015
594757502235926020424722638494100311367044097453658610308012059308
927527610728526394257529284362186377642535427818993064800665696367
275161697181990722601937571168925947974476124876288821798650136747
507500638323479883964977400488412357566686571614215831108473609139
345000273200513079812815702225616906552683303083665638141347007081
942216648482210415934349190820405640859522403880037807349261650300
231717999314825929118003774744659501565939981386238692869062652382
061233623674596407209835077011082990790280690341091750963573145618
231904447704954866187160692280303501373595224123316964183487990807
480804086899822172755131619587809677521653989830962034894093683856
539421196123081021103471051742416434655171920779277138529506026751
864243969265536723344784100681455951149036782838817570535380038946
002769070563127023230141413066316801746797335097254146260959957881
594107278065966542285301608309809482798087779954151330634185197787
230301266392253999559413949621100419546078252067442508032881805033
938921875652444516995541376477841671637307558479723386593926352240
182260803169276708468269071288406191974911765628699969084970730823
375647797687484667530526919298507928036681821437679607305087380808
301446429759825417007864397304961083418619696619596322018403591635
634118435818598205141363191530912517440662404939092451358851907627
068893662709905594646893766800692046828363046250164021027437917854
480248512861821612512114570003573467406925367903689095025923989154
817162254182524520806003906004061554058929077320687309580061749971
920364712097884192446667092044497498748240886590526693588948775257
516401354367423792014530722023535768345446812068659513932726355927
699659957377744110379091071568358658465622085862107139549354539122

5673280629527519007549409048963943888064254557072622115936312439491645972564910184257540822004722888846634512803044831901784007401167647739561543647139523558199976935901084177521973362030832625761659684119366145853311420753211952927669717042067051859842499762834604123163908122790890056023914727625472304465613738919348291198454930609446294509615911536755252862610591271212204144684177497818630501112974003941119350818908357333290551144074304444675853303908198677458587064667531058733204448664381954737084809840190145711080151111444662950746065233051734594525772575893078637007195767928495422023913726568259931838496357371745540503873578054083223542866825098340742461917212410659284052811166200923282960301721363849285104773585298392087098926316984358857422063744579956105414437052488223358026756746099254402277684009359318177750785767334532073118530837973695738202460474500960452405560064156835540468641810641559159869257448903034714608636868420714152951953996888639944162985012621982654789950631292147960564718499931339244495297288337833552253066560811391115575999790713828924183735740905193241180832753210575834434078628766429488113359530078115142595782796409283781276316746885253232980285679247320453209385421015807147401809479461160486277678673437757511437592333049254994572062768423364394693270173361084440187565356931607880312701567743292110954603746698646305896432996195799083916388510735836553973586858039475629404022863520963472170394504703852571085313362447545420010525967121783578746333594165923235625703933128018819799348769808508853873790156788859249599338041045070956681978068909791304753127014469119908171380579382353672715797874399564789154906407693819236783667232181905821363990349731439811967421740486606919650658688315134834018768134679042643955738590065483758071528181289510741440960450170439654853590538278043481358307724451600378609737374314721794026495307729429552473216428585864193133904622555731428767902253344787868856379770932207047543824471370721081728072621619220345167663856985421460029371066131784467434949460342745909707794025711988737531399123813260009563206368236285830789874153227446212759179354631214921585631006889095807780605937282837406604517338147569406689687907446437289032404571746893162279915260767008749579463655298108006056320535932346149132211508186917115500655666554774549787559290607422761924901312867775801342108401628830872921226157765095221015080446637440329782265047958483949290880913783491105270189158666597815395224336302038194307797221007492952919014175775251699297714793500137189964488911520647362966761218218393084899260246004189915466997385219675672930964342169889806341929533111660152026890675526392510810172592947411597057246702083623791445765730763105504694796613415062949874761664184570782385557437047474057201870953392723123250003365765441821501626602351718472672153312107509640158510189813774914265452998666920870889036949102304930463034175089835146799025697287651150445102675835608349627733345414395387961968611228627183777026264999954378975661863845224244739492492150548510122167075552405102103873300284593613184584427867338231426176973563642708421202831884367381928347131950871731221910120316721141109395899922884674801741656760993787819687707634475970187870115363507042680620343222196248189679109056279926872063157344359507897852923069671951104333055667838495384096125277958389105487968484862086797174930084521443594253462001124108426656675868978082776276840134698294192958020330574004749139789710591226422104073255789131404774670952163373109546710714788243474697322536208971843414016895152093293728957961799009745313228076318182899433189695689530472370399538905839657483550150819470100336494607541568093909482754499811810031151431124371620602850821167716052901503038399817787498619635004890805220896906827949155038157223974665114420407121328005606536244601968573857325813809450794347406603605435911681038547455413901005210856826964174364592697573011123142761569164064382930414419125809700 15

014762604508430299473977704434060255848315518370986210437182444909
324499909412396968072735574990974754392902557984797093482190328085
059102331850565958856934103697521787966167710423049423523510863007
281287132147932780402066461426230078561408403259834892557120851189
853822385136209728791951877465064186101050110001523921401988115501
033319067153914966127363813534906201898801186062648881416943529275
130201207444850693949715656963700528104436457965400855804416248425
718544837208664333866575252285810948289217257839158191476913646032
684476202255833788430706626820136562567060429166096739937396333725
598175402369018835353007990159396724928774572310017813388850629426
776845236106426208547207080605367376268476687684621043656625525457
715582096848955125604270948386990045370602363886713679104249114919
963014756467260027940693936292085268041593916556942831013701721500
246134125553880321201748024661994057160259811420538497330990958586
477131121900577851682135465676925436958683955395922697911981510567
862427873863559696351596525780100887775161394859476530289336591762
402297065783698536071100495347567572284079338746963969820527548854
138638091280465567957867380247796245580749357238874918172010300891
988993237953392756249295143063917541756523620565537533747840354751
434991801696242127730575175317271408992841799710543799766469304839
985765697038891618026889482866498396473822403052368385787917654987
361628471601522751105553564227093034129063412140503747065387611044
057631277677687955828396936068797492992473055757014507128648776037
216713666399647951681218150895635932214508085348626452441380423193
763653355274835333215583412888866477801396224946024358430223059175
741552754477847166515158060159683143469938602241167033961033143444
142152378121270529004152968328358142745720548076341739976854032114
278702709946582145669614204935860051783203074959984999453677596390
154433298372959877021587984045304241723688539565431132491280016688
614321335901814598815345115649693087226879981544016379036258474494
027676223140583830246323278355589704912287637551609935228638759482
647092345489660404395528296934963273296194539263412540443583064912
727969941442577153786602121596283848008077648600684421195128428111
186065633816275879668504679093930302438194147134504446109962381417
080458893859796343824476120094314750139145110290353458464233986653
377503403288751178445621701907008268753712348942548452679529059672
899114162168717207252789541303662531312161687184002908491401088247
419290331003958533280903056898161959584146403500881838354477661617
640834335657628291603652785505334292017344423999129821560656392333
096831232606113498474590475348175724793522899893500943495075396373
482891154711017298440790711638488229884179218542831749857560164435
622264612259464028308647766387359459884245047099086787716750091393
003821175198111842564994499619250193938047253373994593337731252524
630640434299251006362772644042522129335363983888712558650282148393
519537829121923251329550479427077479817573069098139817583642674915
675638034024163503008997458846644559510526377303887533487344021772
585481657032600335620490417735579097347598439475995845429765463674
121075351507013851212617101709438816386818003253445607801138931545
723258763168759141418393365682229624660091462055145978337911564647
926663543627823302548582197820709974731091603511064700974874000731
522287664739629127786218446835550020204307191420072846279018318639
787025702772268782391036972445486411058889166911105922029444932943
627035413309880526880087934617095630484602882766011907089407300282
006643598669430991288386695237929866628178898427269704888604473767
609420261537717791790967751278719747104408091559906791907723417208
080859904286004545456751422771384737823411005311824430632388715284
408626875660506972347847736219620237658441103372159043811894698293
130692861159856453139893139948999833404400924228379125175552174621
891287605139468988472677187466504785270664362574831916908491537125
880541454036326747869539649103724005746130220293199503101987750602

8802379750025521574996446424533498859159093695439580845280450049 36
6398305637822541056262416832173011323746636508183215513904980193 91
9962514820348523360352029798922437731111500916585701032600353644 44
7517742469891589357347056587514976256326803969581696949039759946 10
6397634323054227213087624668573467046062234937841991983801309939 28
0236522741919860542642497117922820503705375874271366672714855309 46
0807796290809358385465468349840363555216845703430350063410235028 53
4877663530471250688440872326675905655793347845911332126078901928 69
8099359636775783128957269704288379935513039269512405891998449060 46
3192776299056460394768756527761889878075082021154853642537919707 54
7290711263442813605992811917357099215255551980276056037180905189 02
0718577350555232713913962501594272539302371864450176617835950053 67
4245283533462966004008468072728533180835272486343316020649687387 39
2161609559277707472091863836191285755719394844572279339098413065 94
0599965126384799973332898272447135236300117319458797298546955749 66
4148606783193641212157264534076580706689602531854014782487479728 06
3120191667380722377639208723247542101321740219317052468831195661 30
3656707030521912378617793925690762722384770505239270622228374942 38
1430610344037798238210887741439631390151070820312754566079546433 71
3534599280628719694697255592487623405608599760254233805356029198 69
9095607613736827707044286670464122474056996749209859838361282936 50
6774498024522167809570099379281101073932308678935464775565148775 07
4794665008756926950491325561264280600598839499515516257640827798 16
0572755744396120181474978004513217821297863743751099747673376313 13
4440669322169897906481415224596057960363749293853905804580982603 55
6819528939522166957415642204303664372299146967604386441942130136 75
9001693242269349130492467027077824818455231134611034534892733150 60
0012302853833423036382471550255513687456321669366560444146424555 69
8182319274119450827968870469417670296601950745024985165298061868 05
4638134752514384332789919960927108581220089357662225697993598699 22
1499254647176821012765199595978247005014221747545861942960392394 59
0928828418146877484191361418987382812648355343241016964934655262 95
3455634617083351095016806940228675056776344571474132177751673062 07
7821877064922444475208280009834255704577849191916884176771786886 30
3321268954919764573940753700988371400487025429260329638779287543 77
0695604373399901002948526381500326289972855113010369858193267448 85
0522284219180545540822774752760746538989050643747981698347177749 07
6103760062828906194576396781299288020027596729449861547706520473 21
9541890296708583780605695026885991520228616831779318138111337008 46
6482823164294019403501667489299392408705756479425131999586127833 09
7352653843359384167524753096842469778191862434377111559925282827 31
3295136978782140742545163126864523275780821743915421468894359097 73
1815658022057964044194212253701479918927885379033777432873409551 17
4137835201919791527965001393868848556937474821612927167295727856 38
4738632469385840529246749040224134389518832380107931460183429162 16
3319657370015979427390045000638416513145176559085970026470032213 02
2198522497413915779529879290963497289851176018111374469220942531 031
3138344961355993181788354416471450387855471665976982467247974403 11
6606061989122504156909044764662457128363820616674275647027759689 74
6278418105147670135804259038575306203657293784016491669482713592 85
6927354306769178867000492202732316264040702550279562093496216227 33
8619486811060844935895601787085883133844172887638909315374072400 07
2802532562764284026486565019686979744304259225849580474179227925 34
0055252474495023408392656172390930942300609366303234802021086788 68
0896591816847927368330143271469568445704936542127385236419762748 94
1760376029752016153593894487622023573913546834272594628295090576 51
4319420959551607261274135359833191841235784196421342887256687389 70
8438311410465856003768822032463086565154107992964690465777065237 95
0534596024614940206156054484306437872994525822626360919700634234 56
9581210810188042948513682867398521325345198519868065279201617538 96

5618411825224252968934634983238786265738322488214671822123921614521633252756700170428939905246548258778512412518561257886894555316654975464304753503190355902321438128581792753398401246082389071705460583596058677199021834652830571868277510762506653709452988830211962730293185889270847570148568998529665057338471038620599638943209413359577964476992214153786551124648537943925407362192752468482382849973125718645765551508695824151349798157017437827336637993430650906064980929838630333539425021822566381273209743546622445887643499407355388635877067206336811113229422983654052688215612702459628857235482642183145461433191254583311812559791473648401291468622198673758189771951882327852080933278280528503438813801952845546505139324690269115602676843585443935076285667261266508394535898309320803700107893243658291550801322381298871464809135644029247125244100245252544508023246157822063586871671105569328543801624683461967492375522775131051001267760576438799157199485970651760213891464063173502233846434583948354350279819027287973032028508468840198759498703781461796686462875466703998963042483342254904924467013293924725832362315311997123989446217658842719338254666216103821400699023027742644385714175745879439789795948158049729059777726218748279191542139015671040424987960383839873080715504253039320113817262336691434188476626755032586344926729416355440616416058126006897850489024654095367384485080441994812315226437778358928010770528723579813191764225440790262977522329943162440568228240489795858620420959030167530770098412550414395173705772057555508175512601790181200735133417723724762208120008604407951239514265989643403764245060829599666156088903857106846402914127173765715134887944642689107694108953101190999299956309309050352227772332629147014017864451463531187383784955438825008569273087839474528749201768864473117831041101991600631498818929990610152778168708421621381839557079184051198067597769599875313775772688789108864591654468983133474235479298051910921514683071632385535103872718754467670829529749053459537652593192516594514793368506381679734786636883270789543959667729832709668006279053959998294577731682383260738801806541025146172162886788358706619093677297966422255933690824586710321214530157614065638488320462046551157310033106271776366327253551051140113729479742423417996595373489421421400236584408113388319761752550589009245453137756058842247628652387606272469903021267047078094512414716294955702704018998666632017984230055070084407533279625699917718765426525703312549513970864944719145272944883050946018415295562514740409525798009901463383797769021293940853102488561567350606338634923684489507528233401007520258283062071137190594267815521410921860570542096103071329372555368225794735587462567776516453310929822876028379225930251318516581337706052092108657561743012334289084699223497351511631421745254267139789248050025172232090821245741107761163535916860465237641185208310455600513909589498730970708723111425470231216733203810854809201787391487934488837268545689214877830390016547741762281260580728355415331369007931396300063769702007625350507261233441510111428070936819402236989991308247424654012701940113222999932048332874671355383494579635836899288623290439722584493817107725905803949716259506636916042428812825483869715966530554742543545597343320165017471694261408641380380466595322388060995968930493981398914417781080440177680412631187307038032840781365152378659505510087403583849737817232100166230527219947879907436057423140992833458661530302659108802848943882627192860592688546252611811506554314391860473863832014952014199240165101739767409226043254842945659258581776899771652026749864198907493364258824303008229914088423037033492000321094764235749370825153883596128554028571511999684121309513297601060622384467853304303605283324594771517521109132184692968901359920399067517466637717540893162635269159223166758528381513309573351829442340194857599928875715896113735250073352994468645177277810729355506620011166278640684583474212201535461842744

562778139563100350380090185222039972627590546827269914375360065865
512634531653422399403325698761990327001829322904538021646980531553
098829533761896730953445713037712859925458180227261374655690582259
578692098980461167400939173233575445142418155942790416484050121752
751116222484137648793952894876891106208346787576323688199506508172
349368185004920139539693115045084063183316979565001151633008378271
107497728604641519331149777186200581721183571765889164635570184488
733065674121671104599185285061221968011073225482951877407666997960
230384720072533276005946786952679051431952573547714111157306283794
871723879901011073719703379511138790244228576611951347093824055168
672986987094588552809896555090500583947977681636213599589645466936
774116795236559330196254317145982816376377348304158535288710628200
928673451317867057905586242287769770380335867189664400760452105077
801090263740143632780046286289324312169848956969268126996557009611
629781048808333226401158444986578869198915511649877595008201165471
079495476162725359744314069895014347915521487018052440688805318244
505486151055750824583348306015305152714103401346158717620493273768
228117936382237726367695089960600576457607434908380867249533034011
936473642216403187735017426283830918160337130530819470054814566633
422929439437912961361179742997959789822201838204339375151390081879
567578084988196711699577981480046861111020299855976962841938868761
232745152462773308044657336954636549384040081977760970663913237654
253918686820356685427661932684390288591996788147248350231950588774
756415910641899124069125309416312561954109543530881464234340833160
970495044930981167353983129373553934118732008867086710676292802662
313136660983836430756156824337100324761286608742139189356752130595
062633620498264655008206650187746333184048109653726939935499250846
093222363891818790058724923861078321577979026003556222664391725444
460628932945945429583100156730055075437247426211846516371207702459
968277475890212707746082328108777465643762205089221176286259492333
732230679917615024643599135638162060740858439742513315938986338310
272411438507532080538973380115912508795623407291394530386270706817
801468194772402893961722164417584863020451648879583761092985067605
371677640104122787817955001823319726057461761188377946845473203989
183811701977866220808018101648347143140329254503142495220082111433
074466401362422531925987509157512173913243296534940120953928653470
846315882150495516801442870649484831563843727263048169479579203556
684457786382972288953534411852061006954504177044547449259708669886
360993447006199388647273449927912722231658528362329253648259342107
355249952854844231273220467471078064243669958423852863743227324420
182834397340003224185901923803059005872229289610551499388306141350
064936910473902129154397749453605108064872080131190490223110707230
770624283391952893722091148778390879044959631522298968270822053048
965601639594558607553522222159573834959609286492041366112049876816
520941632691258940484528222903607027727550910423476071510260847037
204995330735661652016080315883563879622431208900709419217345047787
877409407146870679225942590522751818094928229533182148904042084393
337728589025366508426327725814394860195937648754924471152085966166
588308595533616071705852042479775057905952120494899134627373339351
797353749095540180502086242529471556100879915414706965354572999224
070932580384255389746776351480895187698836463589425494284220731203
645100502716078039833613170002276335732205805047209990128777689353
375985741664585200763921687804857367539294950338409822939797065831
425555392829591922969806877722796639729390777908217851732476108735
564189670849418232302926913249449134037576977880000852120689948851
950118704243081970477677656477051666007382064988485717104832272345
711925918065271167048969229098580751536275170955052842903922436500
482488074481318574364656698445218053666467548379873567916422013296
190351708641479733715775410615161742404449579958031556111579103087
313472099035301894999465821929921964771056882282986141014201946390

542328584438171240836332265624325123838594776356730120676441085014
753981446342859310494968693638264004641625964695149031961110485447
759191706584392706760240031145212717647083332009417568873875947770
632409980920684630534774332419452200217630004662282023808277804197
794933893918898522440855068666909872615099934327559421951361489460
327548540028247463818557430386722484814571204128940220014152688477
096246122211499922887643919191089940007645004267363603359564464427
081897852741770774513395840957604462114327655989257121246407049760
606889475217788884675365773130888483170413084708302811779259466701
208771841286594199018778750963200281102375514363561230486554615329
882829990461745177485814776012313343417313877109055770936706573655
020317579004306722930314450241991977428096762212425199286327402583
704007529728174354804106393450637326750684346881838874833235411216
634188042412330340349096757794165377908412586879828861032352788573
321553381519883058804585315346904313089809636940664181370415485931
496667115981308994408254571535523006525082284961728723967465082519
004532455823574868772006674794971216360282085235430278386536117112
453214864879424132133170085231543372774607680663766996188951228804
910891117659551573649847388606952471668475237514464152133654892467
276122585393614841651438581869173841675434827813176631429116937855
646181716609663402912720536530254447638306533550451146415224708651
212131290099900196815169592152430391022949696439063552199065139432
163036534539747151573501445915609700314795373825072228643267911802
228545445051006686838264972907481325848087102088749505142696429373
925813677184169065452156108761573780205352795800446849136136917468
253717280353678435036189012457777583386467700487187551541811503714
129454911427269687720886195290311000652148060479389430426121125047
463622256753934768192222192006351687668258215068279880160735706110
805557861686704947486404202700061440097794418761478549764582395624
980544495512570910640270832390814460092511777876520638039371357117
644763292216214126564837394710745132290507372055423326208635230121
119230099328216475364369237906325033568253135543303478962915330449
231153809199575553294498705280190335116740752763665598147220612180
438573003072978792173568500012562331806742598872401099689698138523
973061919559283369486119032394925359441583659581613839121854119515
199265507043722245110633671266896256727586677388238790791336450938
651172201396285944786544296218326678451700202781884192400936490366
272357443728744856331087287895845848235250820156274220792392203392
045082819462261529184460706197582285213387796963236786401331304109
955645374774064577757684903513791673253218265004401500646241636404
631178277966053575667603716137442026691617218914299163923048497382
542894221998545478689482567054577120830606966401517547011398438289
931933635228885729811548286913596032428511636219222076679819006388
404842715260865907155370497185933522605711810415045793473539632763
998872325606368960841031544136421487826119285418384995743044276868
385145914918918742400661902831447985922644596334799531028630278018
311500893000765762808870776888556671136106186168996249963879937029
113619500621550959100266394298058423177896496506627565297834415149
733882552363364465203622013216280321350049361959750702691727832370
138371576432302888101329633287393824573874624509689508223833084417
619240847605102724686019144743039151080377748192387105291127959055
174988229390755127440803641693282921255378008849192870285467542546
669735739705365362454007222398956201306760481133915634972776056714
496409064045114809482486851179621640442806897195762975356223618168
885002728569433652880013184412121411238983851952785119481467901665
284068838218695868306612959039774599056148703612289809841138200615
859142471286229860041718906453010082032794088580385760890512269876
008642460648269485048618629651722184875183556528814663127523768706
746675269172441672973545695673316677184928439431385995773850485061
097313805782920944994446323943060687595811900386026190492109839871

969933647463311406629451114715205569480402798735824309185973826397
713404114160166237752693577223614775634790555275216648241460998148
628132876631187524107417432987436275385045777742542057576627393156
984043856772914383783590182351736877088048034374286323665907452288
539522835778681347219537660500846861989626330050330936040997822291
481514752577183795281384891568049192181238360412271358296116497247
108026125459205952486511422783391156497546662744867185218756181629
471196471380668777153608541786941838614660748536539552580901696623
778000065583681884719769824445873229844530886990299337887795265719
728089915979394193436752271866343782907936824440320624639601866990
497231903150243625040813055353383065316109237895273339143697925936
907286974042623404247587033791700221492583435241015718645398347845
451758922412361367352913626017121554410849303321644230075969711058
854695869571172632037985137192940144871195015371587916332125383079
389694412746892273986101183720851428693197150286469098732848172073
873815201591163794512301010196666203644541295629190355481051912534
387131600152412478550452245480417085800974416436084037596380188386
074895352662695035328164809681679448801761593992935630643145711148
351667475654627759421672537822961337952004829042288165999567050760
734870429085908499684909529491046326851763652246317013487998937688
779842092948512962785230159883015336126834299177661463925494770519
302050031055605493677633916328395389557886997769714313544610132496
189019170570120182066702116577665414605136853434511733028437410975
267518355759247185151889091689894865760416453321241702808114846759
077301327254794609415509728678967187961801220443350296879621964404
832788637996040983882536293823039583969837394961017123582184217743
974270364691125810751594526635546467514367886879782290229559947715
764306712652597185561511035747661042096417841247683015840339793601
121187811200823174503714075700409271083743540108919934594983756706
127409717699213954110952101250839813654956204515024366843113398973
858736113065124745242321542571509170983114140086026489053937071277
441244066907683167085424057300361178690524323205442682356865003270
303065015077480473870024026729241448002051530677327019111454898739
634929248920628971290478304492685380028314875358105997056148380692
737300968661098886378902955732473773218392968237265964099999476679
557605307182161869394599277816445253696965812245009356458994432191
727916867639855789253996966098824872270586902492001784902712148635
395532805946828846993357856689685299143803410528336938389808106541
631250749494609447408886469083652165710685290293790114001017104187
582043926198243372615611135685841730762865206310031274971446997819
103881992609016646179754069102972565847469045071925244946583352764
174639951788616905673265931633412458545178258082449007188501785142
887176672083115995559292672621178256119044595069348961757228325071
147520441276776575050868936709803366686786798668095854516356450456
7000982821304671244423758025533584949678345502763107561618567611024
200622908622178680112434591564775661362731079617325234681409070011
050009794586345724419026620057736717904612327442085379760972626868 7
700946422725868500716364595723606381633847494349975206543190488268
758253505156910742713458684179456955827177098027528168620203131954
435974916468654922876308046662143131853417398650352264519025805451
724237931971335479894431301843024011898085682842876356115113592545
051759006609029317534197237037316626763104552677057284108266195395
396768023500467639232238198895390409926916785915668921976462053713
869576979999088841317689151137434627023755761356023595321292951339
330688041066225809559753015227590711430726120998040611204959544702
529022458298103260460366610790784614562477180721220945378224379608
920847836988153399857843835847623311114552944993163589565451707434
941008645637568236524522552890279717199986729963816213783471325388
298076612871462553478352971463013937978843229852958454395196768038
647708119996215817080944398958038250707113582707983347809856610300

809248363340106643785171705008672856057256658249006303816659250276
035940142072432533503290715340643720991049554417219296172851893187
876675409135877109975306839422832961708480658343497111814009227825
302615934813947551736035584089426644749330958461998620681292484299
900690495309560199167359270034227705807772579429891924835075000026
253575382687483236342276724808711441393032576445162636301415773729
913585526476183106154750550543500397887915345327702159604456635703
067706610019201793214017147969716738469733339707056058598922830925
312952649427953618367607928799401770860176084753039347911247886123
969453298233627503274176462432178205058631210032808102535309052281
121335769067348278937719290836686403502827994706248624768867044020
859538534724137046928259372275289596415597499167757872637009614379
339091219386991136301973189710945603730161110976662442440018178065
055572462339859256865538611682612704334070095180088689713989492131
948076545616095446512264314966934969743616983961687411240926925087
916495101225186752483635616057123486384689279645666764934846476716
504656126699086548540370528105028232541582319648245828614979004180
345759695865716578935991202692404754468625626567071441627711432070
572623204570586425486485386428718325923588272100501781925910321862
102525429061064196493219738482292467214508802767736310025106146589
875281845672592050079006099263317935029302633914975478998055915983
874072282012111603184744607313092642236057201406831874074143684735
669302813859684496367816355466904575253185482659911617918864750699
221326838807888021781507987526270959165282807676731436874076260554
027715833284666790562252441503160456864894181125999979503530707283
995418800406218376904052860463782206835537443655485694778361506263
598993634787027909030997462772184241100176482159012705671182087668
782275764676994285411305424284697967712936556371908112434752499188
941044238998876558149098163133828344398678830561422069948656437056
345681695102097143423812653705290231148917416269759846890675493815
136882312553178553493746115050458035667819443184768513482917267953
046515495980756411689982379368626545225447682319382165559881689756
544989847223360804023621521263789857002732047970983507338475588088
526560046011136366410695357973449086862143285777692977138838668754
917368355359148530578245719109983029831395137570525256209580954017
897695413946151720261764966079521063305486458118903323277535560804
209288079548131044308314254117564693796449370088051788439064650598
699529934562288497813679005684246906689823480376722839141414639383
441970505255527456615243070311689399586409521846800689011361913009
089342682782883757056395195330125180182350049293106972725805703196
643197756434141864919570951944115202257960157942174332998712495398
481643215884016823180156768220588903344340576906238372620605419470
830269886808831940015177925067757175174593722384717722050820930704
159311736220200038813060788840091117739664188836733320446529646445
934419768596428126244512562577886323153831909565428679230834512402
761688835965251028829254701745885087785467432335413143581398900523
422703880060771431783425266802996652515958052673968256629757854112
732459999634827193710570217727679088300584907363364013164799368378
780942754761608277906353980263547708948992177734451897291008461649
056912644584004920708308526064556605541887941017689160277283372571
529263391248090560002823379201775264068935118044977919973237802038
054845153464214411215740926117175317752534252312656527895654799495
249996613418668561137172657535761612467563936363465852902198835935
831392192491393418642454135934428166038405794303405858305951612584
120866417970404500557090151031427979014579958567197456135453537244
757325971762416221665609815477651079243328459730350221418019104377
848724061746812837199614628391664253480309667240241178483790511869
883383917902679307649564913279665781977169564574759333133134262607
748971367197005879051641105756086803903926865826348706345405515763
139861676381077414451225941285507544942159529485739898630568471553

514877119332279431038600662876069707269223883921101042205418231418
783870028474888838905667506331222092051480787061361084283744060089
044614667973715826272029111684229324748247891789685877780597760941
818644316340028850264536445513550671213401188690785557499410205012
020584369359438338431421187984966957966712318296941911718158049435
257952406018375850997934371130880264021542881644344306720286303061
244985371567180909678367412752020111345413499839171111725353851702
1
424306732100031441372887105544078958247023764904752320309705960620
761202742331730176569032003677492694227330322757762751700794150691
302352338229522938042374299195531100137570087357404896049301491001
310514828563869984292941736475578552941533379493920244023171942716
029023127159436936461304778015704697510260615433560235322727132552
378164940552536518894649839034517885744396354358013434976027147384
385511984781089286682294577257535978429545434990952690776186980501
260973242575667396516641860943350384149618387370350938070380101695
366304616092407294362211337355372256317992452086818271670641961004
506900017835172681539217865847481240698829943944692847539212047696
704008917516980044735013401137800552105630498825434932067996417341
838113208226066190871983360217148256562393710727708004426030257864
375469141406467379988133306274980434048884443393728585142092907140
6
931327851505346968127345232046363566630091702633597632388614244380
188240491008510158252293256556727930099661715167571103702279090057
724322645193485395815336762018043079066346938595228276348528073739
266954153406812865943469956911804724376608938315621924386564103131
340589115080721932867391688323814944776071992081035475388423453896
732654849684408063510671575237120307503288768536916612388601773535
404009108803958927512100254971669370797871866429220140145588245623
424144670313230350128103244201632163057653771387099052725968494087
829811861525888492527218603289522182402628298323270081763455612997
145774658378547242967461824664384902978653007763159379196442547839
488282680655017633162340101463270947259720188233353881335302545653
904634831051730084970426153736764062033013790647873873712146452555
336583558282531298690853960026366890725505682714100041735228984821
717599940268074649141888703063814711532964678955931808651223026636
997204711317478634905277669414273422723279580870002598280525801378
538783200311808721509846232270743162776152941280404273173876699769
554819153808427735709328137376056176693707288061211955806890081599
398264876451200332178564869843209063760256299992888973076124774122
838326961611075164891522825064454626830641722718033834317376581971
246395144787832000935133331865522233895566025164708101900224467477
939875010877461626988940950281310748569751286370900657719141437702
967548562314383251595038525173136644265502859810576418370704824060
732078711770552954530969818351972929411541825195835308336347495599
789876319942510417438087738564230771733254051976361123906352198949
174390525500247755923939446107776141318676550924068922230286443171
562375620553253594758883418841103183260566160857078012412132972749
166000048992747414021583437012481574191298877094711693311104113046
464573198787106957011354876601684723955558088729089717469122036925
118972468059171125745739439114565180610608056378653089578477353911
887809522439697800184582364439544824465655627892290237229846083255
470549406822187880347317899183416054026859967487218008132077885533
824305278895252897097708026085078817526844197474750300894424270027
730324729381969579912766676269025359762295246233268788313894840039
368170446872185101395713247675408223230437822817504981212218492381
106072004410173724029200225719476280314994515478334470303346453163
731315274916269277287196580757976562490296241213427394749494996058
045828871922218243736016280861644682942178448664330819416549098050
350619393537344184449884818559504965026322264508622520870983941795
161372926156316664116379086259966195848326953820640610268251704049
489883857919242168650982917047583952932601194431057299970094882000

646282506414298088578461198438509317434993315875405684618443087248
169038284969445491491211283899174426980355442566720592375940150852
875841205623818670543118901668180971789190221229351887427909219551
551808886890313447708457777145492835784529617248746573332043166606
413022240780940992408614861966164617915731781241135208581516991824
554105441256762164334410701735120323683692247023947522319864680946
657670084414776271127818203706739477302725271299203114384513520199
463470898105814668173287078775610244204807475308420410443016348726
332678834504450244842310917755167367076052841051752145229349324802
842648388484690020994452862646418420347221657095686434779811103662
204260528403203412153418624039613679265397630572391767808239419738
793739699311857904544687873150027991647682588517407844000561270342
803131241594006256008060316896796077526780558515844477375732040986
866150895683261795987193471910824256221882689002334105397189176036
305647134218859359916610040431195689986685470952963076078686347518
088766821399004676927370948474866326257852632299652649029047557265
564262817106736122779326818851162138242414638514198006184825602021
620796477460122499966967228685245060285138006176482634185967083763
616017717878758478721135242571274834527649231762646257436709226621
130773355520568338605430705415874024492900357561116555571699857931
310006819332853800182877747232509141158198505769545095128707200576
522663427177149957535199423758520108327557255910134198306611780920
840327015963024197359149660681090192953878864962912091547913184092
762346231311444102527801585364435130263119592438461455078334368713
210905114872712309587577971222071836071360236141627933630276200661
513014317558424364472527128448286083347674941120679990013473193190
469613014178604322552671008309502966151612339140072324812740694337
484813194585701844194851954609071396254069592655653623192382949857
221286126450946391949541107269221906175681772129328239509816329423
697312472408434620676415165837242952236930174326841387410209413223
159043112309008559178089809863981147242343125977273072587496545079
884608503649403556360642136024636725029758258821423970905963894751
585219601005670875761743422200688184018678289640797134211987989424
200542623226391091608083282217206238321815660095637661311507035253
943137043847640671257073659863704705747299557705633292492870667671
578426397484164818987464420627326291809186345695140821112621118307
784231880550483902301823855961986897258663753836854851880890027567
239148796757475871447704496390596664763884055513983208511051808694
673344214696438893651987429294500796357933677630658354791344094374
984874917811052595293494608869603961792375636352705682866323356938
754782849604914955943558112337629627949110896272845630669590312923
738949873906464548234526530112459709369166368198429401975703961105
018093963707677695746134167365949186840715979940977492129514475364
355705104049071822680477534689219219223966559889264013833854256494
287750824045655818033979875280750093213251659556264896843264720950
845726942676196203246524253611380812855410809861388993231752761000
593682748189193057268792705270668165094738441124135225224621640589
669773776626694722306047925937658904054510890872719669296026156460
569223470830776597249422251734490049588103258711734985129334074828
896282286845140658705958220885463566222379692684577270800624286247
083910001271322746693291077595784116055523253942755096006076083705
334480806961357479866100345694290504874288654158520571824749343029
266450201290152285085761374552109727391108825404901954679022537325
594370109330222334353367924791554865089056103150920105329770033114
909933191441582540393767103856151258970841315151528321798116250944
078384463599269824851477998262383671542281850696667162662017616097
056709486112509359420925767250273704083583389316097505678303544284
000039700202864233335323800308367275769471670632072715632881451354
026654528053705616337565756556156045683973582112723349302665713737
615780888148416954606951892450897761458277305644711560367234013737

512391133422213509952010356177643077090804473048268999177976468760
034480364441486413463468999507845551020302988863338483281810726992
000889828571936841389153981116763523701359960477679432735219462494
183398303417727528719732165352397478366615988300018701354800725499
677948156412225073198207773749493693405159261512147252409133124328
535226609509917886242062147076181444365168205906693702697284844303
506025219140497755126145044657256971231595797642958217968313207204
976676286570471311714659716899414141941558552792132916553410803586
453942360439763461695335289846339014437097710317188526335297860098
669308669843526393418436970318857439062865471068519080023824792265
970669579691292282779776008111989619170518765770471548040762342014
690147470123007236720063747941465248848800218697254454637056860047
232674220196980822142277847213930550996393066658835120573420953623
270683351905374323509642416928024349246375291319682400703838920994
682079708205085530265060841729064678943292489042266623714939148718
520453336050928192722002667835450900672192934483571874004864525843
619500945520255338530150193608275455081483677629431734666870183989
663273687066717388978381705851435561662657530589349283799568837156
619051174693401985358752506727461577175427929766541124306616885792
146630482653762362917863634478732060481168564451331963377597452108
914206426210773371687162905791090473783763999340317610132958656601
786861508413202599439184688026600919412070156736705275210446025424
647662225537968562211299822221366194969278051234613589388009378700
644588895530093096780802205671222911732449621946663360850150959491
680911944318831887557272880726049204842257269502347772736256681742
643079240727324305549238831405486394592952167346120593473310812267
074435854430639051354861245846923527729555959508163391240344880846
155748316511028056596912604738220096242987861895952287301938329285
962799349844728509583416182154386610869136544064259089115896981298
974427147086063734408895081120792563243439121604867098037269298223
248558249957089431108637654840373752138369775403725350930868402408
318659218947543425465681993319202869736416876380780559427264909405
431860868835870623993038093248937760639588088169278821723284010080
077874468552849300953561681336987821881319879609157078006065875120
413681055150138991407216054540732098424457112407869027529556371764
996922732097345339032749384224697177560429121963794004392913939936
963834312381057271231601654623818608034169377923236080648416685167
008845800707990539901913898692886788685012546791682529572979509077
814007758372919595259230778985290095374969314464885604201830724836
681645348889006164184872131401761979206738425388528296023984285540
130893392381411757012080830155418887191011712203543960412588136888
048929394096629476679405622656481939225363716863010600798228698905
371847071955248636144245298398605497226673813992712323269791352678
194750815424751582595707182151747793330838053854225259358687900112
017697150694846872323977569602190530277291344179895332845717225695
951393984500808185505028461731209346332389767439668678411629825366
441222235054206323638997861301160460642764252472119953879776525470
989913875733370958754446068818103330791592335169400268050996900920
168136950287589393771494933112157241590212362251549726987858042362
441274878998655931459382697569314305549817950653144186683273288195
130275199567217538237057152252291788997389839063017399172994785964
732882451480573157662397274681272069283546859972049158200654932142
637378536537776577631054256491563772800189810994441267947276921150
956072802362828488060198203017705573603550343134769074127602842407
027856245018676049368092179666630506285791925690321609215503829815
738436504956833388199142037563207628943768460247661039435202294481
010140411684096352222244652669840429640253001700640703723317193522
076178313500357425684523102015448618474112946240496328898364055154
538023000657624314766841533398052677981987237595528463455943508759
753081225407831152856459138266985406198907598592026853727923008414

753034616218457484881555487518028075008701148602056630051107952626
218165099970462460938200305624610355311040342287433668786969896589
571460526360133947402955027742886004823589976160326074985704712218
455866713227141006978846958171262714993858982858592146253686919607
865356133568450075766467433310863247115800710250863570422004275510
279692222982886795051603903278422738873811183032977329682416042683
236925334343948056151302774756556422435386312834139392655972966202
638496945337587293946902596287388740148807094633806597996983165111
929088025119256028581730499108412164179968432523640204120266603390
613564414013138932212028730629445326131983133356541252058211952929
321494053648823003371378130699337526267525734272054718259851934397
122847549742322825404076626173085591797748712629887002256741047470
611468698028702735148198879330690780405185216982872231913175583775
553832930641934332767058711857276687145649647500467923706677199070
691387000871163039442974822989518150941074191583828498300089051563
374997092344581268411890557203901380937449267263259914733455221666
514058384741593179377470138831092920729725748072689274863625450102
261803654579949694183630518520334858306138860891537475768145068904
830504743231041756725444567867754056535324624426384501125401588113
376287922791445769993245490207100571938902433231581806774444726672
317664560768234838627921390923872430415110888337404826020756447675
776852313457857843464984582933624074648014159794645214350928554441
465662367260070571074429471480899305462524615053954667294574547752
230988593834922732118140121819937289727478363913024222954228322658
127299397886975817429336440054623339798479236619185224022625456201
012629622742562381753005177632863755395427686041957675848786829356
580164847516468108506725307386935018654431860678211748070671023860
613289732571244782397944323926851468558707175932678693358768547160
344896167761171634129966733645058979211075460183012363336069114496
418838793412184219493537874996652379751539176305915964610347152121
465642747239185396502131632591123081652835029486819565713588747677
239629019169319916776864587305875528874759709015918885841340231494
453516371582046119392953865006309019687811487252002463250058595509
732656697594088092488527662674442466726398494549409633358854494438
550708277866043263766955889909423392133453243745869236955358408441
578541048678823088765914992585877613493789393381723956612673264586
058860998331302388177066929334834048048944814411828434656375280816
656029472988769848951911289727995059763032773051776937678299759925
957344752814862839444189362992099002413580600242332685520325343646
493589775270690343598809038877648352811417289852206157665771897459
969312690499427459585774890071501771028005051021850874633374802818
267238663761105936721215117891006644603828092457244431417385808314
417365876863724975750172418050556481564588826944241362569737929225
594590205061321039231722794686286895619967419234007390131687938180
418212831728509935919804705998908531525506061112902960745527654160
555432346261016708812851520318516352330546845016309787686886251609
553921820193843043220857880847407848236511516852457920537636285830
047248894990623220277150103893542479206727218039032318085454935230
021570322404830357516834614195045183770461312945022064049232543372
082330956689578982080018613350050687537855173898229608645792613460
122933642789412934723737724118347105671994749881325566302417485511
254461353073138250801775959002057552568829353541033294058247633459
548911914800263059411228562902099198297089226752024511822200112557
157924073365057461275883823812394802411040449071889793901792134917
798575028751711212449707103662889052674505062509392601996539954670
766856145659300467217310496756990455624866338937724735088968724553
086783819397974149839080870071248444061484882489613102697330738591
249879037418706260010514215839040887612370365371352029294878765054
888518285342824841003839855366231337645767092370447705443448028249
088623220965866449859194336311920583162054531014457848223373995095

568172734145085035650280593064829271852974721285323881753240007762

3140342772120564176101918465198316227552484709378875008888303178 63
5730728291876730356327135387492718627847836880270457848570870734 72
8184365507652351170625675594045614751081746288865138894890196169 18
7358664401789113965033124828628212773234149566257038143667039496 49
6422017426965254125031386671549257792425824718393040622119315529 39
5247295659610883491077311846506610853782237227650723300729864336 81
6764066348271265966113355194054621502427959882603393437778513689 66
5892077747703809123061987976754485388849348861517902298951335515 13
1781694479389844805510160447538729346020810564239999565313294381 81
1817949168206643422986141748888624688910910401578383578904647033 85
0624225450915261785817209601549590419019808172498633323653239962 03
5299833581288184440031231668441282092157103650031779327671655485 92
6788764291194438852182338965094495108299292607756543518139988333 50
0316594418749015738251515349117302529210911907594922425748307159 70
7103394639477290177111179548387532454308219195710971163136558511 13
3616779926745002254567461727026192658228096930167652635367978562 18
1504406855242502063277431207892459280730831609544932281990578760 42
2714125469899220372255809419313290739795298469074966884973028286 12
7683424450940254197334278386371332162982718868028770488590398165 42
6651312217466506883903438805406628761324151473649801132256835245 39
6445917788087746545702095388905755986962043372578858288766430401 48
6028813478566777522316770085281567031351708699368722839597977614 27
0430443387536740461034096265981400795953733803766082066807101929 88
0983464611253521726264746148090624508435609183266233286147657178 87
3670704326449642375583111810861353206304527313550133893258469803 96
5075894599527870986867736616656527294096627095361899238083435232 50
6453540653636670081238084314212916084893926064757504243607733700 76
9780104862268669732720613130877124288380795136823259604935462698 75
4785069760870906213944467098705043539971706828557773245561833859 67
2584152958438809541003637976907483263922322696763108630399810679 68
9234160825946605411965782508337910051764307196006691422677808031 08
6358949549126660196821689848727980997365188267877731053285059191 23
0360839038340639111365752938473873273964758695119039096129214465 78
0096562782308548525764983192372138419858188049149140812202983666 47
6256389535915309542442102381140094220105435873360217656075153784 19
8983618305840809509579232887231314482568811590029308704194884195 22
2515577142536019696000711634744743935005684563443769003357417602 82
5549108885215323925060878448597881672789669026317200106720647207 40
4594248900508076282339720351383460410116855895150189454592283258 69
9909935831848388833334959057125432197139992855669836826270542692 75
9878814989388955532775219571619884675840926692371227242945252439 82
5238364176386688950239364876702931815150767258597678484923374584 49
4308923193531065125047084459459822932339044945520691951947530503 59
7462788335698461320222129938974906934284023355296263560276993322 92
7250894302020639727851055890584430078972050488044129234894746728 86
7838915026228885291287429527504355650209629422473679346403525512 69
5447933149314320123748438652466578663381046029077025167406752254 70
3544717816861485292245879861896172324465895281971514061410121927 32
7569484710478372857694609245181691687995355804049841241104919757 43
9292511009593142809765921915887014638655140297759601295358470076 86
1168292264437488830903589618611266068498281807295600945732186507 39
5063439570125354825915035368957714669165095764450433626512511991 68
2040885348821839921490374688320638921958396771807212607327885619 51
3135576575243413453665708486593415984435464537694535909031407965 50
8106604946822472145183834665013178906741103928036189001441926004 51
7726990294651912262530275450380603248851883604793646322499054825 80
4957760197408544823830902887041597312047031639348365489265472302 51
5290804077270773036185182519612016624249355133908758669104232950 25
2196222742624256671592982893040431190067957041201008409478265978 83
6503276031030284843132564211053477207583503146038617532938273761 71

0329521381275669939737444185337163250635583905004764405043184655 50
5073040899038926993628862046940269584431506310889786433825298791 70
0659552819878337554177791762887619777502524906729638062184794501 40
1437110271575943654040883382581796441943083330859984775988917685 22
5290274578421689690036843713892403690325632174580396528818827581 86
7775090350407785677282152803744178285539246393030179355759946961 95
2814180998160358562272455412759745369637536195570980535234513266 57
4644682623554839759342756845834543058091598382508947389287692102 97
6887429987118954151732043580651915856132717351681114909835419221 18
2834703657288674488155998026216334728734343000146176038786590013 68
8025581277660263460014492081709590733726661036073624230859884385 25
2469347359660993796975691783492560369338961564602465312090800867 02
7278477415610360008789753367663944924562295092340663833583613251 46
3932391220211410475837363815388273912015906594748848180494898363 65
6362234854214689440077525080023077786376424808628191028182034711 83
1743730349334426177975436953771948128215642985465056109643559380 31
1477664303551338888294851698137863875130749910740463176728759532 36
5533291265947640487356284411750797139047400551332393896195551285 69
7859802047769760052520606805483520547158124294736280121908831151 20
8169368170922796178050408945578359913093476322808015149969889135 69
6881361110514023419878417059507765640482463118885901480833776111 55
2376819383063571431940964257422671435498184739540779481350877889 54
8854413001331746125100043073325401075314242536243267779801060578 34
0073046225673594886885619126692356012329843557726500006474319751 47
0222670528280388950057002152053908057026851688179096653597758126 36
8885914769419797482970011325857658785726696799680032089677189952 20
5029203490718021401691020056286547729600869263802729111469401471 19
5506772843968772487327158127480428597810302450513289974410757541 53
5707520610369102909431370692300027584895321251197846884642301068 04
4903732891922605837738861309121071177058775287031874653045525558 15
4038878565241732495736977488760767011950492894183245918218070770 06
2249502878998405996609728435314033200749819370748032083424556361 86
3165997415001581892543723584147565843571193494334859756354649191 75
2511745608308191804386335764683071924141075004094886850106059961 85
0142045861653689695511475873960660607619517162625250236781435059 29
9927432365421787159533803175923627889878294913269018960179615887 36
9958353631530305030483258619209352221459420820741303977987383790 90
6406212477970343951141630488008217868194136392839249637892044245 67
1039999528975670486179028806273423845473978447281935512811607338 12
6327917421992832097218939696111281497697228426437027540750347640 79
0134533313313245649630288115713553811281549952388263090680098257 04
0325222482141895457311947105049339274555935132042065621536892949 36
6468640905631095853659861276550296528504908502547745982156692951 27
3711332174559075315718029099432588340538699481640996723253122460 83
2108993175248992344381194820664316769432057280142533520526218782 87
2148908350656108741927216443745740883270167599430945650145995388 32
5564824040661128333229346944738229814758202131797535505554577624 42
9632551222563613964468549978940344397493681610165919412356501732 77
0121225749665266463117307115734836669975131418259115846143281085 78
7581342173761329838207675195559755419571723966422267645474652002 11
9862782287820240364525990263546177059646470411832300096579549024 87
1371179156318995621081675428352688809117989183270015100894309335 02
2655098804172681489088122912870829521097664154447618330981136912 78
9774771229802021332127465898526346719266245553883192771449991408 34
1010595248725690306547673218555781410028384420588904146821096690 54
3375552065329134232041114944410077245985564152890121622584263525 51
1470785955532136098809328950696448376187763252594271087013146790 76
7502763259873257667911904342826270514752453649423116904215703592 26
9758532102311719445897478681723215611444092844987448122559723161 67
9444150344586844820617812142689172348256874778766278361683677432 49

408773244948988691063112600380478865818134246210720845544736421518
472876874593713829842803509208275211768993845949109624624375453677
491827465418467347459270497448425473396257541989940808113988809617
887011452014324499095869529262140219339730031606517359189393323587
541379546540821388091274730654354517356644909327584900617263889764
584218459134590451977008403452259990961887919339840288954323562790
608249368941546323611677529403826834623555194286330995651263696800
115648880489294626619364652318434098834586027305854133387446270545
353835020397571542522128525212821830130299332661790412226923870614
682842645748068445855575824866887213502541730937126041796912427648
131997461140265341380050202471813955693977026651364840094792620145
897591381816690481772316593805505270690768397746184553099126023123
008399979841076047829385141598878724798422390914376454307318765451
890953265023109477426368636396795651027995433045501962995102898414
290991155800188855761777033734674454678487614755250966994450659033
739301500313160838320599729844570358016495399357568734065602219921
218156704559208658030544608103653688805197213057760336977912821309
760536858063007951517605647629964106247398349695899949168518709749
894440934598359352326346812880259885425319651316359589443145420068
157243560539801859680943714942865566944149003491115569797346153042
368660689450470004538919216435945629122204204541554833978183611551
289833126210250769674369298551683203785418677422376337169514555308
472609142939192564006809487739878753639043132845210957787024572168
036765425369755669337691689372159682642757537449497418005416994427
085677468627943345741278193459750892923701449925344551435339662061
684616286946318834116381687326356609668442661816850878358302201726
827279515949196298894654714150300669941787908569445027324080377784
271503413853735560505077429615383765820055942220959407277510193188
046442455891294859364538378440501595920916918099209322085122672924
749205144015172216109792122102691572302365693498551243092306603059
365779850296871735291334499724162964734825673764078783302942775073
652195965175395117328425384809993466669701185413116405189495265549
500814393148266488144464640209407832353934236123495389862481501646
262872514068441540323241030381292120284342758340771587145838104201
688625456195295922502893750379438292604020974002976591306686065952
755327510698794454143399655516194986920940659152382011727678666162
834438312481666252038836576254126699845464566305626956300524145350
816449079591479909647782002448130287670724944687100703971599113759
347014971086244076651521471989330630186021305048086070345183800627
956418712285362423280665412324259297091097700292972121994744426228
543308684127337911626984752085482300415690572101220265546980356715
481577352519046914043093788933407978357663892407945831053809339861
714613321315002679579725818962290576615119916240999193263215059982
468159612035086196162185140955383507737097381655129651352026318952
939243562395145390317544223633130657390191841231458942990560684292
537598977918245736986947330423936923373521115413358476203818142692
458622068160517057737223332996119298888705213003969668000446336718
096923708853050360875843204027557567729670050070934456292198755900
985174161171010498958797084469521957848116947199891507108449626352
546703160579177421169382207722093235260057182342362393439411167924
584091526061686413002559143056811111779708277736151832307889385667
509092809708369331327427004104019029461443725910813483549170741047
323029756221693280169277049193289319141114908869724389042049221875
825979970675643926559694021381142671289816729574280407646858336987
035423399064120619089258734901166405703082400764912261285010187293
510024604618222568315323826198069982118384010719482289989607372010
907570340147326678500305625838998049807198497734231901917472465983
722720742108557695432505903407033405048224226143087628088834201672
994184495616288695892134723418576797210819805461815839733317831479
781392885064825825088189657616971791871415017060915450039966398970

448413092125469123200475844245375100418446477104934773844112579849
619665499434168902643712951268056230282085270878043999881177877526
438418231405761652466193118860690405132423239531733139514493709568
694609307469314164276161660931859705889566352596023775307483043131
652545728120657912367284982185753474555387547682602700226624748154
671053178253911427371720745827165096276400991584750433634318265463
544026404059732843711650722540326513665539498189050993479379819858
069782186550218132703931536004981536976329865055365877436341521795
877561245185803483099483370886025489091525828237798366834873955709
870662763298057251921879145360285571773767137829961577960518685217
746247279774458945612549743742831904815350809536033451762018622246
012604624880226814489030208699540534068141543851849396599038459111
745869040957358146683360303234564462806343052444122209949711134702
414560239693118152077552892874878936396189283729487007933111713325
796976022839831774557754586129931105181072396948765794282037558844
620777071732341338904151955540464755763270276533801079265904501991
399911148631955713222124599327298591184973501322417377527672498332
161573711800569092997008018124471868966578772680054555115368197971
988268480789452275424334870367231884210352035048530872411544593847
549658620092222075697993203380369371970118620686785419495255563324
660911586550421706176765066648772023067335212871229572864628593292
686770613076925551413724934001927652248539432700595619641090703916
208440328327989866193987592464676893911495031828083479399860466583
725069502132569217564902388765615240185217012211621274685894817898
502864744778728805223523568228520359372244127993663796742824483964
378068084949230172094688777742518660795932453717290802613994109697
676546634094312714343688065892069923889663399237781474789350280943
736602759003646241613009187349859596342804784736956735049651242784
358854222294503380011326200397158461145519604154209120235447053382
014780387410007225248623183888193780192165821037441670975857353741
134083939552285787470682184294374504489182475143887812334555863450
776262702177165763086242091747050040170866401275592307039259902570
961549547425743327576518018968833828549557132288485916402907228197
474390843291625499233603130937725911624471648741422681576199443246
160572956060077755727121477555028219570885987610308616526997434567
736849345330753107855095203683421538202686763679904808755129976825
548332690005219503130028482569368881011500900708334010090541605439
705010448801241231425172792669780942466246160895311361541680530976
880079062255312749586495569879991888536255300611324583354828575063
694882255737304037192527978009324019657545394260194974997779469639
167367418736987987825059437117506136845125583580071465597991832278
671542835371934195490622248935956224872350015965515958203602782874
174520513574548409743275382575552195680734777891272429525285475377
416310543712273922030540663165394607929542801194972285986886262095
970577136576745769464229858567404085499316146892335485678633144181
922122136886299706540317111527979213893436282996378841327782939509
892054955684786747301183738455056131478157054163011814605181258318
152660993266856564474948642723611100639902015319341288259832107369
494952916086270297793904223636251591408247034324703681924639827518
952691022795031493373089983779927924543941160471591197331541232099
717813372288860153630328005321283493922821942798595545541667925851
085320640320984885062781566162148812846676727041620168984368806948
599100745257530198237645384205604722679798456326015055493416189255
332635667717529430341119018787056822355471201598295028936095633683
611856083769270231506933402659423041956204596724407701136473169496
910613049728321764084695335392064815005835018255851030854903488038
337481831944218813095847742203769522647144417245993959341190705441
636307972141768559382864112094716562019410130765693954697559964008
297600535418866178823111020172715573022550595290335013740258692854
277197466984463603029814118345183219329346621191049720611973683629

567033419427791676238341546392166558972067100211039085968668390528
173719652781392134501547568786291318332843345475807220124754674876
828981892346880324971215786221858465238181791603387622054450261053
527730169177366478088241739088445258913852404189170539301360562050
253228909091314659975223046546496264872705050427985635524999568943
548465629053352838905240747682823469442512422052432146049691151599
502745119211568291361987775744299750819945714978774047543664667121
836718639985938647758480497379574310313556106922648893323794188621
034303009967129575625060330359032217667494155356337239116889032366
927392379605559478222318350257576956904849957835534199270800453710
290967308048719319218734905095783279092933409790112305095355177878
797425730259126615147330971950212836644394579639594272143484791826
563859652532019504389724159269468392524242186038072871266166423738
352176839344656894225000557581315184030850597256194696235696507258
485093481378292837221706822897942641654257844542009284748645428513
828372778381335135819408279535792283988973991137735931487315643412
685577389382827974403739403858089054758537646920265681816610003762
245923078253690283197605974266134558262895200074717519866139348452
285860670989229139860073767216427450218418990687512821051640714206
606389587802832431977581088443726138355462961246061281033813110128
147483064925001565512390649263760563155724150594446447578971934930
991026680957081484238104884185792550051367684291351141125175793902
226258740088453641633871277575302581962372271590742555475734011936
308352925466276945714811338665484639021230369169058049540678417310
559465918598303503065831399068316976483876101199519366253613888976
226616508466733759478466304203938446589038464883472822845237953170
699411613641081944696996724440746928392364130567933923015291910836
075357808954407226578423150840588341954782356879973662184218680496
876430753139516367036626375443913518542939738639303504732241669528
654384395492271047001209217380103835760953115694497464875956857723
939594612549508301794218645124976069095855328481413039828332195744
156994123083932663795175897709125491779731184593992615345221399614
109834910618405773674148244441335724652915031005080446257502537452
754598551539294860423302145828071311737531913940893517121551804301
704622055447973766966747893173096271481780432052415373985016954090
511688306812531486809043952323243760231622525043883668986857066165
306618190456852747466558716177265851650734155065945175613667842590
715951852649232661198941992769783302883777941111750144741042290808
902366083391940652111393237267613597885389234282889008977305473363
126803325171091298392614849700054268616029942960963848864440600491
029455039665291702342363466065042222960210987858800694421569857705
366984484108686731050696302960906193423160663874899001882894951256
155911024044628205315937709684265648034603378173148140538450449907
592035509064459099090914452597256714953028272645215273966122182604
134614750102864922445726576575452903240547143706012344312177520657
776455271900115395334250541807539121915059837985261573370516229544
119703078887431739989145794825349987158969437877343737675161566395
464762435208186531597510366689707775832838650575235805017140232362
041820853877746798302950844233833110374580653641907944749706284770
654767948296218866925906821760067313916066581607858328425138624683
306260336679546791249223032388929568772894761215153639603094062765
311976690109113804874054937787515860827573236354566858067490627165
972159902992186708613896895137370683173156800919554827792046505577
775066888521186692976521103907786318443369590672352028399996432396
387686732036137916466867950311217912679120494226863196952264941526
031838460165370450925925788004244059443494676228555085452556602069
422687732189463339027671535820222547033122347985668270282524598801
234683953776355174689122536788123818919954637844127033241873737633
256130422332711844450749742422378266197046104011122653275889557238
498505763648049409248040111162770871555279884079036125727883591241

446081033368567697834958256973338399561692398900085029353534299965
740696377950214085190300644954777473548411684055102877611086419856
726622678722878593933583970287883595451263588076265414634051480829
780026991158114186054762951288199430838665320484267405555510253322
746134221993103619477720495243388211785032250462292214245695555003
313775842857102650520168844871279318563741260727741141786989397154
226727632286584861696775818739529467092943452537335065005696013460
731802577679099155134503484158398467526505737423974714748125400935
781953545973458470765007447097325493931035952440878024276669846308
426444638673638016286511939259851334195630392655957116711230449799
232117360684897591755826316223902262224898462286579357279624910376
038231040804819749428592702463212739006905074988773173218854689364
243894209649285664424617526423270727279330815571558866484163195316
141173690908132019027389528425154996722430348902376328054372916139
822725299083690889249738852299592377545012678088732611954616362090
049010456572723812186073402918544779953528995921194551880521382956
261774080412733037942090367807531125676008042604950740619056487808
050234373558916155389927465633076200800996912907610063205373231269
372796200739054334374622102589957213978891909703175501973559378692
404636111602720633833840903223989418916722494065846038688359912725
214200892792743098661635079572837905143855138729527112983667896161
918139486407368579422616671178599051403823472914009009792249130249
978704003805414564064290663790392252304492171609589052028178161599
011704358289134091358894393049509659960511332429448250983651074985
148901512823058472152580251850119996729092301953415910466349751480
976575854195444193866030102393289408190947927848078304524045296572
175086034722585941757724710712442707798690720995580682225197899864
793298473283077934323740885248180241259936076280749955223104632199
106829980811820415770202403786723523630415869096428133036466253394
949402426868625765918335222413541020048878505699747168524067286575
194342570625734736675473650312557208374721707773173242611280307759
065469239502290675828206127673498471063519764466442716720938461560
725568203791375209490395388168627203084219274933011968906502185542
429917425792226204508851936642892877228775513009477364630006424109
929900045932466773531374440548668487587771578864754288251325710249
958355230509904068164634131457314484939386983313477742735215011666
976795032349208702667063334267712152648808795365929937351899242067
225119480731326592334357720796452977775486743842476892616068173391
692812463591354946096450111565885729253824469117197557285107865529
845427871658302341211115530007466352555048245234541048573187791003
476233058840725783349844254988058458762713484532692040225683831642
322237097645471405091236413440636195922050000387149001957833598078
100859888605597284847911653207087459343563080218716211148958962680
089733082142060670637691930990581223716105016338135993918359318713
030449261801897108928204261003161499659858596679590094337472123334
438951788213921316896137345600884721183405537041739088655022155389
774248059789541723435365861490158428369474900604308895256061113875
543858496272691509108623975548059013623804035826260053073574512487
107741426347751250977397730939072528233632100264802882297270641095
201052883807867694620371563957604766114500580804771764272878001313
127741324430272340885129896856038315246574743679823704601279075780
608924227128322264403079900615323141020797123800533820530512191173
870930198385367908173470015597347513283321602546122502724867125834
953157390056206935329540235971715394692464427438802759614864941292
475277337413495071487803353778663631185623061534867577670632549018
682958003825878848517645563087087772192083183889862253677915514040
364912819332723464641041042088110931260983961840185584637023543594
672485749153090804859418312609672994066748441944008425983217548033
459861740020043137850828618329975681776571031196315818659950490672
379791787367219075156406534377644763062170576698567087492270750280

8767246204225353894474142413436311016643663969988087857335045346724540669218104268811566954384513391960569769130745213394121929508769111217525555025022707891471738006854236503032373748677870255838905989363050210087166469785711805166173156702947958588442627198410355094621510005467265326668617442935116210475673902419773096614724220870452411170743338851786662622838975950520312887201895235448217394782194244399758999835006078041238792193065679325724872870197685892465232506696114739730088004771044338654372268843956825008857164813094684461270956543139557547580507935142675631381936217024229731878481227768318957407048462335383621659586843308579628537616031367647478472565866092667662925760874527312462223550441586597063699892768170434994116812797928212969226927665070866724480088023309789282035593082888597853534119785021182140046842505467402549771417333366895230491683144437629773482720505996184279601382438264090054050050543899562203257694031141072966938554123861845341651357163376862041548822631196037539535157965115615791687520081674536224127084386082271549504444160687673507152786736164990684079102050438446012308262194961869244003083142930447840925631186320777512643059419959491771706413089068677746385439177938197576164468111066389323583618409159532116359788090633295173261028171014866694864396113101717553654033227890444701001976312123410764636362458309773268932593277419195714992449855964697617304672915269924740555769815934966307737547040710403479749755177108493121353924293299736757220293459757588025764039177569051215528023145210293130499653339373023200920505409685661504058680341637934252197386129365897185693312537414578482782700860598921654039560817318742975871919106932757121799520873208269818635984600672764338764820681561136791228409737944035561387140597390368679930474236923503106534214666419163614019702393423257526942990274693396440815930157918795154429053346261410491553156884501255855500091332206111270101844350069521746173065959864168810938163042497608770615457839544937918719179778214050225790496722122077816023801492381294008546323714040529727769335214212268461859782117443585242059109702894198462468999523242239816555904667713228763619601838487431946537298122963352740628643961041759162471820635419743568571300716754368106285383585873611414883279233104600613445141308647000247195647216798552823676900196362140435649853331976888064888620020461779025580227094968342346108349257247535445213392688736939312898504859588223281475103811888094604514397803692352923365109003413934584678504122917413504943706196058666194826656431821665662964560637334750932895534325174972737913622427082393564558244327306600773155471301780840169319607522344183992270011897688984844635055266072691642378379008047941617684334383228458537684138118251167756383889258394020120613567446919670757527804706934458182769157795686023249588411602895983784051152559797838818410290147847623450896702896672888896476579778230699798819270883513493304458981708646817971112838182002044197499117721541034205165427027031999846634914695207615986506848852203163287322590381506483550100084517784375450743614505922194240241872628249035634126526431192655030406320257536605315091862694230400933310248298609192470044115776935057387004285904866973642307055861273564020540482677643880903258027885087690994809257329017331171653054678392387839859920844949442823545511110755671417941567061971198641995640898197469650383598560001537763197865942684706532072913018346587824492507819878301123504261299130804129377867117144174364941704130959984277496152385231195216354157162041855426172577328975427489642524558369008052069719897834053279524962832641569341561399857286730987422621402885181286001908460323175013330780748312361641782613805117793371447041481211899591909802237467877728128904530357995934005672043056440449354780269634646397191566000926368642173474117619390641454023179390631738285189036523986290070998309862522489234371226060985810304095763885109243895097633649477485841674766441412104420

699677685198498165067537953954532870805499052982680916273410272402
610841956946273759163057030693604930495517602916771452567323503367
130957078176961089025569013133837451158173426087208091976896237615
824723279969676265949176968903500018108711473857434983640990927933
694547181562903452870089331778646260018484583502750939465657435197
966246939627896713327530010336216705802806020327174553177354932757
128128972230169431756595295821313773640765032582412095839422766174
898757281848476302875186074619815953091451776753761422878153832469
158203968556471318706824864146943554341864240898653402265297935042
531053074556474458598776518827085892094219965186703306605540243235
853057412498897188396465826949814140327296804009856740944722029444
144102681929134110942187415132828733107982329251450661078279210121
801031119704277690769430354497528305709508933635333331851096902389
069806293571634303881507485149898279017106593644127074761129851868
177731370472344540374560028621916791322136578270702407950996791418
033482196255862669519743611248846594658272876564498977159444421182
349275517498968274483846421554452254335777101571115312646908838680
103921379271888579610984245440176035892736009257986197434102460936
289896955972601919021738070097558023753808355062111992331474090884
681435199033503297762255410262247665024469857171353572652882185686
112393022122353021905162773569741286349835408390327735481050807116
389655729447668457921741120944840199655614355306898308612084948698
645171066737076918157254460466820282052648523358699249990805955192
782881458694136822989769294696665752303826034310488580760551170830
091971011984925364807283615697678187742215071103739953692766152452
449653509100345288959777029742778854153397858810660715689492621308
277949265494362107345696787855068738556113335206511000951672238444
435331586671798353595357645119668095745274000424340154400490626661
379629574706527407578371460940023326556772078370794501025269804793
497599536312147248881206599950447324540529569491611354376512759235
712601428038891439971320628419546819688588417529292266886442621434
063384323544903587183699050534709475844958153940545298839146518631
815093973623321405450969089453531162350231626454242878880321886191
725362579809217969251069766315534866721289025535342766321179954188
944080231117124107891063911791380111690841561471043264120324352019
466878197773271630704885109519004363450847138672677153789281655621
250931993308461735522700918562419626104815284640455268181769832360
332944871799050874485624405258466705707820296738438699369354654364
564447230044536227375266531452992196223098811764568067671397854379
165847320950469443043848837077186501843256927011517134949617369807
824269408040645009225068239337956837176121539057082385854829100457
156285405230944770923367992115848871886152442294590478039610523547
752945184329182177647040126741902556257847710396875503365299622144
881793526405867813332621592091349044189412312552153995977952657068
257462407649548661139248146700657227719602495734508058408702213078
799454350725560360218895109924837033130076618530852539127407692038
969809967691756070148475757791425271380220941593877488494049646831
202572153355580648888199949024491248744387026964819045617856715182
153214214586889657263425577957562652700629297845964506174896425300
021092247981808889462516757327350029677147050327998757989962912792
874660757819647948475239203522264559406312628324841753975481745701
065709260225931723208740932749140097978186970260143742147863179385
313081557116718016184198850077060828811446496753514621719552138523
925110419841081641404822044249417827953801735743096369443649506351
874820396050910708920984431416784064461910936771361505772143004751
642927846276061258793264955586447186590298481822016021004997719836
180377821189595651689225393418263501037136321157781214602370936691
063219118839169527053631999425358449086023980831429872436326258410
691536617915011710034582739884502300190025577477431214334215609102
142563004729295216805128221564798791314836123033461102775203382979

6984764875107530862096284647678635312023068605098718087512822655052819891699944505458252874274597063402296033568538869497993828280147109986008705956848412151964733434766337627435135600524136353719011479120299222531533188660251537706833101548890999536990171736942984470666770482793224482341820656742587914678111518974774907255848915546647004332922203989506494527707553293229942626743329882814282556896573326678657561933719593908066429191475031113284467514873963577287934298975641336042658143050921348136798528882925725159524636866705264718983961963598492113415695319863804558148479071780907869529272791840452294301029428367110839506348425063820855586539232765452862272664883418507487413938549307417630279555031029081367706943028970120253177018494182091497923829631656022298361980348204057952319381326654609721358839304485216628721435257511372368450592929824956114742268292183057942653346922593252263720317019199984476757154104896916082005560929388043856153939388610800038893141551425198807281346757093933154300525690378371445159973023442914505699864146759503031812715272789425023834667263317333745588099435443950036775670310919094071611411540557340884834283353599319214437106006859366026469934657200936031623444263821514244283917159614658131742473170515632534823793147494492006979548016468218988433275915280709539882126839893642318106548904480489276848921854710676978861350333524498113861637395731026802516423133941154981062670497502013612853271679450641310008468510052112136399583903140226191080728990981630702063541311154226660786954871773820214105474014024032631964563930096218551712914326524427459441441827560214455153440454002874324957770584494080984033027258180963179652491735070149484668415725465928994947623637005980489039657631382402769423666262226901514789471169049802549490252587822206853726045733035973090775835393170308887085423495312230318022928795990640501773733442130627431431286152209051808992390909028791205122311868460241332786097500246750791712605774045752925643648232591599931664450989019146148028600254823438719690337398705360037631100238503088551562739426231573907145932473869850297213477822607116809960060440749909341853400572171993409130820882341230507612352696212454550842224014986166215731602997904014966994917274623782673017894094249596068843773894743154058947327147016961985825091282157140530857846619186132280610365034200390130814037928612843022537881128448946883053710330312357004346231659076876308980839541591685205458809476237119278899074678575366992814235247044117166525289100360537755973558843542542374651769418514470731452547687692899700595461349680397382329362389980198620565056246066813102252036805483248433496956896531003852375466758785679940094642537266615054675709129876236192670083598762678555030286306687993922650993773988460839066820820662301246129973037801157482964498260524705900201388562441463341058145336313282560532052005929264808303132120350787766295846454418916953734242813903516292914225048390362614442557358107486834892518539656531498196305571241999503513238219511869672381514583393490828597559919669721704534304327316193571896762686397897886844388611904180944185825869579602634563037552477583111543114762035938698507377670742765108248192897681013385969978614342443000676843942075955495740760932501678239929600457403577583331065860411555508146908508483995958616766251290531530322439401172444887403452240718053522187971473853132168896260285312534875858556725137078186863521169633110572031722370604678119508611426666560265806290848488172315565972646242491374667624461437195284569352215618440020898130159548600299025188585073573071529323123181318499178936373414539913411022035565410510107724359860556317482778472401379834746309724538260700785102526381660274367109349768677960974264539232419633798976824844220980191330548596452868142462908735370534116434769696472966752583007869309307984984271168790440833818632677597338032526824224332968073950641806715656027142682112303123429485516536532152694576106468247007076

793291110119601654687799208741506218692435255860566081435007054636
572825128990898652988276265682300743770361058062226645479965700376
271442571577258126868254662946872399564065097283240776143891877042
497676234221451309179368774606291685183902468031364398974169613588
291859736553890645775130811934551982918149128457651522996407262983
3896418739380246322470736392768595129132896252226756903128989820889
247134957014294468682265559575277458228284299728097773832127325305
141699246552250666146559135759865547489426015712380877942847279114
372236711153038274775334142424071794886020283405775938586047439950
943326511364877543242214726631364859057771943537278581043718337900
951798179631135089599605570568421753214407989559231848085248780836
755006834594839342478328565635247641894933649224929770885816242315
020491398043590449810043149323301059449024747184763989316316844434
740475056811723746439216134318381268547094021092795718799369313860
000384685143684582116680021828201299917480926398909895665394058295
888600282744802699916980106424049242658107592127246906309924560742
166116941838972040284553170733152315111420567850949657561203900768
315674762721070457356617187840296262487211591769263270635913876784
655361999859831823045145540096974268503775012008321332069588601973
051218708541843880610883814334713432566689792627702443419921807686
310016485733840408240758539913655790811783908542062933068122947293
355971639367946203353915270906372069467342338151383426947141024398
224388308667689896244157150644747905669323318085246429562923101600
511186409568800680522593965491379781356366627865848254046068731516
751685658713053052115870559273837534786890808148447224684033527700
001191254671233038886156296696015872181330247282478791621978491164
332860672224463528831053208583604580514784985209442235498471314113
188173524407691698381700780317068336361510531335515330958466236553
926008021258336209667955544462962234869224431908474639193517496015
959286204453799127924439547619127992304158443289127305216912408131
923408866168091854338242402945446101708827516088104274721924920945
394697026860285263079403107069099130922043115964504298191085799442
609001524514242833415815488227675820036415251050279035800480534280
923023699820894145946331693593899070015559835064469082244498619717
044307628693201445951564848777012594850115140539797963393010043840
531906790743647129958471833213887110909982356672212638054868387418
940101075400137881018393159148808747865878795001515539644076162577
508186358217931011726144046668884818219456044051379248831971545712
438419343896724755144423665893647185182260718836387507045929451981
123641178097230743409552194140524464220090222166686548356081018514
431715550874520307066813582038843521549879449603949472960654708063
982456273947063974406405137892953357285866899900859908690670394343
487080081760714050432569032008815369471670760999678083787526081073
299247949817333213953183877832823591673701258312428906473547421508
878255149841414235013016726750821791110025579725174276007393731921
421039260329708107698190589880389161813825799144434322105291569057
878847458211103826605498946693764305728200945740752925336116365750
936006367349850284388726581710725994107849303081301175864861158329
066057327427060306999694824005860864033250510745707713620352068864
946234411905631680698924069541256556398194247188892203522432260972
317548885317282667739103757237101067393376638089815158426760468520
362036724078914901879273556180766175587818153830714572203881772971
875938956629614975056785345081345976592828371823671924314009741054
372978445101625754395876245790382089029349315014810483645135388892
803043860369016426589231622072189666519355916274979550480092555159
519046186067918808187226970297962202088800248778717791258102117894
250727613197954310962466401977209723226100268637455300186190885982
565656265279366085407822811525155118261704821756956154162785139637
782479952394359312469752436905921867794263833307337392092318903473
965575739664909820526187772708461695587361455929521981268933164433

823973142384726159453088525408871886577640223851051087973101722522
845299769476173758249952632471411817301602018331119181122281350885
698210048181611461676048518736999561147171048969514528496967581258
345361297803477323132965359652239063357421420204990479779497140368
721532807064357987712128372358671861232848101428938668857037620723
484479675929144219538642201210820779887655110250311529371693291996
515388780425162560257463240850422884499776238946926963152865729374
134301693600760353293697064178277877377930650105697394561162192403
366764030907835414551383164348894499792375578158750144552064869347
130864983300738980880568943460652073487595248873814528563311886966
371772606539290129962451213621618212497585510924608606703292781986
026525232632282648357227323918383492582021275938940571530411273628
188361027150253648154993700996249826124488262917986728249764948743
752377218823270232860787867414464676075600182094890673465740757676
455255636422430212091679637261321178552432544516726617845496108737
903746066329417692646345850239275544630030638667795115643109766170
095000805367466292149031922893154613447952205175673050782240665412
643097747251304495228849925423816543796406991093037267686443698771
596745583878817823699939072913629511356585921262470605123799207098
445306806751021923597625803820917959940362293224160002144948306949
888479840257115758866426014882617247760922755278249318006124546804
432703694942805199693247405676562139868967945410457780679381898678
743896031549308087544850870841396937769738770431774286581696401871
131875555139837434149480436738506910996892834084554865883150782980
444429217813519681652065459628859248994721733329206073700725483852
165986589889077098835465950445851468112519578727298313561434878739
357789016506310758644069444839738465088854412407993571718927238760
433926754142118240462413909054293870612823904674491829046176385817
767365973869331068507357006883922614400496752244109439386794743104
730175735221430687079113899275198337431708032830179968893744273125
215821356317063512194580243208618521125215636094841086274928276882
562501686289940598158930419958816428678871076201109560759741287230
522131712605071600536828028137772342999917730050094327364174874089
319317228940480334599855226410892982215449118147136348851808329524
371156096051075765109787038763128124395958783094617349039834758336
946605791545220589591440569186560964276508524589570587748288120413
261239285894873523560338104314000357289123785627432502504636500743
890095572740636949446188365286660543726152454172205829830850965936
482841958696169115725932419827358324585383144016706816148734750861
264875198978077618791749682700117124818918466138987978076114957261
378239841534622457347391337669061778806054634749248021501000162411
212171394543562120000272927378809068638911983351608116287091044323
730701597837680528428190952153900899546814560480934772723899921077
127088311999408311819022041478882923964542865097988111642859821695
566288129031070650000932023736562567548443741799311021817623100802
014046166684899134498942412244970191755576492854239923972482065041
525370392288105886341191972034439414870165759984553384786876567773
477091766714680382367313401639828407880205349546832959001441780461
553940129223593044699854458941497443909752401223342354965425154758
972141848937914350277894140168852816498143955298295540112830729059
554776122500088200251227256136937374376926594900873746044344756874
791717024790073562716781833766636490104058900490891903746456201786
773831536991028400082287598197485352472502014372421047928487967599
705577863311114044746980788275213095399080803117091873922137847363
226332007664951635051082589788722053445147150516363923455862358747
744662242736212811092579582876119166254153684657318540677262662818
074645612365270570261399929161653055198046526503055454849917940375
541108398913905394966914995624130865765744020383965166355787306178
906142079724617567147885358069361700198445798435091165510200227365
198453484798249644618744625830476746482617361233386321767888312504

912779200926688484238181854808972739446180692274654904673210947494
745911730963142655993105118144649849164657348892990956236056918074
537823430166274316235950034507637186799869307186295069833110875567
687675209574031434859002288112378236242261019467416930842492958188
229097115975301249041505839344052802235065103086218445972740352939
276989646953854696237284285171887006227343371697645499882868235530
232764350376352044233031219185947358945604266835449612689909240130
899833787013512452394879538459690393424706092469339833594451428338
166876839060145419707922473108628216859276547233642121807873842997
293257587252274196921100888994834956422769640231142753912447443241
958951046868251384157117226630817803408346944469160547679329388942
043396620864727227134058503469476983784811165925615771535228404276
482497291625573147864088200401471973450965477703012847556814101632
861813732440985906856266371605889070719967656969369557771869700083
478267984657239831280624856641195835594668646336824101470663496905
455558926516296221007684166189734544232485587531576541157523508244
197744050894099009451558682966610670967090242188567263513022076946
164741961012483500488324399099685855418687667730961363628557499053
167283427905552087494170066782095830556996249477733433635071383166
500916099445860307019912063620947261628162815430505579730019787551
337883522833593019170150243774923829395637935896295495380106173507
005062115379411613692454017793311067313680790629158577115343529063
417402733746525121883693915935520571525480391410141160760734932551
286532242006682870834932947027112382304481910806367017055551681660
516170852577538970942707296686930226006489657414662072615047086137
372372464532543782557590092567538422619308420193014170554457973751
975300470416861185897332422455389379399588897257396558578662120421
137705850100415363247338063484930878170556606153341128860737674343
207140406875176845301024918944788228924670924764545357811472726834
119812515793747938590136536319222853772590745949489165008906353103
732934604820812754766554480334689750994173377227300800883513866121
639608769508033277446327520211238336638907570173658688340714324957
376376131890231795720119331834684075713003556003589101914426717948
486409750703489157155788012167219481317424387469848401936835506425
753888595363540645784595258026348940536848524566120713520282183609
121072824486035709848598621499110720560382459194859829823543664747
724431874436259385244319349885976950847699830301144277916640235362
440694889364336665191206330022706964314289141781565157624136606794
086442773931508764532782000051431144169384502136024538595273582412
808228405148007249950595042158198022032119117038060227262285315277
822507982816018484804463884542381877821710453476165937626072970888
421769980440600360950716305937923533727603256790842966377149031844
698075924229306159288757880937545566441609888103227332432611609552
152055865572880841228200008754923083828398024930370185292062238770
987704278101256226828645825820748937450657346805895735712702446993
304075235454486384826117949774906522988066396915491619456757341717
414665666776155891302285172493749891423154404203600837602319326891
099755462658514424413069169998816280890748596904830687724150091092
482260722119536627835626888806669171455147204065469867244613418392
754666639492422275787260538619426620379390926492695130808143167659
282504876472104863583938056093091373069208483881377562730641491551
091108441252688428224477997658280451670887896100155962325457841694
603139229878054528721555967498040850462270826259860992156066567760
591964786619653501186103387301206818626988983175553856349333496203
625458890583539704996418141434400220806029988614134685842391393401
535642324721425301428591205657638569356277624708771726378207859531
814331466842886144057787948439418544145539011896337566375370590242
787878298698149149790489982181020529068797424909942843227323929273
792293589493756346044711741346181187637755675531713533286944678866
336852529977913388840625205355767274522687590942502698802623029029

591980071872715439050757092048947427880811216175370570817778606572
327394436896759719613240934977338071774850676806611000249709483177
585048961316817104715760132811599797966971179648937493658018282931
468853266706863564738459193816300614124738538845590045829273118304
531949237507394953597139353273415735585162108563929472189809593934
148208358495693346918311894798014433218146335283910776628884496086
869637826510737550363616449216691808790491033399484824422074745087
379193547456961564410207232332009042650394967045947946721723223141
046197781792322796891151603338708596999475128428050100075079366668
644883362672503775902521102625881334848928731366640495934702802062
967005570773406220297557733498918427780848503294924150006562102268
729921694084302378690711214874594089050476760915559737701406543115
136419939101532216931977506053626463245629378601040851025972253251
730926509659234796949922483311768116594806088000826189237040594980
770400173967458218924295489507168771331001039785153353453147106859
570944506053733591953658617196314970060182160151167816445877799372
327454843702167196983240352158951685355139247820559128279615349166
301514580517888411480971867069842722647325396278568856218601357551
480258411912578616981540276091270507419511403965637928982882852274
086014503953521126538953883867793995172958629270947841273911524331
129259464000726134649249972681810945151440336063005287128811763455
747440049685242334339885902991306423665017309231172549322356936462
708264736539614701936146564880823663856871274311814628024296708416
102187589986096496923503129824468202286241015811833808695873215776
018223789618015767799892633527484089573104084610685377186963984413
185846115041482873050231180669598634179338953174698177066866352511
778784457585311149522528920915042815749224555913847113304271589135
534111423495667324043853073572462286846922284083793734484706029169
360139930409506545961900308183802527282563082209372697527529895207
663388958110039346705019550272152540707842220315869001599513082638
484197487776849916923922196537231665447574407641010099650617126279
590178098819258884779270810165459373325352841280200757510482591165
251375783401008951847685249101862211735553486369698415740199556028
651242236187405834090844768789715421259530355913270720760615089738
197994811856383567450625729469513436916789182630665079524311558263
643719976037744462018791016135424477006273647656549196267616444680
772190922929080866228112959884924781148671534257155367603119524547
561565236967703853704768866046980213852480305611763820687575067581
364128628780137765140619072670023309784587766918228333916512907870
760866937517116891741627690809551757279698052016821027162621360697
060416091561788705305407209797684930266376389686627360501139889883
673359135139603154742889747138541696939293183086800212328963295993
812716537221185295145016710843207469420490209766700742282746672221
568338634130232860911046024015612304984559140952392104609756543648
344461508550374997059553366602213462604839960122732736419106949439
922465245700052391362273333832849727557393356495943155230901233230
563434152351056962822867788210930846121568661144438707609582840671
518753498089714331027439670232072868301053055854740611207109035935
222453189737748928721223938874431654802090390081081088526692277246
193143825290972586311246157795502759822070616687080487695005424198
755620466992746639886393484868401422335287282144403954784228917454
765827194543973721716746000608536862066597343051524283327289391251
077992281717140591722360207385278926420803737929278643557802115835
757358359060207378135471081449504904591832117553015450198368358598
699232679936322436043562460202847050065834538669263343147898299146
785381491643329373377064728561197775471780210572065624167806204924
960506810145055444000836915853863991964055830272863321210271592547
804919890670890668715121943494416990158181216296916452965667288822
617346469987438060666365012549193529951563426706148368629787919482
858285181278413770269402216755806828356762152712510027225321755011

753916761857082441000569786355201545717750960983903500128251287302
913885175974609715463747851581629121900284214937284094101651557061
686206462220736689554939314543518226625017737147979968920612065325
275418413914476113922152134614069286419355821654479670253694488544
417123943334998602980270985027141815954167802543245054515169222688
322276807058416857108824894008108059824363880693049401400360540588
251472745588258232852976555436600609761418817454395068351899430644
076770973415827497543346074110326888197363251029598689127139183273
239406546776520570126856021583738546587562512867371973052008354520
571151156379671524228543756123193671768567009006373542503094551019
185119622995140325974379209354374209118431551168349851325491586543
819283995573831259453672482506711473896296729908788858488825997010
742272525040354818049628522570520823634851226938315628067283671474
350559839279732606684295072635138275104197468897676725913690173065
123657317195324310128695610725805283363158900958266984173539638487
201652004906490640354985449237229427418378411033080777386940393450
466333220017422240536339407527505982935749108698818541052273129910
222333976612533246907300802700490258911978660954614122133412138919
626388266617865561463442108132633077176078663806363424319091832541
943227473241152377048775613809279604835764996953687485113088070624
761273257503766591078316587857685506619883979458302690860270196411
220225736605864073929143877225989074073598764473315527068466191670
819909421086085140332806017878514301499679947363423662222918206903
244530152501557857601522884736715182349449265482885717976992631635
275384557655764406775448906682489966134559521800978142208672688630
564291540138296534685734899671972420171760414562999130251414447524
884878859521922268437236453296433880788511069933976961277826916254
630973235354514622641376521392975068099247765973472612690939787221
392807455856470999815894296685155627040336605876230534031098345932
290012698322692050220158143430280800022365801546328825529047068250
736300630781189568719809407671585126103344019382962718808600861169
707239670394318126130974247111717901985743012399075403547165062880
512649200956055134533362029263066498091540875817634021299600161949
111034937515765588752482721423767972642564269773681988908821722699
265553049872479047981000650468434265519305954864635159658341932560
199539427254246373171515176352439514038074244238577247656596152456
746699316286028264855040685912246340769663976942701366938829185607
675820086694383375631459329417145519966697728221814706209062034976
317120864660306056756149331091673596869262998033651598521300888024
046181683318608779296650027792213476011617481352000602598951502189
632641538513117752107146410707257793497182252726790059933701865961
579327800661769111831676147157964648741069522453761145688792311508
863036238407176919599890035658075472701071991664477592277306588961
119394275860246657291646477829595177925217284078607443295113156581
166361862904473631555156558233734102054109705539810551185877748472
553177016945619773274000762746629160155781498938499154800670015880
287271396477885553340501525788846719648020524672424493955186437255
844099960063063002898185781127353194003444827534004296065595089225
351860155422289176429463530972839057155251922006718225204483456957
283024858158777835437195126859654267081696079823466167925926073561
893989559028954229820069011350119992783370576175407125834805827806
812389428561931111141325049331642605280233039814169006798898037376
032099516438489058699369606830710123179615266924530464923746322846
279908242334798330374034450178644803988127559225902046536608469102
137948423688814526296968662135664767020142672532056443503131171444
137713514673671697265452265465106144038202743516102254601111621957
755376909012981481368832862481603668992773908339405147143384874769
201164261948192396449463200446384746884791115170448439193867653031
100824238704981524520405573962058183162486945032953509198580564589
890874425683122925434507473734151952742364764180281995487317377212

901252421446754042945855402423906471702257004464248759363876636706
774796202442768094377854825766512843776900931420986660710187029338
593310437732853034371688951848025477991273331396336672506976240044
439998428715482735400213622800363878357808619303281309994905965891
889375075383442692557033208903758324628467949947720161618492448067
072606642394323219232071760037252313600260079381178885240250457731
492535024973994254405139909972427789185118923895556724908833225321
079886270815640003225278031510976686622833467773834941746122589454
209800002909329690743772601386909102791406259851525059776681844010
781670669340007514934828540555614304755391105331437574642294862097
446790844758764683631789277308598851113550957947449542186298667749
669615947444409273113200669786113808590545317626494590167819697149
861399492269722338452705143809389513504644375512254861117089139668
089366777973099438488086193319091043578607208496730738259379239635
993284751004072727938626271670447540757192025039341919725451894831
172790246140496689551790799869102537648909648459816709017139351206
782839579961226311973314913377818343384193185236753866290190046334
332853283434182492107191609276730801323536947264848927644297987068
112565462806117260460733219176304741215064030201789320579568760510
277525053043612227096046758453127386616521424194086834083758914009
511413392954577009473174811688536409418352861099710341672355817860
282349820203149986794017404171914028393621051948060481901824518008
170137104219745921279840402426896300533553685494164008639217745676
953445865088328629821658460164507800003598985212901239590070420266
074498878506271760776222550606390745319477188925099058100936729891
954099576633538658378098044793537799187712142977461976409472721214
023532655177723616341966074376391538660194501776914006240684127316
295860806350676293775125293436759607342719967513520158008737395483
897343990123825656829078591144258828521366169201402990041314621368
063235265086541121808474998758441118362909790891983411875376649604
809362648932910439059772563295581388776744695461815797870419159755
833500037728672460735185350885495464202930971585636949785764048374
150555809918840209343333512819551455518573334888164916769442778240
555433697731192014372254154192745059760137984144373599420287605255
571893780411489261257983036183801077110050042392392644156922779005
702794740136494229184793369253543248404878023177744518417795835582
575476184254957539587854945834308480441737087984926741952893230314
895899160068542287957892948159000687353733333338638139084209948725
511726171087294408886844785081163455852692141540299672098869371588
623222033148558174268263595068936234481342247378693946092325660075
472125674141034218490131189639676547329167424718993424330280290926
985075229490797094430092386728774393625511131362876159197383241349
167226826122826312779381175080740895894397190025426412664947980176
442016454158813176018972659624614413913192067850352463830657764016
522973204708920114691713372287863037038453134194264414249664984474
404861773851352937310809985947281511173650719139881269307482690614
039286422766278494329558828593837214847507077835511989622491195588
237045064582005610170205324844490215022945617655618592145743990095
548229413751544136132915043046914179941224609338165136262790282788
421381220775894240388406229433172798925941836682936792596042241845
941770653019548643948170335524102874704473117150703477508343237333
116325876727636834685844486562539187239460827324713500448957086803
150325038676401735315079400345572855037001845602769961506156829141
611706104616174082484626703351891525518824821272600725957656788991
256787020149786679084710663107487646730989091471979879259859062573
364973498235031260983098734686162739358057907354908246830497284097
732381167082491516373468087051052191917620541698826254760544581771
117993776778696542169925785577204263442443042074495489703390434507
206119007697363517401952656322139282583120528240037466954590928045
259687984608140870719534254761388363353511911214414314850552012358

1380626492313538338767580918892379758551573203658831762424116916752381458859207516403523668437267917590637053921979811265977081139473516719629999705209017090758985691638906642704235700744502775120104903948148329457443809746260351057898195407639870607875817740724911845069788429941383420608124283901488148725998541814802929492278783243561055491564109174887706706782011985910958909838688395117183801349148254992749142698552595177653612624215726624488960961482979703084202105160279671478561594064613638247758902011025199234215321006017523025742122375421074959187286751895521553299453226894251884094228267577442222755282076156072771039471825668024710660677383120630314662847443386204743259568505689287162653290832787843996507167242206138294532916600463808725630595241532881209370099229896006981396279686279567635198741824018562931984922623336431899309017048819952588273388079532658851449393812411543273205891645786422945268411751880818405095690469138134430778489021148797121162839773443054846149807935624354967141294733326664224830500436445454702749172320783995650868018761732703319065657954753952069292520153070643504713068812890320538545563987992101095667298287304794661005431635846234487441555407133814323441311788424196019037028686962422762465024004208137135046401599347205327556795035339067127216177906030216239978041857633481005448388703173071625525647995999986935319681301015629709787116730696494027491665726749434320813231461388692553349492941183163877889903259401093411157274298013318145782816879135142439557873420591561458773689880807917071145511547626616820817775747248427879712981548238520368959165240543730524667287313030192582952498763932098573120916105613572201763927169959868610886760613384364961695186548486046168484824074383811807417342224483947893998278014734222305786541021772926482091409485035013224151559990163071478148527051614432258254780143440109533660239362642493138522940547536416836467041574300558372984704018145571002969623469850599778855736998021822303549238318797629894156977212363844088917892752775284714477621892057425453151037479977706862362421899063030962822117732197082303477454550602385859114038989691666220778768326012396174199976236550636326601699066116890886877413337809195161497705492141711819110149543478693820620980827878957313278990600208633911278471536843043814981509703047708868816359741925341341221913962874578109934248327141091782763176542096312507136692636588213575119987540115790280285078066983338418338266739455368319656571703194629336410927266727424499274732291380098357445091340799308568360484677866535421058668005211542648674972395379364215665358720818554125981945474275161184169366255632419359158569508890535314121833662399878022115042456600150236469108159974192025443787361022671294122829888805336794395032940480496167711072878810316146773037150218352890241464817543095490594488754104250168040699998196719379820827733464855815859107761788284975054685679139904011384562436040357440246191237694402200760421433573387260392537246640896649147146547300721952927374176796135652330678042682000242307412186674866946280587887873829952327805010706610138540288011913855730911380572755893681940309380718863793758215444351626559912030878482052393749351895597158155182804814807831310535096823567161235509631615286658578590195287177546425064129849451057303533243348909799720945729170095878408322140440501474114381709565771252671577981709767638478642064876136793945784423858603564966446314013104866705613462769017492832290043271120819229564158948152826558422192618902530513815911803423108851491226653917944817433904322700506874288819967061960688500673328353614680498596081402879119631127482546640437038478288400798157913445232101668673741121294496813451012237984294021947946916648150312431873969119602156712114227943068201040876756809373898205468421478560142776882018807171741412749367467817513227710904673001530946777306922329095349569449160116904681818272347781619751257278515355698616292202918847453026983015663874917702

947605094174866841197276604440854832975049890782580615390200301035
218027179209950817839121233970070027832906193713368218336961540826
520392716151802279152864076831503299740609280483105062551572262871
313276818247801169154937862483224017238370727160886419294211817185
646748118569400870529961131410594582938703305286297918826493247420
179551244232947629034883495272292830804012226372276110275203800120
937520885624064531125037264015399643712337079037439512032028535025
474827798093030202196632509329094488190574510298521728306996224219
547101651939329769370654576333432433256433136391221083529135557700
812650539793164681494513412075121883505473968595553878091947374656
627903186816171364161521554077453543804147984545840634474745085680
280862324126969399311229640560327310927938491691879333596148535170
018149698261648003440278228139858790148628521286746175384850348068
386520168074767440211476655696438739675796644295886409577559154192
615071966537341081706497482220419135035223932036927792390736955880
577997552601903081435508492475981857797980298126412519269808310756
574659469351128562797590578003419323476001369611447290131137293265
188773146721410741275221010515155865713493912768855730064565566635
935253545094573789688358002770721080754685197902156776635596085899
524492722049775299815458625359295568858655219086203488574294435488
340176616830553266024583599445433095297362056428294745396641017593
878078757904014319567264450256538964052007148706853706562711746676
157191810642280464382686780641781701710145579987859492981028674877
471679017435503993169683528592116481487861286289116375992768471088
743661617762393098294982340641378280711217412378342224144069984863
288239240656377438980846317043398141901704177045856467859934941137
671018510482883458475911298599113261806311665209771093260254577766
404781139798120273962790521780796565933483031963863726360548172617
544026268435726451474111436197474885328135254323132104065537475356
091405133576448451265031599499398475912338676258998862826742421410
656317028268420274277535478527849806255477967309562135010751357010
814376712097361065693389811287700643950868226352419579899875244531
513268435771252695511656842606249795300564134236794032686943202212
771552845229455906013166300233297861842729369705425640895722473147
960842279960643121155722898884134069015706079169855397062706949869
226131550595458162406654276265360989882469228424022170510920884522
641938004050647235141065446293973629500626870691857435034689078702
526688990310590307332020997707019556267080078421417500402487764369
382704966754069144895634000929852354991296996046540283212995128817
182931733802589343360888639561881453054936332102246702371234907974
068125687248833528018208796868376748932865951563500158437345427148
615342497125226151780864718350199049932178199155353873785623455087
143139050384328696513876903290534015238428243963913256867292722487
084779696809273656042151690402300750173661949935854471440415221410
647497242161523037246612553017965334543540889800869016307189158808
455522198431157422312945196703758626058776263336684850752752847903
442501653764916331792832073572043631496293326217198412041496939002
157898758405506883631318978280327068182062011470970782464776027629
635132451352251922427860447660178455463586895641834408259553254334
088710161510703674682452922046780848531852956030260393369987912529
602307327858469371627037491448388916337500526216973323321524007087
580984856462897791809848253427212024812725655515050305700418119895
186092167878092709372414804711203209275216382196930053667750846835
893865445281522353475575590763802378521519460182724568236395490568
125932747289545698934471141809813153649597485154106854609786330324
864298777018635531367450811076763860473346402957688211528898135664
493094931043589036451413175524147809925350591481309531471226234135
406460905980393007295409692136945644985787813148498347106185885802
583353800866348220745875475776920674100675717787021480249068099354
034049780869747523182136878867192069420344186215299004686685357497

787101475284582152153509827098635277035756293849313931604238871689
907398239561898872218842061190277094299032275736687186079770707721
559232641813601697172777407028841345717732062530298816172640649801
780192696415503872932862487451156694400901469103714665895280769075
063099165801904028249123963456798392695655715947613669438739333006
837383081812309420441592959517187192492679792971295029491581185269
446544888160644890910857473849722526625613598337391783194959915065
439983793983509005174338788171829551618447325706942293753652551534
711785761849774779733167716071499421452638170475227272955705001733
744013560297812168718861307295720086827047281509944936557613530068
382030072487238918604555823405676318762623625890434079602395529144
081868873503916372993471628157658628534654447671897796640094342024
901643410848630536408494091288771199650698045788071379779515912042
533025709198604559673886019016344148290099729713922827786387126308
017669213704934976904380819565618801297909146507544068453180516940
496248454952518633632422222614586995009297904562688659703930983969
560235643889686329923323765908114248603580354516978206769488924866
383306879176594263820092637789031658270502911378572975097400493867
535805163232169847363385841973520487633945539464273928852497451674
899046514594738849778743657589470771779435627074325722855361014929
296756502658510060032181461536129285910693432148786863743429770205
982545109580541744556250811648819563443233555509154070228734506176
634898004928111484860336673588052242980276245065806416616460933096
583227741201687004618647087354607594600235537343636685846300082989
115932174654321735117553157555101863096588560274473288174361764536
559262461764387774037997688608018414576447643035712983995556915655
942311745306594836250206036438221735440965535395090457436938651043
129342716658105214647736285604104271523729397812487106059859320178
075773843670656311350685930588860836202347780649879758531784016729
059787657028138758026032333379883203038968539991452029129125226423
489661976339718268106023709597596629809185348190125040315899625204
717076766399868353153196608687529125423115375034755005153674068684
699567677330577510792350490345778778263396473876429056401644333168
224565090395700668568009825182733058190424322611289485184918822142
539686131003371372243018683955964417346708417832040075715124168083
755413148247924004524308125367729689704440679643179742681593592031
358215146396789238533146916848019237856136657063609422132962567182
221408537658070683461685834963756556481521327880020825169618079848
404748675428648124718923245727848809951784920023813214950559768609
780439227213656679143255838729396288555753189851339047123780845594
071844832836115336157802570583643859337129234780510580916071579237
173588327126164560656794503480990799720508422730547419077811064940
216016666629509459324696808278858738268960848774456118379844865730
454320536892684034914234508815351016785757066687495637606663072936
364979840910528400845462332617818149797614121818728612686534607116
650955135477832306274118114820717164665265427099148478807776892823
457954861106715049473647399736480665299537367799934023532749648010
344600085639769736337322294714697302776409407753962883901258246629
396938987701586208937991855169330846381599653959133926292450056440
676097423169030780271559700744418327838639200591504192666472875278
979549277034150826391547896926883308166047956420911237931251245238
262891323911425925924887235313534140371673379930617119964803740766
444036108277815093719892667899588375052554760929420018430744438964
934968142535424422875482634672599399787959797254722441172876007712
608840939504811921596748873955586267106549030213240224770792652497
769449552051080564104822068021729276356152237738510636020972031378
948389087608773044443391070371387133163749092821549212966094355995
765425050659702392398001339719254398835335819326042355334640709072
858048652141533903522297060471220130494123455357789547124863000470
556288945504460862226648523847310733172230385641865311802179351207

883678931632431925806448500511452822769747028812975567230419389696
691151684034252191266686056130038452053893369112100812050252410879
522034623660139062940958680638104861567034918952889959443421807536
331295702241260765662837857763105841332497008021096395134916086420
519405513798037382651472598999021247513597282764870480302409576924
624369255111392235317869482928421855572437473618265779560035189015
876875981442665762658258377735379880116858111611885458719903282377
257659747925555015170352252043295945668950459779859313354603058046
287121050992002653919990220328029855134990558952962035081185191162
393317684154510610655162478821980694146953140216385429484650993057
590184254772587685764147409170800507658641633769358146607818722445
058379424375762870854540335011053709267102160168897425190172664771
091187734019658761319238244016778669447316036433235910530463926925
486473405762211664842699383303050481743973119350053676164505084476
304732563764216661398181721671531112891024558516207319700700311254
050520823829089312875756421875416786156917970097009380501429846668
521200159151132720592321337362451009271857273494135289481232311599
234615896909789674454130627626872563304682335313715965130004061533
200562642138432231482703547358635091988446533835684004841684653835
147529872668521047590091051673159246264853570708194303523598755049
297733307531722035573470236517079315932787444549816445932473938377
943652780031092775354373492970112030888508113851103629856205948834
696156362320828310842502873761364128467264503679574982163446945992
440232038663609579652731250489120123599962848087517002713559088212
824459212365972636236261931717499306027800672703852044386944202396
265943071733875448439649357394016544694254389183159395967500993298
475531832019709586811147403411464307749078732347323831843169775800
695104759625347803929053122789720283171030770441520409620275360661
687750953874913564865489935285108137546623023010441644060787433799
388659434319739727628098872553596421836886252528684292094076693531
017467606143615040224106100657518385781845943097381666527422822359
523265631560043634606066179929543426812782469802311078319221754882
824844348942155905096249680955168161417840810580681730090026315272
179607472345797447534390082662384080704887676620125669754226324768
414436029961270632036424767255662395841363346696342018339637825422
544743063280535146449208028401169350717192513434491759163446481547
381600589645676084057980165902557489767118772253952700017838346180
768335742506196377939729071866416577565549223989511605044361810205
941685054187658471590296259403076771869386054624379389529177382974
148463926922111853547905990950972997607473872962647276052104595112
827435631270960595023755731806195452598765319888191583707806094607
301046153140796722525757786092730919024691929884517398716315076857
663518649379762973806603165031986181720651187867335919765239567443
188879533652290886520080140499811495657664501357148699739221946031
665890119202261370639549215000080968080493651561790444139936547321
194227076271680662326799317221812574576091524551670509765492798757
928496616737619368534354686042600792782105050293510602699110772925
833223313894239808716540504631465861786721994997496972905979157918
464803703518738864382027060980493400455678609307653826192652631811
202186385925165692586594832744831643461459403696172358059717958882
905838152369788533168230133145229299915405923022740585503740628535
904597657859645738065216002631591774288812480183076664637707719985
469471432460415430871067788218769070796941313678460577018382839283
094791609157762283512933081599452697606840265942339288587110544086
830636638581020473632094496534988776275786269905353915532791188119
263351069193127339766674091486139745614525452756883805182285266087
134963283884183684848013626458289540073065079156074102889083454659
625380869625526263711592359482638454560872583686037619817067263374
481287637268299887772294454040770678994016438125002755420169830230
695451162998313431071889909862541016002935524415486259137615974787

091851534025688881301989218844566111649106326888324234483096288804
965797427103408223736673828255772507677153051860616483063355980193
407109897163098840874672591044598887595960530329248899363852119394
909682837108645713523456015804386429710353846683059689879680835873
497857626785565888383649516272354520708779533467658672049161720879
813149141698913756646454569742166633880288709311596552908909685832
466209423687259552095876586763964525810627609539552914917651817376
729189876677984251192168075525816004692672892837696502864920879878
222442107140464673074851974371397605307432234515525321212358708516
162852145380083686124629515480394533296837736424862964570243581892
316862264994992186349832468121494673751199481950450744965970432717
604013383552223608153400047959819368522309258814575459795669694756
238949572473252484866070654288256287673592883976141961905913290839
946916384100532188918694325657206677652323824731643807976960444572
969446502834306166522169870802617575705124164111092073577262039704
116888594037610584331302931444829065955684296487296377161321950732
199716414417025654689461012703082459723841828360403116603489153716
076232863966616561856000946715549151974673084232558676741097334029
846169675642107632231536789799885806831989228308597633750929464903
879107437077400846349362362400830084950073558164966916759777865808
111823047707424696436047327935182038471988961170359008300455685125
280509551066769960237387823537663727822677405205106153201899838061
149198595287500266294554227352605814894880997940795238178862244330
133236455432574103883704232398092141614963275539566361768675243817
655662510133743046480820755285156491167182834541304723879598488899
915627591908215219594535894398739198788544787855883930195317034712
402500720728681966631889154092375629824773736358962930373027486492
513691978890676358246153690757238118890003868340893039793751993065
381722873667753851141716182146406300539934079367210950941233283505
714265283194967469485021225058627404548110939587405372888096652279
949131350411485737581899491522734135204022017717426975610324053900
259385589578491549406875910851090044566987790296358999578580439959
472228433554403913845515754590510122367709490042907251632725064389
114149403143929338160492141148298696151260756811930048851604289256
533437306862399621812008375911431730894419899802933772305065225027
098497205959635360606930155405423580935622219990176155133694756828
973901009351898868910230562033456067478159556373737243150513104638
843684616602221058076605501633844395133927539050471981112677893784
252742930717142873760554379041535781461948559847060404010163365311
893068369659397595008458513327284730880048487740393171839649232121
257591559863968310050334405605278988766114724308920739067717133448
999590499556528668704313897455638641950652562633820072560532502544
979125893728660693665274756954585549379365494669059562648221660110
907222716643362714785994645999926749049549615126423085297640404369
503078388756766522322785359375567721700544176152275789006884922246
472581006854831676168705370471402932937942957597129456134524552754
565682494397143313858049509737206075394125741562910110232605185216
108762961134662379674361123425177993400596014944329479641646003108
837766887059200488620180196337697614505829217689137668547554193811
607470643646183550950427836763844727462071613819711917704444879751
377889228995884738200829650704622312728062105126991039445893607890
442906612891216488673293277124505955764999531645688888539374049657
657168809130392423485693764450199912028784002735463631080280488390
398644628663159407840102917796877741898286222270285329191455035549
524356674461195336689703928030763361342278481300805902452322986453
653475937924700977123725148559789622335055037140823738855989996357
257681528249857323029102096633655298097518691642928076192749832296
521944816960437154884759085527235864404802017581425754005293438794
619643196734902934702696186973283056021266285835941429141764327043
883997140379848629650744072265264163463428982919154069458223840053

228719781301203428465115000214159693875605989584674337883215104458
173349102931408492619625443010694755863267361339601315493600270288
226537550169131948172167727277488797907130864591251768962270234348
267173744476254036044361238342663685290979347302622177434409361004
734383259470556179624247014795775993839612828218670404659473671346
740038028868906734350560654196291543982323319166341577275777262556
671272875677647403587825186324014293512309926524186105365262390689
805767959009378267212512205511131583478239251417189326668486967410
493386288058933141258364873085596852364870957352273551564173160005
704356833751285864867987776268789119701741989262975037390169668114
553105639638913349194784911260028872720224362955411330210328883125
217903860915341167857762338801385636434712302531331275834921496268
168434618056550643768648443216916009932979358869713263459480476580
167302876236263754046417737117123337555290761684576098412031481490
671265447881308749669265249507283763395824831279554241699844491415
609082123420144663561151439878692836764403819999607361303565876406
833411029087823685230451771621814804943262467842034037569121810020
485713346838603164091890493318702825651133422596513951836285179232
653400316253031177685830439058553031434700094995404289931062006909
384298598494625764243642747550200929598219970537138567540242399582
249361468818357839052925627662578147628254905215311884516726792585
106299641121890474290326898290300195391955649073481812466843389938
765229124423119814574662009378080796511082080920250037221765646622
654628516780697561651229846904028763819653602313563613649766389022
197923617233885491819809573522970142320454913947600203098311826513
470831957908274217797322911001498110420929199727079391310541688430
564766806828814326393122924847528035155632827952732656083410881616
979610239630665231004370268230915339990110185178408534796664576963
995643862325907256630756039470551358975851270259376353252345454607
115787656777517132314071984930870727417259903834799083775222662385
016189000136966533102252957386519369099362589633379104117758605187
819207087776560999410980515517605243383814985788441580214830037738
072942220576114221873419120173809741916039089694570812869196186877
182344133397780597593991704085257402459527953589551683671046122414
148488235070420989494640533461029814818149838496287485469500407432
484301004237023770269359497780909390095551642812541683795122263408
103402400601731856228367117879128635057651221052346487547089228654
757979919866349134336745731780800010159228032458041560620405881497
336905468838305683111885642692744666825628260569318271149711079080
222167427372520560852398097051928761728182949170796810849563420922
156800522265765905027081010596468960041915941397134432079748752006
197036214365310768194923146657468333019425617725802965628710574635
667936196429335090417591547605643722848231520544883264267630871114
746063603473283432300941904208674812321963355980892981390137432172
319029440338021383503784665824784928237160284570901850939986308768
974636121392228744643728222306898144271080876739847451986859735656
832475850237902290438743386565016354309204949751394651712042399638
048515240438271400499873660922159516794366552097162467190287849723
430687941462209330654035151465333534381762121409749952908133436688
742196085463005629418718571989796549038922609940064581345769898902
937525260315947935205172873837166700721547961956375740701285592607
563335804361178569570327151086097332660021100882712319916375934099
712303202613810988996422209731755274142553634130615972948437204856
730536334535661832196025697236774376640419855390845866547731334424
306172126008629760529672078593225622923558462628463331892928319836
100025921871137039971505577493204875978319767136286320184428233653
934716363794571277158840984176877770551144694652404220885382028249
892963950846704657019347597460108210900223798138939388917366199587
023532221962941499139604842992793411658670487785711133726534928566
536892887508962608405860497308118077965006010068109796230455954801

1897685661967624238931275652416559831945661471675822057205150733 18
7438649959207729217154115270702515737429327406030388997018176392 49
2844496144989211996008741455920119711061917813560083117939437002 18
5678808012611811579946414717303547906767039162644803691523001638 09
7509549864785771530193320758707672807382416272997985657219816684 44
5193115121472153946260624154747884492531474522234289814443935668 96
5208172835201849104468501236353466594439101771286059078923203698 17
7814414065765795314169342756627442756479249572256177112244150820 59
0572608481471404592395307959706042717245927521655060051371539677 72
4263182593431649599940848813489629443980192805044699030743329586 96
4202347799440608555298026016876274594816524700132047509569931582 51
0565956554511246812167410441892014971291705911320464869299521893 60
7872571989543326870276421120797111258063437179070285365686818813 06
4931529035864912313662571902811608044992533173093318861973891372 11
8396348879203809214817739751512155506071421237847824951464949328 58
5000899517323133417944919571954937381022516204335585096404429995 06
5494821817491829820980285016135764697993067913222478498512958741 98
9762340204826428706202051130484543207456436305468298589979035884 05
5646100674589972300286489589524145330379221860767572196030001998 40
5346104236967394846598198903322644713641778288583186156410899810 63
3325669588014908754891185529444754877707033254281654048701145290 2
5916253519801238741401043603630920528139960818578217505919920444 07
1679901533844586401542054227660394950985253171464765665886681458 84
2246276815471774897706020161939694773855297795179206393425938196 35
5238038842483958103927567056400517745841545364779201707342682078 95
3784241931871811251340019135490752230188536642456151886403026504 15
2062258752697464483059606000866480846739758746940310044305071100 80
3285756185260033706833217834100697307370364032129825039545915664 51
6251801635854889250188649041767130862347416451200097805267165914 09
4586669529719432662613627554666276397479883132420766002470825655 51
6863465415732273037984633497435417605339118055495848517100306504 71
4657091740008220220333420842716210255069982951669623227920520679 01
2499910597901723864217585369064213618772371091338814995600185227 36
2965360920637316839784737149841162314047954571631028508309649294 65
6142890777360309568914137573724220084319536767372075167234021174 32
7264670777570720566446538170861043049130199330474798596351648879 64
6194492952890582573097904095062772066683569442798805496198375127 32
7465076018212152053349220808519176266170836135723334251006968310 41
7820797186065027973257761157165072402736511990861376703898866503 27
5577438942275815661730769721836436801942195847681141757576578022 59
4122936937628548376150113712094447772678839072637650618932744947 41
0926405869319895905855996960097204635671095586425942225071342281 08
3161078785456208386552686224968775589567428400965170789743998364 52
1940287896992967688552250992454811316798119609584499945128301743 95
6586455425349246733192769929221149864428842742821896234377707149 14
3857760805808485642730371713537642453067937869457905752335076438 81
5218106566079270751572528839918515710526005618833910853622127568 84
2615368679981807360170875673642170133324263530619346354543601726 03
8855255677458062131463820548899779437994865925280732477127701533 56
6724305128745511130522707692262151065261479813961301205482595539 84
9829038221658540002787182817945275934575981606268256693535910919 70
2531758789585078642512381690228684408855504623386176809374387125 50
0306276779114460427175023690482605349682200346806279793975282372 35
1973107085666232473255481566912018466156539344860475403574057353 26
4973565944918990736160811763133524918574724029491422191055346694 23
0286637390630837957952652291658230260997650740918733400133052343 10
1030377785078752063516583462778448353683665590270558349479612983 50
5612394339024757396930505229513081104670913249882048315378942261 32
2355663430981141830986684768102825715502868274838339757192587347 40
1153664671682629370155268224421277110523909179693192391277379771 76

880154224688349620140099732275759329391772408646348928364644435387
618113834143988823534353062371783603772709222067901491315749461235
248649803680609448488571989384119196847152483689960814722241875431
733533374236949008176264368931636788534545428571396360327509922895
712580324146305634287293186997117594565836310361683515735192411529
174585686548397470920699815889999713360367051251783221658704694156
520627129418830367286169732775954748983270093376170910380551593860
779751831647911315109183280127525159365150488607939884858609930811
934938012778967091084784084709431548945577055045503618218115460265
023335986626211907545728433334065465592365267796790097240225590376
662770157178745301067836845974624241194146092702551816535744964080
370763592182048070317078004950305152791980468414802926237591441093
882117584542230025871050989743405380196080967060017294461315943539
319021552498639177030603251093959660382062356444137941788427652406
438997872152898548739082541948112684974003413805877029331600234975
233143783250683468323902948629612891771070449877062308584555830072
538581936999562749473165520895617944627647768827751115761470499019
482284323868027347074673862814752675333720121010716466861961600633
771352137821138857212155477397216933044019471665348302682850980553
100367604179853359108399121356009460421182548283826080594511633337
459993309854009095675531282250406764600734126635440624826166056357
691252799813016159259426864869950047247753327706499938464441139295
589691465220429908122439062860004650357381269521702256392168217733
673202091586750450047889816870364609615184600485574143988172609738
447212746441954501983355932317688295578306458020898295276315490735
500546541111137194763043626173297859028465131916146665516766350641
193345758667137818109841564659296236576908362716072233814788508550
638863177490787234919198767989674636254547126044095416819779922071
042764025154843319647739055810496100016470598951578529439919179851
978060893956786471973638900985242234000544223763116403151864279380
217952656842997814288383213895982439395887701557990783944892067091
706552034967699860541559021057651477157873786751371254730446603349
942396378779627117683623689624459677644019969786930278957043516744
315098022898650128774540393407397242671605002558785498888940993842
091001681738748983584562893527517079117054900054362196217064294043
278062798737866767302228520183704159213524224275962837503729973495
914312511292396853190129753561162967230848617432317638929881754024
703915228062546847910309796282934304213394022884129310475940434608
356683432324956136475425798625445544988963516713644459379357350070
277317673488451748870996682508104389915567709984887401788299074948
442331678830180605973715188996429503241991398806477821402001041117
774789688395551080742111648042275079877931031511511084338317728872
525585366801323192752339690786930159258085241915908837680453626089
750834211044419117285563214646123720291167406146603573964319013326
735113831808685442753061156822006420507762762431630907633957468027
315291779908101253549436125914719887523866639937485253979788879307
769281320874570272961219939081254625546254109008343052040387108383
857226421767563029049301769295115288579085478954134272967908455152
662497710743422153765699549216931190035675588797196959360894440560
279853228297459230057292902250191869049960515196346658738457662861
655837092622954905255871509887801915359854417167213573070063569746
236645069994385958653045816955766814151886375167295828551947025681
486752161213458539326242521744695255070076927008328053505369516383
702482620563452119086436094550878637455568841651474777446606868027
320905274568175395157132037546217069826261484759071069250556887184
036300053051386810957538874806334632999487695537434810824541310981
083736907075104526381461571373620350563741206115436983956431136731
850971749634340583229072358340161829060871658710160130421591917139
023645897059027348156810722898671953025796837645639897187692251759
331558679733407737330432167556539107557542389161607021227173759207

005630713684374782121352889897986682177628325725333451832303927476
186540391920879656525892860819307040357396420809893210894322008519
941676117175273539788820266187445622820220531528314278483033868602
799651751797558198833310256254382304160189423391703863378357921032
037786682180618908632648674196620083453772672138030048353496696010
662241386427252925300053729177370611623486543873603335731512271393
004752577030921799026910568336986814700700466807131900900638769068
942035418676510749733938247585986386289190118498516056762720635681
836412579224498280289965361861777668677814102903988473476271790234
863835367198841815377642843579068363587905670058581213427848601734
299273114985258294263813065849793217196027188839888813672103025293
737306872842842526768184950327932957470704537523032086408891882046
920257811437470677421043931464527865896380704085307448240780539431
479682354362054098652425446130960956897299253200046937227651926452
5234710438680616284415026327290612571927257776763140224201856235148
905903061312244081943896347125981067222308073624874038823446428048
391759971189069304948686931188157335894633373137830646307582206036
072722165120394083173607712722910894553099727713041310614156773024
875503030331197459367823569692069290086840655178435506990979613012
085913420825236538319721640025784386531552685180455950652762182978
072927001626238075398453178749321457176744284224049806304873363455
955714192165559906931601168545680475785694458258146525410569094213
041518607874243640505075700116978451599285143636331419198562203928
363637698073696424802317505295501373358979603598744425903636907172
462752084031212380308926131880232071030140461195590396734783221472
762103942851915451503469923928686060878948272040131551785488924211
858750326012076622758794866107806199431669460231246670036640694569
880337894191692790930563800771255696111385511106823071862635087813
016591596657199561663926952401328193712268673839971023130237186061
442402816750002785237013297428005731412337710767305263002918854321
849520377262517251966548985863027520198580555286556701741242478139
844114794561403613372359291002402880016954282527637001726055817408
445343080511456901070920068537510749800562299567939370360942165585
240126826086201398966399798182668381464268876294549868698695601835
872133246870517519561716040850360702192659349072702510994757252219
108424455952078308514342748979583140906113813687321865624780519973
309894011004757071818985229378443814143454127508270984979196457929
208023550364363535096012517177168056554998278836687203057953323354
892273581439095605122292942545110596156659899801588064005422943187
694927076222111028476180826159644660270430972905492918095775775902
696247824342719684252106673708953912879269571039131701552419895665
937962888409428690519523491907549396833743385108678868311297484077
425614288802420254564707508574033953987674644706472412244050841574
598773169274280657938451080829334713697457317170780121504655607730
879875787050244201825130662513284579379669342674659176754473212872
979925532293956541582868358625639296227016169581436104796463370168
169038370025573649440139581902290259043029179330141319851960060539
395930151180348550630214863817390059278659377962839746005016600245
619242505593516523938993857858329225917116476018331586739589226917
986771992642677072280445165745545012821713074850073677934454702487
148837188476688243781859855683230039182925072221247233954381450812
495920572738582163867174121455444072000774625667799993033885814383
952246841860609946505511749493126247475454114900899298880244751171
439414717156204843166161483490190460011909296255685162877604368512
092217653725203066326102792604571211234638430897691005760760382050
626948945183133681297570084946503627830445034242988558033635619845
445054185239483989082514808667971595308723718732952461752619649890
592054696908404522519746654776340655367050839612952694377982971982
255074008724675796073755929885119227004014089922309976925072908243
725293025365545849629334370195169448316009981695382175397508939318

3088183490256194526897726401106041349080453131450107139376971054634766542938733278849650778891157044338998759686206776694117023532572196970063355980127679632173540570173738734560027884615557553918888819015793780554417315212471104852527959766608726189792991456157552097970404808675605446942831227454025633219115710445542963152252304360826363084422103356833710034748286461973431203220247244393229338029788392731660966573419664813971173290576318607759419141898287478329113668433025352925249647921101964649065217824280216584448011941483756087062646822170527885558666093973084921172488988070552950041388669076368399430081887793480377554118045469519337436930740150043869156290274693614588145704566372976279494406160931199311174180452044928354561469971287682350175144537389283837680072041680696395364925057869308093258643237958397918508366785268709394339609878348151314236645262541524927558779906532561633208127186353644050491018131486487972806483608496665024892073569753621719047572055407926966384435426213099435243251883097135308234078731415494809665748791962070429813217624378108179660003627805961686458583311024834331251029352663857765397147351005221181616567263513538413677555892138833561375461669015061175377649637297641275729796185460065305881543374664637502467661873682860135938997966104887037321299898807718930345582842479863258650832971647881368783693404315869944158405607310517008074090624232298342148364593754066689887990245296775038063088642462354000679205016940257668422673337762347007385086104194711069943580453445570489168572684254649000937125624761059366963889973127846586244379914413995156946681083926325223181911728640074558763410456288575125505680815252293927925978148617475452694776380447699595505060703040572307480234705742344672410312296534950506517011654313242852197592232503963491802465431634661291802225697714089021233932878860417394101352631152036911145392003875410900121740080037076406806582462780508755720410542581570457315479309584722082919046179453753955470558955349046238100816637319455023584810199222719291201617752024446686059009664014265572476843653318670352206558014589136521421488427956558662705933887491878639391231094985612126299412921957055098215904145913861125266562187945691785864140841846629181231277170185607642984140347592485979536413929570029539960004476524174118063609089107032993576012356745028948966724368311323482735638137007848180922045444878697136394407140683810853750237906792549199074354539111875441697879774458807061279467910261059726785068754968619102664289872660415540003559370620961468777480211955901297443475619036901503229876507442116594074948464211635836077421426796439831027568155546121057167915310722177793025457322874537292989194954644443021474349443399152619976461756050044687614144519713784817621178977241435546735467024250734783642218978843024064895284631438816343507529653333478207439874478442439483437862158000529594120169584499759566219531459463851706574494064454137708838532274753954622674721781641078597150626394829117437331691230877947558401624524346731607652792303833610840339322785923043706961423361851512020163003710647339236015940934876141393157801473755209993057143969093614178086869200812729995012689406338154594261804252487070552936951201209338500618267008961125574026292842893977981995365853346768901352513316544784862113897579395337638477043789600054374631526792261265540350013294479593320389950440369123410089565126418333271896351165130651176712022579372906101484235246743785474046961258221106399832604515812547546779293221601003968918351668673368303931362985329988728773133651400992007718115949585299647818660678895687304129796819333868640365429982502489760838987278799683224799486129062153811952781175065350076812703463806998532134523960704085038220311383731246735440854003549805598897628482182550298417519242138199529518355344031257843107666981982362890498595699397614720195040741534182884971636795557299811576928990294536517544152653286097253112470609774310064281021572319914392

72471828409399674138326975913701920603934524244628182094162053668835891745861519946102892975861163326253936348579165089549747556108870430826578335339548720604361931381687421184175298180045024624013213889215413540631633023821615654645339912191886658802828303673099471289780816548788972062587681901474865764326474554358647966050544193140078330581576657539339176601496901725110135193032764125437908172466899998107870743298828606321054287292306846189654216257857556016125523403005801973294312555344214886520699809700430142983450790538092344582436794387491628148340152942878299190846211322390876235024637891877012267547630879194532414911410912534877347045290222856769737570216702723515203683228144986530301933624735824640022653017817862306131826734757455627191831385937038694232224060783415856173750148103203795100191326222685916207583999284142583607550237036751437347250061084565212317820690269323271707170180717500766710702438300882134956211420966662792576294753536561223119630348729799239612956100144117684309914435980655668473318377111148982516686052882431582966815773674293017505309619663515876755386412883686464016803290102098364145390136182012310600000775796607677144532374490366645381903303565964053774848637705689195214360679643287026511419820587140996218849541275905528966271743716378701546311823499580805167263878986901169705743325252330668811410230906371609653933829175424740572281318248528656220140842948358903054331768669388627252990137430129882853320414925964724870842887086812156215565905552011876699209953492885869512934925620588529975945981473505525503315145734981302496356660057156212941288201622999848145291580272745294336713461339895499251972614295467134110655087486873567899050526184186494670036261545565178590074743468302203353062126331982820548103883294377278480154352985423406909915122071140819165328421628682826366356108343235666218458349658424351140825271341844670438854605640891533111831123911860539878116762767613703658428481807313920056249047162328232991080660606647062640354285919007969734730188705856542992129141065083105024921181152561006374229243293904732428585904369109978087368701612715657608625272563041379461868532715908948468280276438781968830346901398630993534890439939614131385964628843854485451786146989483635930250233388861386605788253493820429754205348196605394372643477979135529870904409751671425654917341865740283310563786899303765618156623518204755499419434971521548912142520647079290437621284540363565400426443885879915446526504588441502208348189980825237626378349391929908774186331195023335535079509550198504429464600379207703264723165383716779763225510461508344705727864984310406919552119029089819095506643754003665989157129669037382605868862209431585676214169462770034461465588370961454183836781653264671798870475162420027698410568104993479741747427555662383448218723949255987248081790288697917808211307826673882271756995368158100683494417701411035314110709827967960457421557346773729313183574290098817251070700102705681610590925619773872526295496706438269748763152709963323153897802141958462837023585522802977580214061912503939000954972068969229351548709957962168186517294143002365100714102755589431262349994526217425183407314951822665413670711205435950477052984055164144082316040094148593227671833561041031952334848460795236466106998696317658850281933170909277543809750296912928290287182718686765605656010388362597476899331918150868463510202044431914159077236468302553916808891377426723321399471288497759795397734792296789362193099251120066301156617390657573683767636593718921142236849912021475571972230557410057254525724538555650568646053711226822679501929631039458441745580652122388934673777811748771108535856365104804007023513841408394344914958733631703374524744207690310465894028070652040490102610180630714409508901183652829100104263112612172301607303914278299826054825937487197078945590863342170565376911559913371696415252912586550719274834593711307562682233144193075059940067353636503729355007679804215121

351972532560562264394541411316747298778368714099675896563070199695
608246280145049119912407121857480537069396403892123464697871225506
696069651615068130060629410740080470757013091617350773347556487725
473691225215098135033192993383343821078855438332361873569071608054
558098436700574350850753199409765965336872104349332228061883499200
482787381125275030492088881748464283190165396006304665029156208905
322947319996678910429991774534128768910309099767188148030932716269
812365720604331596496493420535930974995546353415998438238620494250
693932014266637836894812021997614179860830589838293900673951455175
735499971707538924803152941090118514926140875944737211593932892637
050695832991810086208404102864899234632603456423704248242570639091
293808017046596536307241449281837553304794862335063366363758865610
589066033531629111765979002365301217285753662018901016498159777247
290540226707862683387773011170094318514035776219454816762064375319
687841485184258934481405295839963849702539597621263597859456691106
370601332279533419105303795404259783041376675167497687874652996491
783423364270007454754819494713598668069156666458532914903082320598
902812058781268157674309307210176135822631899928879732309320101492
321263732671517964955489689247766118431545671617574939384016165229
078440894231508766870546652757932388055491266616937775989539255610
804069381182248000513508093720466860200390550091411653944819959417
321871903409718825590726295842837197700858179418507010239247599882
896135737787564358854963425611467807833405187109513125759999318051
909219022665615695039282619479016017023122433057544312606544646250
086866227480438667441944201539426038115578275400004040207121819013
157464010934273357483361014694036854512564432034707528448389317545
617646315722092878102799120290218922382824703505463383094194477974
691308829245720502922062498555235510565416430457629886417680620174
113480892342272883474543201198072660689569258822932702454477534721
765528390806174300254282815982876747135983139248677545318468446083
804815081566354194625658132963595505948290763301068156449665178803
283777234426495734762093975759557930638671004777439340064983405507
236218119894844821271727778513899568490447627008613126978157757229
546476033592735563430185152565958292013820915022620088003174972853
899821503906535593312828283530229104248499101040960080812922737134
515814582959625143817175466341676306580012467619302739397496828271
609649437231135575629078101961242402981117679826186714048395466852
385580727594056093297312405555373044799293256493279811483183320213
731115623240409254441936217129357321551955582693070362086939103095
626257928849446571817529163361050844013855636792071157188857988513
496298042756138550082816695303908698962080290303553800625563214036
681779081802116484387794827851293781711519531292060253499397876175
464080018854911265094773779403380813851658217736547421223193282082
698080401490534839550396438927820292472373482716964374678135415623
079293493072403367516992521889224056696146996814738788518603142897
635379762432426981910159665618186293922048809589153523367722568736
438466816976741773574492402773244271852172458249037944402883067384
456400185365607465417560537108254681792569364696441802072207679501
529746750838413523113561625499529176351416883845818879384276920770
036330816674413405717150430764455055708620196218750902138849321558
849314636118516681921933331068710415721922258451362322199002670838
022234873215757971191139682680384884040281459269592328395964188662
679614930515982037118628310945019769133557938815895114153272504224
953588864505295251885697664767754064198964612563278225970170233375
585208862221826002853592814463086109070674171612612300225306229432
694397803268357300881624868449638061833812906317206669825392733974
004947585695873513934547695113481873226417526311905776885921980237
320935229881724959823218020514164654233174602677104795738569517467
260280709681525043733589820550474008030133017558152271695309675197
201612009205662308775428710696458634713742806675167831937351325652

2148383317367230811981653422398026247437655894767569216343687766691
5649479989449089533354826086379823253949166726899416749983477046699
0214640899683758249505829081453314220062263702658890856758926305506
2177250459027499099932791976237866665291918639558768793566387776477
4276695160789608393162352529278325036415584678024618159880514292699
1440698965247194819339632313685463418650909284138271725216953836200
0632300921099620624942506081118148675129816086548637849168389142022
4407461253734991180744446800456578072347621011306844607797942213200
4417518481616010190843118577837369230285339399275611116062550093833
8015931151113590785216256048538691432381224590429977294696432227377
1518952580297336604535600707534380412669670586791436932809218304111
3925179378607725904330105369386056453122825753943173722335852211688
1543044363584974277208363422787961783015362502801858578484425971988
6713283424851276948108214828989987454317220977924036083261987325366
1585956014193841365176258823231664971366187149882091304281551016222
4391160452496338425654078620540396847598413729509315814877737124011
8717977838047898994943654297767325701570538126378522274697246787422
4130079364232849781847838418709500092027232765464981769718563115944
6830120997154727353173557025264097429486253814814007859420937562633
8394686737163244650066947567053159947268781125617046006407444558077
4290199970126210536944280714092216615182130793486989728370011952933
0810736667285487985787148223531687967478735752661938542362400071399
1130567555033885290142377185416489229415567163845886141110633338311
2041108527645828402610255558454722593759618723463643099396380123444
4892556529898272029900367843915104186874958244295462621261555251988
6745094446529022196496329554000070385210563219676582484226507331255
3620546260268684522660968880438380474372623233161666015912793688199
9594050257199993291767339310271001259536094694379663859680832664311
9316496584963397729194414518373166757368853645182023023814826377066
5301139112891369134624913279126032535345919916323452775814247666022
7954795407043305095730585710512198291209443165335943240846813807488
8753872970853754416828066098849350666996372897944316567926876367066
6059226649550352104308343571403351838775617420963086662250481525111
3784858825700250405158386183616450763591975664564712150619898520622
7461072077885340900897413337888452905606432467837237844238116245399
6078973114333370609605259730199650937439545624668662812432752778811
7857645097868654913892339614539387201609954727731688759973321677111
8441995894848614261038915187575363531390084472167159313610565905522
3068822701639006046465423719340430985082507735015485199317471835733
7304491506949757248007908426935982914383093138985548754942322744944
9162792191174416817622585153292309062702886262732717271373674728855
3638621232215215659814014346174420864122382487018421762113798480011
2891846115029134072351040099682816355155884962593470228424529656444
6314581220877964148139740521318982878542842696578224348921862124533
4021422918738248798312836552083881102235045871328965119752972393955
6001142529640219606769679575814793597999314184981204111154282216511
3239255907098748163233710191611397919813113343628756085191368235622
6377581119520159283010980245617011022257367211180753783939970561977
8347858998010395864273294684313310109468796463429787772268219444800
5699924553685460167533539940861811762259294277647153412400002769011
0274117619239922487172129321988282132145815583308103276766568215766
2232861023578888664955757065519767142309504205762010616009270364200
0234045097208356485771816682415119269448506815186293519056117128033
6592678213698507508774982207319334861979007258977582664142806319755
9559863145370970654776647680072587850063099401087894554709720638033
8948369303697002697458292541889356827697675923286776710169803509733
2769360272883121039870404729507335731757223271391288682308969775888
1257914549379342985359447300616559315055902450692901802949396531933
7276413075979435030186195182849400682794556592773381062149016449888
3428475015304083572143224589265200027521484688613520268320201235655

045190191187232355916703723297903459787550694692772157114718237996
680746390722945122990853465326174679733821683940916461117621210756
826473382614614878022120885461094160724950146164718017557452315757
256491655201696462797061834737046196119470719316611275377707519894
464868916112464067799340622219650686591370531036233918759281965741
610783982987951386477074064514224493029252407623686643359498661139
330968200431501561171744028457058929342504889972302803590243885579
715131545883284619046631488813005446165010619163392539632499566891
885581207683296137502319540263309630469405124798684956587276452876
970991565736177473391905312486844946258722691209550207072170716218
796791877607055804810151922950743263378200279183115536826437678875
799119811679688739631778145299544256657730927567143291248470230227
864752245335402514079094918254625352910143935228966648242984559934
255755917775857582423523389737474844633400472593135729262448398487
770176548131880669706150228893096106568820300579282477684565057591
640181294558696880326458117051128812605060822201102948137886762347
888324825282503946688656047914724349593624085753393149412855950658
025762800089063568814923209519216400318809729991980254670328632185
674487704766797400805244494123019257706168607933337726166795237231
022560304560734945720635603131707037596272146490194250879542596683
656734967847796401786277500941708392596517921137188850269605808592
871546564185389115112448280957513693327438297878402591292425270152
380183942827764230778659980071499001127186267256977974935585858827
620784419210115012275557417797638627058527065459889378332964951877
011526441421644875208632942410854193186111409682762851290143784802
343912480472466682815277274311548964625567080291229410470366544127
961945872451600591100008959934764826857346824604969511368019113143
213023072466341637342509019213619905879348610301168491367031251593
211223143289163231551486390389204907304675379060333848146223790476
336372022317683354114329733331141893942473793198755133365951923692
060556418153629274571724953820445747470974338111998252069390559257
390707774360691544834954645439455506517513046593883516308482474634
109905199496236797103589927135620109785056162499523189050215581468
446772463615546978316832482756963135717558314707897091728778337180
485198954598438285966997768692505943828099531163809644381799776035
011308707394485192851625490589031108723329631488255920742740143440
238814712545595907001193665470967389125872702735685273077751939688
620387064305373419963678594085215789772443560955383209737122234993
636234092989901253196033994721429578747514768554321732167127462276
803323300056382327072275452949421725751941251053916721864335859445
349268769220823873314300392613546630057296367331556490979598048992
472669386456437462022496833800005055789826856676967114280187672621
778655766491577003524611009327946825636771615396243792771294838137
972344729096852205312331820157895844795748404966542625020395674682
354733532589667464821188622077302441641396400574395899344512407081
002310766672834298600575549363747498649085556304880457349808974578
492631977514473595857773563077254678529823332546870200957197489619
002324974468772535045331727309242308890578830620727285549856746790
484861180492665365738111300318254729987787422632245052354172183013
256341795439649838679382945641196752277218079707950556444508380435
789200441015991008710562086545753586198813375442552127302894241653
075803033080796360397960666424281579324486052872495607487409036181
364062430201765226239558683682892096274924609118894291902212698768
197461064344788994633549049367584304851434998064609544967328877300
152215440295681234534489469325923497985578607921934790424873864420
679228419251327300496390538838157937479116299593373471044258657372
191835913423118924681215100564175537835673127527720339420845773309
322939337741474629120414336423758453227800104181991754841646907988
966638034903140420857975127670234369730901782041202312016332370681
609809619376238353166428146780856607220894937814058508265825612064

156690803913301450378737470086191634207868965841313273363314363382
372598692478567010819887206149431011600932643020534519436686730988
893658736185274628304684865086589316628441742815813439912058343184
793314382513612576865309377574773719660808241387978909568631924278
782136534145351715120124156321455772612571711542375752304356111855
891966314442308693667051199138153403226210621594397427120765465231
765198966424475262047151909698917445511843743312560411206000481062
834177449518999061022134126445340065348576158006336404668827392202
261921447571115941454757056524353886708217499556288908901677082397
310205194838871835498343288088860711036176903323107813796305572738
981129127703868279932165904053146896325986391942915207644121837405
335668958199426520915206072234787011150784945992637942582738100456
093734037384700526043240047651510339744262915897859421619027654612
437100731415331339560670120992357055893555586437332466239368273381
376660988561386081756085525751881822982365620593039848026846892564
831572720381963427502449053813871227283653813817411890381862937066
879655274018351601106777215442748763186693851665268919096693241241
457652517547713861679070746876905028630836414931896559562354278624
551587599337404868880593635094764046404226690237394346938131980 94
553983059637952785004028188017151896873158310682541473547504832093
766879887868201624977207965462296599869709286344427118784043263484
658241672441603790048629063352273962632643689695218637458554773792
770810832099800656037854978617928168238018443737773965967582913220
601255392869706131183075749736498210147313999513780119583630465784
586218819441497849370098402756006854980263357350276903501334915999
410634061547078733290603707231161240341870550788379000898176947025
974081263663402332052347594946286477202796252113686448377842127754
708906075102553014546480725459627611374316793083227144449518251553
202530688993058531948318061909762818016677230361216606781369517176
487597906417672078274900447456671143903026184811709882218889166496
393868513193469112598949862477341922210392931856537346282447189895
787586796112815110996593701003783460366990836605499539314209994234
926019517200560034985940409635399105472773946979904135787022632069
202545498416572677427946396129743913685217948503406180772850987428
122769011413681640284675288754276648347172854512389859157160621106
210386115041453249787913012138068893780887857411356940236010861172
747490768634586796259736100199117029869639675360563303585985059024
044857052314430822798558580421066760697846685856139920532524870355
545853701010773500886495196354119145399547557065526277584357657458
461258415631074749536770190450884604517896103563009644983256798030
526371100903483368327380092585578396397697887574550409776166609902
795429188589308917950986812311563053892116814233795813108294191301
853876649838432666048909688018607869899694639519523554122354444951
091490427932659316891653845246476121029773238049491026972063197314
457687223018886454723103520336088032734518925146042837827235737381
379904451396461458772415780099182945276911489256449554457820811258
549746299122723264649039750796423060026194526098123860389417285256
976447427429289378164410225978278080809381188489828665645075046990
355036823640457028786192640078460831062566896721051510787599806260
533102100122358089908786452552773927454483894942460977309768103288
181048377558490535754369854782487209796239602856463370367224447256
026531392813243226027749446017801180064353804656177241828844153793
279733031656426254964457524785225151403332921802994363668920045028
087930145836265592745303693208581992368582405824492867970470048929
341036743249680787167805287155715269795387317616139356132593003098
518745852607460428071453029533444248363527863091514581116770338434
981090347138086879895128909270471036033367710778140834844624686061
472549883654767143507897165014452769938600227922887312461611888686
514548757124587583194866819607135129780973428900934829960916137217
184080568891284832030737804399029801197767445952608724501787884827

582203141607966468453384013730036339352239132617464228397146920127
293410803224014862978907413563620435519583015124060878235799054599
370559833996396427254288844432193508373960444126803498854986780142
412013984799469474267251345750432841611528318934336257825555762486
044698920810829515812130807472484883173797144065755237092962046872
292297505739043255293584811980266329093403989497358092902735650265
209686282787669265416618779365146499963351891859198281123717705808
512908891479895022969802277536978183264365803065946080924008017689
072325841441297192824247203800486590762483298432666125302685103349
902657657857996330572857815804481506534147291034011865107527575914
621385957555798465331746524212479703562965764849716996877845984143
281364150626588032373537267205100203918720865488940491633392384480
571756388725093012313790697303446402836948914532187479689036890800
919107696487522679319688397308313632855164428485454389551192351626
705524166101161919395623212154044745884493177603326458648332699995
327613115608198673031798777096885473206973611106968735230086661325
732823554513288927073584038158089593409540047766863373882209899947
758887252513928947102576115811305813730792569508911106036337471430
048180745447071235856967018761630440248592810294124481653304300197
678125184887324291465465374765308407856299090453737847639163410697
134948316414943177259257359898774141042585256506469922575333866702
293799299024833844979636165826017703760240428543525146892938266 77
378840100504077814980106515655297476502302530481848290223516634907
089449876811196121510650807088452894029830319134369478860719723091
087906545455929044269621024126508962080023775486379219005822137541
799451367737550293442139478343845408824968300559698072274271475234
618638449633003720110584884442628228471835669510578364180709087118
119763413467923048279991929423344434337452657118519582758172429556
975365547653558571537158788673155823731791203581943368590246116895
493584548438102182098056456671152278111152866314879791224104671503
454122635917402310507267578156516907949753545695466102343506351789
262820073876715784184485323312647481696410450093295263939107255140
263809723450742145266346791248799219504249506398350575631670024222
097888845014235493326447708542073295642006479990456728288273089736
342401635598151271655857087602631934760357479711367322844254495461
412410314411213653295907318446626781110627401990080057408513360217
113291910191481723858110359763233621594459068606885817458272106636
078324721105539882285311162308307722493207187603142835549723999909
543867479119041206409581635030692153653952559398291083644405778947
686559064269590785558892780148115312960528297396378305223965687979
329134158295623155010561975005747882584350683894802720131680054492
417655413415536722967818672262975219357296762159745729299827845769
995818570124704106527552347093167602108874620189498309990562680354
732391917438803528523945196855902262991234055623668168420261406594
601661426898163648963226705671454527615520840319977552181122228306
946402827545830907880095255382670011748089440085824422344840901443
930995076045874992960929194486787284244655294260355040153663048572
784575067890334206375485651802605864654535049231546366067214955979
231996128389256606862453821966213790956141809481962680234837370486
445390985796041171310701243314722770694381624261607791747358930604
032216117319023629010812414634682390910147478453481264736939378034
508669020117854092269189072113908427362640084022560952795366222687
803631074992951896334937247807842462077385456462974698567818779464
133277559594959198587419166844783018668875825985063358095304730592
627958788266281356695741856635183662967796335366162569000658834528
478932612307942533321209343130986170013940224515939863015330027588
574482615552011632165583054011090247991317443186094788894424719176
565857393833615293891646315787775206926098992237784272107622675471
362967726528338260458031548818429183457905620558523138467486880987
475741829951436089527571148969698465913305515718249017264063469473

831622484570295688213478321860050219757949327957537140194691987103
391921503460117489549350057648311848003832107045510003197299460626
690817032846523263802422485817403542298510813693111624820378156824
026705402650609276295741300394590674452791979966472993327500323878
534455218203096952772541183313194929837454299674345083494569207945
583308957219416697425544682533864656106651416194740273233068918055
488714423970148248814130243332211602822892880315913275460406393144
756504510247078478270031008306239833790350592085387823674384874690
715910716613835270975585158434913210350122255865928574296051076914
689252902235938279127110071779878737897902060104053792712655426027
857235385066544466670386663145087099165571537120692078442628725803
234558565314378543259039018168386005327549657925726069037995759888
134730688880747447547111932240148505713258006452814851064945062178
797173665367581241855617818186509256591508967858838537346006935149
766940200854142411958615773819902618019957555810622548361640410620
763090175856074573884732645071333857565460417325337113028013789407
938579364339953362780923121083970023302836469423386202991033137697
450725192819304481060536148898127237275534536451517984386997375729
723447961754122638543250152317808397255726878502256871216813534253
902834781019191542034324259346091331136425107319399433703843238861
375880568271561648549365380237850903934833622482273182074099684532
966420066268037268782026486705782985119284503022158150530356417568
937754210631387943008169086192587428698754675509234944739615670759
250191683691129303774804955199097039823363826364891350584303996481
957236211574077257682336990702374463935429270205346044803831023144
481145913795384749239157294312780741204406080309758729669731071819
844106693340826049698415157716592955194865581648675779423393689882
775900357894212761604704734211672187920488769423319638405449947511
159325479617623938498538240196477081852094864855924228773249668730
030102462610446676908525456097605252767542609722175804231532157673
532907534815364111375640334493764477315701074417762358231865170035
472053759404317824599133598339181781909632989815139125754319138983
372544052815081545703102289680299577227508331211659770422199826896
583246941224511283294989872970025288692782008856127159949775135621
524144621201185726015252469722909151404640753192199281734280327618
599645702580211560174620906358907518617575300004249196720092148567
640159697615970405736942590356827057621726980826125845805961670618
866332840263385648286426103859307490073261464768345904157879793049
982050590432130023886393302978738736196275533218595801266221632584
664077546476579363380854496495709655491946816120511556943910807968
135393846059750067179506310256122479527199604657086253843127219194
520031050931912369479545856122379295846744832208038385192663153238
284507062223554163557520160484585957877279643566407928977315177892
543246016374195165332485486621259981179724635762805617849167583923
257722366843923139046362506364023028317230013785538397844059603568
332684279926654616067211095960638834242950430023363651087339459142
466082468786791422410972599551213534391932339520885700159038044698
266311069545853638464299547406804067960963340089659647612335011815
471822156520259380056259062150272901222426040414726158403427816260
545987338572456371477792160474827443344111296731237676119862978669
863080241795004730990548680786839290099752578360568423252734512493
884646426117437845901765446954096515947087299765071127626661175786
960190328974286263834806460258351836519591472871025416090341710762
667758150465169462544957993828996178666609857273572606855066958690
375723054995572090626217139470396850395236312944870874152476422506
065216697079552830412810868604973922953659243154172599393270748607
956674145938706841232750041669086025761487588798762359367347546293
045968347057818243392374739992499318213776303837529903851510492138
626855948622828980290986040984011665073222899953224056223484778426
908827773333002520957071638789137572836111316150828240586774806128

3780997658812245009750709847914399252401416224053285985178406026 77
5338192282678495278866724568933375945160731956862168560635120350 24
6309928374185078076042047738430532548387635924125575316364522931 63
5117865222823289644483191026924741636339992805353093665926179864 42
4954948846174813289956813731394830959499581124735554883738711252 19
0337005154680402367783261544240656690622404363579199589191618731 98
5304828006197422232098836693647084018123214174762767322394733060 04
0517262859354854118824613991225459936046289697141341652030935025 73
5593612611451396476466490210627544573749771447155080588826860313 59
6615759788880825134084175124084231421887595702639616666768421788 50
1511665029595597861841596054792017855481164654185831131412091278 28
4596904448081819980631438903805220749709996445926804268473445415 57
8103344932059501563201963053976214180739908627084806430321780024 76
0901439771564231200722635434932737991573155185911006524727748519 97
1019847797665568944919671648616867079037571706648356280803259648 67
6734045842056865018193702426952536481695581459090936590780768681 24
3863993425655353304650567850655486555712821183817396599836335767 80
3088710405729720638481947048233307935220906084398628018386708952 97
9494559033980397505682344935367837444146988538880452810081360625 58
3295193112119347517762845206651922225273866969263002566560571379 87
4677472263219110395446393846121845585775692692112744696565407157 14
1418197949229614464039021523936521713197016823791016253905630796 28
6769037036699987201010551972758839049026661939716483481149742391 17
3870422714295049803918440920353535056464826470908831627172704391 41
2142384229216009271291236006701029524904826889528581360849432035 38
0413569645159309243382773010698290740036378191072142201091906924 18
7216027755580459326490152150594142335313528627788269126850570087 70
9441767082111178033916132310778845476958923562860626769063681154 80
8619448865059856349824207852248210273557171168286043742793001905 32
4214732698076035933663485592468191202394714809212332841860500625 85
3791085553950069351432572141821734241696582891687104773831105970 50
9981349409693995533517245346454725301945250021970423672563394199 25
9591390300437260389765339723331018927319980366786966546139807538 00
1500749940589639656960444463410488891018772540175813648299270189 89
3187435147571951190164326245651420062310747654521955306220940907 62
2656396770318223285959360902816252306279768529106713880771274641 90
2570560244612378307890264854860064900878587772245828110243449387 06
6147744535679373207145334080832496103686003164871160455763852964 00
0928899056590388078720153816868605784536026239537615843658764131 56
8954201845166804253112509061280575860518512612612637270196042362 19
0166991290755289148425500020316639433680320405711411604237579803 58
5659563124749946956984951358676171716148613421187649219985740236 04
5258155314008760929919647446288133829073216882269131573555149018 42
1727816778521303836603763561290076854453156388109058718069408177 81
9078957451433595938390351399592322158154787478672620334227303779 52
5481013433488701126988252706945729704429254738586395894031625241 81
7680103388373892597828563795133490722566439821360408060769512299 05
4794220774558697799330344439044199973576079750280203525292863656 22
7166375301043481541454332706533916509959467358711349333821669894 85
6705573807822002173120939153007826526128684514242907265999057095 82
5486043035452329999651555781461768952857780536654894859263172911 70
6262038297980160841215931881886962902828715797871793688490402576 69
1969478911970166423079447116300479691660296336654116567141292665 83
8641676558425834662650669041699510798199041563897096165783606780 34
5803858875490439836681107946259228094843989003473574576572212780 20
5076636124247453027283277919753687094602692110264128505204647715 11
3195909759784752009540677372174118439959013507272930599636253552 75
1836512584260472280813050170163645829887952963874735239442289840 41
2742307669265753891912937927022735871589067800740485921648396309 08
3923403988400951287322298306185307149444124552897445431895856118 74

000180952752096285137117256845726219543878785925627372240011892859
2109735917744530909913760185710513365526899609798279669130166471 36
4566970732370814846534938788898100994832982220454610020172043612 75
1203153811658299101511869430491144759374415119921482776988466723 90
9198092150851582445610520088718546069873013725536346329956445546 38
7264452326955782438168955311089653134069842041218638500690537990 29
0112965560297304964605482196018497714995871601601863218792857765 55
1482609868891466417867435548639885767216407980993078464470041589 25
2981212008077546940444869022853477093950868213234073387381521176 40
4447604834555293052999589302071650213184557608516378241629071597 94
0866179526322650908706250000978529459880341211082557760720141887 72
7490710128389363243734475532766109946298202924784572795959958669 06
0460001018255384867456565827575071585872968677167511148726521220 65
8930514702981699114593575970624052382042720167609089719364403104 71
4270189011229197278328160211355975632554869999224338850451985828 26
2910381822612265599259159708291978623319316688106297525410684117 10
8625987030714408608388908161734018394521786761691021784000705721 51
1533181834639810904855059841908065379840393196765261825490144962 82
6381313686830190537277629022140822825320503157581449110521496934 00
8005917184288674742328188920822109870751009609422271796061186875 23
1086513054879407303247558551585727129568516671150265857537215249 70
2073566554287480481883816894380929471939249707834269119816210471 30
8309570279144044887529446522288091642693221208914373532634347018 94
1418654987580854438978375427611160482194498573399194641634510588 27
5964150749708686870653330876746855170863672200413355069089822703 36
3808724832477362384276712729982790004723750336569135964850589487 11
7971773589537523517270453298808976870603717168938131149261179907 63
8681757227782503037994810530997141332106791117693908249785759501 73
4734327486335668431549974255543428798138728885884082866555063031 16
9230342624006519246182085129405138410943833830994337323561184083 41
5610952547445426678744153945274380854781574817180554292301725770 82
5421551455231168981598415763033104102486785934451395633720568858 89
0690571190839996979952133448395228759228397786569316970545027552 49
8603759381380065895257056548715399259424999717317167976251830780 71
8006517305152956338263279321271806269594806341649691021116023646 43
2358904772434776651725043701882621158437644226666204751278252351 88
7021789802726728027711822773152103035872642082452898843316831579 16
6649925682161144990342466951532463913570478076852689899848932052 53
3721012467448559451168698251650863150655902335060894613325964758 57
4047430716451021988964666857650930833004568187275724168076705921 60
4355468100929255939564895332950279715672189202732570815062770907 17
3871031323842496009919676665726212488713499205697235869332407381 11
7705573234609021579847223452138277157958034722054025896644153905 34
1213744700508903387153834939078365114580792027210147906297989923 57
3034032499697624060788973218431088244930826619080262204999011285 97
4929556277217464611468993929401059494209733817594382878025044409 96
8753401903886017717012459122767688467571523696552122005772424503 65
3973769690285178582720108433598339845445681784062574904319170877 43
8241040318671414204172036811429895036772565460710501286018318843 30
5902670413591446899968847178334704082914681241547430930099815384 25
8505632760473908768904927932249240953499190341621154460821389836 45
4362734525542137157891521320603765643461287733464232652794907883 81
9238644475577059500911944414225760474872733464246079592462981704 64
1534606513308409571476487155212860865784707352955176812758232095 33
8163731442904741798402689359511383623361903652219368694895392929 86
1056065435057970271551124260864308592728205732038245286337536004 05
3715977663220991349122262298215524644134152945655157701519189869 24
0729862580527069848312895480796254353197417128584257661140282009 53
4969180216778750906409638893891048450466408657503729405221041128 00
0954731966004650043944216848594220901445242927222558490593663824 40

277332836264503030533539930969877703430907123325762494149601610792
428731668526388452751267060300570764109526142989664881812039606387
340849855500941732198779667532749962011869772569041446902062477656
553506566423759146917333072748915434058300807072214809831677481930
217368453700212286491519944808643918607136506738526628029015686800
738658482695676254210529864116593386924825383378787521349222969889
549770334204786174098071621018441516177221481911004373337116936743
087732669730859901037197397794961028429161868412757569913986492114
247878143531088307012871037747664524240630432837083773152561194473
055755237910984617735312906442410447089451669048806950914607318268
944927878884930939500099507022903534353921332558947652503280710528
542412429468783066310827995140399264853819433461802956014311243285
648469653171701739125387897466609714539422772741011442393879589598
789105456641042681478911626857280359967830398709786663444404744950
237805374940891697917385372097470734527397946057249275908249278258
335068256908378083545693636681739559150054891171229458934250193970
208963987204233608131092995278188504027712873857443547058197144905
713041591925075571511856871245138617084613762199481388155508293884
837569145259023563970063111260122118004370384777070672157882914472
504703857119508588093475506374838293531777538088558941174192632937
495430008507222483922287543944226262695981911896956305252790993462
946153609361635494478791750377713741590706231759672455836853259984
215588103162562444276554990253275017631362943127796011916430509716
959532112992045271774496546336026515365658288419363879337753552210
007523306249938917088603055134982454203328601498822518924449789713
654388787607325839686941239838808204334626611722043799813307423513
678499084586481666628620111016787728549322725897317962900838938093
783688622430928160362691807321356465371535050488691647787791858427
737908188613147543573704383964161086684544778605185698836435455394
146744883622569075822976566805177777484874297315217407172224089962
520271344638028938433145251698363807311799214678365333421747888059
772842616020358430828924451439079548741920599467031093767769273460
011572635478653303787050882558626169169547527360426276524262803824
771112903565310920613755010415351635002947736028030426515606870445
034565865327374888313887136360128083391312685040569730582623675060
661853976157041742174275940940477766295856099304644453696935713123
533139018447310167028536689418035023616326193267872577312149724982
450873030342047625852256587138441719279864813496990033682366359258
820601075142130599354051182398221393595842421288680155694960131634
265883922903517029638549314312026857517209243416771675953673854595
891563041515434088850041606705334665408281307008328977614882496962
892401604211416151036179777932102971347626579979402154699780387784
794015988160852142135353041497943485318919528301157500655585264236
187716442360830789734582505232932436402643759245918005632908723050
762970364843550869676213310828770177163493776400157407706192909977
311832715705372092053654029707767867266532779330859965800109221736
238904135842795193350888221454365191134340143428094289321478884830
738725770497425332464660948353516657817670744653783648028470969261
013186450293122961659943735558202928820234450728277138137353108738
681566684680584165539524063151157367921549112632477501265298070868
653207871804612867924288077555706529278259419430075884278012095910
166377504140143144565160939204213995507274987872445710941355550450
157228970947059287154785784237549555530688277162786068182464764719
997298003673328772074752265359103975496408864254765241431378861906
622713920337483035553828434447644598243634065327813631957808343899
184020729563312274240406329113697622685654000106238986047816686297
777840312794899917073967230675221629509652878963150378284676791610
967455848873593475491086691961722460379433265367175326679642757594
399604997668066120400165330285049499728607042754250937207738586370
041544102605952449370758500363784138186077956760668064617234295007

523977651459432948967190018394508535071152508262845453452737577969
1224833371923427615820308014628017675628250240714602509716056 30931
7672459307604868824879005384715805207507448203052649668981999 40251
5794942321159027841043254258353371777888992395174636657432613 72851
8110052927573466418481851815699443404088180376875351974066363 04783
3728440558181929943124928206995745614238266530509813446643009 69883
5798899933364824964722667678660948382182006917644779951541006 48314
9509234023132985550207601297659765482514322142772658066657557 82452
1143511835733723773049243714259570295855158711563888077995670 99240
4167839450785418474597908981580413082967546815203466039698784 39383
0818392374771627897713828444340513409511684277340921769072524 76310
8922444664789116879432513222007365153456231185501387421523354 45030
8938853986101461106907489109566359662948150468546756229289415 10892
3729431931956149182318256112906025836428781721949291753453882 35279
9362858896363679518066994355394737960678838639432992182785568 41255
8677995497954613302878621464651571399165914028458734870270526 10698
1706256806358660128164497972466681641619698798867736847470963 51963
4967576772411719388989116184101675724906528123016396816931500 30825
2014897457973889001526824023777983097240046310850649974105912 09501
5707758414148918052832467306183514095174913707885125975348247 69265
0042368546235843601597072961828044309168026370057859215113722 01216
5857223365413744447659413954964395531325161609658018099208779 08352
5790375772675062232251858830607569323189563374733180715366869 98849
8638691437039379137969021750962586928425716912905420020815546 97777
2690884691552481174499936570726048504395080918943285304474939 89630
0603185187727458210524655774108122548587461398410245523154697 28605
6159900491973013387453043160232464499265125017042598959818255 65238
8758779542910909672190883553577724986861366152804958762154417 32619
3041179249699714236480394563630993072083516922495396202008388 15119
1837244452275263668892099295766770956673835188966195961605375 35008
6023233648287212672794571825927178717732484309582827357398194 10794
6656428415373520978922889002103731720275866429011838350240103 82622
6941855451746236005539053368444799037802314935009104335155598 36118
6501260495696025913457693658762226557706320751802591029709744 92951
7888542021192971691266310414209140107864252386132081347634547 29775
3174408567322103225460739301677418956020272992031624797537686 27807
8459710521326857264537362422553192509518617187601345112433762 99053
5554619591752548043038904417376179131696274344878531155019525 36997
8077934471263842488993435819171956729612216520534622308553410 45461
7535160285303531706014088121363733345863747449007128683413621 30746
6431499196264587662383247945685549526493664650173730252699119 08734
8893838082204903139990505627544398890446347223256585859879118 86688
7408069701032026820399164596539398276313976757586756306611912 48528
9248569949554527475825958380592669805669093152791187730205978 97063
1378708933883220709508976733530085556152945784936406639124522 96012
6695960096262492362354350067173565750932462110097876387859400 03781
1122554818628659191302654661216074980353256023443563676312411 81589
6469738561508295193180065715412630622899429863180944708829996 97782
3600837319327593124537302930803197083916792112382203775938691 28205
7040125772444861579782897032372098243141995219135693399070137 64865
7237940901897310267731464770491543124633531492311649828461191 22320
4432979879886545504885502817224127196412962142552440814338331 84835
5485316489156555947284549415951832993178851797857233334982197 16745
2209398227947038948309387006888095009500176018651075682619018 21225
9879110673576574102371886627246993510757585531487585060688926 53011
0183871898352111721543535127593826432969022233949380459763785 58090
7317163495687503270898657045091638820524807942352227535687082 56026
0318281292577270037991853012635237990106194259570352197978694 60379
3409090768169039374240329422244856490624292406904135555797817 62809
9397846780875087378892721735054157216861062524353129717528701 70021

7138926526862619668687123822200180819981055671128721788669286651140
8685730731420302602941758006147543396996144541957801734713074532511
846650248739186631226591260156602363786266520161741609131567212837
043023831858011836035956376114402196341988517773587153802798083923
962306959289445028812707711326597922053836475249006386505384673526
547127960139270574253357239928439256682119007592076122827272386085
621382765349933921722883132892944445541855911852332513183003512791
379252076038822932907683177572843476710568432799744762007968785459
609023037060154744372426114673976376141025089181934278782304188311
556795804541243119210344135149026909550179999604207232260994274936
196212594458470157994267384082691680703420037334281735882422048034
577619180553844186706109278647544687110904276564909613367896693206
186509904811679659860550340492059617415840318373662444987889103504
706165000925499423394566216562460486362752367571958462127097101035
867837376285945519035694807841844204611642743268607874808440542518
712273222200262143479895429528267493240381500981848046570078416191
838634925747769264605691767553183675482278920331802726653109312711
643679338196228009595413304787068427586157839815966786353122126491
074162834036375848986732387826613769035930136232429615603116634579
503348069604146809599985141673315641663661063813593337029105580951
861002596596933585381337026672093038574257421678642906364254627773
712451614250089638653859527580132228918653790607932844115312395719
443330597111674626649023894326671796113079458231044119190079783881
715223000670094400240063875922694362285108398908252287558339675045
354327424126564539480106648018793370264779678643563015419592850256
243936980244407004148981012850384761255766532196799894997511651665
525680354364260473149980694157671149571790870619144799725227147952
932796307353587611207582906805645927075287717611731266294567603663
357133534836225749231609088499733950008239080227083401844218602397
156226894697590112111641763528196178800201355089860699803555039550
769601752355717349136765805036634809891766237472777944388920986795
169389361595325081576104264980771878858319166602587545585580207124
960203569014360241160676509441751163995525117604635545835455868373
332737835385586657651755653238466588986398386295793497986580783912
028837322165418055101504518391046892095056442926187130727188975971
985224621314295193673784547251284191391728084319502081487214486818
091226214195079624858367872512008495905249253663525575397130128252
266631931267472711708740168740198182053009569012107994936932404638
634100522606283359784777509936197411021609915334124174563222729142
898453154604467932463165850820599008444304452923568356130595857276
984976510035763738094889043789814971338944112155340478285383410251
586273452209298137895801512526795905016883811079779373785231407545
364238326775372591139723168587926879041195675255583255894326247463
169595932379328077397215234131651023326955510042567134781656878944
325901020307612993187061171311147244684738098761661329821589523733
673235671671545614175551623880797120001523453111994541783387246086
759196531569649459754343526241471737702735162352186908458816943326
495436096306903278636782721734337872342122012779145307361528442917
645937575452766551173616624937762583412326694703866180109952641614
144694368666554121465355725108823132604443020594782957064696420840
506639720639317365073513173003880445262259603654848636596942695148
372191940537488664822469551380014166175344131094397669630489259497
232083175309962614307845299331801650845208032363582644210162743101
366129855870542291846918585358000259657093610688867074083687084907
612579947164130996388859772806057254383677775945949487903959265587
631921103227650583873043998704354154077217081533712281697253470848
046067848153033982742535460673613310625536480782351719373197638292
319760687931863997393970932923584652592525487847560669587367260250
749646865932053476033302670225878939971559384670734638222108716543
115987110832363590150691704625433514220561500233993163621226931614

1645163467224870089085755978428672090870503505953911028556125649913517596449387846853627188016450215023465660857544006212932808424563547806671370456568519259335922474643444968138939640957288030077415667409023826142450163971489926715058806214047363887717765209161257743011347519545220374908961631221049043534651801900090993521519640471458864773560214651224794178059004235182076679650785800263851082616667884855895074915864512661930983830583482629690713170673107171972808077684848057965875444137992944910704747182972801787259017034033300092303925380610416754846698895731350680386861742639924436900050778323469824069242703312234425338168695545685424131743688576721218523392455145195436629288774904004394559466550740842702513881542258012779936249482761255301095759410701557524570174019788509769995259561720868943409159725896349283592949176418770735118875573352390975338613904611744197549108582378945359488173409788639450617009227355835690040585622723780649116217992575263587677173378254508192811081021590238831184952959703028904546355239277603766971804645500936638939527129375661836498772135574322758352117961769740289374567771171020960197086099888919748227818340645149632401913419859546667518630438217822980536476808596413487848827651335906070316166008073856450236740863265104795655552390569324136590617673191577439406138380081622869421478366058122796601378688103642239344928990155827756047672145288752696518498409757253114126969799968358313111636230166796763740682084735220764819875198822986305280182288737400846335839839835119179770057824481995867123744072885425542588206733038659351234884997970262313428093258461206187314490573933429526185556831586472346508233563111689903929807462373018589617512746201102413502530165047359873912996687731657887933146811462093006882223088720615833096858364793811717587232211880440756360456266510160834436772313414846187126693943558094472992220580954003417477116924948572249761131666871509490601304242787861170021809547239131794441841677024576301402297501831938044884481604777014040813741893954547596552735396146035191133930122313329913329256507989652308090598585740695106919203279334733972661495541705616616081542952178792420850189261589084277089990815410205163517964598157545596880694260180013035578554702715987600680733145181619407836722122385173317731783658569999622159384875883922489929110687127774169313747256956513343006306522737924551056266921880807811832586731369601120907714665794436628833001440815863098631726419063330440445080582281128154889161983229327318187999588512737838729385096990500690958150559968623777129423176197294040813941813602724051482082073795136314843354227939334277653686103525407725839996548618746068110854415993782634421838393844858485290353045697151099125044231382524925295400896002776538738663574156388274314110235995339222746614280895030235763018473899695696878579647614813385274626000172840076610353359970011074295886179093448568823861402212026281009878419477855669576706020829729728493217283594788507478562688354139604520503273390011597689975923488237896003704743509440126218101094815715133050052696734750515957930241419246771883779907897096741985620620603365776260662003934751458951212313889676805215858321485875621004939827433779291000856345960847872744334605561848216303387229105564330934672192647866563146898144200381872110934389738986303817212957909299112743076719777291578376748546289285218082039671437850793363736950077276642667558541999588569725888941718854732457041265453872792938355542304128413701321311631686167649503182078123352807867036057531692611111413192742877904464559074531083030459561199477889297649507064639716814514629453124294363555488686361248826561240064409327046272099193802499353896059744335128490659363042830104058174606123204394459678619943758818210788705529097240315088518044697672070493219326427327474947465735270631400846002270606955967696876993581612208087614289082438282250827162654510150765071122548776783127104898581258903148080115323482235485756250163613

324457554897084018525624878558411615590629157064001861938267871916
714542297842701318556353007592339174371504225236871430802869738972
306594087472615583200288560564305436754730126975992391214093078205
163473056839443576608050549539129145864564189519842126675570326140
401652646471819168255617805000436626398681263260515677037375763228
255723722403373265634399261010727774913476271761697800242024174542
196335423683421089982050983996930900966833517291556051800329123750
279741383363465570545278348537476157707297860282642316989566162153
641506119169118695850763008877398413314433235221610864807537627562
795357326192768075059179197538220805055360859214370642558820407949
945680532099845216195290348747172915878804337898027199175755284124
951645538973669036679774585106049237316474933485138913107670478168
931509280056525080740033602625587974658733895886504554910594418711
510789894764277239141320085902731348230514711471086256844244305561
264573131797594669083041340349698418952641280813039237953542339551
451643685832971767270338799660705027538088446666132495208470595623
603513288763569283104042351423073689830225761893982210451471164975
086495793133102305164007027404187229255253125550507519626309014190
428815837860801872268853303342603241887419947430948709809007796896
221521278204036387184986911556892852678851436920811198966991991759
394422276598585296073161102727719303922875037352767460313649872860
148590878010890276964810178419250513768363944327798589783499670751
064591608079978149867462129594299294951034556123952851899664838931
513416634256253872290420785700310050576672387824994229304331876293
310759921633410348818530789457862130438446990225971510953784248396
404519561395264994091054193480278333814105054975038632521344166525
325783462410543137242051343656100709750264749750601879329897004952
635108038488001221708113442311592330182506552329000805329609505296
747617827764990338046492756424607844006224775102298409044645760882
840084383965375725163309086936595011316680590317606539941304678318
604500629809546411793222760643945450974640311900040461013636375665
251476339220564085394881156566515641449954699979896155170851923896
417350486164401960282283702310531954944557157779195675885975303666
098822024968864962402373769741490896227826267171647090545458964342
513581072155099312787001810947933780019428811697138455978130343759
117449830503972720050883851002048645276691759729131715166904145869
909482996397885788471241582151819151311936465926550224699522520658
612371086170777529724800962855738111726435043977239915913533372794
371214939748639792624792457463092688060161268332810801373076067896
388530352476247957729623303632060797531311700321563157739611414172
670968457919889678233174980250090409276983988948694658406197088371
187171626789505980379928186879083596767443867394110895371969861829
767384589543924411217443260728143441568333778396580093324162653119
758863863145759699162822606077903337395378068615499543343966625340
413723933605837613571366314849602284656753473188333959769406024258
503338228269671602514882648376703139366150304655694403590997958808
653064775272076181214153941068185531517358800563179789508106998207
123263571467145311627582525008062009835302998598765345615877265590
577677705235068007347211604498064883912344314969945662968838109923
179375961515198326501205987814416179328900586332095639044967327409
677561565792169512569575734306501117727944676997548463963676474095
197874698574050025666304304969303782864673088907406762172081629100
092708410880219803664690320066048982952654419736165080870899913997
268065256227964180494645415644876701280058394443003877713557078046
564329913218706063220815142750622404635739633230334171292053079551
861594221891341743934642698600396304005080020428704157295937353099
577166776152516245240929006876484094452448708296372347946634083467
678892429045159840508607169534168927276857026100718961752877525160
511457579234875828968827250058296434832572501948870491673293274144
146938616110082120730148945094220915611353196601506009515300421518

7968005009256702774616975269173663358847895310487516279254152291571
3647418488012937076008264200657418502417040705431717287584945349671
5596925605810680009173553233924655397658056115062668571458886231361
8778250270750779389298522128983767573394440612389601946254801496861
6953716675692027945004146572845670685309943119591039872370249270901
1043532552598050115712122632847074507459034059643855282087291911841
9839551668044048721547532339125619945930281059752503341685465676511
8494539988852432775783503720834777412746381874054586392925447115051
5543227998182086818796986470104656134118680053965131346723238124941
4140474145964713110072333552028123385221405072386153693166089460591
3075675862667907505370161104070340909262826748877502859752375102381
5452677962055306027527774367819405779533840765937191233904161229931
8965877540504209331657806959653412589292769002105835347234056106511
4555429320091707450439470199566983662770224702288304266506904551211
9438370568467083823573011816322854340018430494979858262176841561991
1791993512415309491580100793747740403927636888269384149937580571751
1713447558159310327457741875763711877571322468922722424933777711391
5755848434693143205619352281759976456338446352366793269416636529381
2929947315541602622781043404597128258224267019760969254233568002531
8348946563112495170146899400464009118807408707732996430309440435811
8340841417580184789950262473895690754781926652219934967405417288191
1105033252790021585459431757345887327695863977413383026542251574881
1272858188927328497769691108525938565217239184042582582314470310641
7604648145020222102865333086563744022595880471321869450144366817531
8530731589200519065754801582344915484431777081767125204611964939451
0188625676374145376864560060142151261292424645967306428464885104971
6111918846720498664547599992680177566433790034005684703754475628781
2493489840871400770236296504170750104540300696831123531729340302631
1722131708617620296043445482095434867636952493941538476675380957731
5512146374990805038295646709020523046739855643558238071200134051791
5358177592661179297460148692132026306003931799564849444447316119371
2536942062347563745047826759397321270337280578134312662111738722241
9280633363983451930368038925930968899520925203527857198099238057621
3612284960652327697097076479039139423140213336869039480868768474331
0801226886994620347082371630972470472502810603314164701447412054211
3824030812834719100930862026974909153607225275128659774951950701441
6835957034266146025302815338482727764497900776889807445830108058071
6258028265253984671218499044394258918802188062975995631428163848511
1209471349952422729096625621310572002786025213027165243573020132191
9505317112041933385624321811596853531436428098866010958543685260101
8529344637841188537182627216507454141542909241257634281683464248031
5818333998660735773094094986065706615844070167350646845510834483041
1034071433068861350648161231335008442336241417442522038471620685811
5778003440744224089977379525077227224252216325270798286483423936031
1993600770157814548549973279149571524204777183259862557471172176001
0475918686134657668007479138823888252605950369614563755509483645521
4943318493757958344708256511202977130548905985889360490419843661551
6802806391016931507941239844261414631452720749063421674666562208201
7338740544102755527732642572666260325434141645180646462013591074631
6904814091394881734915019090588786588657560805463319115395795199221
6915101752611355353654804491538052352430920956839133923664186021841
8657405653138658589180388829010049544105395042819085217095689709851
2226604914977034425634152011335435956016208048334570567858284751821
8869432645728470941550706639004202184742841481507293211425552538481
7682398405964036946755855870650778052888118437054370766853940204361
6790879472757699767427174390824114225151702319553260149292053248521
3316443033614105813480812118784454016800498418637195377507912250981
1688395943984374349050092769074304972197321668269078681894298865541
3260393479960279152866631674245204993576832197598296140906096002771
5007541161182341365951954364768265974353872503433557560760309426451

937176844352565845618941330436265854933396448813667814189940353781
251863618098614310938046860842389417657170919837530273529460531821
774849806764100727806893539487785620807660764628864349757813849167
549694801333616458553592342187444390487282202327482790004380974372
224090556657982792540792018271917640731568687889908698234433324298
461713480779415792607894378693787932181927623832088562198256262053
706157053365099866604373352780043029785385825777258208143493068950
997469028421232148054362521441099265845132086983569503793412192787
701548376684625884851480353282100576225953123843954998455977183661
774696948771337360294902432014008936954352464284670390628296129253
331756090545801524153362697046334156094771470387833114080455327202
669851691655054580885262347227009185683811529132516075575147329831
048174511690118544738905002707966281357373328915219473513171507142
118196223950640360662507937661011410909757198751950627907671992084
156183831262327870536779495872093480853103370037079676981443339865
319473005539550361373716903540441227441848250897255434113291414099
210105027940607813434527454574891039787039592557677197303266292058
500218412430561101471172665885887585811098013622427191783601505630
084506126095803511462218689703926560067677522712781150869182409312
639832388951433073092080618183670533272221996712213824392494133845
030855374291395100606121406401527729920472162474690601996875361612
930959443531967021387026224274713425295198346411502152585217190733
435287605089694898596618737246471484457540042632111691306610800075
901992768527723122943384537537344556192707318420770035251888198510
000910588697024636141339463736403629167648502431395922261089143124
584310802491853376636547379542810198006394675491656738822093720679
550224539749527936043218760416737125294186890416787560507158191846
283974995177618984701201417284922531659976424913961553463045596737
003669827139244746172240537756388452506057383117220633099522461382
751543842624841830545461614239767958075757928929553582315837910599
881000136355835802538193049608748484062324421301967312857279756963
808915891141510626829367132533904432204439351225627134258357193758
075555470995280586509274891485606150149058672218630181453955271543
377441157484301460454210472371065909374589455601850747065551250496
207976349526296285857419106119868433743595990276751351242842162787
382704073617901822642116190565452355982134650098443468474989342551
941906125685394712155093835778399733985359799208044091401401301969
205884816241657792074385061659298842954287592676532576461278658136
538693023064324951487229156834194893397732577238311018607285992138
274399553167071797786946310241209656299251563690707097976574622302
248111836993379540037289040035528138387916696451463050174466783026
773391565848513133733221345559120169428199446355869119901046702572
488630391431318926902723427880765595671435508100852332873676188833
143306258402854461381790916491511389868861020424410969493039946188
156434692259238227154237325561865763731911138393508298447375787630
908881906697487503462616077362010561476491958588895261757302986600
028449208833098693563896669357365831543219805114630291803035328239
125122651457960451129136204814160742634836890487253477414604979289
686654718043110963702069366180038156492646017632282354675257725100
634810833246049639745818948562507159279851400688234565876643286169
649944702876172786074016278793760031340305365372001633610673119735
402165742745526613772464146797016342322109483927352053992161846684
431657805148578748738995611735615742292710799789378304117463423317
231236870629887993956379693234381409307730316673855875833658948792
192292991702925321953131063137516995648955562792077326334439956069
913401234556618660027238644091295776817456745562042696966397914924
854631761555583478849112031329808109382020016670821426195383939135
194943324558741577258369481163492140484733546704852527626699095914
448570908316042386634335523479952419332174312708264275715015373811
447046489614779234323918836597604173276069183964760678663226749291

9332316113187767391913271315644913056937058551533950582292262979366
6928009889012737440110729913075848391948372516387525152681209356 15
5068966128156527850437743856737065968657129040745040213967864098 05
0162871632426642267337613821529562365220402118843091692449620167 03
9837724022900775191199017338872565494516702488423144667330169795 64
9313895385861239811166830825720223337246985737787251767301674688 52
7011564277582005939357098122586901258892772753477512459695452503 89
8261166802128775738056368563156444219945818740281065680175318556 45
6529558228861695528627420028196403061439105900321537979539693021 85
1942326880794685279140725877194846904117641691522747211068243909 65
8349368174072439125672601413920553750443877850971869061283089542 14
4509045453485238152261213609136327962561871364143164942213935544 22
0600533827345153079867230668801356293013165017655537704716300915 06
2479212373919370575413872603778440942173025911250492386154938190 07
0397322698270844593309383716314806112834117948631308461995943078 96
8496411168708433793344057007952647802553242998827021223958907157 26
2154491883119891179649225568725795187376437265210419618862359708 07
6370825191601974822344820994433323650040151033080334509873420821 27
9214120042048018050107979856172321647350440136981148554105881197 26
0873953942549086287378390374680988320817221479683074313026938154 36
3684537845761557520199479117741233670859357176920959284028880000 62
9172087162737977415351295805029709944241913807628723085063578557 02
2002901343270927772987375157616624748404739285155086316421530282 08
3526501557563119590836823073403043927151810500275265003370868949 84
2881323568496500724939884740105694734338056373384023824360725388 73
3091113738840764500037734478470910018648045541171100256140540878 36
9928869527413926193790851385229297895810628398059044992413872737 63
9857194829128448347659740140414325981885024539106705917683246226 94
8397361157181489852877065023792132178926953611637930446467710253 99
1656844314443202029811685936616659255206559795684826916762997773 40
3173737803087482081178487672545868373342463345241994141078015369 21
2415987783399746699739542951868182009064969761036782152809895298 76
0699571035690960283710085997898989463348720957080217923366574870 71
4677736736097246399221575321940236988042560150000758404117573195 74
9841674033303526039480973788565390288665909901358403196480373293 89
8604594203986896616222754894365507600023458141070896150939469264 52
7739423511469401112771914913692543785853948352726485755216020872 04
8124916910185271799518375607328442667718476795407111621801535398 79
1824774981618583564645228030863239977138499283592092705553078665 15
5645276895916218692034701564555734028766926384132577036016059645 96
9040322551231020295599709891641809071291457489862443029770711389 41
4628364848487157678567794878143125124329355024768726846894693387 89
3096861937217245242168739271859503264117183198135708927075601079 29
9185145627502866219243697984178114140454031960916424784392143902 78
3386837264171155494396304194058880675238187742910855178800207881 17
6791477877311363880277285669694011827275547502000935927404948376 91
9641741747437643099358828114902415856717211865451819540327446308 50
8490018672136527178874236275133685438258435726097657633985935364 87
9062020368888102701585005808302800529052500592040995400955993382 81
5605515780805692775037640593242285382169458924730837269334803451 55
4408908180300000971359031387603695064629525581193233191042017396 96
8511078545102058841174742956674264086276222606677216076333832609 244
3117163266104428145958606250699868607477542904124446463286078462 79
2080416316171887736540720514693121214325169234294535433247282417 29
6043324790290635405744264355101657618868875755289249058307322668 85
7940636107263471314512803909679409368497933681487571329869781321 19
2473059949601402778186483195060983999490292484822645196907669493 66
8091852924654025480077219908917729196093156605486780271484478376 60
4390600314714645229672337382101872503917315524586995542388613649 79
2989340573091186898229687569221987835267888481656201217993235571 81

1933947899729411316250382377160747601225078909139136007369816164496
1550771156247518486718642741875222098369926251107945876744271026054910183771414939538460173089933449360476973301928779138027031350707321098188209904217747958244675990200835711681784488304787391475344935193814011752088137059843984654955705501018947463317851354478060500245322289869595610981274453720034050684331619519836303181703747898626632707244065379439277750611738437739100370156045085424417182946223230987415992613792310306397975196290621495493675149348295534255732673405736625456387820877247801701251910806138076329419104837686206155039901710577549379437198149860227457432768735866547211937247364836888473863695504723045861687577899262417991924288808684663276562154894537758464269366017054904106967913965856504723142697926688920856929628784233165154008797079484044606266020591420715726414911842725772544518517922522992289989255241793132955616293338761041608491996663174423087794058873508394787307283099169773983497943684774634480157906910420838749535492617591718541229359751899008922262172191445930678861976035622188127806388132245635556068069415255297897496905210255587116668803946253165815590264701717990003990248334019184741861117791425087957832200374313389994388787901749321783285709136225934523987992119413582964860423871824067417098622812190185733368156857032359430919908413100327424163085607040183967645421975659821525834228867964906175332880383375925188021355788935119163336359125653076196344688595555679031931342675338330663164340607697250337461204565785754274944560577318094734904463642115299853304353698384660984613766934308461700054908361012391654874021552018074383204637467839049999351856781079228972587469036774957913385350351336075507321325600291910315513107283177116250772551531257304962327220860225214648402202842798593292836688799077140819239883785035622052945336156802820375313954033176431589405632531123586823947289210428147770904529570491287593524120513586876032845142582734694488545643193344560610392771958212921941310874666676659245749138539157944635523988690676799695355659403400839266309489156370515518332939400050322641708848899460174496659076686847228668101834234733580748167860825699263614579414341577379697276195362514816047504644571393528525921757839527856441202769631859515199253706473854375073484198045852310995245664026394525671148305359686783111380040816192340692340326098970410456803793483601054492920692731323910928948941612252877254172588071576980029023276929926539672222312595423789781879617297369231269862904132940693047792690340796085936969553082870633498853589806317037906551023455503598110472263078432437887502680866528666197012358431075487193446996135110246538230763263859894685743530656058275300173591298306951563954194337812121118044070153615314384579873166672036184046659229140007286157047092318388883712590113775110154672815683126173135845444955569340401606251591221445202630400731678624212347398415663606157002295757951259606789094918071487219920115133860334201249033432690190315247111117705376749037925070477108000780724379721999748678051270543865809773836608455714159223131125076994385057495720844706161764642897016734248531307265311314113296922449973258986937933620538231043046881167270296781793531514792526227715087317841347201175082919918140024385165187293321922367139330218393718018284319234620686122487712481614464372623846672273871692704343226676282133595720865759252993357046930167137706293723161840281281466540339392997647994508355635293134044814997460821573143678277060209036200023656147948179616695338982033036431519760589388240313104586462453903945756376887059279419144635131656563853034138055116073830115234965016026289833117526654089514276454873943642900031046497563418646706338393702640432719993444501765362119418398091405435431204661107102294914795728223004888150989288005202982221956031371555319180723675808735157394941586386346592426492982712468742873788710721177960934285282218507517612031632878650509567859784696943970

685743639441733419056383504407294386217526100606739944657144525650
821851108112347349770923533060731560343833666812802897283552949783
468612079306536662298488684458973023686950573180717092710488020936
988600525942346855824214663237148360334708879050834675141631859978
731821377113609337967922671304808400635712740447619016990212805036
249551464937562857255534722015529162736004842071745078807950761845
913606957788248618747949602794821468325536369648055794751958042265
961817575455372575780063850078828942880154045147286645076936364292
616561464092376099194423025307177606647646097489013007128320670095
834441486795964288442656533480626985008900143585979343204954700739
790197624021831864502251873557681953846695713070062888292637561603
278764215965593125292492422161329574504065382201672623986186616485
814342988831519203159057960073366305926447801768242805793775192549
911613874081655519618008061914487729485116625699772451508213714632
819036518087733473753221390179569455469855894609950994481976623160
582738973924308531049444078708472699064031783593529046138482240608
140130673921194035926589229119690168304343622797153048445980731590
371353990852305554135850303305994263075300844749731213292281390041
493729257315810390367157343929813723660967707037239975647113138365
036061040548871609861903961849936105390323056035908952716521688244
120760002937772054200549345059959328476579144513894804179203585085
252993874450064907705032042624603929134791860529641815140735430834
587703620162613635647536716676059747800859031429361333792933191750
084855096043897181104098877520049212223706955858124962571331447606
650693367882768887310324454243982890773510726773326678439323322019
262193656446632205485521963628598869821245905948414538983552431719
342491299006181463959235638285940616902975647631126229146674653662
658235758329722166170996892121526322495409725300927609096890929815
398547781047546039704805640970194386112437832161330172173520169538
667789380518472999961133017530953639202007972943843344271324196298
010719595118940802076078542247534707659726795708604373801337156148
493023257101981328749438961494854878373297094278163362544363330826
939905579688104948920375875078545376405053657575719555719402413921
082687609088769052263686540301870822701883547584723999228940340790
795136796379635072634422455419128095770590315877255589220778969111
186865369280723830240389236271049807288831287553507175113342480969
287697201586675189142171434255763904895946985807500609279810043909
249452408176625095274172741560161454315945185221718557495526847527
727167389139029014720235059895496157417316989042855399440283027838
377623650108590936919201540276948681440882683921593425318596862968
867707355681783603419705184191167919396618337297000193822980150272
483083508010971773091110587089489467230542892715118246415440910664
532953239354505193052789909317281149964927253060347021598719613456
500206310713361365178616544164970357368209762583749438630392248773
435717559667110116693127919204620889828753887107153631368815546679
590155314546236533727710941929274840416913145419700177540191661941
927952326018882537303377523360121961711612555388978356176708377387
852607563134205865681970192980420505034509501358373027020583244706
964639692236906385933110811220139677100067477245536145173982465787
334364145518521246858040728801878105976487177630797893325464580093
215613548419484217791755933093578596719469919505619129316799344119
459729424346000102857975899404969436566619097579329566805424670138
374499909488656972175297862499944403863256488733167600407677690717
691102171332461667136933577677517966874823798119741641389329665109
832191318891230612883213061753473064594326312369021942487650442656
800640372373565200124319482373191116415861199401623456107055588036
662603162216687847134896499772571443635703187500753298600633308289
970512791458197779206078069420505494926820444046342562971575340949
274355797251601572079797266070199691870098612224188969224783312230
698835193026800133351582348097469113783697448676320781546648812639

240828418651602491495497986442720986605182035717645689499356020430
710489295815865063951917305638559382217514301314348075986693326504
874799038056468350956561639841602315510479659885931684745229784532
711563022567963824580570873833598486159426999235303174720562022037
261527089760668460260887447119518675285250056178297288871967524660
489541310791051300257310392626908884742371565183099163546737457239
943835000925165391918101842370641827844631996490552888569939325282
656262824286907604695912293388882636789052588962979926004365835129
285916601681627115850385950992004502382880525787160799914857795117
410714587892789285944554229757489266391490606122559018467424204898
306960326099241605373198039930958031845874187561196551694103025884
274613267715286041675625997166890091974462057078876061938247144306
820078699951582186915234809462059947336728416187438018376244684311
462271997183540419908572126700675220557081779080207642238770083023
145963243769724843022813747480149945967829765245111164756284494882
391126580223207233939672487353483796834709037217278071821993045796
170874846683226075483119464636316295504614289181870344025516066109
960439682279760085105109039362910919942119388266551364311045937739
823375470223489709893823833496062224144588181571744869858007680176
809831354488908073098010459829884067101286138185559779131126585794
627976344020932540464256523214487854998370452126786486295967723599
386702875890628269927949214888088902597529717747890672029936712367
876345198659570801187477179864845108982519553391404526404027575286
220156098390974367883923433686902937949023880629769925569202312504
277051089435097832023702609078772210288838691730652029707426870592
354303768898474913311508457272408927276852932025683038229026985498
309266427981696215482643789646128368380420732092446348106248237628
678481958108547337889172165033709317162300827835446095355000157087
325853718296069755081704358349922043478239737270858232696362370176
097674845003041090604011687748131236415722492541367350659699997435
146831130004790437633894683811507504479836224977568918706331215982
573656934306098101058107512832028464444446692258358776454107654245
446160237778278842301432414837607752722866645863176868757284362034
638726464703378104558038408699001847001329490672016291067320866560
152720035703770087723639337084619152832048823114035058253541286718
497691898740183701119711247408166154018970145776023023745038112311
099710264661414041857261089563696058312446625103344217698695531230
691835330056188518487114675653747128425378375360270025404781526769
638680028149067082684714366270449383420886829795605591530914319592
305379389709091235016831752315693892208172366779477179713627192414
555888086019038040749460151095181573219926316308153672778639533398
265037693509319621749307103605468274638519238401085893804821537960
570375541363419453179102144027724400228595051052507885300563625487
962039630514167505389028154839893826056184605969254309230501184482
024440573533399486462324698616427152552041418394545883390645070021
120281626903764372367863270923848083570492855665422565700417166434
679427056693169465903559002500981102046159970692226960430393134150
112385202084330783492768521280232291152519737913751743284056717195
786548200968348394935498706334104510911558023997896555372867167199
806356218822908985971359456599565839007199084113529007032127984868
173787637691975015965034762104926792800297988281614426247045499318
735873796114461220750417737680384233088995124892738217191170599517
713453429945729725215214038343046073402932129297183599023367167551
902048367988934857854281307409171121274913518896650388059503648866
001930517747973772006038594794431466501041077192351722447258169876
135731553947360636102260817195494774873346575307697623829299706659
381130355666982838308327669547610966886531811220411325508888982062
797980648030112172279233418196079841299972072008841839387221139034
724731085153277483669837824867965448539605467332451782821837371290
684884322609750319063553017941264823895351147387863995054860224600

0335769136031838256952239304394162767786502263671590542608217941 62
6062786534137817872842038156593007446364067398966754926876493957 18
4903132121136562023902615229840628730956481281693035018696850371 31
0954723293767472224785729641708198589405216965981052533788923350 31
9872584948893728640768329664533840034139733684656642998129620745 32
5565166107548253738167396922771695636536682581378539295928048639 34
6240680045612897367776564992644452755616222399431748911099786814 13
0034087861609640689091934466010685781739964966919294071519797706 19
6735563278083037486762428189532993799350174377033041267846394107 42
3900040751986059181564659477586096999941255968962286988157890242 65
7789777920452894572685978801512039187864497160499936222646124958 68
7721434771817782721540331579087438333180945029353819157281454183 26
8211248197232597214322349402628954695747621010807874258476571478 01
6088334049625546506324147444237115967899237058982776656858977194 57
9259926929040833893272332479302542032741208279443693635479139795 79
7203963663957821049584163144039654240938604752833259243435007813 06
5949179499077038816705671448564759014708193628846063438708308730 13
9992537252983668910410331359439434771325452511125521110927987277 85
9513827089163665909520741709275251299026204554103080348103227000 46
2081993134977410339699357052008134906942080378722037904643828902 49
9024012213804633979802421821068393468508849301679182896621304254 93
3387996548743861093208514910533275877322690267241292966256736459 06
8755914896312050174243945263893979024423237032649035968525782137 80
9651504544989318660685590975663239442261822295196564215725418090 32
0998044966138139531209853479671146993426949382451496674751598529 00
4751805276612260071977572249670815150580391434618240125218092935 63
4426976907759366545209082025060278046714933632677872058168159702 50
4818400764542843654950033719423356553170611002844230300420530529 52
9330867637602864565461103827537415474849100931287259564420569761 09
9930208810403531866948926239609953565722335747574315878618459048 31
9664295632227261052716481983985463379437083657296409394888203974 86
9606943333151457916397207480723433442706976286568508894730949815 97
1906831106120010286752309520111063997859704188194278438731917954 83
7460367190355693038399401548373818626248926181581754672309466283 62
0556512169174703278872845703153454448585223696069798688922493453 28
2096934356761679260108472382625897599052637923259164150327636255 94
6077462741704332544934574448894772168762718277270729479679929407 03
7256821061295089993702462171998898944678766862734579413522640334 98
1775308339939067029665213380346983727289053247600661939254582065 92
8970141526129507274262922279324657917043837162693207536501119601 557
5259469406191818184873777134268344442405293066005733445888690588 80
3931774845117741023973587752822843859586720282398743743529592115 56
2432243892896300272910568728872681616117730356952723169774369592 91
4248446211898945750116903129574251482845174419871337174865767463 53
9747457615954160878152194938038219063171978546364806877248861810 39
1894489750730538558049092079632148308935231848037909066681345271 78
2335322466125219499267652914275908909226211751081746705000595680 93
1351952840080439007572617866577512574528843305355317484142917533 74
2487750948993354373583595545788270603739739129226937030124396568 97
1237739451673185967041931739307423102053944927937255669514349788 05
5457033059083401130455242088377453018234714836854057038398030083 49
0146661575627829724543844947365389473998534287543282274785381373 11
6324699293836702958321529676293169015770163764597073115455682766 34
9019482504203271623554376160628961010317789208130071331349683386 54
8654072526999424381887465482728672722781054698999243638538389171 00
9159271708230490667276596162378168640441085875745479366675438596 98
6709554749996591202364718630251342342866031230832887254261484650 49
1333914084557134897421213326279563751415885938343702328836763614 27
2109109163264381199307118058137053205218187168903404084228331495 61
3971410009101715099373550162504986980212807755241862004587089684 44

383063445989495551440098765192200443482688701270198303940692242853
914434437692525690603785633163635916959756362855116855631624525027
754537619629428904366194589680239185158067914386065545763066653855
089791671967227739752076358291905766479671803885645388188660350645
431683355124532052382832782772109259629794743650827334190694841174
771358669416235515154189766502736524377829273750109051093082586789
846241868494722187945092867305656472937265721055693249737530172030
034298462939903576040553269480197521260030669803843503995362245864
967571735364486622960867665022114761971906683670007878619525727724
960774953015827040191563034896276315535912935217020929815099957118
977712469085446761448508350541333397848261343953149537191502413214
925257011457627010326835919788551641036147376475962509762230288111
889540471348042461791153854163232840054371084642690950362186833728
775644555584451321260709365088896899626104066097271490158259265168
477635062365733527671953832978920009067298565323545222748165410194
800740749839188230279326391449423695735288995277041099533947552827
010819433573369718431950816575181773136178920372220046232022502571
019599757952402244477732146208376008348553877306273902091886835251
019639767078418503278393034561640141876545693800041666721878598301
833249780430668413708789977806097087513122453733179210477653219632
269292062444118602403823939582693848769438647992158275076780160750
653635601924781632884895067393170475081966462719511896879259504855
981422537353491882022522322545270640311004505864934019626832439967
502709419772579999621126315498180662935407155836102749719065184274
065659372545125747421356527406125514208736831953589153401830056437
614755600059018875594324899873423544185362988977246414291129851849
531060905307036852909517474704662175927821270284427202763242218865
003628293273448127781908247371971787331228262452933903310566123136
943767215970190562786251023149650838505178495474625792863354846764
750561938956048712724763153542713060257324619707305889144995762866
108051940160877383993594759687934206306164976101628938474378762708
398093652868909362413539742230974044012337734528350622583007681949
535057372712472914630242934201182055942858754096729982477433299525
328938891028826238500291868606622306007695414534401415437802743546
527798112480595010881568865390958105517925178926168594761989018512
885485330019719136580509343086513733915671442531069334558535936906
805731112135220901489843226163964326307761140249595727575518017958
941940131977457342289223309973919624542378153163739920532476645534
806101436730683257957605166743647366202346212054883257962067779465
896153466662849622512559988373663561545738099423982234139778573181
185266945092193334002783956605221904343907952187695286295362583451
142883374188013897668334834519923543727595099724884754998534821287
541602121420007167425273228186584713024374038012472127577155173543
806869321781709846930477213869343623935185177209438091902476791912
350163419749830019434925143922732839989527528454309800613975570079
141708167825793398258034505303504355997163018455281682926422796379
517399826256972139310348886952365033887672353459179213883115787976
624404445856862661187618660778544234578255621751391515121750699702
826712148235376167533902997247943869400984398033723926082575914971
225249699909162516822418830277064831538112236871275612260858402325
217728238991975461696687100468066683951394054683014706632437280971
730852617500405405846357996438713060250466532450985137113504784066
696740812062280849524708273677848967506686806656952046159359064032
782602281023655208379777490999881339305724930668665438786938362894
312535175161385304765696084834268921637953176445418916273051752216
789720804110223722838862096566304326937505381260580743571556442520
301536065982737244631942002726368400072903913523216097806820898002
503971154135638074184333838437755945688993432757328763589953934333
013215225900120838600512520109318668826735672604998799535122658646
076878454488418338341366254221969714632518921172825009741219838894

3799647742461118287564927400801095806810716319090555440663768419924
83030382445386120476391807877747840955329367731266650623046349154
2094550301318699283858704049776949876230868160119822506037840778293
31371486931955769041248096002894285901471563003599521187511349609
2846464388277636681644429087235423656262418491311097071158811075995
6848824186276594293115532643553365781078624936606809735256728328243
88047149533651630446322041993562377636592354694982486122240436933
0506445470866983819456132717316706287211292233088278228768566112936
70404310973668158215665253095319273576065755366338130811412615041
827425919791584686097566171115535926504724528901397973074836568456
676376607503000803886827448092560195250182287786775116835185139009
2399073510597032706696191540732872891168466075052090920060714564638
393565915655426687110625860799966340457758882769823034744991771278
74165892377979611704433066549908819497037199281218530920424550101
01872809707443290433948270288632007292968230071606130096726729562
697918386254192392746603900071210997349610532335584725675941583353
650389695788836122277161020990818078499423562309210965202007496819
097023368204647962109385232105587621508865676768483543211634698215
738765508378320373381431990074202634978428101168489575401021897545
070983266542762146933390803990467531115202415024832005665615806359
792361819323007628827294668878379078853974048969533931470031131324
493093227705326130028850543429077890063403191002285599374199590545
341982948388657641910838216642991461141910541040721718375771550615
135153927714008775520012284097818725816627089312739645464772598088
949046387444120338340398470547482648434216601506040978703871976045
332968159456039741792770386611691754030605604275947492737317580608
753112966079880717230218830918163103554699678999676814113223840584
872150451109777541309273348085613994313891956459179137461296122743
264902894505828696018397663266768184863672978442961082457532735323
785581012799169576075366163284457154796775700222592039479012456471
885952733235380132049867071615509158782889567274613439615495902481
052675789916395615629228002473414729092945654241442384279751348945
730605833955546620662702100141027670794584352116489088168624369796
568234197708223331301580282187684116710285191137349625550441565003
220132187807208363215672758328941194293009420176277343107493222163
016969037110211968178145961129850803567824717557225952337646404023
992449941171332270648140922089039340677416590793358224796176127195
757906232160753334804425925247216637653281249173787913554545318283
886538707564763973408162444498793361431231856965340138644220930574
391287276338158138712550673712242883009985818632101563534940227831
056311703310767124990400513200129348970272130995215492391507859042
140268931300460986561523614052530392725431314097867037236715981350
870414441556847409342428580682669188705870133146463205081915056248
476004435207080754087821149494621150927923356416767368335016422842
786529339283279284533215152892040943012000817086185841075044157621
681026060833568283697384319713651082936212468002579767991155399907
648403804992817180375653459518384595099340093392603110508797537641
335490529395708765991342899729770181614294760801328372843715905906
287968664004706149178465951433808979790174722888221305314151452675
047969517343623347261533030009304974265653945794747407885636678194
708758120346048621221197326839850319839880675123556072123142248397
682069335797025454114267856882868576218146166824675502952377526614
089492621794102342151635411775702690729443076957090896064414965881
671742121668318114963709144779139340867791720363604718337590738200
996909450123084402978243198983074299124747509659505402432113462983
344156393868466638451130417168804680082835017990969544557428581327
744030140033636837871236116275322391852009315108695478540406038514
296753370514492285816823175467578599332489704331947481163136568762
244209211961639847807493990632550658610472649946278570911848293076
400523023957169404530229774843375344969347910427880464975509168928

481102733559380944046934895784831966191619156876786647442091767696
146015961430071187637115981843570948763419739913808562861781819516
833566051319780945322585426552516534052564189836041918098775647547
009333545646386374588183707193089927774747776519400712100160212924
290428843775188556969379841374619594878664049528851797029944034170
922571269836434779234200044508972401956427768435740004691806885788
296382555685769552433481059235369632377665412136136594165896489360
126908303912189079669346387826994625689894323842694790019544917649
079925967283332015020405505639582288322986542152012739038571255115
833894601478826796130705936844627140731766358507487735153608785471
059945081573750376872175758668974763714204508585934755203715928941
449038455518882477822488860567681794844885054248271176560204127562
510816987302947899169290417780732082029453912387288505780471150279
434067819720679870667734689917596857017096422149884386213172333014
036484090622963366139731205126785480197514010687614978678223829515
530144775438800942091958111908455931728419128447542459302404344156
046849603652232207039181979547390237479288943062875587989550434633
272922942658198189938496433903901748591900745498519432437746889715
163506178404476581726383698089797509331606867090273629067967365282
770315463201164237555377992984746403323273985355161097777810752126
229689498605135171656024102871037724129408278075558919925350758497
154770214909146833655432231086547487771386228875760810079271785897
902598759188635196306045666633363192174079445303345927730124049043
232891698863107254908590395013066665927301170260376629810683291888
015400774006822293021385957645423568417243649753033910342475954667
977697080027375943580064715248683506681994620785001781035428128258
352865340395212327966035363240822318089825447710520475037042522647
972286991591452243000708332000742959773227257950376529937676872026
591893146678879839618766508408972120716214708050532965530683823375
864780997017362177525182662259448897555479107900294328073777695412
037888193857533624535557555386215137215790485645195524782723839043
922555586085459837832420422489960586622158423688887828188750328772
057840977870899101239796223592813041542814620670946907294304427637
357079519463824063853539753893251455320403986581318766650671801285
529209290281388464944991314896215110965735382736711051946125607048
321120628812596874969053325465166098551532847050207218448979151303
859961827075525350830941788153307371333348324728777479051810609940
065062184695791416090258633376537026950336325159012400610772655185
040857437205040286964190345060154341482587482135948966805169716220
412921890901365194266163349101517770935418782341159443425730184584
604796749773411239673674607693758490635429993974545300717430914967
401452185883758079084100939528251239939418878000980008529832501179
715524696629805239359426053342566834841710659646899602406759318187
300760771656964600274918478453928375977395610105436229722833079671
242759581913381790783409621408277302609459830241168133924254021024
790829584271922720912310498777743600822820404793982383576317324431
719483156971330010828525340178091758465229417473591973493722187334
865037756637694545173480584127419296480623788474696003236329645607
187500856199400629019636181432769610791010248477449948177473036975
189922813557693575014468454703817964356041927482029664114842647553
884616092843173667326095117141455146642087759372116066400571318718
319403782493035660264211455546550963815617175988326306606354150291
012138175740705460347589437776573433474433136145706954995855206815
968719207955264670235032289325886926552115837404571767926978698309
365844160521753983979691416469213052887124734821526840486335441603
666716454520572878920653903968965700988330392782283124639883225936
818488973007620295019139221746963919008129822447578103017840712413
711813334742069153806373196342037227001353128231561282092730787333
606573188224330352677536168514401284814216046927928006261490423726
475295528980672386898011246352617089223609419514298318505493877642

2055983978423549606838430804446309187389828110323261749424902459296870542909598932771886727881814902205185942496497864372201915084587252415137733086590163437389903690961839418466048047641285774857339602432888485615948165391309950784326152761242743730419813219131097138233235365219625656568413210099779346586712530980916312369454565524086709902579573737869073570795762333041520457760151388345584741962374792667316394317081104616149280635883891893012927765043664289222295248659619647425015639365130455542218413698115505602264569224268844270921908249138797460468842621535222232159695297204600356284480180514309235146490648315581470733739099094033063516284763645243070399022890691032269063357760364860551940902782680315937808826592838678858928333981443121074324210574440779725530487580754382718089738160582946051048302938386321120440632379853101812009680047840131210419317231158801989412899950944905182352028550174784547276205986369707009621505367367800710401866180814138596278076915303308597359792227429779680644323689308438222161613445029092444424134286820459892391441005864948555982060284922716247787026995589742281427014367258362020191046924111432481136567823885316616782305910130295772373949421822062853229253296628105627894293746615051753207102325403956069542024998214315397713255432975868552527248013252592049623639186428240229505652917173498207387727486453474499266638334680804728431021137809271950366939837088898079287353281533984742606450074080844329450210486602352792585313312965313224536877330895416706614836311068277941901052865443855254758821389430878387554697438926764549662138072288425723934505208345421566445773935903272319758171765916091499223005364777283812733416662253384147224262994241192462240097854472979829127844039263998169698249831998810282024020189496060671263656610074693970892064689403357049238092701070510535093856117942730216979882535416280152727203897968351604236902381883598872104029201907105608751001679037111105179391713754662368383254144717859386530297056462626094815960597311128207255718281113324607610421774775964548391117971361887347487868253984586689749210617703503217366706570821698555986605315272702364292962106033276295129349217521429748836174989730538729795231771376516956560760094102572096526413672280471890194845365773052324718457685643453133418091260257540139039411638861092776307356147710429820371485588099882807701182076886043581805556974289513493920850270360998529136566724200040934068156266480004775036926701006718756549830267840394977902849840804112864904273731878732357492335157779266546405875527019733174152553436934333587817743947667698653410903424182885600468244271735589195629962507979082737456067765384902422624243413944410514766832862609811698696299573291894803130938365787720305440635688808739217336431685630197495882407785656469110058448506322174856027869870825449234350094624287811424792557092875881603713337049894447935541357861767774259300350199487881893546457069989802388428594340235293957359036387799554858018444355982316908424883535500656784002486228853977905919021010083266439140423785834714153921125211966441271967985001403777378161139546945562639343963722916983970344316180226380185350772747903835838776038137578386470121363152065502850438209268547160480494467248770511152956399198461966070480199092254387591936048994177642432378782451275097624575285549009194966343005632504215824785039438656573470302650698002722496538162275541258123830022466850559270192809527663208055323913607488598549525769899507927614076643457646429097181815270408434116864875195291524250698686972091219727276416639989480352938155720610365285429980422793399098463092628786791888447458228183849154137902575761730557372190989173358087060952118139139228370173304768818085099171090504440130249073627223745299812479422165881185896380881296789286027173502479061364226666970965563306010179050522655425750442591979884309629281030657817347163705682133316954675385257041275570407558625868324966666399960771750714245424347638073499355

0925572652501928764086492761849717304589762514871648859159895125 53
7522822295535780927551577177349425449406463653286438873433421753 07
0279721078884393578408051947775698254173932129280352819043283042 26
6081152776150337280932222161462728022551727594025891404956780402 76
6853683560064837512119565560379290890174970568828924953768000551 17
0445147090402764770952661261789116435270849476633363303750476266 81
8134938316846983860367178618075709038409994416681888508857156733 75
0859452381605828850594971914115773519469163826632910009363196937 62
6265633997143885908306240500221068562483937545166453897795264550 14
5438489917421968312193140137299511841009750979419923746884095425 01
3212364767075328956871649059351028968444317033151388148484475429 11
5655149549323986047347014309945309592965732996406961790565718915 57
1395922522237799661633492924092690021217235135430809375801321612 31
3775451234872903356146091481642758104995200236087135985496480127 59
6933372611487822048271416542861097287385314981069732753696855913 26
8893124658863973778605279647314577443870375512914383631014808801 02
5549750185056343837423264942884038079814325557800163924992969085 28
4589836391329251793706254015022668173596465759859416332244151575 73
6726621923042569556660186221382619088019258120372388154600776003 85
9044903886176642120015712766244087630529283978600293770835310900 43
9186588120008743195074102899806565937988870123097310069701795579 92
6044738696361160786515983764865016794328593343196281286555160845 29
1905914267792049399041189678877878667430392997576167646554681342 47
3563258183134122662690037483369850318720011746032135725115548751 02
2769220143344417041475936503892095454997699002142804930356954589 20
0600890881228980848054976146423981241706535745430437630406316824 99
5543589767797872906794047694811267909513557437820175241646753461 32
9758000981295779099727071190393638094497139562962587268238358947 18
5416563847329242758695098427673777219233217527653968660617728237 15
9657082113035581036381518279132569446119309158813353194273406654 28
8407415997081949240291838849762574831533937525466736508284396554 01
1389663016763904630178354753694786523936554798320943468147633789 84
0657847245614207599449897741287517449458145346573837899796025595 86
2692807395026992775699077608492022155897434673926377917530366643 87
0530714852519470220957089282863695049358558489320909558686670233 45
7554319254514425181288007849915141850033013801828358291916795101 51
3506325891573568794876741918382330615913768592234983322508319995 52
7848625505908486745504695160242052152523566763826664320624401134 62
4618483553823191903078979048915649288167569495129760602261851595 75
0909144277224633135683572235099411255280916228242406941132232568 99
5320003903020219696821738613098796980072131163862039032729719199 55
5770591894651777093108673343597019086754637507774941816421366245 87
1228362571309690425221424092741444428629467641111573339026068992 83
9959142073445918210129878938271304750373833166795787273900628348 81
7212343279316790078017927782057627942474196395117775094573952744 38
9586335334736796607055052701214254429947908049134644735738109236 89
3078603566236646115074415941923079912263580537526359624935883885 49
9453578608882349064790166624557209478823103870099917210865162700 17
4127764789314306360703172683961166817967359974052437218012062348 19
4046773515110115013575303935536135039838765404636303172924040044 39
3454222886650437559521679638559904741481073663576222693266433064 22
4662251361964755994793944751674283039388495387860866631365660876 08
6740168682542438595093098390095082474146115182797151479253878236 32
3116039101597908370532676133565305010892559736947825669352228981 54
2080144662048550197653232102181616621953034657184128801650264483 17
7753037857572107572167270373519222403141487053328125560252379096 52
8551710604474479118067319707100206860334909523369289943517346016 99
9107184507049095286957774131794120530566393158259808009454159456 84
7401673376199344464418595248458578067918467182672145793302716286 48
4233254970208681474069158570524830142625134913013179318973838245 25

493171754034351063059441518585179933228918463985687661286780829821
411290668500392562077476960056653243485162514854282704856142333971
063396132693140524821184022802087649328246007079295186711877074641
645736456342222618471812428438354882660565417559049879536936295956
649725411837193356979846993998266970823283120991093412559948081987
322038686457497615007315013080359405040673405601232570978746962918
829946496700955322993288831623762277023446084161786295841810033059
517722906006608958130305831313955885880482762259625175518394264980
631200451271810019222194970576697488445965926929976916207972664234
143396980960850145452991168678452787722580150857428597643180504071
622549465121526895079761409835692430941746765451817195667472044498
428603269680371841082593827335584974386855805135952284552875963613
860275898194531001707608944273324746872429589116478218853620984582
946830304075110083054667661213169494465638662336973149053630487890
788328740420726733833969258348281353332462611966397276729576987444
036547136001659167477142386181991645306272289815577356622922661089
717797715008346279464409360584315732063783476195170000165810602100
928784044356820652019452702856826432217607135816017522219734672233
277802743989435971155978038127627806526046703857508556025560810516
667781838263691621120275954763575092735610337565179769946577949596
114491162131167916004607234256813482210917470416102540842483992404
235096219691263681209164349037926693492225463510174034101546543752
831620706105390821226693539714144670163871339195724562013513920405
091861473232182936195189123645492088239049722488287914257299133977
822247818652101339141437160107780810007161296620936804672633770301
940591847858596557308893645078579360008786286866338079763689028078
061985701002322447725140393303221195720569671864238802321863347761
125994354864992447475166117836031669526375416043600635663238710592
793579217568711999822811110891424646101546553565962127042099944031
975873515343983331956098941730938654745465140999389397693553922458
643035887623157615625861587462872818781337112351345878837855804216
977643985259927890499624290653889621582122218978878116258382965907
363248496977987612007130681883372519003703774034872250429734960993
476607284864000163199296066954370714271183192140992442394695825665
420541914512045536142364884148160260537748661498641102837595162909
996220912329819216783392396425613907277536570773639372511982297369
678692468915137165264869759651344357671228268583753144012628041840
462286935889735824637378784844748164121073381675877592282230791549
822108047959043483193387634330733994992519424337213632119153658108
725527549390349701179531056527436888894408547466647272707809098080
469973094052028161295824460656291655076968023561451397859995356144
918568579496089902281540993189622735210747582448567245261951004826
725615270172300934394302906880530192645535304297709997828918871272
977567312250801215690898921046206103032654195355883084346331184232
432667935024698940574739104932355738728624978680751440498738143435
118385255825859650848619765348305165577465354849251847062358463611
289612310634756134878291962080802902154188956716954705784126360651
280509700448653394569212676107464890218260151360021764042075934304
251549604712165606382690726688106032814204741220088866734941517997
246444314878523028195667730092434525278035472371332498112111447527
196051728526390932400074100850410135349534043775070868269290958964
505677769755051816997654774249074987137689708054222310307369986214
421344497048083338862903619246209941700659527552349945608408883527
711995125641178874877554269069537890166583717050597606881779084911
618570218746070392004112101273866342584584512364593848810490498891
712468573926962218064811341034779991028533450433635293559946999107
974838607309383222418565543650497649458385709575475892418107954937
764316896260734364589130152744656521145786141557709921049334371327
654855020781975775613019026316273124397224267414660169404353621126
647620668955718147149979122203905936045317129530955540122855108112

121026572969756546972317828275358932526338331110696576581556117359
486795475942419029558201244575090753733704603536226154971039544311
293340778323908570180904613579628848552716340269965063129190994269
695966225589497975628721287757198542419673475301587463470733050737
845796145354542520644230878240841408078462796736873887889585204470
927908101071211987798727835924233933557556193713249979593876098414
779898213818265034322401306385745448854935897070486251427872429652
100656649787070156838838645399590365080171114364104266278696724141
998326547334111284879330934395808667890754340702026793784774345535
265665129290134337234628978010782011552218872393731201609370970406
863255367709261919003989418841145926153701166686589563673150522163
304107798488677211494160046621106586052485041079547948381425140499
636824970739689414424666717487367463168517045635775424231051505809
864764641739106287459904737924888107274308142629524890931985495762
898324171908961998384100181546644378082375332840225441604148959931
908730084724728557488183769758189534793908801984580628942112361133
354632540040466535717316673238652078450308016619577080902713241189
165462019807089554609187238543726113874966299766658252314714818800
323795003806670118598942195994821840489226045885487688802337594014
215791542952871235682271939416595000624391183593426781640483541623
849679242080877099637573387339727138570051017216390102814006199640
295555510920514823727888939586225063582005762355860460670033354514
888308803206990796123184492379733390033115058829483802068767102409
164859588883944324656344667574633584953224141651880328254882089918
241029406831822065117122105635810950805267608243003755064833828150
365835077439401630802437480979848295664872770213417005589113966218
009352304353954888255902667090006571188533595233013070087619042828
655767907621690733940856070615889361930134878025952499670315914362
442199778519830043798444145486551659082820414113937673181040877195
965789360890060092985718784824543162180245386116837858586234510782
849182169145864330972476771131495903082734618524789221595763617619
415803413031319184160775944101215743941774531300010795056442252510
930673752322368854324279121353055759262100311221186203829750275381
784254173117337551711968165240928436766301402843312361032923452318
918370223034445497414188639739865083728606861694362513165598064294
041596095582815279474489407960067040156066354233056608882241092462
255818735880428279346966420627411245975215220276131826209673609273
703418630680429620948015190112156463233546199496049740834443545314
211500672682516687795066725418216964868333082337244585492412921673
190981802291517170276395390765960845015945874597607378223637182049
117249030372172847521476818938282858524186640140709140991778837139
569216170769790100601923052662978421951009921840123220629140060482
178194901561947902646631312875029083244483715546624849403861524853
532736635483810240007269503753672481333156495813195298329582489456
994701540983863588375105274450387542374163505345484390591298010160
337024065091419654406408930992874563503612249158486023751328733731
306177764383349114167974279563535826432656509343897438769712540489
099543976103094470122301704959677916134546024092072149464971044874
803825509647557923378408501570469654092609937529297506575632445478
640178182086899760355012046052898752372284096564154010430487466276
071995929003518139082264656278006917499381889757550412455262811876
953735750525012728015922292778267737194613719216516400180711103260
665465764572568399041112655103269898477620049452573207633661187946
685468075655577881616833650598047997528938859344621827274827697573
534811670385110008812060026845121931613498729227973543514525162066
264467550435130099588759986591144348733027605783273860610819603256
783353625213985372146327137143733668525942897840927984778786647466
449578835896680820451477672719070312628807710771780875944659287949
105828127513178451193902192043621739992710417481747355300551496807
137461376682610245822978890268640706208716918408059066840210711797

5507316360971232104299798331921659946411876739047383582397271020 66
9138686758222340768371402512878602433601375456956121012111866856 95
2757609838762420131806009730015109487704186475014603471909560016 44
5913258160110887003424095108600659668246618613700340454030565015 60
3210896111956432794011332320624412968527189733900293043875268264 13
2523728118187341837726683170798223668198492551731114048429226360 04
9729836646471747032035892511190314552637820369748273764447465796 34
7034362774521095560749209997068596631083188119705267540760841852 09
9074526412683090143476734298550655550495836710687190384924438850 1
7162418959241597064389551791976124801051183266210839518091919316 86
4715007622854915463321002949231384348040570977701398274451934839 22
1971306082370165463372568013935034810121226605114976878294628586 23
2064347412112626633527821577473245248312413542866044140191905637 14
4561933616734099663782714960097805768754169534454405994793961814 89
1494772883934449386237854457107150266682904961403798499699799041 77
3145349852052515468029679746264819668702286164231214776292412429 65
8312763661501321599568755630321383495785041950236693928204408381 49
1115068656842809603044852969738253800241726769870945805588238766 75
0880469991238113646498178032327138862753999814306474612404775417 17
7869633386139656178859648317563519023653894286098798132431059641 07
5020220490603935987091595477942138098641791325093915143022918235 91
9452911502943449313412362151981821583120320294860039402766901266 32
2070662570651654600527475224010199238734690299750611631661928185 09
7677922609310051354456493611645965660284911284552622247857268747 061
1594626032730492603873190984272702230227936371756711926858364718 57
8151551335203402009425573257024135674979298326066168923747723790 92
3156448369939822190622395983512927748740492188486514861800676468 36
4747663490435468522704418150329473466880598025997045147190867269 75
4209092714637247939872429080014659603061266441660222860405072133 18
1508294609888507098056622798154998927924314053239903486173808021 49
3341026331550511037223388751481620439881629614499371184147306543 97
2563580373206053741937671572155162520262879124347517695662745040 51
8338716088598437046467204976925718626306817461111789650712733894 13
4312640042190022842688463221924960269928537680961589319489023042 58
3390128608529021358552535228729369277257311248398058709622089306 84
6646263634164743178986700047406156685763785710758427494742964857 96
6762548769795941069449268116576569257910637391280917433293427660 08
2347445122646817244791345411283289744575514650786956589905282466 53
4990938715111169679515364328261511982789866889710931016959104178 45
0248828735231923844862422636297349757684392822631120200047132187 20
1701783710975756685537139382475853381189805680552456175892532901 24
1044606138626252972014495518845924861076157532019523792106931822 46
5517728586422660477869383984421519139188494771204012480322261461 71
1385947975656859117457472444182755643667550318617371053128406159 15
4882124971937173021267439200820411175498546836398413567746088381 67
3386741710047033045122372699632967533503556837425593278850528484 39
7099534151765903293840285069219964260910899068429037128452934549 49
0793498403703950159436563446313995129824581333531389648303954685 37
7742386758238799595073127916663391213576229300823813749950880424 14
3677063411867945790202225251977023599544884292304632875492349672 20
8730074226185326239441584686508261531865605778576997292533518074 40
4638289730436121312487416649557732058303198526492284003382122961 98
2940003572188960922276076892173732137561281714012789476808601846 17
3476133583047799555570110846589918465264716029062432682309721379 19
9995026002007677928428128010218904655036864494068516374694740097 96
7052287174665334653476683285299305839175291925684229461333033502 99
2661474903553099705929443017566334383432230441543437034764664049 27
3950265810912648824151780638495584732129259848639143378040535637 60
2806068612781688892152483564543619165845905112065370194484792425 46
2055879015583333543255865910183915327556343253047913740702466588 85

8551732641557851082711621409191150201876161758170251311700794414O8
6348631483190552961554113186777476030955399998608079384374976227З0
3703716974916229200218300013533918129991829604023592948162240375 73
4996478981565262268246922466182266003346563155444069190919446133 59
2294764761753098401445696494985417874172123136077955700462315757 40
7016476128273409638979769774019876160194157601529109109253122761 83
8347867951852419370607979165590705751518051295428310185359173186 36
5292029130842057807392675741156313456410600481485906597772775589 23
3973047601761186109466683938317051367676598060864546532753844171 93
3248210350034614387006425749998217425218212189204246983459694601 71
4541080967173547847902896490057093695658507360279962669616846431 11
8237198194995401755550793724878019693376504513474123702327858171 70
5272875406768086778657331919180654146507023469304107602604380764 98
3984187762433538838135818313963322978304519273542000124434770143 91
4102028058351376152486834654009224148555589073720292194609496783 09
3804725225427153971564461393207175620510574794738255630340449984 09
0551893122525815170644691359945494107897660528393799502191260261 20
4772051458836877277420393934927466174231696612724488814202863914 20
2278124193533297421694509467954520673956977382806280091534195572 09
2962087021781623595731539858049405991309645978436746168803327624 71
3133218716363946718093667473440335755526219772548442024999633931 74
8616681168580024161019357181587639139371591531076342504338406774 91
1006239888597954611355539755839653053924251133851519729571507256 71
9493159144543886748094127009297425772211701976780777554115314644 41
5888813546404610034367546339543813657379417552022983704633781240 45
2763115958787429154142041620662489126162385007770392863484726233 34
3506441746226554888964328960847169212331084463333505337147173330 33
1901721153077481815975318740320652065466630383402472404436419295 85
1566207720195731935194885916298153300551052799525400109233465679 85
9706454051429106571050430262847937593593880541200846812071657259 58
9682779436299311192290462874989338151616124180754183887659727170 00
3193889665336565273596570472983705556510026802792385167950336520 66
5309178435468005322211811784568324368004432665902546285945991038 54
7579652091234389503251059583028451450194530989232771984892807878 45
5467496436275646169662618364866620367155784981383986825287619563 85
7360852041933202576410865853082078346093735426744174587917981650 97
7606748034235879437881661119989595666794464838215477158445223575 13
0963086132598323044566468192097250293449035786589888840520552887 86
4065938982709410986621527371617524492691264722285626744317906706 60
5132503314572067834404637951426017333495920626461812732873779400 13
0153571573662376126852832110391120166194811558779550403940865122 36
0419497579357189797408115563734672074274241577377404441091238485 55
8451967364835048886830993138982344212485495620233919819006035489 85
1804406713580331408724132658155808563355292356505562434062217386 35
8710059109166690201106008519210620615217298898708361337945882584 19
8929728135937846386408146209732157488764585454529056485693476254 09
2899106691922560246425452910014982009451475388690585078215749901 64
2383258266123330308423601713313301974026436592810516974600611297 41
3499543611415077890155231616362758211607345219385511127230089600 33
9937108736340084744585828116929172840147159292712719738225355396 39
8764592473836932611280374299401387580817617506936047380882591607 65
4996602854941583979429130441789374134981285129943317567582440767 34
1769510242443311732080541981225031554764825787016508657667023097 85
2712134326096082828084722273551612798021794324863898906029251915 44
8088529449249132385753214896412844565058336515343983943537063223 69
0868184748916340829302685671978579660416012152288340986449503006 13
6379847527887901953417743484446727480043634827618082339916100874 05
1122351659677445178308192167027512514354946996687266873708278491 91
9916820259037114776598260684642971682887151964827056579379456630 48
4995342582827100202874575142531348788698880801239182527547486293 59

202579750028182197510099462917837851103466716091576507689424057643
488232454106255171455768523557408154552326601776743209479015645205
466875325651052514797632011122660267524833213955089931268326349301
368519242840309426023879053232047876793848815781799120758839989511
824201625492439937529250292683380891296512472328149902698230237888
614435318987992150720017872694765932161051852405076863648912351751
671937073774216243588562940623594770431200526606256976250968421781
211488829880026616044059222329331624176122908743379022287804561701
357723750619521603426862806290537864968871393385712562416964079324
475831369885918272999275782949295751304825043666028532371402054964
473380738245775558257092700759153582136224878739519806447536509228
338732197378945098948812224316665010698739616672989920964420596817
569619231839866191793408474257868154615941458938640602296132950038
120038389767450208633855782667988106569036999081567827785163782934
599361943366980652979221522153666288839940268038621838784138954997
920072289371169507757061724002344872898683808889469325821863378234
356912074028956871885668709606127386219349873263224096065960699176
020054536038165896602143871771287553098370990207133084712303917975
574483810050683280951189329272191231654940906640214568359874463216
265575739792837308702860612939772368385814919939258415742549146335
154820414128505256116414384738621579485025909591694016701922227152
051592446384786736844034101976022548505859620374520210340195867216
081712701926460704607959928713121074803511882506823353044969812655
209567080884541941022535199131368352911597222819779651917510914125
749066752719879928439903727410645886716981183509101205683498176773
100954846991006642170375101296402795266807926201346490826570837312
730887703498538168830180415910735087802789781444525165407708127488
473796550331829893602610515170900920110222071001669479948606498841
609925577821033292542220238243161693794552445077116612781957202899
490592371787630713791620773280519004359506302783720524286071686319
756831994495359654617582379331954922183557140638217262170118990624
363016468349879943067324897484029900626756368663934498668702957463
295592763582274173904767366468327098725400825658274079373013421250
157872246935933602320278802133447547116925472442788234788572020478
481096682495732594650693818393289944085629329548452346954732470720
957681550003136286818305873597665524456292333709800392024465397081
980880975167759000829452339338253873797516636684848199061917189230
530293275282052288738997779857757464433066738428466834238197778223
941515224363898742495170106566785302676664370854624061450751098238
265082329219231169465936055216243701274300239492460008464419137134
537390881710543297199625921785958368900227535469344199270563544994
464648463569211473954542342093035095619125962942760332314028381564
195812399216843570592611552186436729390811404988429954013503045826
166856151191924704248067778748838713189871896738261924739749089221
696564899815767170428901744966620596800868199091956648398712799600
060660098336650850131726705066780738105362533240436156109801108476
755494877494236585163719465279328497990577018451049091701533568613
632443894879659034367590349560021664265581524443928278722717359459
483078938720248473420322290052133606846053129294097497598893201349
050155466399788069991700873715889175956776894727061811503019647289
132576784816190919388459773052888173913796341910139122828818689576
669158175066401906642575911857638875482934362992117191271054977385
373015577838101884441860657830592410452724319669227643946881902302
936603689392914352790067834549205228896117886051875408310491808917
759260962571182883270864363467278181627472557148502535750935601944
533705704297279316518324369707363874856092728216957075593521798282
931763040398854389505725017946553411966438406118328171225805809313
865366901632341550423553948803977100712507041056787741620258599084
007176820989414486746229922762892025508580816217315083897553884053
494279190567344876604830970791086659225293101759747853825571471946

452962908784519565174095947894396337685688784133633407353907274376
637220528022445916053457375406618371695805242171800321860228583753
225978883501880423178875689402319751974374446133525974578974005546
624424324975934404953762682364015057347269539801101002565825131195
753891584938212512967996772536212764607639106722691844111059166671
823174812066194772280535025793861898710732931143196219558359007573
254549265440534485876237997048696398212906230465260237154569746398
218504024061606472122473862853691454227582815893032578671920038152
313070301231450016203835585597084636288728568661829588038151412597
924271222800658072175375995609753028168132431908826758112139786458
977991567077123341300614050720737874775422713347772318791387780604
116028338928073229462986109438994804268776309041382820082493276437
844569466685596913509728092965602968378424831906376648975894022974
765233737070759029573229676410744477902854220571083318641606283483
284039376713381480941530810038363462098674092314162577259260164241
310768383853609677439389645388121987184708783576028465758500662643
013183563775983439423256319567388921786474251153914648306105617618
522661484986211735299300394196267978351154324719792100999023599501
018504522633621366295417587904115529116300595092988709372051119953
209519197611911117856568563145823742527336348744262178943734255594
438827210995525834404807815336301231817250476112098586213911950381
276857684222706022880857922802278992701354502689828981286708469480
858690773687310488241352092533779928151782807224730432956057066223
456189965692940799043010318005588385154956003710153628833932963083
886118375725134429296237436256902862399081808966747840721541648215
364669852511183560937695388382477926820540355622931033982346172177
499287611431071126186981767165101021328174843226860492899962137442
648917874708005217789914597936832576908254470499557365460738332954
455037605455616938462993526955598254814369522745135159635012844381
657623878219028344778419434849167543322089886572510721638012574559
205000626138323533310017463563269678829979522312213359229559877714 7
842562152819660095824803979607418806864814622218467350238464996209
482900237216747151301761618348664856900958044527129241361077448550
164540165882100946953185167094965320283685563439427552586762309399
026264688025210023483988108103139591567221675210364031168276980204
470846827510216007652912859618123289239199898376154654015288476402
389564008009111707771686632584715188865213418100963097892468142777
674442490984819462072099118606178378827256060277489202507756549609
224153721848981913999493043561686936215964291771095256950970699006
323100610856485554482317681694918920335382593839797795520178060026
150453846602234805842806680800540972724248870988991814030172108374
085197168446555068686682595762131761853474144377640981168974620203
712113186150318053481637099280510057939395818396053815727990531735
646204725646756465733752324960442866627542283341194771011586148225
132905747233696454593507786302813970350269335586720254206532019113
645684278522271130499308474015508320553450220711151829250378245841
515954238572909205590931555270937157304365071391970662707208366050
653592578075387996624278296260271908636785842034261794272927838720
742270392586478996988852017285437329638914179856495498712313174210
781117458478347148101130220066918811713906332237746391442787135013
391013614654758235473132163877978594229259092873266039806170514510
518935261384635649007582348632915202586551031103413814049101573516
178860757643964618834101756544414874774396958712593182068392921811
680883559712722653711952674639135472889090102527777429906681680053
198706232475569631647941994318772899895890737174479138221069168303
144302108832718736937223637159824851127773765854395220664987630276
981234613453697621047397548443980664968551500182428724139629300207
842390407701717530874006211038869812751613311076710422656095342065
627964803091959171222256860508660697491958719528511720186301457223
111255958058030059590451780162091560033927158135619396152450582940

942383067522310487602756833193139537061594056900825467163407688518
738062028393764941416952247897644827415924393890738587033683110647
482959165636319407597879773893685682536565679811940555829468907562
097486397051586280616049553801992987901072698852640686948961003323
272842034061884542128979432188689707273827362778501372701149638708
846640786079426555255548566482536726238855301957008990944181411196
819278225214743673023757726479063021362700929435193537520244824650
445028177473530313055878404289052956536166955757460304468400201302
583472857878603479642966228563383909385040595996338205201313459775
949549591528249136758265577370863098534310316569918647749352355876
985616764025694367949650826595164936185639067761340863449496109230
852815957594732446929978437875069577965234066270348934399220039331
420221596404753079877248547192899031903311360675387409926265876145
829524546296274478253060713708610093256561091062901593703234578465
109425415658486336759717141036824690682136459502259382358689803420
521458424156210977125941988605174184609810521802330913491593055323
640211801353993827390760960188127085700221614994202352285301197851
514825409266951856567653410404445485488177660629153334239355883040
977080382629431894438507702390408475017104093236868309790449784932
389215598500214358700771342871584700693024716766312285302839112029
615848332287621873127025440275098869777524186719725803984567834528
672337262681942591376892237327986963699571947508280574929908016092
963856488757743668130599330030106516567168643311600381784331809476
982492426608263925647221085630282122858435912911420360327206018252
323794629310925410251245417005166491749697850176586800128632544573
787252932671277451624334360127340397859302221599617751736148666793
967656332219514934298376790374930825170161852849338344242504183230
302641005578188318544289364087403203966008892343871002340926852388
496732284456687365704234315669893811311708549805563342411090390294
020698788366865009641636917052815658583564774755048831911648430645
989966327033980010970627143154871743704811217006209186084162459632
196275818916875947150823636892761717485163145845180705435637970723
278957450538758447100756455874737245671626075875582631624163830175
894812372734658328426433498421199067903327699506187886673063449032
827837648590916868065398440393171382569665959236573482235687609504
600206957367369539435373448928789454142994492422965419920687071717
990820275112322883020637409332430828407680236599622307450723954829
132510014623152283856699636464816199306108035011934098551287730815
954501549790983261007000843516322091409713166839050930777067825793
848915921320992865980751664776274042102287069580316910197690665849
294116301449041755241528407985584192045942224722408579545248996614
996312956745993178744978341350197476002485583093556978815369731363
214452511408292841812804502491992959845617297886498365296717374065
350275757846534187078421309805735758509870892321833860276680968786
744587673937042506105294559344800003379484411869103438489819927217
800456984088256180027740246971556963453537058177132496654317079548
795257766421120685694340740736941652110453017077751449502966420150
856734185613308793690799085988881954177426188031441417486935293012
862868769796349716441242177380019690974862799608946093642530679104
174593571283190402983113155059303861120619275400347429960129769845
672856800757478682568526558880550446502824723406212267230987650952
467955511675760755189736710818664873391355547303871771482599249820
906556362463688874428163547597380200927033727972357562058520194887
311757364152085688799839625539506720457656370866786849616739928990
516639547348064688416321612696232140430043034978793765895525591261
273349443137493187558515220350488771542061283232155425010369584201
177706058113108574067217688447392412151890674297679952843460462085
104229892955901538861717778596259659024537479964480573754259033955
717369017939751600199875836990940353460200600611457081297272864924
415558859750242749010199752785695834533449432500257802043444408682

8907507743961736705538376157878638538700095357333590259466811975 12
3738983872665368795543001841504480720527649445702579946868034994 92
9416867471047452363136504711526982781055205996265002245440734287 13
9919498025383338505885393649941733636964318998036953211463174617 17
0203880708663490647863404224584691355904242451402814259720943368 03
9404264695762203519760525374669196864684057485227322214112634682 00
7326809912835968043371248986512484713338659995815570362412843119 23
7138052069855463052239628600169326092476187523212570099594164545 01
7597913048315852269009244055311865815319784593140513549679750197 15
9130563640796787427438869743181215963320242453695090810854010748 67
4532233669488741744758456018977639584490217493459710477031541979 47
2175590310489551507130337509226428947436615011461711285404898362 87
8232177554033558151308900860023111908928317197946152733963981475 57
9561048165472182282092824126224408661731611829531462701196213661 99
5941087935835643209329641893562895075218341609495628660547608202 33
9439036938294410706907378421593711008435508099349512584805561426 02
7948881173577823141092156309775563343568928090624014704304068096 74
5414285001053129110144071931810600556195293759944098161264543744 36
7739789284558236168065730568681889329055524837773886978833848212 69
0033855255772963294850362572416179456068806250567439834358406885 86
5279847132056820332680158401186122537107299459297219831403982495 46
4301364141209379446478463296730804124031579167146810717215465797 59
5084379065463926894416436702026717333214286872793000675256808959 4
7246054007739214366237747036693706479892806834363066623573549188 36
3067408969053454196254921859594829635299144250681242195784939762 49
3626997668432011717830947897645342821592110544192539567389068025 87
4295234702462536272058624452991614257874992015478349251604342385 34
9243843410303807273770776570147437343580798451121498902138772611 30
7493125184849712899174590950039321906256807723932545455469176735 00
2114278251591537139224752151026195751812555899192237756055625186 25
7778715204024235643008015440647378686471774548533756851330395773 05
0554298410274520848824563801811743244115088666941720292251387140 52
5933292189039302348495217837323533446532626937774732504109205508 27
6270136010762688057349283410615014321179125841093281226749115294 96
9194414057983354038200794920527262073123858332785887564779056721 10
4165441661470761288361000624384130531050140081010798755577315225 04
2463587242081346517078196813266473052652668700975390102354840054 31
9103030585050732848566621892307361016097987301096045787862725969 71
8214977745931912172420855203832230977437336272600910791708541590 65
4006954047576946452693527389589089465660935532169427129426114018 93
3681755821233660928809368683610841295931368976682546341618079733 79
9311434919945061976741403836739591043325083789609765463216344296 84
4750471808775387966011594691058469856934631546715196731054018943 47
2532735101233055566492446253089798552598896344445382941448838257 09
6712360533891982931364903499133212284219660873657571369432863633 83
8749656941544771070613803436739395432994554889460443286211704228 10
2975764901084613036258098852044456528892538656183554374669050757 94
8211069811160943622727817194688442239013643555822522433014093711 54
8401136621388410824798090054297249286908770786394338356975808913 44
8554837537677719658959365875154327502949340116362862841933060481 71
0939239987919008842034872943437214946123970170343033707916983162 45
7660506136245905491835880524520307312984242588018709607849181635 83
3763214177655264846608626744947775131163374609853261567716821601 31
4781904456057708920308018521540881268882246108542068433312797584 80
9219544443889667113144461789314741293665128198790259329194565273 68
7344836398893389984361211680689865797567488516548886337690035375 29
1987757693081057355173951443795272703800447049007285730925262631 67
3099074000684904599758787132093533481479980729780306859252749215 40
3250806206296793680290963657119655454749832657557609467247229240 89
2061371056217009793399279320665670945892120839049846047586480114 45

523278136028145344579543873365991854029550601001878962582320644671
450963980891996756614659823701412873664688038594032665222408750886
052884106719799914085448700729302201722026030478638071088617263141
531392374899477819178104077545255536936054590363781619286394200226
696480397586822634537581285355079620606463620227634100156253911994
632578678836087025243725262830330102104489432622627532207366765291
091628199888719161678669769861721068950090236405929175721859458476
306892124704365027536328350650043346183189703050828391535850605251
722344229331896294372577616315222687395005813591563799500907045720
072609689883738753698242621863149512139883571673563880630056290325
475145199661817267782078962727991656377480299102250947244094198014
686901886252851004233665906643076501671002367873518980417508647603
805560882711984788639116966057125758111614332203162398619539960810
644891151299038321892449671151819857985027704469785184162807329531
875221707375427807836745060608436887769304983023041436468913983700
826939640606945628816416952916654437390847572819696146411957158066
368813124848782960051923653816696914413164378212808037745822319142
506653727318660158555763100054588191460863415120134066056861830539
910928422209722277276664200709987582315907629439129515634967208380
989724723042038732783508601474116048285204200743959607793967665745
457415734381437629295610953115848209200019968349222746222332034922
978797720932593734589318530363220021852332922660432632777386992952
544003746065480447629498272404229146560052904598661490530533034118
423277471347528763241774686005103519680259504893354161773876502389
319108406652138046674665296435771960522892728790582333626717180104
787074150978653274415552281550979015314325699141091329952502769916
412184798903534173418028880785943704747003746871669807291369878105
191348231743199718175697324716934112404219323832375815834075050325
121024232721599976225595360817163965955459215200626349383277938717
450987669553428787897746644363855170650265044857714758789516639052
612618767173875404593877592449369724687022198468051519182603434146
351533751735439834658403665007800825133761958111253960595894171880
472178746360466850775595608766461497997590725725466930950181226605
975633832045120846386446499477556747110488258186245181148216024173
113511553376394180161986082932584828502972156412493543549370147221
837149093135274651614042298840347258735848047100304971036786199690
396640031890270141021874714397393047966712714696745248582196159044
358857504747116108355827618601159886799252327767007791348806270678
430582303768443224083728557775850821627326777552157538549313918894
433113709718797654930990630437083812107972731604146887410442732940
307277743637828844239775948723462917328964323648950423030339525477
232852922518209786329412792277610699764839644615498030391036874763
670074420720134868042097834465670780850085124892609127081572378968
179538971471665316354179274132493745551049067708830538291046609861
801335492736471578823175170229529255747672943807184323528278938787
305850717216987840870936084891275829673184503523300910082450089460
001683728969855347815677089860663702437991818712713748359424429636
432094727572711041804433460130510702217782472919884095444291559247
296793147664168646799094563770460369988700796128573467050871763579
926726419077586482979580150961497179864393231187059023097451683435
712523358744257165025130783843967812489541028789968672155583518182
197672923726750882719132592890457053921699623157341359810162606343
841974111595598712194855707915404099126084315344947293618259714666
352094030430179436126307970778095387707949828645366676326353342206
894534303062697485729601880846564902097499552566734013380282307886
298068187052054125204011999043042891991240154630648960755234800192
945487528805570650554523548791789559874402509130074164191809399729
468221035701898118676721549044950284462599683767825168872707929533
499355139851172380491169556661244188049351821195423145457932954973
290115497632797004257252928851676055670695788818916668926496278266

068428178885513568220105986486442689731040420642038862021415931334
335650607977648372861174785410131819538820963263739781867501567020
103516138276223554990781670817625800632651909072309731132612645394
806127461576397469729038199157580630745875385173348334686076088964
622701214040165795597908155136431792697143278116000395092953053015
664053854401446819567416891439500506012989953252062425640256999735
405633568511706263129378820965576305578326756161629221703945185899
593927795463337352050168898464364888207314613992856015764619060882
700521838829449052835018564065043364175350139349857051006350044232
775532805166325015553600168558606321618016788228898592777398070823
443012187649829882195076487937452732497757164679437682597865380777
090931582686989321856754102218113706628915050719169240557175153729
798546795477169440460872858340200716825587850350258068980279430946
184672580186255717699914366692567766247888256367102390508929757982
489522270941846744341466441191197624863088675226917379560846434163
676355883085129548653711250744903732288271992572715199660002166693
895605038279519066233710710296452611253548201808162340593161238338
327872154509090544271980320064422532360012498934484363675937191423
227785159626576845253075848553735830841651524777849983556099679145
290553712899338041735803322331380434826019161910280534759866238541
512038956061132700556496689281316755512979967633665355404709079398
886689530685781017330266056885368956021180772162258921919924311730
489252224971255312282117588225282650923582291225204138370082863879
994087533142292025537883192590178881759789430772711316048915678508
678373881223628875585526611865733674460226117363328802255620686149
584672266053779357525558360934098916382963659980073078450013699458
821205197427166295188936366178887245193879883914985074636701161462
559091808914648782476983237759787096345593154570680055282070629464
310763848171836412428448832224163453064177764928060031678970019137
344145995290818130082735712024454178146061237267144018753822527453
515155242450079079753687991871156710284530318732656311281918735814
205042307746297225403696352335748306562048561086409342738331833463
432735127159264239390049127973028883783463744236046441965815843840
531910829032323939150063705253777010659429219076639318081087876557
596907078407317323973235506344135855674600292812281944826263869185
813672160413954633187907256169308154099694376002147684823666895958
338644584339139734195773954458947379964993965019731801875821543881
858049244015386570718876787890605894343970572439680676623307775021
542477708237790441269041207606617175145832906568124019088806520592
144597223687602261730245554637405620748081399377467009412522215327
344884170636815244358256118696626136383402928664497006603799675017
937631676391806943767843386214908962356182010564061401237788509883
566708473114371688891394268479485387646650984117195433702892158483
507258601976515246041543560676274641178103795805511058527509424472
965571294588954450204682256720106209862067718216674868855967781333
673048941388830396566121918933058714047784551328767280301432209927
052902106177139212773759052612468035783233612231672451314301832827
898769529904655069884850334348398335992274164810683359631797050404
801716357581169611089887526505039455450818904578203339888055273361
740589066076256788760234489965581821950713067982798437470147130567
036780400279088826260968751798433062161683649757733948961813441882
416886502289967808162797562569227498087402088768810359436929920395
726561305068128838761441195918624002236445248003947999424405825317
268246513520948959665872693663488401509928375984646475342403056155
906510544916912421860787811768003899307609069048350672795121403003
404594882920845356727163295012007112146837654494140706925962143328
567874574683801853930454624313698559873264207073373620952682533002
246595654211021883163555532210223258354198699266649135319296318782
349014915870014774992191089465012801726186584241199577478446380888
179235896723654961582275353549969841302939493205679621375776989665

420961561839357548510610187366314026732506199565814384095884354592
710427524744855320153629002887902736371511709761157510447444857500
232585814856078898512835095561221244135323878162333181656119292576
209991851687924286242308017058600765585346450992122213862919320062
916671040534441325309940503148420160032899923191032840172480360326
411739587737364393158054756344611667442195905341694665636800499746
089176326163936997268005671191900811164600029600999062976664950801
085080051586703858197181305523173246301735287693034978985330460761
267069151980521041879216938619991131368284102584387483086310227556
652408281412368889519506244729375224036690315921818643234026919293
237688715177080767495238989921492457417629918580433486296060893631
106258100141380630601231494362793068733268768771474454961182419660
371730117322672115488941447158076434636447645759070334085887937938
855117519467423534045394122524064570712144659046656734809242615388
417502636499676403979640395064536033058467106591608694936427670638
418752507639689615603173119292686338323867446335181133083074391303
543372279071410307952822716588411034443485788218090802820829554428
122003801952660218635952461056660631495761270251582303335224947078
904661050788518613260070870531252100924188140333110980343254472187
535643394322040465954026928504488556461425105265479584721663057299
456357882715607728021482175044787001124779365707056730989211387219
305929058086497839863194346632579224283402027520796201076674604694
071705609535133339937607492713011765060222240784478082149383963988
120054778938005665780359904311487101637277035214494728448065980210
246296286374329333750053421098402485860977159460346265070892757684
803201836190549885228928095376821315150435582517203728601695960958
7642513950138220984049612226242281734043402808939972622257739330366
102986819922133775791637356034537807550181325596156935501032832994
238499747515243381001151950121317805013879646562849154332489194337
183269470192681676759606159187889763652603208651265852264245241199
590189818788450828769443767663184922384879924137400767229406807310
528039535402366035209984205504305921203882755655930480839116597306
245017725252787907988546850842585551738383833851994344288915912253
644118669644171242400135887960721910613494230833029789663443088271
107467000523629974326102318027142266222618750572543969077381474263
522155244832400804375696699071029472640517803015161891026800926358
769818418013034526647105519950731606432675504048745317728164797498
493168163518881132546149964031831401208499997545056544056651148358
387174381071044446819957363462868930027137176430696041478322732756
789030508095769143478308670354016162028184911441232008439992821318
184843322881342551248886686544852708423042840098831385549010037940
264844762363637536465110550081029406609915248147926317308774406420
709539199916755639316762475890832242707294829544328151229529031647
506098107151709493216616813022200848999073351928484090014332369886
937917599779238728056448586363560471696443660204452597048682215144
197815912322747578772163986575276098408998893737775089374040658456
115404534488982635679449628642247071613265874995955834400802449400
525647531127582945824555238339938861602167095409039509622984369753
605794438167782815663517171901560867850102297106693787721490988919
368454386725973007974938110342945358118921302910485720499673562211
673336635007643262740588295448615756961432047896330591725250029655
954680487653626281549757676580277875590236787348162504245315702741
835390649972371430862395364283337985258809365635808787587211416735
820002378585791714654161211202603427255738422155180158746305776779
395293678912532977700508226250081937416451141684737365725226777890
874579968237345277327360629946429241699671550862292806080316787715
019020416166302049350758837769066186746162964701677056344183089676
266188744032970517788145243401251222679410412177617218288850815972
164208384793333982956699403495937907282033978008796049701378070294
014570618322752960348530283719222610059395644991241509277875461366

823146128946998167258824711898544761466413597472404001167264640338
329990401502635271218579913818751838215422530479921538890284616537
929472363796333479312708466427227370435410768537912131903433119245
063452076733343809168129039267109298757177148028222733070858590225
913929052589740024375710216995532657613335185187663860276199700398
052393052742893370901691023675207451770169640472375386382876543190
430290357981930446828632045430189142160750516996685123364451883139
431581404652068503559767528406209686484001463298802638325495627213
258275734485355830002225513318596228864977249448196664152819040702
879710950567775583836470750892928012992146550898465270072696571688
974013243287957198217231190281099092249421069115194270447735875202
660217787299739380432917832163467212887284336979031693485924557721
759863321692291013129964934565694568312672848095842925093551561535
868203373672201361285171957991790678887948977874155795078582804005
198795143793102409735137542445229106658730078654625141882080807307
192689839135049253775437442026570165148549039037849153357835239195
091842294100795817946261304621688184412174680622072287104625149387
649178333892585359415439913580058590242985408557250448942910311306
684106105252152943640589428225619515090298853496701185208964643320
418793215333668475009093794745862440500944197952593058084705730441
714228077856570371279475809345629087704798834697169323551696059155
129039465464919469769565801044772122115297178854242063014493599903
647048816869639454598739566495684468008279740648593976288861542063
449595204778764796022224814045187112205762128289512096424262439769
107779187598915091696748849690140417814624882189920472153978970100
410044519163746354849377767240489630561760857490190664199208564988
244166592591364114979721105709200483463562191125920531594952077285
728535022771786911343170950747417740461125977105440663928887571839
332360002445026038759995174213594979764940400041440939868093193286
423323138073107260523470222699550297533641333336376838307699122239
114777055859977842874256964525973045897989161844009118754738104698
043805595170062963032943375011243769165920722953015125432139405443
377891627819140621551682088473634534197999887951611726102841063233
698534566227140898250206912867044411690258204796576506806083389354
490862114387382565994643497880323272175829269451699863126735875109
548455878463140759717201962433708521996779288308204170836282188671
042940242600584400437735875331070418881422192092460714913350296369
058466448832031947410173461128786735179422094145466041853403015518
155623214316574733266610798980310906817008268873210193645956178585
173450547285898007872872115417256740244197902884322531541019214013
509123867111032321373145940511561470672128959326381967580376907231
303216158247304070138858933463663359767715470701977324954881451714
956158891597270403164434951218597470414671715097311329473848085021
070730048952123748421540389981859513224901441857291935709437524159
215545692963115014493847033948930762435538342354395078579177058758
873286872636137723131795763188119174939973645829559955961684714478
441518985430774145594300916272777064006784526222188606338106724847
269024402642674133907219353005842440622594642539483685654784505343
490529674305897486495643892935250696872825573073886534797956973796
373941631251221135723661242014026468319875234913753259196515806193
872666193916051049359265271321692209622463969924533949416814876975
945022756931601737297825225932113922797264469907870797211292701007
289316414132897554051129860713004542449721998255923017335593991966
625886284890280161029774147281472179960743046863683943583762096637
059217800358151699129476731548326243472252980038009595875555451363
524852923366036661334521578492026850615194920345290214617851420324
233104228486352089687974218454003873494172832011762737822647963978
467771365873511193020707222560037507494078103946338951998454416631
432297316080844049828135430303833631635314540529914831642560125106
820856569001603029729165846789183221058699489100407801076924778257

2806721865866449357592377066019997260659525543327336425038947983366
601431993073084809345161508804807646366675290866716936206249287398
1488799043653338716396911672736970273126537428408609734869729325522
78854199301904168428232139585796602487375406543926084953186341346
4686789235833606803394455761856487011325964277558202631925680997155
8944893454073545166932384492149911855493382824457707668823052546977
96128224404159966892371592950939237321195478945074080677444890038
6244345752246115557238942268385930515277549765454318083490238729199
846748693162608871792151248292476158935141491415890423510507353496
796948749186334430479362520365105567215698882395203498052301531223
852125132616644947370461248186099014395654637271017556216112211047
224792650608818792187856456477020191870817409827426388517851782319
529341904819315715640400178260080474641545364258579688221314712021
950687073703931215333223942964710143388176399181150742155542260482
199024500820520315515880310767656881219857503845120447360279692388
489439850407766939191917803851311790463726457872800566499501595762
530276734247490355778730320694669762067937109531408787466090719090
054787150227573861562284031199979360148174018140726855934642470818
651372676127973427764124089407024122505759128332044876750838248233
549006224319625729282648056600967750928532573038883418242504410194
438374908292890770441518151343279012631862709344102805833319718393
808451124787757790528799614248096853758097666763701569484348743174
757489914638891633504338362739885110295590997268995590471511291794
555912698359429306738574304869898985594432619896425343492171171761
949868813811537360119252837634812218777109439259322057370956269816
464526459305254130817680476849179967094590975627099457464166873129
985177713155886207655433151026302360849223532018400246442694982220
093885619814174235294211012044888786517620477231007235577371175696
454026773786987829323848846586854824307251322459971819517637820651
677017349639072911973231521104508388963690034363456497713884180568
029841405323097836878788733235745843716778596231931182129965442642
274603311656218995807385709140748170907770720601258255372559881825
540001709679090974133855179150503462413627962943375279803921216124
494228573480554092996174221867552670663871540197164959258041982845
727233943587273849129806250522990823041441796420186323933597564085
626472114098710275684232847105442047692737227958693432551623728706
130624894831768300595031627353927222155596037191260927056320900168
844642239974599076283603861451560114679086719522744225341537356304
363680765820929448168157562440758354209445041481836940072478719937
160807471437048052724122720576200148265567384258527615204225756167
756634489083551590403475597055278114985130250874121655616058542729
230289933165473549907915612178664717813433928249941590501409236320
169840868059967723646311800323091723144906596018394433573246799472
136366714309332268725922769959786634219848604764038331215159824633
481575389136213747050626776094939156543444966503071575601905256149
343412398650086334976877258201426160358764218865753091740518241749
178412153032223830041880663938545588917876200687881404876692760597
626388508418767172390688215137534469074205279687593862965749865441
776294251870300911496135284438920514500715511087309466495949907089
979305234012957349386688178592724423081521590660649960755027237608
127238705851213727455288861773544544959385158956877519518026877985
648252026624094448618828672705420747504353679984584680211816124511
917916408388220977886418275681058507677565728648482836037024932871
581980604355587998037575747633172000054495984987251668856570630335
287606809308159018141059372137856078810315129253175041105096097516
542537103085517485489928079279216508267024775246374998378504723411
487224038878779685621658918415735659396870303193507502981382895299
683035730430607120754662998058479510773229041914306816287029509007
188141342145828415611632764589797794318524467033357220151830080677
300984342814598555943657389719903262861007167469115090265946427923

755624937423512174450803121349987410210504026254115763114123064033
738402302484473936132777143177832648722787200003132437991158454107
320083254717655335778841973881119878308116128253343500137910973264
580456753562692848345510253175697613783144368252477854306937063143
255096407622494270969727621061679816307458647731362102916913190193
505391736338772095930772880211384952253085233564200914758211321508
141634559373276638164620996415041814279261478485611225096974418073
994012186495761708774298539083941990118885877336373113130171013577
790334756204439526260767797656853850415178002862202601739831535789
490454442716570559649205222318835447428311193469603711941218609396
474369683521630084113092122137612361931555091187753464456042937379
215166896202425471680377818274638590796820735640934299433427179208
028875221125433179011414911600479638960331877220471455192593058948
693350499223357652070639336657861080859200577595735770605634693457
603884910805066955160938106943662128758827331613228648314314717672
115704619235614650037740538721762741113660178235855845173100298207
789993646817768759805771969044293265641492888950616174327395453482
331666399791748498402747835405359120022260943990531207076601966727
432146673132505991961537491912061092648781953777906142535189223466
139609531960625261784257158699243782660916171746497163472047738961
314867194294824902919894191675830888923397311741555417268094753310
273779799709817565045054736022767862106975404505926143883778151617
925379010606402291673802696257343430464530042110425276623030552072
475739306792726393713188722880126958554904248663228307022774015552
803422055731726091592927513287204433777236381546602242627227955242
640479069128534666474395670390153666448251186234027804025378088666
135356644106913769723882365405370572032648513307118001886217776805
979532180654367532102225042800043994061851812889536140733723950663
115170700057138631530213293685538018489869696302851089301202179506
470724877503209994836756871724700290558145698405144674694507188717
376368028734735561968531753075661201569305703443098761497230689528
664441564074834588089865256616643797202895868442203921819431715127
564111776147563714059368640001035880263891259692381706227637167628
748062838160227594105114626922888091294330277664959472497384473093
376327460037108435907859976671800558687028730183229667292566511959
261005941581003650892906260399978910764693101952271744645199443616
999155564156412151087143820808868075229785081480228623413531843920
566639711524608904813184451923149291063281540279224893782282515457
682716245961176395668864617423953715865744626643996155478905163732
521825783332535644589892905951926058659798671344827447826266678984
191962736059352022149668157043655690416708257527445881757281160956
148185722436954647505083028443075317077923557132934876117839081302
910599183552262237468671157570593774909379757938195247331632266235
982695699804734334402616879654751304293461624266134607473252695703
114881469691642933690719481545481790829291072069429731875971973101
542619933564615328361822870151559033107061465304217006688253379701
323449506071416835268609881312272205409030946646066185857999914153
978144847741564082258903540644906463510615433719400401386160350714
559736014278623451486573479621797846757021898995133336443819291905
300857739950452349349571896846127113768895759793323495332089538145
398467702851241091399996240942861535615495201564188996212593005126
442096865972528994184350366818804807529105972336008365482357019198
685509260350048765737882951629237418327132367686584946400059670950
677834536100367442594918858195595926902512393110725951212115633824
158960673748007183246877841307809693824148291518956042755017542065
174420881340145436070713556026763499597575960041036160961213773621
820223563980101455924936015689714897933365854991863497304103495007
905509710373294892197640588699532018966493350820431004885230594298
486801785556564538971529638687139823938927886283130538898704416338
748532366550562543023828613176831474399344615609310765384947584648

9316215158358898933919567329443347903909096450020152545297422360933
3487377485709060186480705169912575593325182030441205733891169249 49
7937444418172101800486952748158248607577122172413829852529767035 26
8850421330346370320590111276927084231224737403990344676189570010 25
9178589661470456118869055431800013574114545384809162384560193982 14
5769801540367447309332421416472755521908773969174173735064145951 84
6078512401813774545883762985179066094251799695036587235132911540 69
4118558004057561078043579191051543895293017860705688578117217421 39
1550953207211970898415221542531647919304616049811760099940434131 90
9911892155136512261155018131107351940674896418609402848692830550 22
1199243438663096612299837616589812747306690040713313153258193032 02
8149674557028927119805023083429490724610549109579955078936602634 69
8465662818805549010438789895744093141529641433776902605064364098 32
6821763362870988262723974302300550638516752892264837509508861372 19
8333534606984890685568590244467888633643960437818236493160750697 95
2536617770448078628521046820932682668289722071591098008197780192 64
9525383047246360795893917370036932896635802205065980285338702996 80
9222867542712913386999402663357736086375404720211499273339955963 86
7139414159950635550381622713179928761432989245958663210228050727 20
1766328290281395136246392598794084119774242147849748879285348132 92
2617580429695360568496416333588361246477604717663033985377267173 73
2323243519297973342376460670072590569784778225901022471861849551 08
7004140155276349224305850649791746999412247016670031010443276265 30
9930152842068424685952359105309696810584311855103760808536810333 17
0953490813488313117223593774387414621839265017156090327940281899 35
6126944963967143320782904731916666780851825519771728800627735453 99
1592789034010786288963661157080757926371251575321256434587976758 22
7986056217853904634438782602247698316447309116773137698654394413 97
4813448003818298103754950588539835429146322753291226062391782931 99
6213986918817711118424419627718789923057350447245775383119433851 79
3221285766035212168779011404776589767784356963513653291514930963 80
3910475450116996758780279997955389558550059045533297935637026407 70
3334811205596791096608804654458199117569673353817940202977420844 67
1405547625380016657961957199126200807816682028859158624857236155 99
4016255477707914111600676407826080771078947343728991156761306850 73
2249631591231634197588462764728819202367627163751947669533254204 90
8916102491648373349659172708001471152710129089029612110404724620 65
6228209632836266708889728464849194505485241475581339237736269212 76
6280901070396032994626272509471411769121429133539751301514317746 71
6858402905968622217080111036660714630206206422073967367402754445 11
1531868035737119706126321435523468555443824565325519496223092442 22
6276161810763532712184867110387486332416707890468852233292111150 19
7900987237667401554791675344748589116281268686736042229943560768 26
9783317351763941137568187311853109391473316134714642957480258866 12
0984333362644789232779921718938110490257508983329575231138511638 41
1810192449913293008778472536273658801679273239119566773773460292 31
1671472527543877323954096440741744930881033569016899447326506293 56
8124074685916892546509211091423164339664349653553999052260304711 48
7117501951086036214378879284074498252703324251691779534323933805 37
5341542863344920057275796819187421842721885884666266028133915912 26
5087032955629743121006084764623824061202097408858510971345024453 45
6269674845217493795199836601359599598044210553393057994635412156 59
2603739545481307090026816164735807530907005794698595121857669282 04
3359313336580210439358016107908279426644878203528015749847777187 53
6663886871469284922335979702018592163752637064707239232807117749 75
5236536241706263154632700590266304024739804533530204093931304973 97
1307917181514886323851603514091871517272596320603977518189877379 42
9833548962149298830651687972617323342951860291979123542091466176 18
5808120657850975540518126245478535871423498722824507628021855541 64
3937355728734131770795331826410695802318126782729262172479047867 33

1323026028790147648543358099932443723491884995859948625830676000122
2047336344668680030217744283089567321206573109092985212685308293 53
5203316260961238719270474910316941151648388474797456771234335574 42
9812684461432753371060377023811587306886288969394132363006060504 28
9965200451060374867696136491725117214171045397236983765748250928 62
5319917610379605050700474527519870692438307972081336510745808625 33
9870452950365773947943751943255366001421055646414822436061646770 79
1716585117656108592356346094854976447796211655113187009699029140 73
1514839039089918159185783326502779539578418251970561524675181074 56
3304570829594428891506667159297604128033547451551004399493399113 57
4003681082145201003716633376952121337532395906445150652333790747 50
4285781596952756961817847042381784203159924171121572817531382552 89
9083172227080319334018499746246615068641371786793594805932728519 64
3357368802741431586900765208723454663736398318691202096562075413 48
8741155043517945705202192086628621570465012959513127937440724676 20
4192266556744533344472968171487354493873384801665428264237833848 31
7565438333617440873218792199714309719390756152899799193348168456 64
8698943157601438028626335331361857237931672366063675494380052529 67
1399740350994071219337375857120455594960284445640461306033622263 62
1629341224576151165419387916848132809624695244456954621250879118 93
5398322196378999498705755174877188610510452587091200155027181112 14
0083303394599977286587045234191667304068557004717286117263358849 68
2710717450035389033631066658091122161122795352059735631542387862 79
2211740027929927660272309100878896448671977510644852854236760680 67
8328702716021491220890738359867916779079846546847654432886332754 59
2689976471361182191936371970943091897609589330741950915357899815 94
5626817403109118621361123870326632874592512380172218592375964203 97
1780119733013545486303115628764539733301035351993689089171658211 84
4720253940470931783306012396416727093121636937919332391842597730 52
7614792293021230131636529561376233305284546377449667838557241630 55
5328610532755207843894044247233087001494007564853949389708563666 24
7235115549684263707422419853407218843317118086247851099998176232 25
8058120204907270236751559960385584667283973473259596127104496948 99
6928070408723556135501883486098273344942119279511596389142170133 71
3625405959158400657637103362185943540907214950797192642474168788 66
1350962013130319398165644318423191036741420512556863328098552077 09
3239955742204583728924383094811084233008764153663084724168976375 19
4193998480863927695317901643727802977688806162490841933764103645 09
6126040651273694733432136475166867454187542353324904525140012619 91
0255049422060899086534891218519778520803538297935164736163639485 28
4975628497148856270364254376152530348567914218138341546765630362 93
5943271568888511396453417550113555234226609517738178180389386443 09
0830539927386531988392370825144349766957951254066405582132495347 60
8244642379595204674037169104022865060164401188212816887278392342 73
6929260620640964091959614590431451723416161791510706177671741511 29
7009743626357169179809791310760755444007274823165853639170769125 91
9005551128507328081677051347490741450119502481084276777357730810 36
0845003755565026865827089490664096114629969042922698380843496813 89
1492479886224871671281240892627970065093741291428012018819220654 21
5938973633819322591270713038489421629319110049071492253628218620 35
6176446854469959430764190727133878182633847902690514134885240883 41
5970409316671764584851653904600109634729323170245268608078649180 07
7024542605338592009166331507927787324832590160442171566874940579 15
1896771159131892750178044518249937438743299329143554374680946834 02
6083464252681707351360267844117117547680302578284327412712955509 26
7108574023047469600264457118930180581121892575725002417910664730 20
1129469375495333839271076783815855808875670613299964991589394990 40
8749778235503921051363016467163408622693653940345676951865277526 85
6031286808815689169916046013679356000288784865017387036118613661 68
2337006376249017187035483916530088806575237376799068155478888938 64

6233804336788144738626369751444635331513645033652509877954130939942
1467601122228501278273455755159561984487267288862169113912786444418
2650107159343331816055288098093137576021954484236689181404876129690
8357403680117551891330057226994759192287243969471072449770404732960
7513384853728989198514487912693399562727628630157178270573552384500
1936652886942503015712886490989930558977451480649740071081376020670
6606100283353983207243594567205949451216844025305614161150472376790
6871252693156319309816082329795042589816674800878152648677364144930
5695842879538795111120900413882435069998882091565554032892502288050
1416967879299266268622246705254906674953625013269700318245101140730
5192981527091168287631615254533623132422680452228896149709173971130
5352554401236086188154541470853204672299469390714881886033268282610
7228269647851698409755613280910904929942058902099758680270118297140
3811306166501656069405094174470841365931729460368323148867837834010
5846665262779381103471856527342901126469689951352204381388359254080
4508757429340483048052570263674681999971113924994308238094814731920
5760115285382473572083149105271608169922281418675329911795524477480
7920246982478357701790581768433766677768902177649062193699589654670
6599694287218010978136921367446220974783004092718190513763561232540
8612721452226168051802932568183109314139665924531034423688433970670
3528726638300045419514644230326230190718975985612470235865005420750
9825248981990750316538032495026016937230583148173147524304359424980
9148791890628026340912272673533448537779853276889704761672615852880
3514060352527088519929217133070578576387493937455594009676153752170
7828011626903772652898962034412615988106321682532064438164061291710
1721200955674738391672229623555746124390155990544883226264416256870
1268704850034492114157576143154878838226244938257190720528224356540
0306686433949527866391978261966212889029317080915069335476093630690
5038779648380650097087712584207442114997169855615899897478765137500
5785362724536521780662897775073271570349854774716789029566639583510
1119977254308821083008387197030016360375482320318110345196341997190
5708016263754256069696618343629726907066223061431318636181161133160
8418495161296479946354081551662886453122010561796238101443846201410
3252468510264137934116621666604435554339672608390029334249856059230
0477254301604859689878161532425234889479927499568040575087859615840
6563996882770505824808037526244409922842655810719653139621474222230
4153507700313618665229024242427339752232201197300895968910498540540
4742769756380596262269087884764367655193756819519963044228090247190
6597798141122997611309966894840654703043061615428405289846055561050
2774316709454797654256999443256151512704117768402472629905184687390
3844031749092277867137465048775654003526182336135822096915951653100
0302994702612137983269955154794300452825040411617899229947911176410
2173992693774165820202835024261155795357710192869502646054359241180
0066807823341749833422352511940395786903578680997957355566463481840
1092353566380532162505873396127301651792091526963077416035393436140
8765086569589441668759310281972270842130060698903276812481364340880
2914506935350078426900283389692890036766306519621256911370825149520
6413073002057234260061434794784184662076337424740196523490639302960
6223377308206402287040880954039448926023755930275783818672711195550
9036264381803694410269895609970224026851892905705634115763456634530
5309178364491270655146521452745160957092696019819351482504230830930
3240208569382325737324655619783805079823678391489644132121190325380
3719305126121435120543467213802491720844572406756078389118361442060
1721960932418878715390653119345624231430505959758138968001459327260
8036990315314858981784218414086270354132340571406372423344162305200
1146005372433545440858047849152738356053700832984194419408785772890
4289429890556411184890127988174242713094173250224649989776184995840
4482431963338771360641700505758811206260189035461258593451545618170
5684097314733842014951893758158996012087525756276033295003011831880
0956429108679299364914087426322667213868491522412990329146293202680

237349095662579032064280453385167557256633596432829836906797154489
491441442844573661312147165257729283228387225191227818503331845753
752311813889104687301120253329343303322817674447909206656325018838
874991783124527795687803251857087877108213218175422991370299903463
408243198220018181430169501586756477231845517351601935397411806816
255498633469297427936383683122862090150084763296027154205540923472
197748755577372771253584379299733675504135390096260754601770478320
092090000437030477206239693112361996923069451921228075128062610903
396080855119939362576645605845474892984566105164377632302047629334
883313664553345734804735715674449977347178219815739262943566148533
256352573800753734245856962732264432925391218548350084718726153761
193599211755449468751722095340217149673323008543031277343008442170
392235658052374699781195238474449333837385774851142746225220393467
572123278506610526913279773063462887372622241958467166720221516808
291000526702236415126522740776004619794966850442414929033037526153
247556530093153145577415607854888437204157140600876512807613311400
021517609289824898629450626479863972781208733447929847854531512329
334051406847255746928486263150354770925719144201422185887802572791
283311779822123368077931168758654777139994623954398600178217140445
115877933764582521759199108819238300516633102828372361341272140722
462379539129338836418793155329932894879874861538613915230746891741
006626186077722679134871363221475165685084419917806948619546019340
893708192321419263827753375919457032645023630434756871734529583995
536709739473113745139433281977911222269397254591249383798231266070
963822259670190083814532862904610606586856320978015085422334848110
590617385229862052817896049500732570427222020393613638247958310354
325985507262140340985962778601721689559875030328828176804094685209
388640336365236494428576533381097953342025875230660994737779174834
099640562083733043167671087592982666684354670095997048589537484151
152214502249945441528386578029285301765856291013881441726693837902
070500341910121386791346354652287481407153382029019192351467212683
827510001739480517922357591031062941178267158381863781954648843122
973630207590729496131322642355108491026499847418870181274039872030
679358312315482878780386867207634549849519911344509912442473105052
272527668320660348538056734851263693194665299251629026264658941634
139609150972187236402755002697010883868324941421257120488696456582
963616098653685988378839028020706070296399620892916924201175646292
127178414438660944484153071327538274180512475604700845614196078604
954485925581307161527176818710961041702864624451063869927990313298
023938322923078600246111212562537492992069623605549739779337090550
915061599580746264769307061465473365729538801084659307737092643932
709617335897987551332985173533580576198203756071739649512102605682
421535394322065787806543336816683791839254310296299786255831381508
429023460414642850633182078026674085750429654935395449486518527564
708814351323195973497899171415169373256883389331628338964518488703
226398930556894518391912430829325156540236753850043094552275229862
193634999307995606896844661874598947488234136640851885321936731143
758946356570214222303717414812012726282910573318578392273347952606
800413122404444690695700343265791095617342284655138302877708170928
004370327526445576200902948987017264718228932761788234679959538966
801140286687052633670600630426129946084949956382755990602647776521
970253758306411814612875438760985782899634221059502253415043982609
618760983521652316543316977214412517700380390215981379748913202929
277554387117033911632248075246572497296231247650935179435674838114
315286413330290891237771466124690448645511649267993463415562118822
817564230240516948954442816831414049043805788605901073700671829849
936504074947027855738627203271084260273269569006412015558094691371
012984255290544957645064575600374031494587908210547355911363990672
780648145919170643387069714773665247784433863025569838810258987930
950197131284070891871969674939400265719405722159295868834578669810

3181835949381027193116152515301740904031945172383224596330526786 26
4210007457363367972646143529714988846055291907822957213456926463 83
4792175940578051303673488795449473344645606796676912782679904942 00
3628806990026035221665252664880972246721212946167822822474271783 41
0535858490938180843820769671226221556492524464101160066383911818 30
8730856354226721501721889134911144340742316720185801544096839417 21
8455292470306663317439699203209991372307939208706332681495027024 18
3632373935575659483558643427585271530364753467460118162312180861 11
3799324835451482289863062536933279374737264046931267375653401997 30
0907614262122865011585689448208037142836120485831617475039077128 76
0465033612361352243121420491140962045858292255435749009027171143 10
0562027796642732820368408835142189973676612851541741701550559669 29
5433553384988687023249020610644580716922863343391855394434659741 83
1033154532910259130360646226668797794557349045467488232753173759 95
9372322731037104452113311533828930424773972419572744011654184843 15
5648940489213580557085576275584955348891913856437916383424089396 02
2097880195875047614164578733843443198087351575166749682003791537 96
1029734944321094760732700463633436612590711792603829657765048983 39
9682005284642342068544946993038712496466424858116044200046669339 85
7416855517298369829263584910447179338446832504338447175872526993 66
8623375707985863799511764743787742210295932621738817179921125649 60
7665490503647530112846059719986422397278433919677740389582319175 57
3259941937900854928259806607678949854843333553305204429781468642 26
2154639070566780479389131776519220499357616638821963223572241387 58
0488187287554778343055337141624291591814407249101833736072586131 30
5858393796369137316050463865378761619976568352789603916541221197 12
3163706463843508750588046575531967200804810632083118215379561380 09
8353559526093637000645317080644202888377266908268009424750615773 65
3069536999464734442641799088072365856916238996365175780762373186 13
6628030006775952545698303593502093103401066548823876059063096671 52
5803190270180565107741796599641778895066406027884717068077927555 70
3510222371473067950065096075380534263982026154071272137856032274 32
8861680241733894597905050321379748466149030953017402300954957526 17
9588969836097031429140848045838420177059333087278988292106539860 85
4978417702268001994317231256072796693509378461673808145347108132 93
7634521964744163193311786906499824823727616205615024443944723233 79
1069608396885603267436594476132436686239105834352637258702655272 72
3546810973613675379988543402247829732195864738470798498514172853 86
7527792306584091743206050109910223892981893864572160416894923402 08
5594048059798887199075389944836245759181795872647854824368717842 80
5118165701035999489616756458144117743599941557415640541980940777 06
0781817873278088392351665272981172947045182489488694025397849704 04
0125785017085252294800326448553982933954102504934105444614356130 45
3712369616822024270875468032257772246764538690691735846329099659 78
9270857241360685294722841899888111976949257775673473149204541882 49
9353860754485383273493160249445830184005201100597121122488189926 01
4090339058430141050559807188444154763356093389295582703356383918 92
0724411566241363467937554167389089309186860803126378923091291660 75
5009898084043087717386876849306238533350915041060003830601639488 53
6879210612389410574394034606240163718548425217716754516397600255 05
0226439611525994294308693498690746297837599701612950308438036606 60
0589226585293056378866958466784875726002532918393071854726101201 43
5318123008262824539075652638481662843067124140915353230173735777 22
3170545453318573303986361162909280796514000762580295868325211303 56
2521349985400678329057981002626637678051720624754016353702521682 18
7355287204019963596188736069347306728409608128864989228165452185 24
0832827912818493863635272203008598275445998989995835111574368787 88
8127048557173814857403078036294204859420644334157901693839596815 33
5852775087815743971924322779883170605463400533096961159954373203 94
1299551771974092493728193869104247191680745755805413172816833655 37

965275951040258293766006937948476305024368669308749861291151557902
990891475114714361655097781089168915938904322861163098089616015436
542397071317339876255613839334927890605747145381691569264882015102
621472183250340916562454293531173283968374175550697887724604398556
261085337374028770997288047611491577857651047529089113817806546922
207217132541594679780555957405449532558779284323247504820257296107
211930542720344543111901843265159983295119242549956886629245120615
544354851877843376022845731855255302038578067996423334739432832550
797681431749352903653552357083362272954029760362245967870224679610
872900653691581103297724112719687184631712015310872022829121678513
683286828899841006308305969973295124018343792808075866877889849604
377275402758952292936685392267513992823716159644737329827017509083
756802744666915911114977994466711356910889243791993094247213080730
819842625931443479657908567008256288588361144633070690191063606859
951853870417106238568043241122994069976976521718948993497188045038
643217598286433134023273173503448755279378348641310419949659552577
066904567184355021562018967279397342682162568608592248811316664734
142989101387571275704830514594366360992466106272011244098723999710
420756543915068631020135759846014673026511990342986506396760006966
879582828924339782590587485678262692633034683723321240661577602951
565372261068229038366133683415049998959342809320186542470360735907
656081621959975934382017246180769581783472212715039912393733080598
164349462313671749599994630421176381814783019102133447356926562588
057101644687984556617203758742814909984339304652393122000356442486
502802002210387238150855436080610859538174278532465497923110151018
126674138466294626740034072909243067756491785793427751652950984600
098628219865193501486314131133823408186418101959888722959358560343
722423672396015146278965654853353317400741984242601360667355298407
544025731777149540219275487625663663209795134838923239847309342827
299390954922628685258280376257104081404140709215337798247121933464
825207183878537445007238525936056765957622040219451924792912413075
854648591812784555951253394853773274395465325201686225053728500130
453724000464744479074597825102944479047597268994937537469280893311
554355051420516123636834410073498429947070865348728261682611949954
445988885035960791436711196391393209112009541335128855089924933928
537947665616415925452758853479068034859304210143177857711724511374
184624321553372240565412149423223467341003286409237227571473170380
930584666114105286653492921570438437193875825489184989446589748921
123980435592536491908658906691739080886750091323305426654820771573
640252081624830165898730360865980837961576736411773627346697615666
539213482934564239912928078599798788152042922151909141690785497361
872516930999913227000674997233515576579514366474702374876614964404
926134860829976097836260492782317388949792246852097759950804988269
723924957659872230646951187677991605495672699690851525822652952273
858854393021734274755743918744113766339941285948312343848488127945
760136710066761659743958963255453067081684294512114091221200910866
698998915001020556924848523722554213107166139198282765742981882917
518337208417523869676828059102315199253128014453772216474368259508
608886364434672080407995745610429010196560880839309828716061604912
163604586908622289737564557413574307159108936724233166447733282968
241883149217164949725140119493690567095296152704329196175641010185
140596083954221011253004320324477290450956867286869283797899445334
732540783200542835488045130887413631936955816828746079046566945900
407442884187381232567699671646926799869558860520806372983832112386
246812028817043481558140629498830626345933449988840386526057374223
073857866400023774153128859094551257535393369408694442939407522182
847100107766580951275670201477540829825943655390077790618030037104
030191092185293284782411655189092287029012404160045214931709357753
608163420856552332014438453889583422068417138823995322706356387242
611330217236088753196924820117906522275084815465360634684320835251

9510833216068431733436584680591301574087870182295987658228300204250
2835566932045019819881714582611715984000117232324846223680233784980
3905719584208339418833025000410026003788342211483673054749609677920
4297044999837994790440543497108962658967669130028499096038606304620
4009333797909203575516255166640057112187717239030015039609540518450
8169993864304498040103991612865934744955827606683482489093373386290
2669896469705317415608922966624289143819273723567260303050110341590
7015039075941159915617925116562289244176755772026392710897852605990
4713153357004590483012453586022457077160582123321852958758220305190
3728902001773432061942873421475237886083007029979653155681030112870
9925893918338779647006752027036887724058406643691909028743876338820
0971458010174951013464584028127801131681398978065090074076746422090
6389980453326207651496082597745227584239041345026846186168145795330
7175946226830306366614536599202803008432528514981788177127257386750
3550285133836792305674324368696202727569049569472142224246798843604
1192263169155678827648422239119627403671459897414454318006168862930
3763562397525481610920180628944206508650886517438844517440293615700
8910665305181913440835241738539089529473312690900228814761735924050
4727557410087221186024807065527347854646708100332528804948728188460
4766451387194846470027398366396786911087224906894452544993013613590
8230210096649662658249790741793302604479616467896121763047354709410
0590547677874362769811146481959467653953313260216045188056852012380
1853835993525090558673048169589393126688887107245163758078691852980
0464437598493901498640886729121561514693505446800392775377162800280
4446170887283461332016027846935141710371898135928565444047388935330
6434225299535630671486435758226615070847224212139574905881236472600
8079566539182107806975919196272996137682505271901680135018259365030
9043148923742221829972943591050476651019843549677158363903560509020
7440945473762000866255189537989739869552494420945283689372916225580
6445881857232200509734021124202427013381380975063870736878622413460
1626607614186589036757567280494685139294924694749767044828627850370
9939428327879122033297139754384364472277941952483005331330832659410
2681654814318367241851907164537118394561885376718611463451009876350
5610396882403469322743163868563893669207826287866646316230586562320
0803446703322414896584429086201191797751836078981178470876262961530
1940034781546405063456598584539593367839204717781619611519781599150
3348323975611162122210452896830871383545998806585780135485937490420
6395602017295786811549407988789989527859449531291247582481713710880
5909691407061933036180030332389191321684024237117855941479381751220
6153735529282048462011908783557824107679589872826483801883630605160
2587458132380717021270703116015993195665321105590868446372301121930
9352882993284356956065971989301484189419246965141950471310036209130
8468408714367868832381248718738058221779691668726770528694917232960
9297574129371576503104861498264996394254251535522789265581765932810
2281351990499862833891769509864987093885286522464162414980091336040
8094161672069334242500172533359024122452069662742838060791570974610
0193234327442284279030092197167819796597905954912721055386447240760
0083100058808181907244787034365745427947504666021168615328207936700
4228315767741097870656528899580921512079009106248893864651748603360
6304880883858583654754195906352901696079598667197919515472675399980
8477621888478510736605567922374551580096127346370372954709964144890
5440357070050979597124970791498940575042016503073921008375739413280
1657808571980285113042479613451450427776366605487057390164979963880
0067492763356999017421424708604276336870153889542554486051966156010
1457074311012678360618976337654085955844167396998989917146866648400
9024190014931111734620629582307787057948676463855675872109951364680
3099777160945465572016812285393776737409942830395155749453169206580
2037145204582775357833798271161575355475475959880902888250015132690
0306218375355881522800804994621992631395147590076715044412010286400
4223234675721465222554333746454076955442963733651832944081148165530

112317888568534493625651092338223250887519700640217856262405043920
393115512742419812786611804575203790313522638215002107721305024066
241830028624776559111141308947497641704427632877747366695141529627
972984736229019636223154363191418417996968962803592775061551398755
785367266353781400817153183187933147980316630735418382498547746143
475821220350330394913462672508437397313313461349718786522154847952
113280655897451002032487297922392568927537490270425986685614904053
752845046626144264259912295769949845956168866129342741521686045369
508582771055380684247063968607781328993106285511287995439433670099
191520888614455564574422792533094751032786399982860866477824697766
936469596820933063048325230272861628840918540210758575059523354917
451756350558943167491291170862073846960048789782639109056257395994
874924959790110901916146590802074849626393582792650583647676708383
011968855505051861579809721852980782027546790777352845948855486420
957184809577355026418379662201056062017672410164759618231771444198
810096102794777608196256246820854574993759391755772555043901644270
909099403336820210181891880943144687251194488397607261064289476377
050838168092847287045308547161072786663101220366887582906462496532
944215040426089607955960284837681158331065639818871541022291856363
755468086146768060626175912547513262658963341657062651172681705493
010940658630266922042298948302376443236714219463649003200189102951
055373197420393993038094287078665529147692881385645878149664779808
233148266402166554846713406240185971412175424409787127718287785341
343837382580995377745556686390309700061492840773024700917201995246
206245391985859237134507423999851718224954288951323435031823344837
883192959553348790109921171899225365294293653362582595390946552963
581374497293699746511875338537487094217708081745701742251604090438
846121574124452850202379839036999113896967347788049704208886393128
438915798686149953572063769482149209306281251312280804996662625532
242838399173520256674525229908409946325864683411130420845898803241
428782414860826210577494753300377060215168255421685888255205289137
193877249869082025393362940473047505009970440709469358919699005334
783044635811964910483163816068074323974751887377450485393208011892
092176200325412859001921285078008780108096121869972156727878783603
783428505022335910473861003790033681958215347953124203321923791186
979738109328501036782788060812745282883103918315704414803727152691
119589138273502062661678813673893005894349871926275421758678377586
169291156419695497805005027174414821422531771664564897625594375826
764309491260552928577535565273114929560879110821596194017570249204
462620779468053776955441637902384442862707600133588293722905895613
531099244879237739700126380103906210362971005400902332662052868551
292388936540076639663983925724508244968989262459924394384508765578
909028189856834334510996196384091164376705960548419525350568787230
520679162057973980086958750046561196154504016297677700965470185284
334977644679496028037224229231209258155238064515073175826397848971
659561076294495873794568519845906093691349732270242823829358483476
200972795732039739082440490265245937396257295449117729608598859109
798319161919237155743147773056132758650301867128792233399940922106
267909462585081169282796692381723798551276299352386088317714689728
571559104796911352900853677375489955124718689039574466000484795401
447802882232082425670184511475458385946399776041212321829451207207
790817682331516184554219598749744558901511992706236051896340735393
487564095315603407069359582576081667695587492098240480666527562455
192322003251452941755396468271902352195763796378975941750521586754
201928536559666201450456338552783571256712051282275196092953909245
784188554012712828606220318403041625230457334991986203368394185491
917443128141702746834805331236365464080095227986799808167861438767
022991764204219357703030288924063382337118831666892347256653147154
261973692488185677444236830676285808035577667085249394327267591827
130580282047449868310923884518396569291282691413580228508792026381

557594458857783917630415382477745027363004796768568959057429077532
824031838874195328472505758236998984185573609737934792621075648001
276066005684856289529627036503340728499245707682166060043085192144
993994615927401867906702492509188084254975382500057364115276562788
206831683745613611646610594529609876478761781065732569944130069604
044127574848059081543152521914759307810414099180436770663956672634
435356245619356407513565467271679094118794884808680923093832873822
500428513086155646738231344891197653033059034948850709043640855117
089681596818853555968367767082875926959001222681306340790521808314
175342883875013165292187663333574314371010163477966588836188698834
998328981164007025965502047611990688459306411880137433528093795109
830522058657551902553313247393551842157260882310168318176409724179
664282170553923573318235997210559146758099096015712545362591465735
834510808497696708071726694371830812496641392852932420581483522627
446937585856957168703450223775777783598158580954566745546272979473
079756932050856264050352830255672286677544482840862099813897930370
925326425964038534996170546386083723031489481001371999013197012628
010849698683279080599525074937754235999978783744657783712375357578
526777106381435613678907947372479242618159928019155423635840922410
926951949867583701400806912594594455592546704732039280047011160015
595417020287950359292017703968601134563044492333977435455716545727
149517353452904622158776693210397256540533868239130580966002121232
483113870490726163498817775250633988037352830441378850405352914195
734486262214803329495448889085450792480542683741940669188555167572
166221109208997318526676782935266132904276171207173433002345258919
537355747509268743152936342844964077178567399584381489421046285181
038496434277355192443854011056003640918609065983002337368459149958
401444990129369372589395288983481155645581061030794545804756646504
893576785275211183407994598744205675506984616282974816927434031957
448112126921989132435503198370546644424960963633748486558714369342
400084268306946647268678216054307605555157113010549963694214120l4
528605671549281450356360885793542044988312557195995587078583365330
551210839284998411268479057129722024655013870820524474927234191950
360303939460347677085153472543380769135430210323311827099410525437
316371791899608133844403673509209111063173376587401600018697304252
984202448885270331725146924974753931982350352522617616094384809705
351245708751318689267370050744277412070979040734631226205290006391
892909903319643533353377827730338009564355202372811893414222213163
841246621876265629262131653747440952305454016919059121029833254873
844314996900817917666244456257105500140603668001332495809064102834
877164193564714304095505763803857385220987161679591048522208070839
544381665295350087746068113602730824885662613928667728371703032378
323346716406418651059916248176707063456531467640744926589904002492
943382034766548273034152265790423510131092975678304848136329763976
322746732729909893927449638572144129084870644807046616306718326269
730189550522617503670443765606386089754748091995263944035360465439
982377356190246502693129589140222105988734088163222562586861744532
441158949303555099774824741515073734119475733373556527627418519164
245146201049878262945368950884462321176358003511841835926759864297
128139853841446909691719079951674046781893587502744350355118079967
776249870628475929132726168844888493914112874532057248359162360674
161634463880131235116126332141573507358737890898646033191010479049
510880532762436343801953205313641343554593647041984399732731928183
025760085767530258321696714646834358840039142037072426708260176162
533902989867152675622198130603529594844646404039688560064817661090
330560790650387689684467316948543438918368935379334168987646104050
602410935985553266431299975939026367969692513769369261591022851172
165414889215726223597736677014639845855210470747638897225490221795
578347385363008193343789887481568027697599949512125441570271376490
277515078779949109561489574262273987940332212825753245784561955271

4971773748923110717580044852610875339714409334236416700073947476053387663802542958635529369130347698689906133362459084735380529991695237406505765703934901547390655652892580819446962840122139245511198760380740566099410523116436019256847220532851072587588370887878354074617797601531730495005829381247505250302170023610957367090784022351162225972381301444079847918133032105443244311027197910059137380934837758636139977194367200655924569938147027619184666121180429617186652831069577660924377161598315124593617280103901636552046619370925251253631396559201177821427680194280476586534858158747031199267709791335049110720516524324623125383157448751295415603552750263679614546109344416853578102731389969995468673435181034432552595169300233005059257279978159048202235890526047920348250750421717345546642531252852594784406842133378979724559983814529024913412772434245097179511864461506281528392865023721292643684081326894231693151888189538526818004763103077803899244121518719858272225449899967787514587916023970766660441333059400177251968288276181389025401421411540322218807522149313873039438948386348804885872573129605440226754011944434427123955690237907150071386106419858388879568805486335172808444644724813277238595610521301309101510626429327631624722285985257102637159462999401322655051880446573989800377544218462997919330400605176161879860265557607689149567962403302092035338230064198575121280549087681264999866296820216008393577425692390014509676551896830011498580395006624633861680225506687075912748319753000145540601541198078411349482946568060170741821944826942029145919311797294425352351393310112186883167800232663769195193898930495655963644304998263623322221317379586337527290159802676243820849089436428312496796216250016352996689304462584580416724907109041427954474322776405586064497993774815979061292220293061983352618004261179665496758054829018106894737221612026571626304363530228212933724508394353437096785432438058312889505278663565717128803698528454871495079856246655577931705079028998685971436459307797350701401522754476693419823926389892945353431902180169387585028778687970204616823197351992807669758651276064682383916960148671115009603845938820051061526646256272708637399471502577181072308962043626415525571521279045835429590591012051850860519983358295202764452425123577351536145132912213357834119671870758566063500029766458721899656846809835422555679769978615295831620657432073721099684406194608527521399720774602837961829406778265980996983586608974386510365624255625084235435456301512197111167328336550705832479172735651427694109849863570666188025284345361197742349000160410913598065825325104777234873758588466697858029999224197366504115511962816004732157650700516628984539963791941447196127536849638484184078353921949516076075298476708413827460440301770757999666767568612536105140039171681725678050138978371865837968976150172098480602272151208763671116355293561961304020927396418528693604726513966875563040087535856868313141286860922825551242269595679930350249011366770936403499037484587419891089018945705198578124784403575786713931970855498938099970654105791690209598897498738447272613724351806561649931638973511197033103939780409280947997343377265021224971434098237823651965892886279223277990394182050685698376711662377215144120227663379491737437342283179727940119374539049057971446171836025673221405521946218628591454389656234024894537981195596496870707302186078051319309467852848444202128432499307154135644230793862725265852084922694843993948530535272706823358639486081705774075169738521202106289594177160792541306991346081438246328669352312659073430366809538595608450167393229096542828854097863778722182590727434195646611659593408713448120299579604000576414684856384192084025832685521237954962489115862600940098765413585870619251136537194814860857107770837602097237465955311440307339494234844861525237226662531720908162269400021122759183425529828168997196876101438519190128988074242805283555533252325715485875614477520119468011155094405429657310

1936215959187582194822074756153078334803008549943308739821340270 70
0031128588792796739627366092071269711513819537715546410633745558 49
1963169175525559918922408979783312427354538417960278459589864706 00
9528418086646771109464159843150009597494702207595874936960934892 35
1315530879522675319228875193269056992695901124280084378089758022 37
2721112814277158092157861903143823282221584311973638679727227684 95
8136328147018276523616998703831654805714617520177978010749005200 98
6222538671343789879848810445030271773860682106718234856661032815 98
4091857149084770741257737215296236289514281939493449231002475529 46
8768814228268826338199210705003148229690781270685023609679524561 56
3176253784439086838854547176625054868861453885894019065091841015 88
5208833696129877316727526919756238642760951369458384261852183389 57
0518641326320252293139134838082128796433881362984553904237312857 38
5590062328719791590912181710334920882873657259600675103451691730 34
8406647731247285364986970322550580285121031458139716550054021999 12
5846712475229623304794762041748357339651293388462598605466902068 72
7431079892009360086299625852649556926342244349075889871207540557 23
9177888983747400628311035989363975368314316379155350844599499815 17
9035719166459579726405356357962285223232099956252907295659686256 66
4761182174368893655265842097358804838235632703846291741042746340 32
7640442472179196338923330045235292002875730135630382111728971331 69
4363722061750858152029084972463690556676289218426265178197651953 85
2464303642562032129591608958533598154070650245252165708822643889 69
5532003307123860177199426979987427119660353048528358184414608549 13
4506444317130866665673247447943228054733913760627581890428365658 65
9895466488561709859023357189364711022191554480141608108632865265 72
0250373477965869802896975687596956655171572997817414912551945083 37
7949744669806026864318152342292431677632651015505374677709204156 47
6462475124967230114288483953970606056072465314227321889583835501 39
8502247980616382349453661289940409355917809265868236064198494786 39
4927392551467596218556484340287163998424165640792243204992151935 27
0942749255097209837640554799507636962370089615853142082854978064 40
6575694610740124283011677091754088048806266575048744970010064481 72
8170337185716876990520504312691267589423546424263219268161260713 52
5593779984687684876663746373708483091302303187597551925243991782 62
6402799661636709436911253008628435029788667148387735570095408509 51
0925426723708716285087204991001466660693435254396813242277505204 12
0843117783620864259137414037018939058491308853076718033777597798 15
4504060045084281692653954942424173439682579794296332233121321810 78
0129321979360275038885263104587257887904993301724937169929033635 45
2907496514640560912754875288157487485046656478815713364324270157 71
2065088264725709115452935541510645510350947107201788001792464135 97
2138429948710459775527984274506977426564148834068300809230546462 60
3894832672239604062464659457420252210842881282668896752789802434 68
2655789626562663797453689109293468920924841097023571316275330238 90
2076986731432584276094818388124585758734014097068671895618131122 29
4700219784482415815445098198891529424289069346605626079565664394 33
9342799835882357116757511632925562149947095183522331245810913158 65
5773591758470369414848815038632640986605244160899442142372446731 85
7685405261645960803590461604594774723205628789108869923420195755 26
4555491518628810370985562898184920845362817607417557822466638790 72
6046775548345174434818904968805637650325035359262713745149886240 54
8295624736933344962330902739113708105840712372655403944406661654 66
6981279401611743803144254583611313870018005106422250474212674953 99
7075909715271031416553633477320054963549146671949925664377111351 96
4712248442133833448299147401916929709782733048209657023657441662 16
4041385975719940110755054813835675097536770208621480224769057593 12
8457961205201060652722159599745589563929274161013544777148660272 22
2807878919031049330486064234888941265365091980468047266792907970 77
0229050202576713844368458156348290022266587224538924207586781264 80

742598431037231448350739349163285687087989353089830355384383950079
707801508993166772121535578504768244806681206008160925249005506560
688200539439752940429777997773909548121823388281599786284393448937
918615556384584794259298949054384503736976473332256852424021601959
044724016399444925891545222094738197285735608141629442012082969234
213675190569210533735923778160066566876364146366579043573782443665
166851049351957765790791933549005424537483625826410516843786445029
59183589839644056859368882636863710502768783853127770566599560300
157235823714715472190567142601433687966468436491439499957272215058
042899218100989507993449442141990214468925539286769175103982467582
463734380523973508302806871873446064187629932031217040704830461291
642631982086285078695172901899700143428968262441780781916264417195
044507576668563242456745817551859136043599958574598825035538466741
328204525370108050902351148404819530588806416040823552351294128140
484544881037085694262600027163923010086037214242484291264957195698
732190524275633949016224645462593474567030056728375084672498252798
367349561770898365165478278894261861051832769208503603621780033915
249337148444550141579116250506890910713827580224465050986098688327
677971183257939187162167678835622419886753868393157565897768652016
394528273886744065178756600689498217355748074443255775906927363784
818051335709627018971520589097081198620052276793499133040582845672
035856647241058894553087522364618384396402596011254852876608866284
830763601287006667228026700036149423026125416550458296169931638437
058296750705322926910916119674936127372916312058636884790525095273
515438062221932730028959924079390744385736690935294925868944010734
221780243707715281612425319088227173271543382374014745436218433325
680295994077130149833237045109699654532027453350702177037070611381
910516358803074747708198082653195105524034346189080408772855887102
619129910922959508822518192058518874419863486251882456654507803295
363481026348433030837241811365562783019391016183517403223845097914
687521623877144239223232455763641079747001255398324712260190530488
666649333228486329053808683517096435404402568667911688444342169402
517726916720054236587952458648729193194196398370591083465955654573
745542747225256387204919648468045612163467555780018391145805072029
104091774619788296504861235552872697552000423820381832076425536409
632089339245449675981523092151894730501978535100152995735305428112
836484236594743595960959569801620275302395941995334462820826497923
607942188680411060241587415085751945806156888083430185412537819545
969741423677874187066721584275223193527707018877628030323374028626
604207305052378520354210425772442559140427008749076435248269386810
716376693073037272374171754245852247735758270295996649854102311510
138743237047991591787902994485501682558654515388125485742541460429
1201232285561488953271777172401226279944108268691399729874382556815
811126238732626104264249191467303139324078996737861432904142084411
467415351674268973370321906902874770602008842219032125165528911717
385674777311366153734391751962707954921617093780054340457873789689
579406584026092226706663974706474619148511446524438074152055212868
620200671723263684717967231549153359492453428928874859317664269936
209673407497745053070568431410133263287775921305762314700874373845
076260305875774978732420714066513617994956945601081928431937367328
417989351895954235197022893472976977104975358649956731850469509873
966280139531524733606745957465367342250965950109876696237341406068
393503481983827182118684406017615765602547011395373572678345269455
960791770944971727234694733436780387223775747916868955520413621538
014282548673776952837038414279340044001305689783556227986071360705
966044685334333224708199605172761522010806671065237950190709749374
182163352993865189170077889883476360923618805269060064082807971343
497894275959288720261078515554112397373046097592317883468807253835
105908002186604490289791189672593675521396472906857973507367571821
697403667069896134578745061097120350147956537516416615312164732544

167892775072459436281923825623362981037565328913282392322272506794
170946913185669962267630084749332949237724820251680550666316199034
578005029621609509712783134975497484970807501469286177972053920877
355735426344654046917507878362978303712221263449953760458706825466
567329277539722860367819247326075875375036396055575515247044790468
927900741744080991621535352379551593168250391708411573389472148337
705878936954153482731607170302320249290945466553120552501263225317
414273729408935823231304140359670910492571838352019535775111030301
893738736672956883475900280466901502804156922062794107897682809626
966101213748811955631196777980468124930647837405316274760628345868
471645943824367753427608269557653234427605339971298708052089898561
442065934722157535135731353150964325686326997601181676887233090478
473878261088300271876502608262925233194476909940416700264006555597
136991814669791135677806574510572964711963826438069896023388113530
721498585368708628587178926879629780160894163936301209416355230277
734299630152634357751250413519834118736205833454731185380745726843
372069052208562550105061009379428561404741845592117933927270859725
115288005694028053614114492402092462087948741836224854453701673479
359020150069908947111950095477169960645156934098095760872306116798
593054474249458559276375426550790985078262274524142805641961957947
016181410188593967029288408817507132694912645147924587138834722095
701254537628711546135844710131132320149549094464014760003023763285
717139536547149001355586963306925811264047920053172809211791287009
678813893732959490687691623091782228643533340593396791602428932748
444663155945748561132045178306464916622418132462957675091859029883
332306551450236294043474054925561176422160938847117341895740719985
035273669869338669851702573938066023027910628085352549353166194585
293885401347619818297901927026997553976270972133207752142888313638
279403779548104363968462169524948229844322968969208533555308531740
953971002744873252835275736247945801278044550361060645585780357362
625255636064773490568638324600588264572996728670647068819718804899
591820953876986724126105812313371883281538730532406351716048837318
634831944878552453402131059605432697873627899027362358152686677286
484137632175406689989734882611860180029360022362615884959038938183
834781502164731089138369537380868316436990879808593012837352876220
600536227587287679465791680576358143240925305502388654829492572512
760977104308414241327149223014555024915380116515701072599196608891
033445877802018420198687255798348589279411579165489841807965598165
292440028600089283308995984612515413473641247553705658072496073372
896863956551034497585830017188013929340815934657740749168731401990
382842771226233324460588756739838593500769513118556316845738386555
122929408030684220362567245918113860635048015522616706356496428673
234596566937992435872932911668849839364206979703901915931945597036
125926270637083717136079722292448389736599492632218594309529344551
705400945927487032843519938814026708591528949635950763638073234705
346230932441509575691850480891957173919165310002415714293566869097
067553848502610804074340645742634283252211020710345037453834072171
927286093079709087864027403756034196203260951802333194466047043934
800540635869102941831438198076626369229201519626745478890548730085
334220881597403289253567824780457234485556638842993651785938154287
147347054077625040798071086832571272096595247028093129849059790306
196750805994442179885069831610963804318575734932089702792144339391
342829009838902927600998103497167534005535026657548513582069817189
431736521873727270386652434205926968399585877165807536293049174582
102753301267023622273305213709274757549275403224866536323928428878
807181194344775443943157463373774219051446263840148384522306013263
650278845147170479058318058348940856949424994415155483863342377204
069960193358031375344976028444995154109011381560664132329431053540
356633498250090053413621495974752980282398461972836700621058461397
781582746765798260178472965764639589418774249633169588422839119159

0565640228193496801758163840139429208142088204546902994637652059988
8197831754480127119965562213173244271608021931664460718450670245160
0461201179763827239211348339438798962905840179686360943255300650628
8889732392513616327023907523959826534893994680658059487686462751410
0940649931153419873217299143125910097771886869455712444493582861381
1259764637551134279845737620234356256898312253042059021490709996741
1603215467075388165029658639915531513429055133316532483088503470195
5490556744841010321876589956758394558238286883108141862835473194755
5252747115754025434804661774803878685983787156949134278530829472887
7354120431902320905952954328610661326976076266926611352114662527698
8412773408524191382685828095507583757875182944195381669964759338058
8109744197040887688325257374385618259110897501964314793725720708094
4058960553970982858004455630785998611082978451980399882309416250986
6802635162822807560816507048348964416836183659463297691973326645044
4332702652964407332608359487129720563680362999226922055550219361313
3094392925616898258938095311543481328951849165428725462863519781030
0237300349037991793076886122045326513181013816898791956784667866144
4331058014381259912791415887667170290675999071222928172745278544319
9176377518648854469055214182947546075537345606085563464203961766709
9575287454949012046603519646368735772929742823475054967865445927360
0627608989246978241890713669103009266781913030559195116956931783197
7540796240338421104664465240458186863932609646353033471129213154369
9571442206723727019032161283163660683535359140279885260953147441976
6705764010907530604721386570676654997265613995625908185085303045559
9284076141246522180996543530716318507488647893313715980401910580102
2425541713566189612060110697612033871217695362774814702404628795944
4796568929166656151629117736946184946177683166359452851171641400879
9610965586719421163816545789355943747416596019104026506996537608910
0884905409088076624223624452531328521785687211710750728725802437027
7495835664624563513977205964778734767213709697787437222222854441505
5162581475900160010349873421642873794152091728087438528706874529967
7585063462361565683806568468586659128839299398749192804509759935762
2191530345339640241628163756457337985969012829274187962762503806403
3057998223939350958921995278510291646380478329362091927804077150418
8730068917857381782537931265322695642984805750570433859369934339345
5604496232593724330435766714771166426205667161937773757701820493615
5978206551775960445574271401595850624208614320221027947003286440974
4985311949339722052560172438067839808063019803303871401082373702021
1780239991965948474208100416246313999893872678129698371396533436978
8063946676428600241528248737856394129279353836077076083007500854688
8366849683447381380001948099946392793972548092617557123230722879914
4729499627829318121179995311913933682914217080039171083920399625324
4657124267114807621873238886630273263260510227485587685824829962737
7856303750205262948831696089490129163137263488580498192487545535248
8873262394393675045016547689340206821458565566171050775119437380589
9413425696041313947581919706682302632423409024450540958834108768898
8805836001905800856199491033238845013313960419454688283590614806279
9170274255056983630386819040807698607465088442367761705462260845439
9722219403554202652033104455269007046882774582145696636674469994288
8417347114807023479517943077836152757400116754238104978226516996793
3270179099132535969256413102120317675960263679551086925989193605152
2931611639993790605221621826257344736334202630750572642522552550069
9625037213380532448446537714971705777121738555021403641091178389721
1417976354731764860997323702087657166232862736406666652522444844237
7047431260270194052932539203881245611678392260714780011957184750455
5611615250384482208269186674529500194547955474267031195338846336750
0475341192430517289055830639606427300931789903397134393158405916100
0858639382213820227170819247577821001503916384866601709081390913595
5334061901462690424095680526240107056477766184073651996598312015914
4861912479104532820849003769623579045204928147481448465817268742910

601112567800981177269122209070237851486611243714459198466857630947
375120942433520044650532973912516708301825542971302260674660980052
603919627557983895090692431900473756401836074549348591017944755771
628631505548876102867291818675864766444786596278272940399932099053
354969138475743042203580266820050183524856515170342099431107260374
750821643495885414321045735574198011829400651638459077831309473009
929939541827181805997731995522537656235226168798804828472031495890
625696894424278407617197478521211170867529446036705335557033361952
699406435233081909574370804656078412350061934156495100497331738362
040042273443789157896534958611591918135897244495607070322322782801
579148558088663267009240423420313927164689630137056221855039903462
294679176978329701524127573584580130897595258639855021546367705090
070332907975583265256973309925199423352342674324526287834348780393
209901478697413172811254964459042777973691266877075337938105295979
219560094519647245214566447811294088842597399502289315673204890035
956531488181813352488448698694800612536474277550005042040462103442
555588086621442523793246458613086709152614396887816336773496951240
900773916726414094124216456185364620858380521948089887377463428514
000439792350670242467066706973079235532297655668457047629025632259
783196183339724915469525525143514347973072505898539350344143010372
769330828701075552612213237948915324248501547845700977456836739570
646245323167834271605995132533503844764618045298891008925761423645
689209371216233577791901016985274650743313394038605583835605125299
114647525104974008392381880409524665697821906750077451273404137469
485989032430384217737576080925883639849428524916612397421340306639
968399457315314592189561854297369416392912745866021491932560629083
547889453870589099102877684263449092427581953822771544550755082820
784883600938857504071338064314464351066357725420010721512821487380
127832552194772666696435196399513880976645324332723557684264153138
097822980463213153774625235404290603580170561927446884847759849178
086745549832965851953461620010812542242676672446591985003737246700
094531418328513802244338672642501595675921141474962451849120472064
675609405933598879179790590013674885386450686962065614990834968225
785681134556483957272889037685647348587027874709244378417015400337
456982748232469221776707380599850755861668713787186830968096765583
702166111407722078522106402682698887307289605168437835203674022500
330129422087997280733552033208498251879476366174290552837591285641
649741372819365114332541321596654479750889663784405834138448245573
385931223675087756917458077706663761431383703360433458674650157199
994935709263149831353947601099746000005376581449457332674586106330
493215029738393935442737099386415060481731338107605825309439419878
575323657233230479592495750580234655485760174078300407648946768258
640951038804374399269553415069260955209966849636219609754199025668
927300183039884115526354875841019186258565195894991754367013775262
962123556260890759814472451063453168437420392696341251225494255324
466039223854149218025474882876575364066956656854499049481491528050
382535285564672004425228943146357459705605413211134776183459143500
680409751657893967117854851652292067783571075255139531452823122246
077432648578021471069671258249054953252002980118743298038560982084
749878105162425738536217494683456079440138680427259737217799597613
484926836925904945447285453485554767285509262696633351543953191992
620902229011791650354053205354155732396286587788501001210509448364
369355456565298702510427337311270368643270185393046229863901849849
779085270466381007410606419934676834879214901823792623153577676004
525398309488349953129731567381103576713809506026898810326066044317
643550299533074351217835363742263073089411890983341196386055152202
496844393942530531427282384519772446016604039958354727913725799487
690563099638920470629376050565218205421345799773554893538368033652
820760812514894362469001742501483694891032497863941911460054023062
161855699086102467315486460988020278107347373777049188343981529606

9606171715477091558045391472137944886307027510625910079537399951395
4861744903022978921815233955882101576496402094591940900160611658744
1111198073433510338190204012029929324031443298771647219418758925677
6345923219909229015572393372888607136940617761645093456715228049988
2747509278302635993198163991685562604495679935194832038447039650099
8998538011265861333379477552130328891619787933732768447413283162155
3821350502232982479519855842530644062732756704048542157953717334388
3013657922716976581525422725319026917215835634790655014339322211844
5457743373186545271855941021062294882520434730878381222298316872355
7783733734451559948232923392695789294479982420094939266427073943233
2747132009716034757074410728503079630390757270283805020959161755077
0005016627792429318124505238672399685851931779590388404675565133255
5758214943153517959498790175939954018699586162066971538933325756000
1809207795785012715852501324370267983815321683151058802737455893988
2251650796556806740552933580416458692852316528925062441034507254755
1746696957664759912065568479831778838624441646954191913411663831355
9509426984078970554946580729459831838654621775210631145510433633533
6617757305037406342920891277502236209418309382037942049430183256488
8151462174731495312272496651940332666946548174825341725229124749700
5114616160054281880540354198947234572559079014198518298148145990277
1405143266071026229634919481259342145337898724583097604861888669588
5130390729173392077225689609836520912793114821797475064465597613400
3875759224022396034735708491833781121498925829532335444378531833366
1017437217127075561619143805327266024494866847503438075251839224599
2395717830234714190223503503807941127277487289504002308047407224555
6001247620731599212504578861913386499033912685147243309106085594366
6056248486764753301033636598577489631546413465281763741261581100788
1736701249544796541160122490093946034993309994023927494381350400800
2944899168793936676108675503546923865708941470394616477845589307011
1895036016968430078158866532913562055689169725157812754395541621511
9521053001313362218719381457197443546784636798831874133330551292211
0015747304782227473543623380608200983366453685586892563315746920244
3151683123406729773141705079853683002114655362735781206338697324688
7906485958758167228676488743765465044904838056518022973211179540566
5437944615042021563406645608062174908344929657888829537930350472600
8621682320154984933606588503695960666607613634125466771426576696699
3825333353829686677801855476375874137561497408516836293864444543722
8252821275965733418806978040386375624321359353338276914364031872200
5194448826998998678043790503172651953332428847616800651629802990755
0232478834434240656782881288607696374064960256307156567675052037055
3083913616628392164184509828446743051228444239833464130153027392177
5042011926614572750828139037673363576392544605297160176537577389899
4691397706717184212302966812872049713645325528993086401233052322600
5408161138788925319487861723276315274802047699701084142223997929111
0102895691963294280332770835352538903514318588286319374292654222122
9276285260042254539799810059553667839998923929180915038777361400922
8153081940786066474842382259576352851784924147444843684342520668211
5659669197697288057366703621563551249944361226689330580394804546277
7509788735672716123758257138391394108724319551951605337651555589255
3551826979714756066893173531053191521229835917302302675839274164933
1422439389744310087449119622244807371585249475527582841371687338855
6845139719357174351376651048952390290170630927122646840669278348399
9886285959423967936456417355871840199018757254634606762070626278966
2322034805371836351794691087763851991107837936690226478961426528199
8994989440958364692651443165658212471792078920335140593667828494011
7798965297981505475435803177585622558690610123023401093612955353577
6358432997463079288408167023366788970128145958847428199428749866144
3771185970104607861183122285674946913190044825643028262007248787522
5394397901252203517990670108864444173332942703850477762959484381499
9099891262534888002247011268538660594376622270365082672212322235155

725503765038540952531017575868733835311996936024166003965092807274
380713754704848445688684891968721231098199098730747953205414010395
973619696752305244216405619005267427599397913726868627853543055179
125750471576601849237182239348493919692953944998838019657266250365
175749403311969597941172125762371383165114796260557917844027818812
255383408963982704978907257430443033411791081090599505417122077373
797477503036812582030995844119486799985794011171393324239526270361
992706377241703397811133238271568277342014790547261654340193226671
442180196105337050263337427319045518794871348524986266822221111131
891445576221042289834739034998125977811080901318642567088910367429
803049136365142132498203398923826233114577540076316382512686668485
031584111114115588642679072134604092217050745982472070245524314035
201195653139245833100914253634958789790743937136597095527255566660
070242028391007459462466313074544675113059937775120411928055649729
151234915055327810229864306084053764409891744431076998717276003815
163442860652183069210091799279417093193629424774580681733533597017
598932860314853201568769791565212418967004030959172775708160301869
459714079982443633328754319221407359969526268303856595845208956554
977810132745394340864386526954140660420525015130837808664572997492
569037617093002816162250318700303273714486051251640723900700882382
390681147399580435559035124122182329827436677789038538586239181478
158835325813789319130516472390159051500732925827462042891439266753
495215494292409278561294142586937295146893142705444227000932416109
334447817626188849164416925608135907757944738620601592404012063374
998954252911634095244853142318247458686792135102696628751705210646
078470497466615451881415103516734981578308880506290252472784913288
358585719687703163300975539049048845664489746888824842250422741076
906915478241586198518421957909459139269455393497074170826012991361
372933199089961244761127027704388927170172348861763196368502467208
266987608481975265151178468397433083172604878540303329427864436091
148976287974130203367539268931859458016183291794401009583249805875
064583664127695292859826577033300623458265495553231665323056373735
121952849214896392942381059559822709275997303299473750568744987281
293470260662447761583466617049162697571797587242929114187975074878
217153341997452680557322560031417046342203189757820773023738624697
850416509797584452716458522043551397592875295089546522806626969434
499014880200418118642039774220404270266955446032990925495943520252
796488734580054345846849452975353915837929113057037617736633757952
397710873933795473321185487906192685422400839536103687789915221045
210650200380051808347709316151054412972685089966422824644897764232
319476756024380976946310016887760572567989369280086502487446760824
545957501328381000122974730565399913766112760678583451295803038405
025304166311739822211379220747439396630034070496076432882198733987
733380285979360982153546559100724317097157060971059686886906647906
795150810115197051363575163611207596373863757385849998378645305790
304439430129504109743783727473215821070222676757039661418608774439
690962477761429826812572551820738210629142917928982577970023307492
988858235399319356394252680619486420670833245104681706704055421341
876516419219776188680295892187243673912979296702170026047079540759
988069653829470682629475007992091780545010872131836710302140341239
939886741014047291317644420908011091980352443211333653582852718284
326236725037002411625948225597448808317606737015485628911866544655
045630521377904505732818512019796654094302700497446325461212241411
283293664379403219844792766561092717076355940122055359024467307073
784068108916048402263161316537882261306234764932281552291952234092
518396017149557062533930191906745971899007765435853945373057085876
733937752255618875908626655726071481360268430480946337810894870533
253346931528652281848501503993800336638789733893411288434577352332
199976257543876194782906084104923170869792726685650177178453576014
440687171686900952806803431893356304270972778706508863333729703100

1593202232479700410181494676461336968844790945361149017446298974934
2300375802531917695505241625006552842611437307622654208268221345944
6753703366218421816566443477572096300136885151459679472036012139399
9463261145414446827526486615867566816023239217047451257013486590611
6430860058855687920847833606246304195846417470830336606533005342066
2042836863188883242668160351752140074640269007587610894794635150844
4959617000501827708966824263274755293913446482687560096276222425077
2962721883787469558539680869873126892374812698135012870259485298700
9385372271299505563015937166285821886591605207403805726033045131977
2167929147718675630529355727688239029226621973058048731140117530811
3389217011861801173372514366353087565734208941704807219335988747977
3642686198794102854212952941043654806166646656095350681267986083777
2342685220615877477450454408597241235728136293950248772132291814477
4603528240905004010177366269864170218167035181897467051204279605433
6662794521749414856486403423375959054906013609693091684106291636799
4689232189120912740195170618038721228430708796077311372544130605411
7298995054837882772704666386419113779886974063277679996081032755655
6287090677016148581185167152557206731092594326602485559388718412433
0422561677461510838972883424225891485050847290517606189977758300700
6565252084740820884217337391076739811488077333220165889114100515855
4223884063672865672508971288503845294031629188371445378786613054000
0917050111154718543635583103320721198133485863115342360192029371833
0435261690844019550048145065893768715238471241858207056441353048744
2051561451208666809688655364730701451711555839964583567800349094900
3932744514411779916379631033825445061267296629820768928347383482755
6376171383960793925089382875193889083742482839533422566401300588877
7665791783597740406707501771087193911457846825425001211040115678133
8129566257255109176460365967780579961308628200115012516792484947600
4849884203733393954346866859023545752309540738153041167591919640333
9500823221212203194858219244347552933753017393518181466920530067688
3549832608976267360301178458554875270307322003532412239102967066488
1671955925453221347824974025002702748059981683762141181833876083488
7925809813815166160414642080752020537454958013051355297538783179555
6066095345275028999528430525995863149779903125995926852386759975766
4413602257604706511987193235262649108130193591599676247754200546833
3291360809332318453091032664269570273636886158684198635589869662166
1263694234626987065295164603659088977630943695328921497180259712633
1079198634234336833798542781592437536105952313676705884251472686699
2596225562333882544491533895148078035316009623627236262932109383811
2134429259616897760712961096532858126385635284069187072690950871999
0848758805976806154343849833078622373299505385954465287258009173844
8216395247618669194284409202032528586359734273652108417792406533766
9948709190400653628400265799102780858816942811241986780321267661199
0821206876943902568983185502950735813628332588132934978756119965700
6477032335460135933015737186998527595278840155231304466646700704455
7016737473029447784258379713395798102341927430114166335631047200200
6230346672004347363362091860740637938741083779837265910226226628166
6836817461450888105867940209169623707026722707855670246696621523599
2324890655654114232165300123066831581370950117516497474177077104788
6711442312703082596497028065230972652259535026093760320464181040122
8257029715290996630179728749671607818738643460436560312600913080199
9055913449698243059810448121422323919883233051748761776106038024222
4869336078269834879905318712019365657188113798828547000366180337644
6164180800562110656657135445738035572162702066987066596116302669288
1335128597234227347404355045030184366157059758602591897297176293788
2075851521436630058441375435301528736386393755920249401991229614788
3120533902040215249571623751771392074048121632069561687837440675144
2766118193570409262254428125724467479356699022400016162793569997733
7936222932889951096671881472547244744233245083281611358850626177811
3475226377416689306796189069817385426207116834520208661722554021511

3152030142615363529241762488724019384328470314533568553211634603 24
1191096900498066163653704830044010118129186561089746980695576919 13
5851555938337915890679818785736968733491665317029348327448262349 67
8936713440726772268408403907850447337091690161948341749284476857 66
0558238949976266570726095917281026112370882204240489674179817610 59
7121652434189876973254051835763906896752464304945981403996019833 68
1862821705860733720146993569728500023185154135769994130028979845 46
3872060925991656750042574557721385582160662381881843260855908648 84
2305772902458375483327194659221890608225577193031024428450880238 04
1182458745459540599118793898665243467776067162411186100101040907 34
9130306713696907321594348481297454532146506161170158707923782677 67
5224366356639191960427312642890214401873475928547074256703449969 17
6752335984781388655657058999833186012346150364759381711586038569 70
4789249935904441279760418898209130348330214953067826196903024060 82
5099184094962411171475019366825471966844473398515303878500511069 79
0200649735354559385757078833367688924611079346271444198027290305 96
6709465426946680003655724825053853726570034645529843754856057664 36
5484689591987032555090859093742098048624130992674323728635611761 80
9716368736588525875429289986840706674091310523331169139017590611 77
9084055504104097301267508771676860043264047173173087489445795368 28
0651668288418809763876877516772254015070039336937988371358231367 55
0158528752403375539868709478397561579463085259914621207238560952 29
2201024194226436550096437281621236592956492120341931085580480579 25
2070560970733110036108725733655124436397417268775153220654225639 33
9142498791922029924304015135326183042516398217599879940327177063 06
5296019659466033166091932252139785174202756045328225580091107055 70
1608519778065710143163012118809125580649860309480491466761077207 45
5026345069561581532830704419644626444019789530416738083329238465 45
1537251333168403315256389658947110087988118295323646800461339453 76
7014912177042821942828505066221884630508804097835701153266549162 55
2495263850962757967494757716034923473596280176155626743906233034 70
0445381194095286975509385806797026611456848448463089914943151524 88
1780244169740998906039084394418502530473572469373056161853793406 88
2946014254022114233731397240857449458623776193225518556891103646 37
6840705160036061406435708118477977704059956412001046014130008907 88
0893775952957450476550390531835991468545540757025419445358817282 30
2171840873401560659477066982172966386591321277165192516662912421 60
0260824045564181828242071555930414128479212381485951448399656715 05
7646027136104073454888170722718008329681401203966223752409176259 30
5011964574375389928646189021874107501694155173074879655579434122 13
4018619457111141451434767911050873858437954322814623925103215251 78
0610220029850611715115229246844062336709270892264532410781786234 93
0020364861529930701368469705066369587621303871918496736262861287 73
1353077213166220888069011784522319949365322724431774790440805210 12
4268282757760576852072110323533635517332228465853855790725929976 58
4978688690119345292746422752555850487824174159627743927269508630 03
7391972324328096423320985806746974551157236703879559324457584531 22
6002395645186342413700109861502651950965012763338281967365976435 59
4000089837050721922683756253424579642152081415381403528342327457 45
2821886539984540277441222545229422654145010246288388525706463919 90
4127385863747237719701816615015593065525804024490929824495350132 77
8095325642634262634327989951686692296919787694623076382134287918 53
4016638265861389810556650674010634208285394781800204536422696790 16
3479917796814269701962431418370179332392082069639114568653435751 78
9370246642695952596006543260916042709032773341248793762208978545 69
4318474194345106203974665551472056170610194612226866815969048383 94
2904309928316773541444293722192576392177792342237733971484881819 10
1699820182786211318128453632639843862156550967765319885417831855 86
7415823900430534511707373728672801882335457853069599677880674179 64
3009793841325405448123808319030586540851532278542313542837423537 58

7216882363220550706527064952513569636752121046320641843223935637779
5209989654547200169683510743077019398841978707094769498748642008555
4707457267060217127409566926654314383377690240131427899977567787244
1795713572230606323052385635147631325572644675977337769862841750944
0339381216921426735638646235434020669430635075139402744288976582377
0030756493010657345186982126947578850411919613610460934316440741533
3743957724358852565023137809475431957730545187852072098638611622733
0433453295875474855127338327972219185035047871897884249287106896188
2108994171586776120838015161888651454001285859716463013644965160555
1493822792834449083767432819892114291043106111086869216552792079822
0164932937458134215076551187848927673825487935117832351611208551788
4108376211752815007851854778186076794286414843233233191097266850033
2934128914045858204431557610778785762577423838489931572373959838111
0607812467786358556899652736884524094252870459643592076057934668433
2414532559635624874882117912081839703478464175492914224861988169833
5836819129231902407171295700076874633450585460536189741365291148744
8788266701276631750412100720315781088924376640367730911755309040922
8171196136210539234138733422593767876852625713512243413482449243788
6331885276827537431049035445524214357136931385640290400065699362533
6817799187855871844730770582529743505748664127084654426038472744533
3183529848936838988978082890186230744840470844908528494030394342955
5463852740854759015268816000374772522811781161157423713981950740677
4175343184146350544342438357451924861158088003960668343940190898733
7819244040021983228452076515479211369255074787416583660242218546211
9464307751521861355815198875404635517614095905437385700525013580933
9048596721620216069844161569078771684068127414376614091118139631088
5599151661481079544515324959921366825499632712373562568414745414311
2312060488195654935028235797994376777571835665900690204179933690911
7282410490623132712442494160142851609628077906360383358414199270911
5422768425817749922199305725803259512377120129944248407012279686799
4447341806792582657934958914767888378915440932631656700608894731099
3256105619880308605486520877456454524748535315405011168124284749577
9043721594155394367029071257786536897542289496401161850244371314088
4346303543580647721271143504313625484386609243615500319651085500500
9071583370415025568891024584004181933520252124498457167679255682211
8023266396231570964589079686994941373432621181495473897856248821722
0105582789845333331365484894508887856751904044595926531952158119244
4898113529022134550383565982719369493176565781867600470077316918166
4550341947667743801815903330993025665956668060102509265301151501600
6224686163897193090214321417040021914577268584078652097221680980633
4034097430869072988223097519519831002986126704890817788276877579611
1783302232901846001907160874768423152240507743607793306997142082666
1884079404692580632742472750415657425467147233099626039572865385900
5528880059112225774689762192823890406555213719749452232127683384511
5514576846611277668820788347588586006488657357631652755699941191088
3466144561867068127494633928642736615115589122408685970789270075033
3942198758365359734300410695592267610355330599310591763127935116299
7140796065012532936194013665063079415700502111880435814945337913200
8587325484304636596357544534702368957640754770441557149317686793022
2777531198821848373019117862893069401115893599512748299120530681299
5519298249382721477955410129443773451756425117165262161669991858355
6468746493579240977245513328023629366757099076978525142266411911933
5854345013740960793760050865528342280657264780220420613079516996399
5332476166228915466846940969145152525634154269767270965428923669688
4031925350949067384509020297243180912312701825519513834600293788211
7620776766147017910569870953277066003084161810592065874865600514833
9521848249925432548561325085851974364170725538031964069280715632211
3221733454518766155755263903183393965684200294607011191290037403222
3439767010625918954941108166177756219216231211370903139719951093000
0601030071533334529015978893587985958847841800525379600879834711099

2657875489541907538610662201899597895405934378739470638423677502
1833692887286605278345445220240580571136296007597466519777111112630
9694695034238465105314336670951107606862905878290788220871334642OO
3643903663329809885008513378149631661885771080663125580443242O7698
6475122165823616208346814841408315252753960506270666965263019O2593
8487440341266063574737719247252151652293940669552453422481299918 32
6565944237591205598820047286420420670742228727590740971398215723 79
632145499167296730802864864484068322190336849026989929710200920411
865787025178591835750552703347688775638585462739607509976147400572
192898182966726201203114582608158553826922251013825611025429443067
962436400899781005440067802134276707642549925936710102284674866225
941175294051667555818626941750593997115376753996650983301615736970
922700557309695955649272385182575787553417888752639788555964624474
923264074821628542338036335949374899526806016754142197883509023731
057687503281918259052125331849318306100702202678580527851563024324
195553938565711330622522462341479711447932578993736265220222845799
230346011771041574409412468197295002911413986761550352599819480735
239154528581118222981815649447927563553322350629049623760218885772
940818935145056394333893533977655456340866555282658136000816463334
525449484505955566705163107708872505206626022560573629214451674721
138860169162930054205124206415555272401945587359509752625533729093
899907528808524234255268789623261274535575780817153091024596353553
948147627719691641984261118275886258905804366154875620681637434080
047600164419843802937341468286777176160414285412606425641580937439
615912924271363136731776124458993385917773061133298846655245748283
492523119458706998912381060083820227026598562576333919033672940001
264290699668384238179436127469866593189619045322223293603166329601
494368718280932743049152389322562551911147300753148128807206426842
226981136185520154479808760107287609450269249454061487952597780986
360069669101377814123490020686919838926415376722551768749515204014
883031204113020227806459645894805871377996768873493918703798214391
672064590869651897225691698509990310203096657363301877215791078781
426445725617411584185877699635635291576611517161175561912146377213
801136522636271278503521453330658424042719346570805618056428626998
831932727372468508080637253458677431435647134329913610845871145670
176806024156398745240385833637939835633934944595030714427694213921
659335151610028068260018621710802758990916345462460226985867174542
310977297306019504557502121786672926863366512580710505001747213369
207269807192779063301291903342918220130117130206861246373615361763
948055611226790359599834582073680303215605083664016691546402608726
050665198490757496212963311920460864247010599662752040679908521111
887393952622217171839456743584366250259407567787455206883177021018
226392892933319946189556214339398753777418233490776385599354008719
353215578106343492646921668019730695877934717222544807911811119639
263927648001235177257192747883057839711366906064552543319190322289
193609549718432491009045406627292385027405633838548590188268149435
843645843980262611116171765842816097957652506787611795116323992635
170032619534150929750055340488664096583519165979491935086348821926
159814484369243754556511220419480552682307533247697408847277874354
523592721088040526258353686891993198446098971608446742636735916800
552847863406269127172173171756061677171463475561619807884390311358
477716426051047474576636143832085499367219745739979786652277503539
806189140888838590932137437527203362302578779561047292856386085130
915778464960008736333920310489778169199045483721157693261472210169
373395677086569137611108691532783540556894860507108229542480918055
808095852840667352878148038653802146646757143896547580860434512955
393551309586932110862993111060583993942496576010657495240264494636
552444240730599036528490896664804046794551760568902763171719187687
277257489033656717785638232165305692129115050326412815732707501138
355197893094089107488034261090882741413711940912309437167869613636

0724776571046234861504060685470464577187891660382140143475097305 36
9103110844079695504562377538119827552159521365018775633970735439 58
0120471966019512882510545033173051621634109051819226052554631226 43
5532259295747572882001626270808236042444590358136199045960449167 54
0375537272061819889995147771614932760797999354053231793037435275 84
9954268171872137473000259335615361921111292616389162184695669562 03
3564970596509332371688551878420333041807503066505556062517416050 526
2331664091925223825887095521890288129575052171165597917130825340 46
0843307977465476881666919681447689732848391792177677642710321517 45
2447950735880763289054167316031811926102417003817756596118256541 52
5180967987602616343017278370327961732925081347047654857656059010 72
7673521385459827689298733297583299446853656599192720272312841968 96
6632593594772667223500113719502646730844926286095985262052240952 18
2235920031470698269779266722504236559291924920543503544423909408 80
5762010504653092697731349410857279976380113049279739865584198988 76
5833201593343961046875079635201784729873173044084272669658406096 18
0546546563193025050149598884019250855963188092332801473038791291 95
7958251012920437765334741089180758072471272402761666296862622222 31
6607044875229214715071461596077335123827216691545527291307887613 67
0400334477105207700594289972711773659192429913212080970648963125 58
8439119442642483455502072746152267209925644565283467989949066034 17
4136847615577313440734698003798042141226713203724653210732173573 76
0491932062755646766549039130286899780152779120272475105329245955 27
3986420662452957180086809157335553970196512931004832314704135049 42
9359651182657240498204431397567031470537098506131461559915459679 08
0382063327112705397643894613068335246691567644480584790531856264 95
7839354546836297097508864072557823669299065081270643207674253904 36
8857138109407458556596741811348102672978012876597705816267284575 61
5932812660645753286983567541694373351718691544942980395328095625 32
9671764742784192171054963853414283219862148618952679148304004542 30
2437244624942769588188513047879480515092402218472726874326028962 04
8598568318074375214862909921339139921806953807443634711062302102 02
3990801664283121979039310889890286812774491398778160123696349353 83
7904833738861649739886424085640388600121735603712566302824193284 41
3937152603550255365006846913799512533015708816931761980595766096 11
3281453624863814374708137609973392793407138710218356044379465595 76
3210859726380561131738627799618662828106580006360605669651605002 75
4632000642838339900470686106215897801359187080238837576895579111 71
3270218719138612446092285094662178800912356646714252845813168832 33
4386170263454531063573268617141732682521099271958324907832321928 98
0485122982303379378592697226931958950333541260677636845192027990 11
2943513290085258960490613481768461244818586345267324944123950337 02
4289552856674557637765483130391544907241744699033348963010326960 85
1264053688782221214621521942382509078188940264353675156891044885 68
3292128360258157480099845832054876530840824256135089359722960318 58
8388580383581856644121538670876760124831010463084474432188014479 09
3367474688447856414817445909124539810323008859206371015635875651 64
3095961127396401586176978131408795073714288317760436689819626413 47
5006971940565195045505167742397940196899862527890085237445807328 86
7069741773963572545060985423456789852042507322860709420263948418 28
6692566061665444072045775683939323122654078124783166688018030184 22
5045200535518686848505584530852538497542612057943053533080747750 82
6496088529445572785003441395589379335051184030225298706162915059 64
2259996005856489572336531798691366969944278665789125256846260414 79
8110865685571739072133078933108525903333113718587728703492627902 71
5673291686627166749081993182583166832828500157570780161193169221 93
1514754937755159804654092839991094937420103717085608605881785449 00
5704104136040435137642468998152680609255401123465329504349180537 47
7356166667104692983095678920316482063931739221248405512034780632 11
1316813373224063216455415588237846091942738088502838312362266549 74

4300558099898299574258432353764298631465635055283560477090757473 28
2636770439630979234656297949344566413960851464371303932136774212 47
0904452721540687921542630642597260292018994655298115142612604900 76
3867141730235727276839041559723450666693866460588292012471144178 83
1782234821533891876058363276181819433227695553112581904847517462 90
5620013468996440716198232054347184611020511315550930226825107491 99
0149608178562605108859036584745150376384915134000329516399106219 24
0557283008103521761979616832213981692408357639556211657126112192 90
5087163255258558649616638254193591482181876195923292056995506376 45
8182685575221152787011802994335467415362762077497854054133303136 33
5423682410108464763749063885279841490076464697648540094796358954 97
5461448137636970591635699836811987525054793069353207570766780148 44
7701424716241908166822490074207111864881547728917186535967765395 79
9335033427282146054169649600984706979585592643042870363664713071 31
4782330611576419913222420646099898830762685836055527409904784676 10
7604241784215062851755735299964786255295428367429870664579433758 01
0140740211618614484329765744263428528704778556308309631435278783 04
1945019702946575777732816746858087453931603937253315899280579434 63
1408735860861778826334927746151184911655130681846713677348823341 08
5136403947939208876886336339461382358344794081569610914293877347 13
8934237736191096460564244474779082076049660271356168954106444832 13
6598082938909729618912118342914906163896386106937520895346883983 34
4467189821243478072387407457697554507436846747135024858818399665 56
8196344528811941833172636825050611864900394125520574571203603557 80
2514190435267183721921384829905803224695842432315898443251039654 43
5350535432292167470407786146848597625574461535118800314305699549 27
8471674544972697612839332518381972223283607075227812928130106569 41
2629487306342688373381817421706086475482763942423914027532180429 51
9034116351704698074233515560578575624509992532017874996366404734 77
0389855873065076038709977318431281098978988208543559550943253902 37
1895216820233442455725753078792633985509016455942373396625223351 64
8750589556942172972448959988250892321120347958941546546030378786 17
5915716613988693268737496847305496532937821475648105793808285300 53
2447080506569294223400109593482946145390788906616264021501307353 30
0331920745637263770770999399922886212243248802062634850888530360 10
7234368901360642758142528398785949179979611219637975765192452186 70
9608809213711197750008781593043072934488393095757415924137528597 77
9729189345385050803831986774590025186579172370808574164297153807 88
4060713068680361982419715774763895072534684045691927595319372237 02
2290155800656076047385473599044779967487499697694271376686955331 95
1253377640985870966838632639261649456086841403745684207194059507 01
7430354691821509004664939985517413893851975731215682616228622318 81
0967297476060130283311937161140874727067625585677751199566674861 51
9649129701933180849941096181392964927893609021253544332737506426 06
2429941203273625582441749834509473094534366159072841631936830757 19
7980682315357371555718161221567879364250138871170232755557793022 66
7858031999308108305763076523320507400139390958079016377176292592 83
7648747901772741256781905555621805048767469911408399779193765423 20
6233747173247033697633579258915152603156140333212728491944184371 50
6965520875424505989567879613033116462839963464604220901061057794 58
151

www.ingramcontent.com/pod-product-compliance
Lightning Source LLC
LaVergne TN
LVHW052308200926
848481LV00002B/495